高 等 学 校 教 材

混凝土结构与砌体结构设计

（第三版）

中南大学　余志武　袁锦根　主编

湖南大学　沈蒲生　主审

U0261275

中国铁道出版社有限公司

2 0 1 9 年·北 京

内 容 简 介

本书主要内容包括:混凝土楼盖、单层工业厂房、多层框架结构和砌体结构。为便于教学和读者自学,每章后有小结及思考题和习题。

本书可作为大专院校土木类各专业的教材,也可供土建技术人员参考。

图书在版编目(CIP)数据

混凝土结构与砌体结构设计/余志武,袁锦根主编—3 版.—北京:中国铁道出版社,2013.2(2019.6 重印)

高等学校教材

ISBN 978-7-113-15997-9

Ⅰ.①混…　Ⅱ.①余…②袁…　Ⅲ.①混凝土结构—结构设计—高等学校—教材②砌块结构—结构设计—高等学校—教材　Ⅳ.①TU370.4②TU360.4

中国版本图书馆 CIP 数据核字(2013)第 012500 号

书　　名:混凝土结构与砌体结构设计(第三版)

作　　者:中南大学　余志武　袁锦根　主编

责任编辑:程东海　　　编辑部电话:(010)51873134
封面设计:郑春鹏
责任校对:胡明锋
责任印制:陆　宁

出版发行:中国铁道出版社有限公司(100054,北京市西城区右安门西街 8 号)
网　　址:http://www.tdpress.com
印　　刷:北京市科星印刷有限责任公司
版　　次:1998 年 2 月第 1 版　2004 年 3 月第 2 版　2013 年 3 月第 3 版　2019 年 6 月第 2 次印刷
开　　本:787 mm×1 092 mm　1/16　印张:21　字数:525 千
书　　号:ISBN 978-7-113-15997-9
定　　价:42.00 元

第三版前言

本书是在《混凝土结构与砌体结构设计》(第二版)的基础上,并根据我国新颁布的《混凝土结构设计规范》(GB 50010—2010)、《建筑结构荷载规范》(GB 50009—2012)和《砌体结构设计规范》(GB 50003—2011)编写而成的。

本书在编写过程中,力求做到少而精,理论联系实际,文字叙述清楚,为便于教学和读者自学,每章有小结、思考题和习题。

本书由中南大学、华东交通大学、同济大学共同编写。中南大学余志武、刘澍编写第一章第一和第二节,周朝阳、贺学军编写第一章第三至第六节,袁锦根、阎奇武编写第四章;同济大学周建民、李家奎编写第二章;华东交通大学袁志华编写第三章。全书由余志武教授和袁锦根教授主编,湖南大学沈蒲生教授主审。

本书可与袁锦根、余志武主编的《混凝土结构设计基本原理》配套使用。

限于作者水平,书中有不妥甚至错误之处,恳请读者批评指正。

编　者

2013 年 1 月

第二版前言

本书是在《混凝土结构与砌体结构设计》(第一版)的基础上,并根据我国新颁布的《混凝土结构设计规范》(GB 50010—2002)、《建筑结构荷载规范》(GB 50009—2001)和《砌体结构设计规范》(GB 50003—2001)编写的。

本书在编写过程中,力求做到少而精,理论联系实际,文字叙述清楚,为便于教学和读者自学,每章有小结、思考题和习题。

本书由中南大学、华东交通大学、同济大学共同编写。中南大学余志武、刘澍编写第一章第一和第二节,周朝阳、贺学军编写第一章第三至第六节,袁锦根、阎奇武编写第四章;同济大学周建民、李家奎编写第二章;华东交通大学袁志华编写第三章。全书由余志武教授和袁锦根教授主编,湖南大学成文山教授主审。

本书可与袁锦根、余志武主编的《混凝土结构设计基本原理》配套使用。

华东交通大学陆龙文教授、中南大学土木建筑学院杨建军副院长对全书的编排、各章节内容协调提出很多宝贵意见,给本书以很大的支持,在此表示谢意。

限于作者水平,书中有不妥甚至错误之处,恳请读者批评指正。

编 者

2003 年 12 月

※※※　第一版前言　※※※

　　本书是根据我国颁布的《混凝土结构设计规范》(GBJ 10—89)、《建筑结构荷载规范》(GBJ 9—87)和《砌体结构设计规范》(GBJ 3—88)编写的。

　　本书在编写过程中,力求做到少而精,理论联系实际,文字叙述清楚,为便于教学和读者自学,每章有小结、思考题和习题。

　　本书由长沙铁道学院、华东交通大学、上海铁道大学共同编写。长沙铁道学院余志武编写第一章第一和第二节,周朝阳编写第一章第三至第六节,袁锦根编写第四章;上海铁道大学李家奎编写第二章;华东交通大学袁志华、黄子云编写第三章。全书由余志武教授和袁锦根教授主编,湖南大学成文山教授主审。

　　本书可与袁锦根、余志武主编的《混凝土结构设计基本原理》配套使用。

　　华东交通大学陆龙文教授对全书的编排,各章节内容协调提出很多宝贵意见,给本书以很大的支持,在此表示谢意。

　　限于作者水平,书中有不妥甚至错误之处,恳请读者批评指正。

编　者

1997 年 10 月

目 录

第一章　混凝土楼盖

第一节　概　述

平面楼盖是建筑结构的重要组成部分,常用的楼盖为混凝土楼盖结构。混凝土楼盖结构由梁、板组成,是一种水平承重体系,属于受弯构件。对于6～12层的框架结构,楼盖用钢量占全部用钢量的50％左右;对于混合结构,其用钢量主要在楼盖中。因此,混凝土楼盖结构造型与平面布置的合理性、结构设计与构造的正确性对达到建筑结构设计"安全可靠经济适用美观"的基本目的具有非常重要的意义。

一、楼盖的分类

（一）按施工方法分

混凝土楼盖按施工方法可分为现浇整体式、装配式和装配整体式3种类型。

1. 现浇整体式楼盖

现浇整体式楼盖具有整体刚性好、抗震性能强、防水性能好及适用于特殊布局的楼盖等优点,因而被广泛应用于多层工业厂房、平面布置复杂的楼面、公共建筑的门厅部分、有振动荷载作用的楼面、高层建筑楼面及有抗震要求的楼面。现浇整体式楼盖的缺点是模板用木料多、施工湿作业量大、速度慢。但随着施工技术的不断革新与重复使用工具式钢模板的推广,现浇结构的应用将会逐渐增多。

2. 装配式楼盖

装配式楼盖由预制梁、板组成,具有施工速度快、便于工业化生产和机械化施工、节约劳动力和节省材料等优点,在多层房屋中得到广泛应用。但是,这种楼盖整体性、抗震性和防水性均较差,楼面开孔困难,因此其应用范围受到较大限制。

3. 装配整体式楼盖

装配整体式楼盖,即将各预制构件(包括梁和板)在吊装就位后,通过一定的措施使之成为整体。目前常用的整体措施有:板面作筋现浇层、迭合梁以及各种焊接连接等。装配整体式楼盖集现浇与装配式楼盖的优点于一体,与现浇式楼盖相比,可减少支模及混凝土施工湿作业量;与装配式楼盖相比,其整体刚性及抗震性能均大大提高,故对于某些荷载较大的多层工业厂房、高层建筑以及有抗震设防要求的建筑,可采用这种结构形式。但是,这种楼盖要进行混凝土两次浇灌,且往往增加焊接工作量,影响施工进度。

（二）按结构类型分

混凝土楼盖按结构形式可分为有梁楼盖和无梁楼盖等。有梁楼盖又分为单向板肋梁楼盖、双向板肋梁楼盖、井式楼盖和密肋楼盖。

1. 单向板肋梁楼盖和双向板肋梁楼盖

在单向板肋梁楼盖和双向板肋梁楼盖中,板的四周可支承在梁或砖墙上。当板的长边 l_2 与短边 l_1 的比值较大时,板上荷载主要是沿 l_1 方向传递到支承构件上,而沿 l_2 方向传递的荷载很少,可以略去不计〔图 1-1(b)〕。当 l_2 与 l_1 相差较小时,板上的荷载将通过两个方向传递到相应的支承构件上〔图 1-1(c)〕。为了简化计算,设计中近似认为:对于 $l_2/l_1 \geqslant 3$、荷载沿短方向传递的,称为单向板,由它组成的楼盖称为单向板肋梁楼盖;对于 $l_2/l_1 \leqslant 2$、荷载沿两方向传递的,称为双向板,由它组成的楼盖称为双向板肋梁楼盖。当 $3 > l_2/l_1 > 2$ 时,仍显示出一定的双向受力特征,宜按双向板计算。

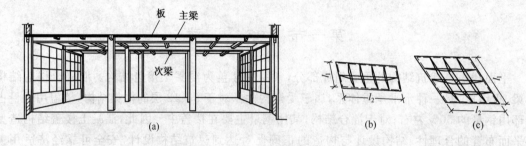

图 1-1 肋梁楼盖

(a)肋梁楼盖;(b)四边简支单向板变形;(c)四边简支双向板变形

肋梁体系是一种最普遍的现浇结构,既可用于房屋建筑的楼面和屋面,也常用于房屋的片筏式基础和储水池等结构,其跨度一般为 6～8 m。

2. 井式楼盖

井式楼盖由肋梁楼盖演变而成,是一种特殊的肋梁楼盖。井式楼盖的主要特点是两个方向的梁高相等,且同位相交(图 1-2)。井式楼盖梁布置成井字形,两个方向的梁不分主次,共同直接承受板传来的荷载,板为双向板。

井式楼盖的跨度较大,某些公共建筑门厅及要求设置多功能大空间的大厅,常采用井式楼盖。如北京政协礼堂井式楼盖,其跨度为 28.5 m×28.5 m。

3. 密肋楼盖

密肋楼盖与单向板肋梁楼盖的受力特点相似,肋相当于次梁,但间距密,一般为 0.9～1.5 m,因而称为密肋楼盖(图 1-3)。

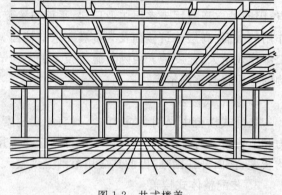

图 1-2 井式楼盖

密肋楼盖多用于跨度大而梁高受限制的情况,筒体结构的角区楼板往往也采用双向密肋楼盖。现浇非预应力混凝土密肋板跨度一般不大于 9 m,预应力混凝土密肋板跨度可达 12 m。

4. 无梁楼盖

无梁楼盖是将混凝土板直接支承在混凝土柱上,而不设置主梁和次梁(图 1-4)。无梁楼盖是一种双向受力楼盖,其楼面荷载由板通过柱直接传给基础。无梁楼盖的特点是结构传力简捷,由于无梁,故扩大了楼层净空或降低了结构高度,底面平整,模板简单,施工方便。

无梁楼盖按有无柱帽可分为无柱帽无梁楼盖〔图 1-4(a)〕和有柱帽无梁楼盖〔图 1-4(b)〕;按施工程序可分为现浇式无梁楼盖和装配整体式无梁楼盖。目前,在书库、冷库、商业建筑及地下车库的楼盖中应用较多。

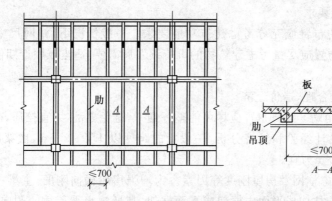

图 1-3 密肋楼盖(单位:mm)

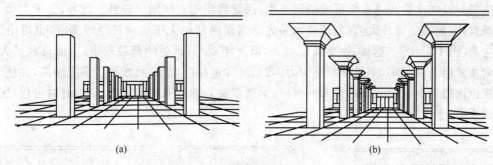

(a)   (b)

图 1-4 无梁楼盖
(a)无柱帽无梁楼盖;(b)有柱帽无梁楼盖

由于楼盖结构是建筑结构的主要组成部分,近十多年来,我国在混凝土楼盖结构方面进行了很多改革和尝试,摸索了一定的经验,楼盖形式渐趋于多样化,一些新结构和新技术不断涌现,如叠合楼盖、双向受力楼盖、预应力混凝土楼盖的广泛应用,取得了良好的社会与经济效益。特别是无黏结预应力混凝土技术的推广应用,进一步提高了楼盖结构的设计与施工水平。目前我国采用无黏结预应力楼板层数最多的建筑物为广州国际大厦,63层,高198 m。

二、楼盖设计基本内容

本章重点介绍现浇肋梁楼盖(包括单向板肋梁楼盖和双向板肋梁楼盖)的设计方法,同时对无梁楼盖、装配式楼盖及楼梯等设计要点加以简单介绍。

现浇肋梁楼盖的设计包括以下几方面内容。

1. 根据建筑平面和墙体布置,确定柱网和梁系尺寸;
2. 建立计算简图;
3. 根据不同的楼盖类型,选择合理的计算方法分析梁板内力;
4. 进行板的截面设计,并按构造要求绘制板的配筋图;
5. 进行梁的截面设计,并按构造要求绘制梁的配筋图。

第二节　现浇单向板肋梁楼盖

一、结构布置

结构布置是结构设计的一个重要环节。在肋梁楼盖中,结构布置包括柱网、承重墙、梁格及板的布置。肋梁楼盖结构布置应遵循下列原则：

1. 充分满足建筑功能要求

柱网、承重墙及梁格的布置应充分考虑建筑功能要求。一般情况下,柱网尺寸宜尽可能大,内柱尽可能少。结构布置应尽量考虑建筑物的可持续发展需要,适当兼顾近期使用要求与长期发展的可能性。

2. 尽量保证结构布置合理、造价经济

结构布置属概念设计范畴。梁格布置应尽可能整齐划一,避免零乱,梁宜拉通,荷载传递直接,施工支模方便。根据设计经验和经济分析,一般板的跨度以 1.7～2.7 m,次梁跨度 4.0～6.0 m、主梁跨度 5.0～8.0 m 为宜。

主梁的布置应综合考虑柱网及房屋刚度等因素。为增强房屋横向刚度,主梁一般沿房屋横向布置〔图 1-5(a)〕,并与柱构成平面内框架或平面框架,其抵抗水平荷载的侧向刚度较大。各种框架与纵向次梁或连系梁形成空间结构,因此房屋的整体刚度较好。此外,由于主梁与外墙面垂直,窗扇高度可较大,有利于室内采光。当横向柱距大于纵向柱距较多时,也可沿纵向布置主梁〔图 1-5(b)〕。这样,次梁跨度虽大,但间距较小,承受的荷载较小;主梁荷载虽大,但沿纵向布置后跨度减小,不仅可减小内力,截面尺寸也相应减小,故增加了房屋净高,并使天花板采光也比较均匀。中间有内走廊的房屋(如教学楼),常可采用内纵墙承重,此时可仅设次梁而不设主梁〔图 1-5(c)〕。

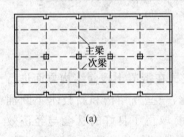
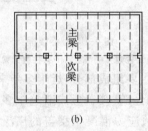
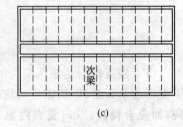

(a)   (b)   (c)

图 1-5   梁格布置

(a)主梁沿横向布置；(b)主梁沿纵向布置；(c)有内走廊

一般地,主梁和次梁不应搁置于门窗洞口上,否则应增设过梁。特别是主梁,在砖墙承重的房屋中应力求将其布置在窗间墙上。在楼面较大孔洞的四周、楼面上安放有机器设备或有悬吊设备的位置、非轻质隔墙下均应设置承重梁,以避免楼板直接承受集中荷载。

二、按弹性理论计算单向板肋梁楼盖

单向板肋梁楼盖按弹性理论的计算方法是将混凝土梁、板视为理想弹性体,按结构力学方法计算其内力。

(一)计算简图

在内力分析之前,应按照尽可能符合结构实际受力情况和简化计算的原则,确定结构构件的计算简图,其内容包括支承条件的简化、杆件的简化和荷载的简化。

1. 支承条件的简化

对图 1-6 所示的混合结构,楼盖四周为砖墙承重,梁(板)的支承条件比较明确,可按铰支(或简支)考虑。但是,对于与柱现浇整体的肋梁楼盖,梁(板)的支承条件与梁柱的线刚度有关。

对于支承在混凝土柱上的主梁,其支承条件应根据梁柱的线刚度比确定。计算表明,如果主梁与柱的线刚度比不小于 3,则主梁可视为铰支于柱上的连续梁,否则梁柱将形成框架结构,主梁应按框架横梁计算。

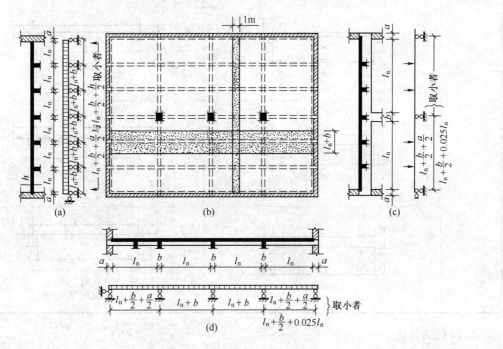

图 1-6 单向板肋梁楼盖计算简图

对于支承于次梁上的板或支承于主梁上的次梁,可忽略次梁或主梁的弯曲变形的影响,且不考虑支承处节点的刚性,将其支座视为不动铰支座,按连续板或连续梁计算。由此引起的误差将在计算荷载和内力时适当调整。

2. 杆件的简化

杆件的简化包括梁、板的计算跨度和跨数的简化。梁和板的计算跨度 l_0 是指构件在计算内力时所采用的跨度,即计算简图中支座反力间的距离,其值与支承条件、支承长度 a 和构件的抗弯刚度等因素有关。对单跨梁板和多跨连续梁板,当其内力按弹性理论计算时,在不同支承条件下的计算跨度按表 1-1 取用。

对于五跨和五跨以内的连续梁(板),跨数按实际考虑。对于五跨以上的等跨连续梁(板),由于两侧边跨对中间跨内力影响很小,一般仍按五跨连续梁(板)计算,即除每侧两跨外,所有中间跨均按第三跨计算。

当连续梁(板)各跨计算跨度不等,但相差不超过 10% 时,仍可近似按等跨连续梁(板)计算。

表 1-1 梁板按弹性分析的计算跨度

构件名称	单　　跨		多　　跨	
板	$l_0 = l_n + h$		当 $a \leqslant 0.1 l_c$ 时,$l_0 = l_c$ 当 $a > 0.1 l_c$ 时,$l_0 = 1.1 l_n$	

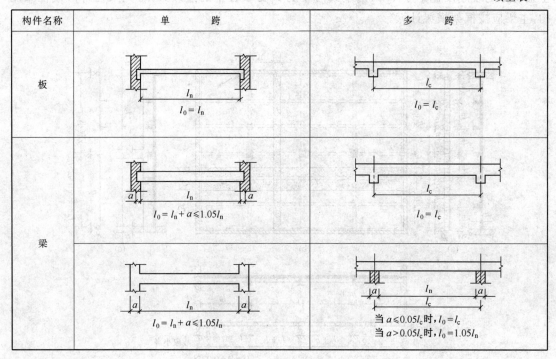

3. 荷载的简化

作用在楼盖上的荷载分为永久荷载(恒载)和可变荷载(活荷载)。恒载是指梁、板结构自重、楼层构造层(楼面、顶棚)重量以及永久性设备重量。活荷载包括人群、设备和堆料等的重量。

恒载的标准值可按选用的构件尺寸、材料和结构构件的单位自重确定,常用材料单位自重可查《建筑结构荷载规范》(简称《荷载规范》)。民用建筑楼面上的均布活荷载可由《荷载规范》查得,一般以均布荷载形式作用在构件上。工业建筑楼面在生产使用或检修、安装时,由设备、运输工具等所引起的局部荷载或集中荷载,均应按实际情况考虑,也可用等效均布活荷载代替。

板上荷载通常取宽度为1 m的板带进行计算,如图1-6所示。因此,计算板带跨度方向单位长度上的荷载即为1 m^{2}上的板面荷载。次梁除自重(包括构造层)外,还承受板传来的均布荷载。主梁除自重(包括构造层)外,还承受次梁传来的集中力。为简化计算,一般在确定板传递给次梁的荷载、次梁传递给主梁的荷载以及主梁传递给柱(墙)的荷载时,均忽略结构的连续性而按简支梁计算。另外,由于主梁自重较次梁传递的集中力小得多,一般也折算成集中荷载。

值得指出,现行《荷载规范》中规定的楼面活荷载标准值是取其设计基准期内具有足够保证率的荷载值。实际上活荷载的数值和作用位置都是变化的,整个楼面同时满布活荷载且均达到其足够大的量值的可能性极小。因此,《荷载规范》中规定,设计板时,由于其负荷面积小,满载有可能,故活荷载不折减。设计梁、柱、墙和基础时,当负荷面积大时,满载及同时达到标准值的可能性小,故应按《荷载规范》中有关要求将楼面活荷载乘以适当的折减系数。

4. 折算荷载

如前所述,在确定肋梁楼盖的计算简图时,假定其支座为铰支承,而实际工程中,板与次梁、次梁与主梁皆为整体联结,因此,这种简化实质上是忽略了次梁对板、主梁对次梁在支承处的转动约束作用。对于等跨连续板（或梁），当活荷载沿各跨均为满布时，板（或梁）在中间支座发生的转角很小，此简化是可行的。但当活荷载隔跨布置时，情况则不同。如图 1-7 所示，以支承在次梁上的三跨连续板为例，在图 1-7 (a)所示荷载作用下，当按理想铰支简图计算时，板绕支座产生转角 θ。实际上，由于板与次梁整浇在一起，当板受荷发生弯曲转动时，将使支承它的次梁产生扭转，而次梁对此扭转的抵抗将部分阻止板的自由转动〔图 1-7(b)〕，即此时板支座截面的实际转角 θ' 比理想铰支承时的转角 θ 小，其结果相当于降低了板的弯矩值。类似的情况也发生在次梁与主梁之间。

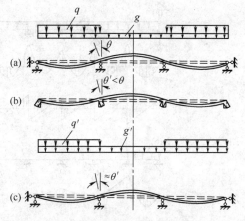

图 1-7 折算荷载
(a)理想铰支座时的变形；
(b)支座弹性约束时的变形；(c)采用折算荷载时的变形

为了合理考虑这一有利影响，在设计中一般采用增大恒载而相应地减小活荷载的办法来处理，即以折算荷载代替实际荷载〔图 1-7(c)〕。对于板和次梁，其折算荷载取值如下：

板
$$g' = g + \frac{q}{2}, q' = \frac{q}{2} \tag{1-1}$$

次梁
$$g' = g + \frac{q}{4}, q' = \frac{3}{4}q \tag{1-2}$$

式中　g'——折算恒载；

　　　q'——折算活荷载；

　　　g——实际恒载；

　　　q——实际活荷载。

当板或次梁搁置在砖墙或钢梁上时，则不作此调整，应按实际荷载进行计算。对于主梁，一般计算时不考虑折算荷载。这是因为主梁与柱整体联结，当柱刚度较小时，柱对梁的约束作用很小，可以忽略其影响。若柱刚度较大时则应按框架计算结构内力。

（二）荷载的最不利组合及内力包络图

图 1-8 为 5 跨连续梁在不同荷载布置情况下的弯矩图和剪力图。当荷载作用在不同跨间时，在各截面产生的内力不同。由于活荷载作用位置的可变性及各跨荷载相遇的随机性，故在设计连续梁、板时，存在一个如何将恒载和活荷载合理组合起来，使某一指定截面的内力为最不利的问题，这就是荷载最不利组合问题。

通过分析图 1-8(b)~图 1-8(f)中梁上弯矩和剪力图的变化规律及其不同组合后的效果，我们不难得出确定截面最不利活荷载布置的下列原则。

1. 求某跨跨中最大正弯矩时，应在该跨布置活荷载，然后向其左右，每隔一跨布置活荷载。

2. 求某跨跨中最大负弯矩（即最小弯矩）时，该跨应不布置活荷载，而在两相邻跨布置活荷载，然后每隔一跨布置。

3. 求某支座最大负弯矩时，应在该支座左右两跨布置活荷载，然后每隔一跨布置。

4. 求某支座截面最大剪力，其活荷载布置与求该支座最大负弯矩时的布置相同。

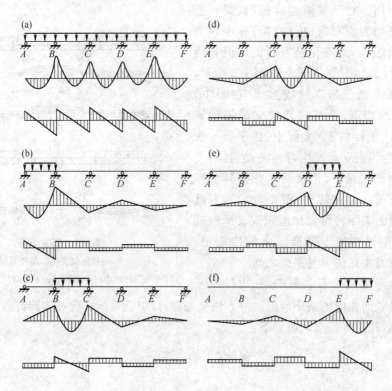

图 1-8 荷载不同布置时连续梁的弯矩、剪力图

例如,对图 1-8 所示五跨连续梁,当求 1、3、5 跨跨中最大正弯矩时,应将活荷载布置在 1、3、5 跨;而求其跨中最小弯矩时,则应将活荷载布置在 2、4 跨;当求 B 支座最大负弯矩时,应将活荷载布置在 1、2、4 跨等。

值得指出,无论哪种情况,梁上恒载都应按实际情况布置。

荷载布置确定后,即可按结构力学方法或附录 1 进行连续梁的内力计算。任一截面可能产生的最不利内力(弯矩或剪力),等于该截面在恒载作用下的内力加上其在相应的活荷载最不利组合时产生的内力。

将各控制截面在荷载最不利组合下的内力图(包括弯矩图和剪力图)绘在同一图中,其外包线表示各截面可能出现的内力的最不利值,这些外包线即称之为内力包络图。图 1-9 为一五跨连续梁的弯矩包络图和剪力包络图。不论活荷载如何布置,梁任一截面产生的弯矩图总不会超过其弯矩包络图的范围。

绘制弯矩包络图的步骤如下:

1. 根据某一控制截面的最不利荷载布置求出相应的两边支座弯矩,以支座弯矩间连线为基线。

2. 以基线为准逐跨绘出在相应荷载作用下简支弯矩图。通常将每跨等分为十段,则跨度中心截面弯矩为 100%,其两侧各截面弯矩分别近似为 96%、84%、64%、36% 和 0。

3. 重复步骤 1、2,将各控制截面的最不利荷载组合下的弯矩图逐个叠加。

4. 用粗线勾划出其外包线,即得到所求的弯矩包络图。

值得指出,对等跨梁,由于发生跨中最大弯矩和最小弯矩的支座弯矩相同,故边跨三种组合只有两根基线,内跨四种组合只有 3 根基线。

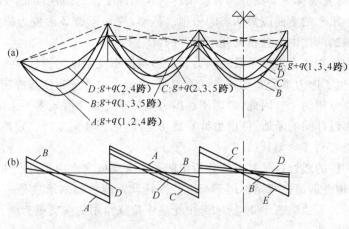

图 1-9　内力包络图

(a)弯矩包络图；(b)剪力包络图

利用类似方法可绘出剪力包络图。

弯矩包络图及剪力包络图中的内力值是进行连续梁截面设计、确定梁中所需纵向钢筋和腹筋数量的依据。利用弯矩包络图还可较准确确定钢筋的弯起和截断位置，即绘制相应的材料包络图。这将在本节后面详细介绍。

（三）支座截面内力计算

按弹性理论计算时，中间跨的计算跨度取支承中线间的距离，因而其支座最大负弯矩将发生在支座中心处，在与支座整结的梁、板中，该处截面较高，故实际计算弯矩应按支座边缘处取用（图 1-10）。此截面弯矩、剪力计算值为

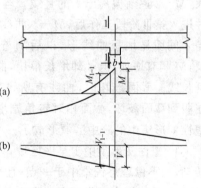

$$M_{1-1}=M-V_0\frac{b}{2} \qquad (1-3)$$

$$V_{1-1}=V-(g+q)\frac{b}{2} \qquad (1-4)$$

图 1-10　支座宽度影响

(a)弯矩计算值；(b)剪力计算值

式中　M、V——支座中心处截面上的弯矩和剪力；

　　　V_0——按简支梁计算的支座剪力；

　　　b——支座宽度；

　　　g、q——作用在梁上的均布恒载和均布活荷载。

三、单向板肋梁楼盖考虑塑性内力重分布的计算

前述按弹性理论计算混凝土连续梁的方法是假定材料为匀质弹性体，荷载与内力成线性关系。试验表明，混凝土受弯构件的正截面应力状态经历 3 个阶段。

第Ⅰ阶段：从加载到混凝土开裂的开裂前整体工作阶段；

第Ⅱ阶段：从混凝土开裂到受拉钢筋屈服的带裂缝工作阶段；

第Ⅲ阶段：从受拉钢筋屈服到截面破坏的破坏阶段。

在第Ⅰ阶段，构件受荷载小，基本处于弹性状态工作，故弹性理论基本适用。随着荷载增加，混凝土受拉区裂缝的出现与开展，受压区混凝土塑性变形不断发展，特别是在受拉钢筋屈

服后,这种塑性变形发展得更加充分。为反映材料和构件工作的塑性性质,受弯构件正截面承载力计算以第Ⅲ阶段末的截面应力状态为依据。显然,这种以破坏阶段为依据的截面计算与以弹性理论为基础的结构内力分析是互不协调的。

混凝土受弯构件在各个工作阶段的内力和变形与按不变刚度的弹性体系分析的结果不吻合,即在结构中产生了内力重分布现象。试验表明,由于内力重分布使超静定结构的实际承载能力往往比按弹性分析的大。因此,考虑塑性内力重分布计算超静定混凝土结构,不但可消除其内力计算与截面设计间的矛盾,使内力计算更切实际,而且还可获得一定的技术经济效益。

(一)混凝土受弯构件的塑性铰

混凝土受弯构件的塑性铰是其塑性分析中的一个重要概念。由于钢筋和混凝土材料所具有的塑性性能,使构件截面在弯矩作用下产生塑性转动。塑性铰的形成是结构破坏阶段内力重分布的主要原因。下面以图 1-11 所示跨中受集中荷载作用的简支梁为例,着重研究混凝土受弯构件塑性铰的特性。

图 1-11 示出梁跨中截面在各级荷载下,根据实测的应变 ε_s、ε_c 及 h_0 值而绘制的弯矩与曲率($M-\phi$)关系曲线,其中 $\phi=\dfrac{\varepsilon_s+\varepsilon_c}{h_0}$。从图中可以看出,在第Ⅰ阶段,梁基本处于弹性阶段,$M-\phi$ 成直线关系。出现裂缝后,梁进入第Ⅱ阶段,随着弯矩的增大,$M-\phi$ 逐渐偏离原来的直线。当钢筋达到屈服,构件进入第Ⅲ阶段工作后,$M-\phi$ 曲线斜率急剧减小,M 与 ϕ 间明显地呈曲线形,以后随着截面内力臂的增长,M 稍有增加,但 ϕ 却增长很快,曲线几乎为一水平延长线。截面破坏时,曲线有所下降。显然,从钢筋屈服到截面破坏,截面相对转角剧增,即在梁内拉、压

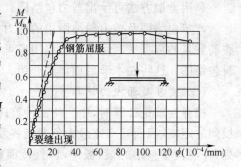

图 1-11 实测 $M-\phi$ 关系曲线

塑性变形集中的跨中区域形成了一个性能特殊的"铰"。这个特殊铰有以下一些特征。

1. 塑性变形集中于某一区域,只能在从受拉钢筋屈服到受压区混凝土压碎的有限范围内转动,而不像理想铰集中于一点,且可无限制地转动。

2. 只能绕弯矩作用方向发生单向转动,而不能像理想铰那样可绕任意方向转动。

3. 该特殊铰在转动的同时,不但可传递剪力还可传递一定的弯矩,即截面的极限弯矩 M_u(但不能传递大于 M_u 的弯矩),而不像理想铰只能传递剪力不能传递弯矩。

通常我们称杆系结构中具有这些特征的特殊区段为塑性铰。塑性铰的分布范围及其转角可定量分析。如图 1-12(c)所示,在 A 点钢筋屈服,其屈服弯矩记为 M_y,相应的曲率为 ϕ_y,此时跨中截面形成塑性铰。在 B 点附近,弯矩达最大值 M_u,相应的曲率为 ϕ_u。尽管钢筋初始屈服后,弯矩增量 M_u-M_y 不大,但由于最大弯矩截面塑性变形的发展,必然使与它相邻区段内的钢筋逐渐屈服。因此理论上可以认为梁的弯矩图上相应于 $M>M_y$ 的部分即成为塑性铰的范围,并称为塑性铰长度 l_p〔图 1-12(b)〕。

图 1-12(d)为梁的曲率分布图,图中实线为实际的曲率分布。曲率可分为弹性部分 ϕ_y 和塑性部分 ϕ_p(图中加阴影线部分)。跨中截面全部塑性转动的曲率可由曲率差($\phi_u-\phi_y$)表示,其值越大,表示截面的延性越好。塑性铰的转角 θ_p 理论上可以采取将曲率的塑性部分积分的方法计算。但由于实际曲率分布的非光滑性,在两裂缝间曲率下降,而在裂缝截面处出现峰值,通过积分求 θ_p 有一定困难。为简化计算,可将曲率的塑性部分用等效矩形代替,该矩形区

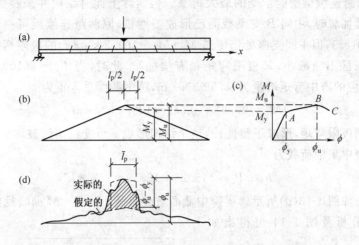

图 1-12 塑性铰长度及曲率分布图

(a)构件;(b)弯矩;(c)$M-\phi$曲线;(d)曲率

段的高度为塑性曲率 $\theta_p = \phi_u - \phi_y$,宽度为 $\bar{l}_p = \beta l_p, \beta < 1$。由此得到塑性铰的转角 θ 为

$$\theta = (\phi_u - \phi_y)\bar{l}_p \tag{1-5}$$

但影响 $\bar{l}_p$ 的因素较多,要寻求实用而足够准确的计算公式,尚需进一步研究。

(二)混凝土超静定结构的内力重分布

现以在跨中作用有集中荷载 P 的两跨等跨连续梁(图 1-13)为例。截面为 $200\ mm \times 500\ mm$,混凝土强度等级为 C20($f_c = 9.6\ N/mm^2$),配 HRB335 级钢筋,跨中截面与中间支座的受拉钢筋用量均为 3 ϕ20。

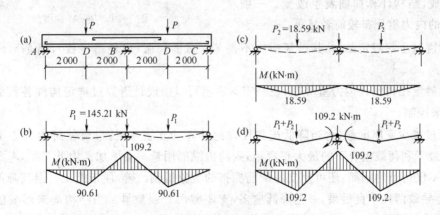

图 1-13 两跨连续梁的内力重分布

按受弯构件正截面承载力计算方法,可得跨中截面与中间支座截面的极限弯矩均为 $109.2\ kN \cdot m$。按附表 1-1 中给出的系数,可求出弹性状态下支座截面 B 达到其极限弯矩时,相应的集中荷载 P_1〔图 1-13(b)〕为

$$P_1 = \frac{M_B}{0.188l} = \frac{109.2}{0.188 \times 4} = 145.21\ kN$$

此时,荷载作用点处的最大正弯矩为

$$M_D = 0.156 \times 145.21 \times 4 = 90.61\ kN \cdot m$$

显然,在 $P_1 = 145.21\ kN$ 时,中间 B 支座截面的负弯矩已达到其极限弯矩 M_u,按弹性分析方

法，P_1 即为该两跨连续梁所能承受的最大荷载。但实际上此时结构并未丧失承载力，仍可继续加载。但继续加载时，中间 B 支座截面已形成塑性铰，原两跨连续梁可视为两个单跨简支梁工作〔图 1-13(c)〕，但中间支座处仍传递 $M=M_u=109.2$ kN·m 的极限弯矩(实测表明，由于支座截面受压区不断减小，其极限弯矩稍有增加)。此时，当 $P_2=4(109.2-90.61)/4=18.59$ kN 时，相应的跨中弯矩增量为 18.59 kN·m，跨中截面总弯矩为

$$M_D=90.61+18.59=109.2 \text{ kN·m}$$

即跨中截面达到极限弯矩，形成了塑性铰，整个结构形成了可变机构而破坏。由此得到该连续梁所能承受的跨中集中荷载为

$$P=P_1+P_2=145.21+18.59=163.8 \text{ kN}$$

梁的最后弯矩图如图 1-13(d)所示。梁跨中截面与支座截面的 P—M 曲线见图 1-14。

从上面的分析及图 1-14 可得出如下结论：

1. 从构件截面开裂到结构破坏，跨中和支座截面弯矩的比值不断发生改变。这种现象即称为内力重分布。整个结构内力重分布现象分为两个过程完成：第一个过程发生于裂缝出现至塑性铰形成以前，引起内力重分布的原因主要是由于裂缝形成和开展，构件刚度发生变化；第二个过程发生于塑性铰形成以后，引起内力重分布的原因主要是塑性铰形成，结构计算简图发生改变。一般后者引起的内力重分布较前者显著。

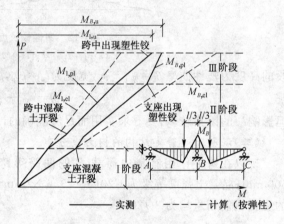

图 1-14 P—M 曲线

2. 对混凝土超静定结构，其破坏标志不是某一截面屈服(出现塑性铰)，而是形成机构而破坏。

3. 超静定结构塑性内力重分布，在一定程度上可以由设计者通过选定构件各截面的极限弯矩 M_u 来控制。

4. 通过减少支座配筋，适当降低按弹性理论计算的支座弯矩，只要使跨内弯矩不超过按弹性计算最不利荷载组合下的最大正弯矩，则跨内纵筋用量不会增加。由此可见，考虑塑性内力重分布不仅可节约钢筋，还可使支座配筋拥挤的现象得到改善，便于施工。但其降低不宜太多，否则会导致两种不良后果：一是降低愈多，支座截面开裂愈早。当结构尚未形成破坏机构前，最初形成的塑性铰没有足够的转动能力(即截面没有足够的延性)，支座截面混凝土将会过早压碎而导致结构破坏。二是最初形成的塑性铰愈早，其转动就愈大，导致使用阶段塑性铰处裂缝开展过宽，结构变形过大。这些在设计中均应避免。

(三)考虑塑性内力重分布的计算方法

1. 一般计算原则

考虑塑性内力重分布计算结构内力，应遵循以下原则。

(1)满足力的平衡条件

对 n 次超静定连续梁，在极限状态下将出现 $n+1$ 个塑性铰，使其整体或局部形成破坏机构而丧失承载能力。此时弯矩分布既应满足屈服条件 $-M_u \leqslant M \leqslant M_u$，又应满足静力平衡条

件。对于连续梁,其静力平衡条件为

$$\frac{M_B+M_C}{2}+M_L\geqslant M_0 \qquad (1\text{-}6)$$

式中　M_B、M_C 和 M_L——支座 B、C 和跨中截面塑性铰上的弯矩(图 1-15);

　　　　M_0——在全部荷载($g+q$)作用下简支梁跨中弯矩。

此外,对承受均布荷载作用的连续梁,不管是跨中还是支座的塑性铰上的弯矩的绝对值均应满足

$$M\geqslant\frac{(g+q)L^2}{24} \qquad (1\text{-}7)$$

(2)塑性铰应有足够的转动能力

如前所述,对 n 次超静定连续梁,其 $n+1$ 个的塑性铰是分批出现的。因此,在第 $n+1$ 个塑性铰出现以前,先出现的 n 个塑性铰必须具有足够的转动能力,否则将导致塑性铰处混凝土压碎破坏,结构达不到完全的塑性内力重分布。试验表明,混凝土梁的塑性转动能力主要与钢材品种及配筋率有关。《规范》规定,按塑性内力重分布计算的结构构件,钢材应具有良好的塑性性能,钢筋在最大力下的总伸长率应满足要求。弯矩调整后的梁端截面相对受压区高度不应超过 0.35,且不宜小于 0.10。超筋截面或接近界限配筋的高配筋截面,其延性很差,难以实现预期的内力重分布,故在塑性设计中应避免采用。

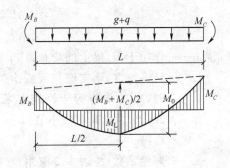

图 1-15　连续梁任意跨内外力的极限平衡

(3)满足正常使用要求

按塑性内力重分布设计的结构构件,在使用荷载作用下,结构构件的裂缝与变形应满足正常使用极限状态的要求。裂缝和变形控制与完全的内力重分布要求相矛盾。因此,对使用阶段不允许出现裂缝的结构,不具备内力重分布的条件,设计时不应考虑塑性内力重分布;对裂缝控制为一、二级的结构构件,其内力应按弹性体系计算,也不应考虑塑性内力重分布;在其他情况下,可考虑按塑性内力重分布方法计算,但应防止过大的裂缝宽度,通常采用弯矩调幅法进行设计。

(4)防止发生其他局部脆性破坏

按塑性内力重分布设计的结构构件应防止发生其他局部脆性破坏,如斜截面剪切破坏或粘结劈裂破坏等。设计中,在预期出现塑性铰的部位,应适当加密箍筋,支座负弯矩钢筋在跨中切断时应留有足够的延伸长度,切实保证构件的抗剪承载力与节点构造的可靠性。这些措施不但有利于提高构件的抗剪承载力,而且还可改善混凝土的变形性能,增大塑性铰的转动能力。

2. 均布荷载等跨连续梁、板考虑塑性内力重分布的计算

关于连续板、梁考虑塑性内力重分布的计算,国内外曾进行过大量的理论分析与试验研究工作,先后提出过多种计算方法,如塑性铰法、极限平衡法及弯矩调幅法等。随着计算机技术在结构工程中的推广应用,采用弯曲——曲率法对混凝土结构进行非线性全过程分析,取得了大量研究成果,但尚未进入实用阶段。目前工程结构设计中应用较多的仍是弯矩调幅法。

所谓弯矩调幅法,即先按弹性分析求出结构的截面弯矩值,再根据上述一般计算原则,将结构中某些截面绝对值最大的弯矩(多数为支座弯矩)进行调整,最后确定相应的支座剪力。设弯矩的调整值为 ΔM(图 1-16),则调幅系数 η 可定义为 ΔM 与截面上弹性计算弯矩 M_e 的比值,即

$$\eta = \frac{\Delta M}{M_e} \tag{1-8}$$

钢筋混凝土梁支座或节点边缘截面的负弯矩调幅系数不宜大于 25%,钢筋混凝土板的负弯矩调幅系数不宜大于 20%。

图 1-16 弯矩调幅

根据上述调幅法的原则,为进一步简化计算,对均布荷载作用下等跨连续板、梁考虑塑性内力重分布后的弯矩和剪力,可按下列公式计算:

$$M = \alpha(g+q)l_0^2 \tag{1-9}$$
$$V = \beta(g+q)l_n \tag{1-10}$$

式中 g、q——作用于板、梁上的均布恒载和均布活荷载的设计值;

　　l_0——计算跨度,当支座和板或次梁整体联结时,取净跨 l_n,当端支座简支在砖墙上时,板的端跨等于净跨加板厚之半,梁的端跨取净跨加支座宽度之半或加 $0.025l_n$(取其中较小值);

　　l_n——净跨;

　　α——弯矩系数,按表 1-2 取用;

　　β——剪力系数,按表 1-3 取用。

表 1-2 弯 矩 系 数

截　面	边 跨 中	第 一 内 支 座	中 跨 中	中 间 支 座
α 值	$\dfrac{1}{11}$	$-\dfrac{1}{14}$(板) $-\dfrac{1}{11}$ [1](梁)	$\dfrac{1}{16}$	$-\dfrac{1}{16}$

[1] 在实际工程中也有按 $-\dfrac{1}{14}$ 计算的。

表 1-3 剪 力 系 数

截　面	边 支 座	第一内支座左边	第一内支座右边	中 间 支 座
β	0.4	0.6	0.5	0.5

对均布荷载不等跨连续板、梁,当计算跨度相差不超过 10% 时,可近似按等跨连续板、梁内力计算公式计算弯矩和剪力,但在计算支座负弯矩时,计算跨度 l_0 应按相邻两跨的较大跨度值计算,计算跨内弯矩则仍按本跨的计算跨度计算。

3. 适用范围

采用塑性内力重分布的计算方法,构件的裂缝开展较宽,变形较大。因此,对于下列结构的承载力计算时,不应考虑其塑性内力重分布,而应按弹性理论计算其内力。

(1)直接承受动力荷载和疲劳荷载作用的结构;

(2)裂缝控制等级为一级或二级的结构构件;

(3)处于三 a、三 b 类环境情况下的结构。

四、单向板肋梁楼盖的截面设计与构造要求

(一)板的计算与构造要求

1. 计算要点

(1)一般多跨连续板可考虑用塑性内力重分布计算内力。

(2)连续板在荷载作用下进入极限状态时,跨中下部及支座附近的上部出现许多裂缝,受拉区混凝土退出工作,受压混凝土沿梁跨方向形成一受压拱带(图 1-17)。当板的周边具有足够的刚度时,在竖向荷载作用下将产生板平面内的水力推力,导致板中各截面弯矩减小。因此,《规范》规定,对于四周与梁整体连接的板,中间跨的跨中截面及中间支座截面的计算弯矩可减少 20%,对其他截面,则不予降低。

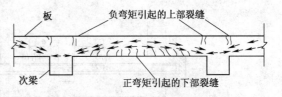

图 1-17 连续板的拱作用

(3)板的配筋计算,一般只需对控制截面(各跨跨内最大弯矩截面及各支座截面)进行计算。各控制截面钢筋面积确定后,应按先内跨后外跨、先跨中后支座的顺序选择钢筋直径及间距,以使跨数较多的内跨钢筋用量与计算值尽可能一致,并使支座截面能尽可能利用跨中弯起的钢筋,达到经济合理的目的。

(4)由于板宽度较大且承受荷载较小,一般能满足斜截面抗剪承载力要求,故不需进行抗剪承载力计算。

2. 构造要求

(1)一般规定

板的混凝土强度等级不宜低于 C20。混凝土保护层最小厚度不应小于15 mm。

由于楼盖中板的混凝土用量占整个楼盖混凝土用量的 50%~70%,因此,板厚应尽可能接近构造要求的最小板厚:工业建筑楼面为70 mm,民用建筑楼面为60 mm,屋面为60 mm。此外,按刚度要求,板厚还应不小于其跨长的1/30。

板的支承长度应满足受力钢筋在支座内锚固的要求,且一般不小于板厚,当搁置在砖墙上时,不小于120 mm。

(2)受力钢筋

板的纵向受力钢筋直径常用 $\phi6$、$\phi8$ 及 $\phi10$。经济配筋率为 0.4%~0.8%。为便于施工架立,支座负筋宜采用直径较大的钢筋。

受力钢筋间距不应小于70 mm;当板厚 $h\leq15$ mm 时,间距不应大于200 mm;当板厚 $h>150$ mm 时,间距不宜大于 $1.5h$,且不宜大于250 mm。

连续板中受力钢筋的配置,可采用弯起式或分离式(图 1-18)。确定连续板纵筋的弯起点和切断点,一般不必绘弯矩包络图。跨中承受正弯矩的钢筋,可在距支座$l_0/10$处切断,或在 $l_0/6$处弯起。弯起角度一般为30°,当板厚大于120 mm时,可为 45°。伸入支座的正弯矩钢筋,其间距不应大于400 mm,截面面积不小于跨中受力钢筋截面面积的1/3。支座附近承受负弯矩的钢筋,可在距支座边不少于 a 的距离处切断,a 的取值如下:

$$当 q/g\leq3 时,a=\frac{l_\mathrm{n}}{4}$$

$$当 q/g > 3 时, a = \frac{l_n}{3}$$

式中　g、q——分别为板上作用的恒载和活荷载设计值;

　　　　l_n——板的净跨。

为了保证受力钢筋锚固可靠,板内伸入支座的下部正钢筋采用半圆弯钩。上部负钢筋做成直钩,直接支撑于模板上。

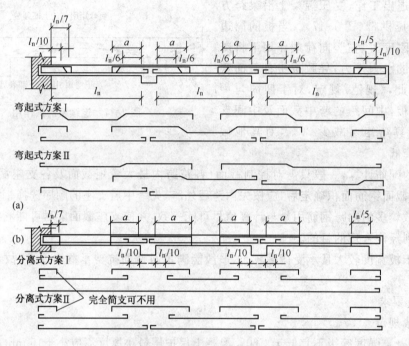

图 1-18　混凝土连续板受力钢筋两种配筋方式

(a)弯起式;(b)分离式

(3)分布钢筋

分布钢筋指与受力钢筋垂直布置的构造钢筋,其作用是:

①与受力钢筋组成钢筋网,固定受力钢筋位置;

②抵抗收缩和温度变化所产生的内力;

③承担并分布板上局部或集中荷载产生的内力。

分布钢筋应布置在受力钢筋的内侧。单位宽度上的配筋不宜小于单位宽度上的受力钢筋的 15%,且配筋率不宜小于 0.15%;直径不宜小于 6 mm,间距不宜大于 250 mm。

(4)长向支座处的负弯矩钢筋

现浇肋梁楼盖的单向板,实际上是周边支承板。靠近主梁的板面荷载将直接传给主梁,故产生一定的负弯矩。《规范》规定,应在板面沿主梁方向每米长度内配置直径不宜小于 8 mm,间距不宜大于 200 mm 的附加钢筋,且其数量不得少于短向正弯矩钢筋的1/3,伸出长向支承梁梁边长度不小于 $l_0/4$,l_0 为板的计算跨度(图1-19)。

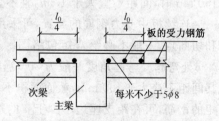

图 1-19　长向支座处的负弯矩钢筋

（5）嵌入墙内的板面附加筋

对嵌固在承重墙内的单向板，由于墙的约束作用，板内产生负弯矩，使板面受拉开裂。在板角部分，荷载、温度、收缩及施工条件等因素均会引起角部拉应力，导致板角发生斜向裂缝。〔图1-20(a)〕为典型的板面裂缝分布。《规范》规定，对于嵌于承重墙内的板，沿墙长每米内应配置 $5\phi8$ 的构造钢筋（包括弯起钢筋），伸出墙面长度应不小于 $l_1/7$。对两边嵌入墙内的板角部分，应双向配置上述构造钢筋，伸出墙面的长度应不小于 $l_1/4$〔图1-20(b)〕，l_1 为板的短边长度。

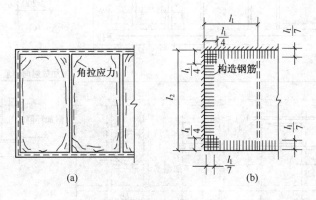

图1-20 嵌入墙内的板面附加钢筋

（6）孔洞构造钢筋

板中开孔，截面削弱，应力集中，设计时应采取适当措施予以加强。当孔洞的边长 b（矩形孔）或直径 D（圆形孔）不大于300 mm时，由于削弱面积较小，可不设附加钢筋，板内受力钢筋可绕过孔洞，不必切断。

当边长 b 或直径 D 大于300 mm，但小于1 000 mm时，应在洞边每侧配置加强洞口的附加钢筋，其面积不小于洞口被切断的受力钢筋截面面积的1/2，且不小于 $2\phi8$。如仅按构造配筋，每侧可附加 $2\phi8\sim2\phi12$ 的钢筋〔图1-21(a)〕。

当边长 b 或直径 D 大于1 000 mm，且无特殊要求时，宜在洞边加设小梁〔图1-21(b)〕。

（二）次梁的计算与构造要求

1. 计算要点

（1）次梁一般按塑性内力重分布方法计算内力。

（2）按正截面承载力计算时，跨中正弯矩作用下，板位于梁的受压区，按 T 形截面计算；支座承受负弯矩，按矩形截面计算。次梁的纵筋配筋率一般取 $0.6\%\sim1.5\%$。

（3）次梁横向钢筋按斜截面抗剪承载力确定。当跨度和荷载较小时，一般只利用箍筋抗剪；当荷载和跨度较大时，宜在支座附近设置弯起钢筋，以减小箍筋用量。

（4）当截面尺寸满足高跨比（1/18～1/12）和宽高比（1/3～1/2）的要求时，一般不必作使用阶段的挠度和裂缝宽度验算。

2. 构造要求

次梁的混凝土强度等级不宜低于 C20，混凝土保护层最小厚度不应小于20 mm。

次梁的支承长度应满足受力钢筋在支座处的锚固要求。梁支承在砖墙上的长度 a，当梁高 $h<400$ mm 时，$a\geqslant120$ mm；$h\geqslant400$ mm 时，$a\geqslant180$ mm，并应满足砌体局部受压承载力要求。

梁中受力钢筋的弯起与截断，原则上应按弯矩包络图确定。但对于跨度相差不超过20%，承受均布荷载的次梁，当活荷载与恒载之比不大于 3 时，可按图1-22布置受力钢筋。

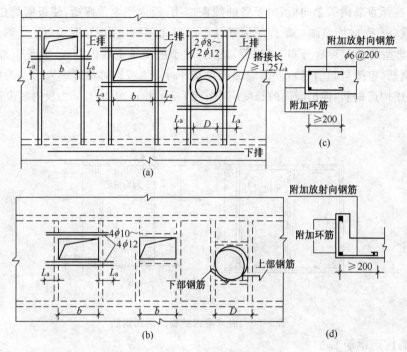

图 1-21　板内孔洞周边的附加钢筋

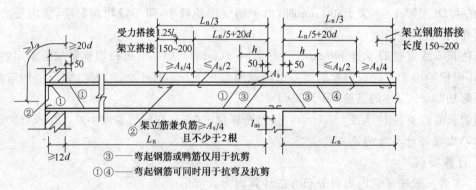

图 1-22　等跨连续次梁的钢筋布置

（三）主梁的计算与构造要求

1. 计算要点

（1）主梁是肋梁楼盖的主要承重构件，通常按弹性理论计算内力。

（2）主梁正截面抗弯承载力计算与次梁相同，即跨中按 T 形截面计算，支座按矩形截面计算。

（3）在主梁支座处，板、次梁和主梁的负弯矩钢筋重叠交错（图 1-23），且主梁负筋位于板和次梁负筋之下，故计算主梁支座受力钢筋时，其截面有效高度取值为

当为单排钢筋时，$h_0 = h - (60 \sim 70)$（mm）；

当为双排钢筋时，$h_0 = h - (80 \sim 90)$（mm）。

（4）当主梁截面尺寸满足高跨比 $1/14 \sim 1/8$ 和宽高比 $1/3 \sim 1/2$ 的要求时，一般不必进行使用阶段挠度验算。

2. 构造要求

(1)一般规定

主梁的混凝土强度等级及混凝土净保护层最小厚度的规定与次梁相同。

主梁伸入墙内的长度一般应不小于370 mm。

(2)纵筋弯起与截断

主梁纵向受力钢筋的弯起与截断应按内力包络图的要求，通过作抵抗弯矩图来布置。

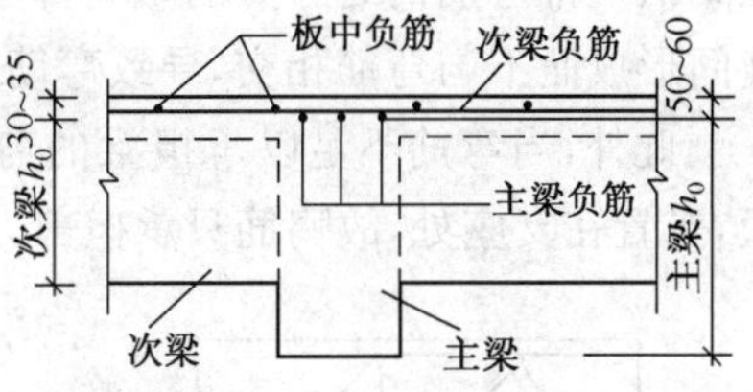

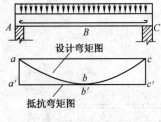

图 1-23　主梁支座处的截面有效高度

抵抗弯矩图指在设计弯矩图形上按同一比例绘出的由实际配置的纵向钢筋确定的梁上各正截面所能抵抗的弯矩图。它反映了沿梁长正截面上材料的抗力，故亦简称为材料图。

绘制材料图的目的，是通过选择合适的钢筋布置方案，正确确定纵筋的弯起与截断位置，使它既能满足正截面和斜截面承载力要求，又经济合理，施工方便。

材料图的表示方法有下面 3 种：

①纵筋不弯起不截断的梁，材料图为一水平直线。图1-24所示简支梁及弯矩图，控制截面最大设计弯矩为68 kN·m，纵向通长布置纵筋3 ϕ16，因此，对于这一等截面高度梁，各个正截面所能抵抗的弯矩值是相同的。相应的抵抗弯矩 $M_u = 70.03$ kN·m，其材料图即为一水平直线 $a'b'c'$。图中直线 $a'b'c'$ 包在抛物线 abc 外面且不与其相切，表明该梁实际配筋较计算所需的略有富余。

图 1-25 为一纵筋通长布置的外伸梁的设计弯矩图和材料图。显见，通长配筋虽形式简单，但极不经济。

②纵筋弯起的梁，其材料图由若干条水平直线和斜直线组成，斜直线是从钢筋的始弯点到它与梁轴线的交点为止。

以图 1-24 的简支梁为例，若将3 ϕ16中的2 ϕ16直接伸入支座，而另1 ϕ16在支座附近弯起，则材料图如图 1-26 所示。此时纵筋的弯起应满足以下 3 个条件。

图 1-24　简支梁

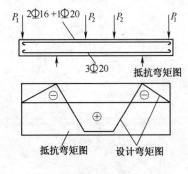

图 1-25　外伸梁

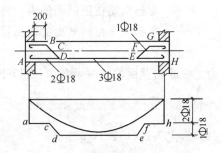

图 1-26　纵筋的弯起

第一，保证正截面抗弯承载力。纵筋弯起后，正截面抗弯承载力降低。但只要使材料图（即抵抗弯矩图）包在设计弯矩包络图的外面，则正截面抗弯承载力能够得到保证。

第二，保证斜截面抗剪承载力。纵筋弯起的数量有时是由斜截面抗剪承载力确定的，纵筋弯起的位置还应满足图 1-27 的要求，即从支座边到第一排弯筋的终弯点以及从前一排弯筋的始弯点到次一排弯筋的终弯点的距离都不得大于箍筋的最大间距 S_{max}，以防止该间距太大，斜裂缝在缝间形成而不与弯筋相交，导致弯筋未发挥作用，难以满足斜截面的抗剪承载力要求。

此外，当弯筋不足以承担梁的剪力时，可加设"鸭筋"（图 1-28）。鸭筋一般情况下水平段很短，布置在支座处，故鸭筋只承担剪力，不承担弯矩。设计中不允许采用图 1-29 所示的"浮筋"。

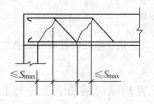

图 1-27 满足抗剪承载力
要求的纵筋弯起的位置

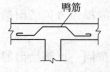

图 1-28 鸭筋

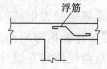

图 1-29 浮筋

第三，保证斜截面的抗弯承载力。在图 1-30 中，每根钢筋的抵抗弯矩值可近似按钢筋截面面积之比来确定。其上下水平线与设计弯矩图的交点即可定出其充分利用截面和完全不需要截面。如①号筋的充分利用截面在 a，完全不需要截面在 b；②号筋的充分利用截面在 b，完全不需要截面在 c。设②号钢筋离 b 截面一段距离 S_1 后在 G 点弯起。若出现一条跨越弯筋②的斜裂缝，其顶点 t 位于该钢筋的充分利用截面 B 处。②筋在正截面 B 处的抵抗弯矩为

$$M_b^② = f_y A_{sb} Z \qquad (1\text{-}11)$$

②号钢筋弯起后，在斜截面 st 的抵抗弯矩为

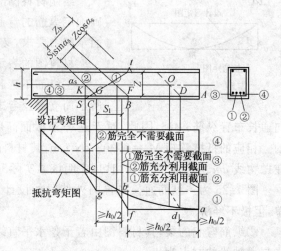

图 1-30 满足斜截面抗弯承载力要求的纵筋弯起位置

$$M_{st}^② = f_y A_{sb} Z_b \qquad (1\text{-}12)$$

式中 A_{sb}——弯起钢筋截面面积；

Z——弯起钢筋在正截面的内力臂；

Z_b——弯起钢筋在斜截面的内力臂，根据几何关系，可得

$$Z_b = S_1 \sin\alpha_s + Z\cos\alpha_s \qquad (1\text{-}13)$$

为了保证斜截面的抗弯承载力，有以下要求：

$$M_{st}^② \geqslant M_b^②$$

即

$$Z_b \geqslant Z \qquad (1\text{-}14)$$

将式（1-13）代入式（1-14），整理得

$$S_1 \geqslant \frac{Z(1-\cos\alpha_s)}{\sin\alpha_s} \qquad (1\text{-}15)$$

梁中弯起钢筋的倾角 α_s，一般为 $45°$ 或 $60°$，近似取 $Z = 0.9h_0$，则 S_1 约在 $0.37h_0 \sim 0.52h_0$ 之间，故可近似取为 $h_0/2$。

由此得到，为了满足斜截面抗弯承载力的要求，在梁的受拉区，弯起筋的始弯点应设在按正截面抗弯承载力计算该钢筋的强度被充分利用的截面以外，其距离 S_1 应不小于 $h_0/2$ 处；同

时,弯起筋与梁轴线的交点应位于按计算不需要该钢筋的截面以外。

③纵筋截断的梁,其材料图是台阶式。因为截断后纵筋面积骤然减少,所以在每一截断点都有一个台阶(图1-31)。

承受跨中正弯矩的纵向钢筋一般不在跨内截断,而支座附近负弯矩区内的纵筋,往往在一定位置截断以节省钢筋。

图1-31中a、b、c分别为纵筋①、②、③的完全利用截面,b、c、d分别为纵筋①、②、③的理论截断点(即完全不需要截面)。纵筋的实际截断点应在理论截断点以外延伸一段距离,以防止因截断过早引起弯剪裂缝而降低构件的斜截面抗弯承载力及黏结锚固性能。因此,《规范》规定:纵向受拉钢筋不宜在受拉区截断。当必须截断时,应符合规定。当$V \leqslant 0.7 f_t bh_0$时,应延伸至该钢筋理论截断点以外不小于$20d$,且以该钢筋强度充分利用截面伸出的长度不应小于$1.2l_a$;当$V > 0.7 f_t bh_0$时,应延伸至该钢筋理论截断点以外不小于$20d$且不小于h_0,且以该钢筋强度充分利用截面伸出的长度不应小于$1.2l_a + h_0$;若按上述方法确定的截断点仍位于负弯矩对应的受拉区内,则应延伸至该钢筋理论截断点以外不小于$1.3h_0$,且不小于$20d$处截断,且从该钢筋强度充分利用截面伸出的长度不应小于$1.2l_a$与$1.7h_0$之和。

对于梁中受压钢筋,可在跨中截断。不过截断时必须延伸至按计算不需要该钢筋的截面以外$15d$处。

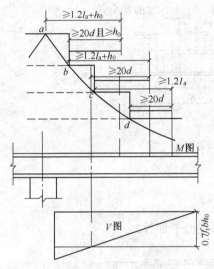

图1-31 纵筋的截断位置

绘制材料图可以看出钢筋布置是否合理,材料图与设计弯矩图越接近,其经济性越好。同一根梁、同一个设计弯矩图,可以画出不同的抵抗弯矩图,得出不同的钢筋布置方案。不同的钢筋布置方案,亦即不同的钢筋弯起与截断位置,尽管都满足设计与构造要求,但其经济指标及施工方便程度均不同,设计时应持审慎优化态度。

绘制材料图是一项复杂细致、费神费时的工作,对有一定设计经验的情况,可不一定绘制材料图。特别是在当今计算机应用相当普及的时代,有些工作可由计算机辅助完成。

(3)集中荷载处的附加横向钢筋

在次梁与主梁相交处,次梁顶部在负弯矩作用下将产生裂缝〔图1-32(a)〕,次梁主要通过其支座截面剪压区将集中力传给主梁梁腹。试验表明,当梁腹中部受有集中荷载时,此集中荷载产生与梁轴垂直的局部应力σ_y,将分为两部分,荷载作用点以上为拉应力,荷载作用点以下为压应力,此局部应力在荷载两侧(0.5~0.65)h范围内逐渐消失。由该局部应力与梁下部法向拉应力引起的主拉应力将在梁腹中引起斜裂缝。为防止这种斜裂缝引起的局部破坏,应在主梁承受次梁传来的集中力处设置附加的横向钢筋(包括箍筋或吊筋)。

《规范》规定,附加横向钢筋应布置在长度为$S(S = 2h_1 + 3b)$的范围内〔图1-32(b)、(c)〕。附加横向钢筋宜优先采用箍筋。所需附加横向钢筋的总截面面积按下式计算:

$$F \leqslant 2 f_y A_{sb} \sin\alpha + m \cdot n f_{yv} A_{sv1} \tag{1-16}$$

式中　F——由次梁传递的集中力设计值;

　　　f_y、f_{yv}——吊筋和箍筋的抗拉强度设计值;

　　　A_{sb}——每侧吊筋的截面面积;

α——吊筋与梁轴线间夹角；

A_{sv1}——附加单肢箍筋的截面面积；

m——附加箍筋个数；

n——在同一截面内附加箍筋肢数。

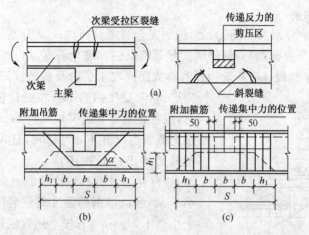

图 1-32 集中荷载处的附加横向钢筋

五、单向板肋梁楼盖设计实例

（一）设计资料

1. 某工业用仓库楼面结构布置如图 1-33 所示（楼梯在此平面外）。

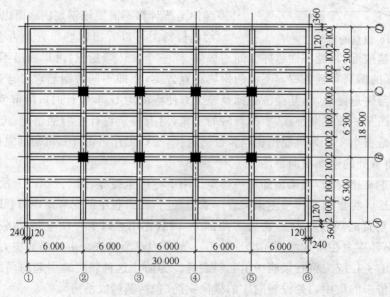

图 1-33 楼面结构布置

2. 设计荷载

楼面标准活荷载为 7 kN/m²。

楼面做法为 20 mm 厚水泥砂浆面层。

3. 材料选用

钢筋：梁中受力纵筋为 HRB400 钢筋（$f_y = 360$ N/mm²），其他选用 HPB300 钢筋（$f_y =$

270 N/mm²）。

混凝土强度等级为 C30（f_c＝14.3 N/mm²，f_t＝1.43 N/mm²，f_{tk}＝2.01 N/mm²）。

（二）设计要求

1. 板、次梁按塑性内力重分布方法计算；

2. 主梁内力按弹性理论计算；

3. 绘出该楼面结构平面布置及板、次梁和主梁的模板及配筋的施工图。

（三）板的设计

1. 计算简图

板按考虑塑性内力重分布设计。根据梁、板的构造要求，板不需作挠度验算的最小厚度为 $l_0/30$＝2 100/30＝70 mm，考虑到工业房屋楼面最小厚度为70 mm，取板厚 h＝80 mm。次梁截面高 h 按 $\frac{1}{12}l_0 \sim \frac{1}{18}l_0$ 估算，考虑活荷载较大，取次梁截面高 h＝450 mm，次梁截面宽 b＝200 mm。

板伸入墙体120 mm。各跨的计算跨度为

边跨 l_0＝2 100－100－120＋80/2＝1 920 mm

中跨 l_0＝2 100－200＝1 900 mm

边跨与中跨的计算相差小于 10%，按等跨连续板计算。

荷载

楼面、面层	1.2×0.02×20＝0.48 kN·m²
板自重	1.2×0.08×25＝2.40 kN·m²
板底抹灰	1.2×0.015×16＝0.29 kN·m²
	g＝3.17 kN·m²
楼面活荷载	q＝1.3×7.0＝9.1 kN·m²
合计	$g+q$＝12.27 kN·m²

故板的计算简图如图 1-34 所示。

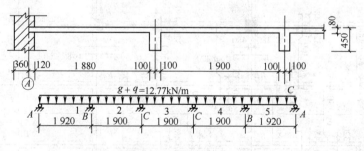

图 1-34　板的计算简图

2. 内力计算

$$M_1 = \frac{1}{11}(g+q)l_0^2 = \frac{1}{11} \times 12.27 \times 1.92^2 = 4.112 \text{ kN·m}$$

$$M_2 = \frac{1}{16}(g+q)l_0^2 = \frac{1}{16} \times 12.27 \times 1.9^2 = 2.768 \text{ kN·m}$$

$$M_B = -\frac{1}{14} \times 12.27 \times 1.92^2 = -3.231 \text{ kN·m}$$

$$M_C = -\frac{1}{16} \times 12.27 \times 1.9^2 = -2.768 \text{ kN} \cdot \text{m}$$

3. 配筋计算

取 $h_0 = 80 - 20 = 60 \text{ mm}$，各截面配筋计算见表 1-4，板的配筋图见图 1-35。

表 1-4 板正截面承载力计算

截面	1		B		2		C	
板带位置	①轴—②轴 ⑤轴—⑥轴	②轴—⑤轴	①轴—②轴 ⑤轴—⑥轴	②轴—⑤轴	①轴—②轴 ⑤轴—⑥轴	②轴—⑤轴	①轴—②轴 ⑤轴—⑥轴	②轴—⑤轴
$M(\text{kN} \cdot \text{m})$	4.112	4.112	-3.231		2.768	2.768×0.8 $= 2.214$	-2.768	-2.768×0.8 $= -2.214$
$a_s = \dfrac{M}{bh_0^2 f_c}$	$\dfrac{4.112 \times 10^6}{1\,000 \times 60^2 \times 14.3}$ $= 0.080$		0.063		0.054	0.043	0.054	0.043
$\gamma_s = \dfrac{1 + \sqrt{1 - 2a_s}}{2}$	0.958		0.967		0.972	0.978	0.972	0.978
$A_s = \dfrac{M}{\gamma_s h_0 f_y}$ (mm²)	$\dfrac{4.112 \times 10^6}{0.958 \times 60 \times 270} = 265$		206		176	141	176	141
配筋 (mm²)	$\phi8@150$ $A_s = 335$	$\phi8@180$ $A_s = 279$	$\phi6/\phi8@150$ $A_s = 262$	$\phi6/\phi8@180$ $A_s = 218$	$\phi6@150$ $A_s = 189$	$\phi6@180$ $A_s = 157$	$\phi6@150$ $A_s = 189$	$\phi6@180$ $A_s = 157$

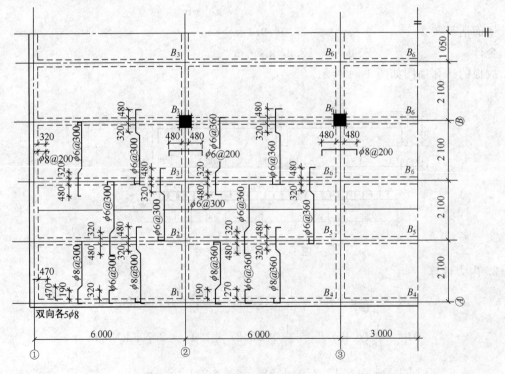

图 1-35 板的配筋施工图

(四)次梁计算

1. 计算简图

主梁截面高 h 按 $l/8\sim l/14$ 估算,取 $h=650$ mm,主梁宽按 $h/3\sim h/2$ 估算,取 $b=250$ mm。次梁伸入墙中 240 mm,按考虑塑性内力重分布计算,各跨计算跨度为

边跨　$l_0=6\,000-125-120+240/2=5\,875$ mm

　　　$l_0=1.025(6\,000-125-120)=5\,899$ mm

　　　取边跨 $l_0=5\,875$ mm

中跨　$l_0=6\,000-250=5\,750$ mm

边跨与中跨计算跨度相差小于 10%,故可按等跨连续梁计算。

荷载

板传来恒载　　　　$3.17\times2.1=6.66$ kN/m

次梁自重　　　　　$1.2\times0.2\times(0.45-0.08)\times25=2.22$ kN/m

次梁侧面抹灰　　　$1.2\times0.015\times(0.45-0.08)\times2\times16=0.21$ kN/m

　　　　　　　　　　　　　　　　　　　　$g=9.09$ kN/m

板传来活荷载　　　$q=9.1\times2.1=19.11$ kN/m

合计　　　　　　　$g+q=28.20$ kN/m

故次梁的计算简图如图 1-36 所示。

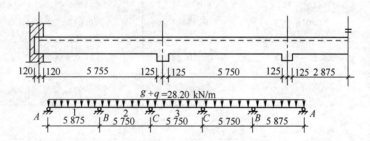

图 1-36　次梁的计算简图

2. 内力计算

$$M_1=\frac{1}{11}(g+q)l_0^2=\frac{1}{11}\times28.20\times5.875^2=88.486 \text{ kN}\cdot\text{m}$$

$$M_2=\frac{1}{16}(g+q)l_0^2=\frac{1}{16}\times28.20\times5.75^2=58.273 \text{ kN}\cdot\text{m}$$

$$M_B=-\frac{1}{11}\times28.20\times5.875^2=-88.486 \text{ kN}\cdot\text{m}$$

$$M_C=-\frac{1}{16}\times28.20\times5.75^2=-58.273 \text{ kN}\cdot\text{m}$$

$$V_A=0.4(g+q)l_n=0.4\times28.20\times5.755=64.916 \text{ kN}$$

$$V_B^l=0.6\times28.2\times5.755=97.375 \text{ kN}$$

$$V_B^r=0.5\times28.2\times5.75=81.075 \text{ kN}$$

$$V_C^l=0.5\times28.2\times5.75=81.075 \text{ kN}$$

3. 正截面抗弯承载力计算

取 $h_0 = 450 - 35 = 415$ mm。

次梁跨中截面上部受压,按 T 形截面计算抗弯承载力,其翼缘计算宽度取

$$b'_f = \frac{l_0}{3} = \frac{6}{3} = 2 \text{ m}$$

或

$$b'_f = b + S_n = 0.2 + 1.9 = 2.1 \text{ m}$$

两者中取小值,即取 $b = 2$ m。

判别各跨跨中截面类型。

$$b'_f h'_f f_c (h_0 - h'_f/2) = 2\,000 \times 80 \times 11.9 \times (415 - 80/2) = 7.14 \times 10^8 \text{ N} \cdot \text{mm}$$
$$= 714 \text{ kN} \cdot \text{m} > 88.486 \text{ kN} \cdot \text{m}$$

因此,各跨跨中截面均属第一类 T 形截面。

支座处按矩形截面计算。按一排布筋考虑,取 $h_0 = 450 - 40 = 410$ mm。

各截面配筋计算见表 1-5。

表 1-5 次梁正截面承载力计算

截　面	1	B	2	C
弯矩(kN·m)	88.486	−88.486	58.273	−58.273
$\alpha_s = \dfrac{M}{bh_0^2 f_c}$	$\dfrac{88.486 \times 10^6}{2\,000 \times 410^2 \times 14.3}$ $= 0.018$	$\dfrac{88.486 \times 10^6}{200 \times 410^2 \times 14.3}$ $= 0.184$	$\dfrac{58.273 \times 10^6}{2\,000 \times 410^2 \times 14.3}$ $= 0.012$	$\dfrac{58.273 \times 10^6}{200 \times 410^2 \times 14.3}$ $= 0.121$
$\xi = 1 - \sqrt{1 - 2\alpha_s}$	$0.018 < \xi_b = 0.518$	$0.205 < 0.35$	$0.012 < 0.518$	$0.129 < 0.35$
$\gamma_s = 1 - 0.5\xi$	0.991	0.898	0.994	0.936
$A_s = \dfrac{M}{\gamma_s h_0 f_y}$ (mm²)	$\dfrac{88.486 \times 10^6}{0.991 \times 410 \times 360} = 605$	$\dfrac{88.486 \times 10^6}{0.898 \times 410 \times 360} = 667$	$\dfrac{58.273 \times 10^6}{0.994 \times 410 \times 360} = 397$	$\dfrac{58.273 \times 10^6}{0.936 \times 410 \times 360} = 422$
钢筋选用	2 ⊈16+1 ⊈18	2 ⊈18+1 ⊈16	2 ⊈16	2 ⊈18
实配钢筋面积 (mm²)	656	710	402	509

考虑塑性内力重分布时,满足 $\xi \leqslant 0.35$ 要求。

4. 斜截面抗剪承载力计算

计算结果见表 1-6。

表 1-6 次梁斜截面承载力计算

截　面	A	B 截面左	B 截面右	C 截面左
V(kN)	64.916	97.375	81.075	81.075
$0.25bh_0 f_c$ (N)	$0.25 \times 200 \times 410 \times 14.3$ $= 293\,150 > V_A$	$0.25 \times 200 \times 410 \times 14.3$ $= 293\,150 > V_B^l$	$293\,150 > V_B^r$	$293\,150 > V_C^l$

截　　面	A	B 截面左	B 截面右	C 截面左
$0.7f_tbh_0$ (N)	$0.7\times1.43\times200\times410$ $=82\,082>V_A$	$0.7\times1.43\times200\times410$ $=82\,082<V_B^r$	$82\,082>V_B^r$	$82\,082>V_C^l$
配箍筋选用双肢	$2\phi6$	$2\phi6$	$2\phi6$	$2\phi6$
$S=\dfrac{f_{yv}A_{sv}h_0}{V-0.7f_tbh_0}$ (mm)	构造配筋	$\dfrac{270\times57\times410}{97\,375-82\,082}$ $=412$	构造配筋	构造配筋
实配箍筋间距 S (mm)	$200=S_{max}$	200	200	200

配箍率验算：$\rho_{sv}=\dfrac{A_{sv}}{b\cdot S}=\dfrac{57}{200\times200}=0.143\%>\rho_{sv,min}=0.24\dfrac{f_t}{f_{yv}}=0.24\dfrac{1.43}{270}=0.127\%$，
满足要求。

5. 绘制次梁配筋图

次梁模板及配筋施工图见图 1-37。

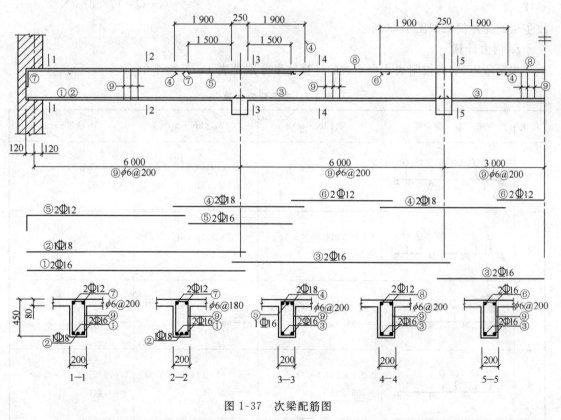

图 1-37　次梁配筋图

(五)主梁设计

1. 计算简图

主梁按弹性理论计算内力。设柱的截面尺寸为 $450\,\mathrm{mm}\times450\,\mathrm{mm}$，主梁伸入墙体

360 mm。由于主梁线刚度较柱线刚度大得多,考虑按简支在柱上计算。

各跨计算跨度

边跨

$$l_0 = 6\ 300 + \frac{360}{2} - 120 = 6\ 360 \text{ mm}$$

$$l_0 = 1.025\left(6\ 300 - \frac{450}{2} - 120\right) + \frac{450}{2} = 6\ 329 \text{ mm} \approx 6\ 330 \text{ mm}$$

故取边跨 $l_0 = 6\ 330$ mm

中   跨 $l_0 = 6\ 300$ mm

各跨计算跨度相差也不超过 10%,可按等跨连续梁计算。

荷载

次梁传来恒载 $9.09 \times 6 = 54.54$ kN

主梁自重(折成集中荷载) $1.2 \times 0.25 \times (0.65 - 0.08) \times 2.1 \times 25 = 8.98$ kN

主梁侧面抹灰 $1.2 \times 0.015 \times (0.65 - 0.08) \times 2.1 \times 2 \times 16 = 0.69$ kN

                    $G = 64.21$ kN

次梁传来活荷载 $Q = 19.11 \times 6 = 114.66$ kN

合计 $G + Q = 178.87$ kN

故主梁的计算简图如图 1-38 所示。

2. 内力计算

主梁弯矩、剪力按附表 2 中系数的计算结果分别见表 1-7 及表 1-8。

表 1-7   主梁弯矩计算

项次	荷载简图	M_1(kN·m)	M_B(kN·m)	M_2(kN·m)	
1		$0.244 \times 64.21 \times 6.33$ $= 99.174$	$-0.267 \times 64.21 \times 6.33$ $= -108.265$	$0.067 \times 64.21 \times 6.30$ $= 27.103$	
2		$0.289 \times 114.66 \times 6.33$ $= 209.756$	$-0.133 \times 114.66 \times 6.33$ $= -96.531$	-96.302	
3		$-0.044 \times 114.66 \times 6.33$ $= -31.935$	$-0.133 \times 114.66 \times 6.33$ $= -96.531$	$0.2 \times 114.66 \times 6.30$ $= 144.472$	
4		$0.229 \times 114.66 \times 6.33$ $= 166.208$	$-0.311 \times 114.66 \times 6.33$ $= -225.723$	$0.096 \times 114.66 \times 6.30$ $= 69.346$	
5	最大不利弯矩	(1项+2项) 308.930	(1项+4项) -334.245	(1项+3项) 171.575	(1项+2项) -69.199

表 1-8 主梁剪力计算

项次	荷 载 简 图	V_A(kN)	V_B^l(kN)	V_B^r(kN)
1	$G\ G\quad G\ G\quad G\ G$	$0.733\times64.21=47.066$	$1.267\times64.21=81.354$	$1.000\times64.21=64.21$
2	$Q\ Q\qquad Q\ Q$	$0.866\times114.66=99.296$		
3	$Q\ Q\quad Q\ Q$		$1.311\times114.66=150.319$	$1.222\times114.66=140.115$
4	最不利剪力	(1项+2项) 146.362	(1项+4项) 231.673	(1项+4项) 204.325

3. 正截面抗弯承载力计算

取 $h_0=650-40=610$ mm。主梁跨中截面按 T 形截面计算,其翼缘计算宽度取

$$b'_f=l_0/3=6.3/3=2.1 \text{ m}$$

$$b'_f=b+S_n=6 \text{ m}$$

取两者中较小者,即取 $b'_f=2.1$ m。

判别 T 形截面类型

$$b'_f h'_f f_c(h_0-h'_f/2)$$

$$=2\,100\times80\times14.3\left(610-\frac{80}{2}\right)$$

$$=1\,369.4\times10^6 \text{N}\cdot\text{mm}=1\,369.4 \text{ kN}\cdot\text{m}$$

故主梁跨中截面均属第一类 T 形梁。中间支座截面 $h_0=650-70=580$ mm。

各截面配筋计算见表 1-9。

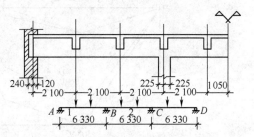

图 1-38 主梁的计算简图

表 1-9 主梁正截面承载力计算

截 面	1	B	2	
弯矩值(kN·m)	308.930	−334.245	171.575	−69.199
$V_0\times b/2$ (kN·m)		$(64.21+114.66)$ $\times\dfrac{0.45}{2}=40.246$		
弯矩设计值 M (kN·m)	308.930	$-334.245+40.246$ $=-294.0$	171.575	−69.199
$a_s=\dfrac{M}{bh_0^2 f_c}$	$\dfrac{308.930\times10^6}{2\,100\times610^2\times14.3}$ $=0.028$	$\dfrac{294.0\times10^6}{250\times580^2\times14.3}$ $=0.245$	$\dfrac{171.575\times10^6}{2\,100\times610^2\times14.3}$ $=0.015$	$\dfrac{69.199\times10^6}{250\times610^2\times14.3}$ $=0.052$
ξ	0.028	0.286<0.518	0.015	0.053
γ_s	0.986	0.857	0.993	0.974
$A_s=\dfrac{M}{\gamma_s h_0 f_y}$ (mm²)	$\dfrac{308.930\times10^6}{0.986\times610\times360}$ $=1\,427$	$\dfrac{294.0\times10^6}{0.857\times580\times360}$ $=1\,643$	$\dfrac{171.575\times10^6}{0.993\times610\times360}$ $=787$	$\dfrac{69.199\times10^6}{0.974\times610\times360}$ $=324$
实配钢筋	2 Φ 20(直)+2 Φ 20(弯) +1 Φ 20(弯)	2 Φ 22(直)+2 Φ 20(弯) +1 Φ 22(直)	2 Φ 20(直) +1 Φ 20(弯)	2 Φ 20
实配 A_s (mm)	1 570	1 636	942	628

4. 斜截面抗剪承载力计算

主梁斜截面抗剪承载力计算结果见表 1-10。

5. 绘制主梁模板及配筋图

按计算结果及构造要求,作出主梁弯矩包络图及材料图,并据此绘出主梁模板及配筋施工图如图 1-39 所示。

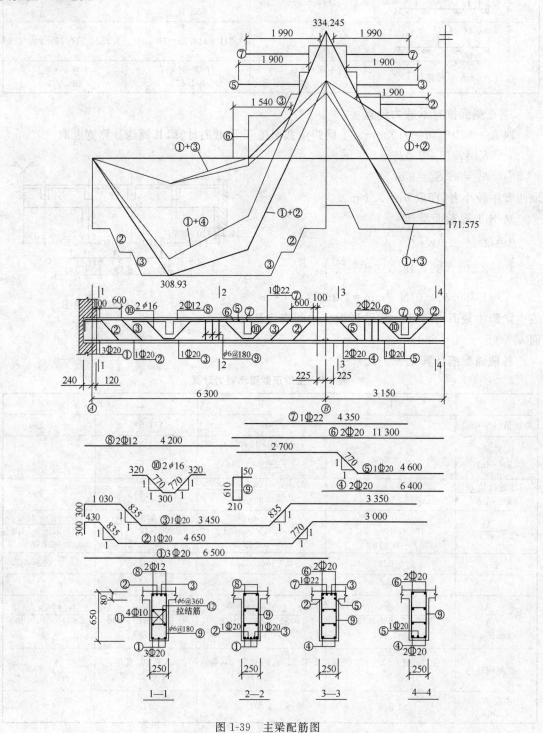

图 1-39 主梁配筋图

表 1-10　主梁斜截面承载力计算

截　面	A	B截面左	B截面右
剪力V(N)	146.362×10^3	231.673×10^3	204.325×10^3
$0.25bh_0f_c$(N)	$0.25\times250\times610\times14.3=545.2\times10^3>V_A$	$0.25\times250\times580\times14.3=518.4\times10^3>V_B^l$	$518.4\times10^3>V_B^r$
$0.7f_tbh_0$(N)	$0.7\times1.43\times250\times610=152.7\times10^3>V_A$	$0.7\times1.43\times250\times580=145.2\times10^3<V_B^l$	$145.2\times10^3<V_B^r$
配双肢箍筋	$2\phi6,S=180<S_{max}=250$	$2\phi6,S=180$	$2\phi6,S=180$
$V_{cs}=0.7f_tbh_0+f_{yv}\frac{A_{sv}}{S}\cdot h_0$(N)	构造配筋满足最小配箍率	$0.7\times1.43\times250\times580+270\times\frac{57}{180}\times580=194.7\times10^3<V_B^l$	$0.7\times1.43\times250\times580+270\times\frac{101}{180}\times580=194.7\times10^3<V_B^r$
需设弯起筋 $A_{sb}=\frac{V-V_{cs}}{0.8f_y\sin\alpha}$(mm²)		$\frac{(204.325-194.7)\times10^3}{0.8\times360\times0.707}=47.2$	
实配弯起筋面积(mm²)		1 Φ 20,$A_{sb}=314.2$ 弯两排	1 Φ 20

6. 集中荷载处附加钢筋计算

由次梁传给主梁的全部集中荷载设计值为

$$F=G_{次}+Q=54.54+114.66=169.2\text{kN}$$

设附加钢筋全部为吊筋，则

$$A_{sb}=\frac{F}{2f_y\sin\alpha}=\frac{169\ 200}{2\times300\times0.707}=399\ \text{mm}^2$$

吊筋选用 2 Φ 16,$A_{sb}=402\ \text{mm}^2$

第三节　现浇双向板肋梁楼盖

一、双向板按弹性理论计算

(一)双向板的受力特点

弹性薄板的内力分布与其支承及嵌固条件(如单边嵌固、两边简支和周边简支或嵌固)、荷载性质(如集中力、分布力)以及几何特征(如板的边长比及板厚)等多方面因素有关。

单边嵌固的悬臂板和两对边支承的板，当荷载沿平行于支承方向均匀分布时，只在一个方向发生弯曲并产生内力，故称为单向板(图 1-40)。严格地讲，其他情形的板将沿两个方向发生弯曲并产生内力，应称为双向板。但是，在有些条件下，两个方向的受弯程度差别很大，忽略次要方向的弯曲作用既可简化设计，又不致引起太大误差，工程上常近似按单向板处理。

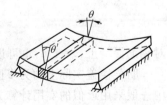

图 1-40　单向板的弯曲变形

在现浇混凝土板肋梁楼盖中，各板块可视为受均布荷载作用的周边支承板，边长比对其内力分布以及工程属类有决定性的影响。现以四边简支的矩形板(图 1-41)为例加以说明。通过矩形板中点 A 取出两条互相垂直的单位宽板带，设单位面积上

的总荷载 q 分配到 x、y 两方向的荷载分别为 q_x 和 q_y,则

$$q = q_x + q_y \qquad (1\text{-}17)$$

若忽略相邻板带的联系,根据两条板带在交叉点 A 挠度相同的条件 $f_{Ax} = f_{Ay}$,有

$$\frac{5q_x l_x^4}{384EI_x} = \frac{5q_y l_y^4}{384EI_y}$$

式中,EI_x 和 EI_y 分别为板在两个方向的抗弯刚度,对于等厚板,$EI_x = EI_y$,故由上式可得

$$q_x = (l_y/l_x)^4 q_y \qquad (1\text{-}18)$$

将上式代入式(1-17),解得

$$q_y = q/[1 + (l_y/l_x)^4] \qquad (1\text{-}19)$$

而

$$q_x = q - q_y \qquad (1\text{-}20)$$

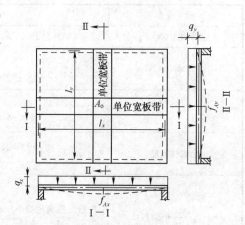

图 1-41 均布荷载下四边简支板的弯曲变形

两个方向简支板带上的荷载一经确定,即可按单向板求出其内力(弯矩)。当 $l_y/l_x = 1$ 时,根据式(1-19)、式(1-20),有

$$q_x = q_y = q/2$$

当 $l_y/l_x = 2$ 时,同理可求得

$$q_x = 16q/17, \qquad q_y = q/17$$

可见,随着边长比 l_y/l_x 的增大,大部分荷载沿短跨方向传递,弯曲变形主要在短跨方向发生。因此,按弹性理论分析内力时,通常近似以 $l_y/l_x = 3$ 为界来判别板的类型:当 $l_y/l_x > 3$ 时,为单向板;当 $l_y/l_x \leqslant 3$ 时,为双向板。

(二)双向板的实用计算

双向板可采用弹性薄板理论公式编制的实用表格进行计算。附录 2 列出了 6 种不同边界条件下的矩形板,在均布荷载作用下的挠度及弯矩系数。根据边界条件从相应表中查得系数,代入表头公式即可算出待求物理量,如单位宽度内的弯矩为

$$m = 表中系数 \times (g+q)l^2$$

式中　m——跨中或支座单位板宽内的弯矩;

　　　g、q——均布的楼面恒荷载和活荷载;

　　　l——板的较小跨度。

必须指出,附录 2 是假定材料泊松比 $\nu = 0$ 而编制的。当 ν 不为零时,应按下式计算弯矩

$$m_x^{(\nu)} = m_x + \nu m_y \qquad (1\text{-}21)$$

$$m_y^{(\nu)} = m_y + \nu m_x \qquad (1\text{-}22)$$

对钢筋混凝土,$\nu = 1/6$,也可近似取 $\nu = 0.2$。

肋梁楼盖实际上均为多区格连续板,这种双向板结构的精确计算是很复杂的,因此,工程中一般采用近似的实用计算方法,其基本假定如下:

(1)支承梁的抗弯刚度很大,其垂直位移可忽略不计;

(2)支承梁的抗扭刚度很小,可自由转动。

由上述假定可将梁视为双向板系的不动铰支座。根据计算目标考虑活荷载的最不利布置后,可进一步简化支承条件以利用前述单区格板计算表格。

1. 跨中最大正弯矩

当求某区格跨中最大正弯矩时,其活荷载的最不利布置如图 1-42 所示,即在该区格及其前后左右每隔一区格布置活荷载。为便于利用单区格板的表格,现将这种棋盘式布置的活载 q 与全盘满布的恒载 g 的组合作用按图 1-42 所示分解为两部分。

当全盘满布 $g + \dfrac{q}{2}$ 时〔图 1-42(b)〕,由于内区格板支座两边结构对称,且荷载对称或接近对称布置,故各支座不转动或转动甚微,因此可近似地将内区格板看成为四边固定的双向板,按前述查表法求其相应跨中弯矩。

当所求区格作用有 $+q/2$,相邻区格作用有 $-q/2$,其余区格均间隔布置时〔图 1-42(c)〕,可近似视为承受反对称荷载 $\pm q/2$ 的连续板,由于中间支座的弯矩为零或很小,故内区格板的跨中弯矩可近似地按四边简支的双向板进行计算。

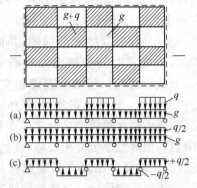

图 1-42　棋盘式荷载布置及其分解

至于这两种情况下的边区格板,其外边界的支承条件按实际情况考虑,而内边界处按正、反对称荷载情形分别视为固定和简支。

最后,叠加所求区格在两部分荷载分别作用下的跨中弯矩,即得其跨中最大正弯矩。

2. 支座最大负弯矩

当求支座最大负弯矩时,可将活荷载全盘满布。此时各区格双向板的计算处理方法同图 1-42(b)所示情形,不同之处在于,所要求的是支座弯矩,同时总荷载变为 $g + q$。

(三)支承梁的计算

双向板上承受的荷载可认为朝最近的支承梁点传递,因此可用从板角作 $45°$ 分角线的办法确定传到支承梁上的荷载。若为正方形板,则四条分角线交于一点,两个方向的支承梁均承受三角形荷载。若为矩形板,则四条分角线分别交于两点,该两点的连线与长边平行。这样,板面荷载被划分为四个部分,传到短边支承梁上的是三角形荷载,传到长边支承梁上的是梯形荷载(图 1-43)。

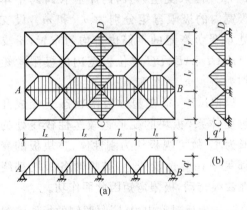

图 1-43　双向板支承梁的计算简图

对于承受三角形或梯形荷载的连续梁,可根据支座弯矩相等的条件,近似换算成均布荷载(附录 3),再用结构力学的方法或查阅有关资料中所列现成系数表求得换算荷载下的支座弯矩。

然后,用取隔离体的办法,按实际荷载分布确定跨中弯矩。

二、双向板按塑性理论计算

按弹性理论计算双向板是将钢筋混凝土看成单一的连续均质弹性体材料,而实际上钢筋混凝土是一种弹塑性材料,所以弹性内力不能真实地反映板的极限受力状态,所得计算结果也是偏于保守的。因此,工程中更常采用按塑性理论的计算方法。它不仅比较符合实际,还能节约材料。

（一）双向板的破坏特征

图1-44所示为承受均布荷载的四边简支矩形双向板。试验表明，当荷载较小时，板中内力符合按弹性理论计算的结果。由于板的短跨跨中弯矩最大，故当荷载增大到一定程度时，将在此出现平行于长边的首批裂缝。随着荷载的进一步增加，裂缝线逐渐延伸，并向四角发展。同时，裂缝截面处钢筋应力不断增长，直至屈服，形成塑性铰。随着与裂缝相交的钢筋屈服范围的扩大，塑性铰将发展成为"塑性铰线"。最终，多条塑性铰线将板分成许多板块，形成破坏机构，顶部混凝土受压破坏，板达到其极限承载状态。按裂缝出现在板底或板顶，塑性铰线

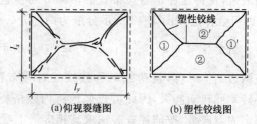

(a)仰视裂缝图　　(b)塑性铰线图

图1-44　双向板的塑性铰线

分为"正塑性铰线"和"负塑性铰线"两种。对四边固定或连续的双向板，除了上述板底的正塑性铰线外，还有沿板顶周边支座的负塑性铰线。

（二）双向板的极限分析

已知双向板的塑性铰线位置，可通过建立虚功方程或建立极限平衡方程的途径来推导其极限荷载与极限弯矩的关系表达式，前者称为机动分析，后者叫做极限平衡分析。只要确定的是最危险的塑性铰线位置，两种方法得出的结果是完全一致的。下面以受均布荷载的四边连续矩形双向板为例来说明这两种方法。

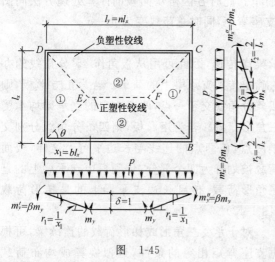

图　1-45

1. 机动法

板的跨度尺寸及其正、负塑性铰线如图1-45所示。设板底置配筋沿两个方向均为等间跨布且伸入支座，短跨跨中和长跨跨中单位板宽内的极限弯矩分别为 m_x 和 m_y，设支座处承受负弯矩的钢筋也是均匀布置，沿支座 AB、CD、AD、BC 单位板宽内的极限弯矩分别为 m'_x、m''_x、m'_y 和 m''_y。

根据试验，板在塑性极限状态下变成几何可变体系，板块的变形远较塑性铰线处的变形为小，故可视板块为刚性体，整块板的变形都集中在塑性铰线上，破坏时各板块都绕塑性铰线转动，极限弯矩因此而作功。

沿塑性铰线一般还作用有剪力，但由于塑性铰线两侧为反对称内力，同时两侧的板块沿塑性铰线不产生相对竖向位移，因此剪力所做功的总和为零。

设沿跨中塑性铰线 EF 产生单位虚位移 $\delta=1$，各板块间的相对转角为 θ_i，按照虚功原理，荷载及内力所作总虚功应为零，即 $W_e + W_i = 0$。

均布荷载 p 所做外功等于 p 与图1-46所示角锥体体积的乘积，即

$$W_e = p\left[\frac{1}{2}l_x(l_y - l_x) \times 1 + \frac{1}{3}\left(l_x \times 2 \times \frac{l_x}{2} \times 1\right)\right]$$

$$= \frac{1}{6}pl_x(3l_y - l_x)$$

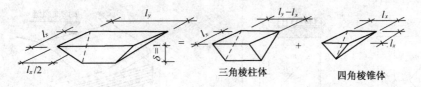

图 1-46

内力功可根据各塑性铰线上的总极限弯矩 $l_i m_i$ 在相对转角 θ_i 上所作功计算,在45°斜塑性铰线上单位长度内的极限正弯矩为

$$\overline{m} = \frac{m_x}{\sqrt{2} \cdot \sqrt{2}} + \frac{m_y}{\sqrt{2} \cdot \sqrt{2}} = 0.5 m_x + 0.5 m_y$$

因此内力功为

$$W_i = -\sum l_i m_i \theta_i = -\left\{ (l_y - l_x) \cdot m_x \frac{4}{l_x} + 4 \cdot \frac{\sqrt{2}}{2} l_x (0.5 m_x + 0.5 m_y) \frac{2\sqrt{2}}{l_x} \right.$$

$$\left. + \left[(m'_x + m''_x) l_y + (m'_y + m''_y) l_x \right] \frac{2}{l_x} \right\}$$

$$= -\frac{2}{l_x} \left[2 m_x l_y + 2 m_y l_x + (m'_x + m''_x) l_y + (m'_y + m''_y) l_x \right]$$

$$= -\frac{2}{l_x} (2 M_x + 2 M_y + M'_x + M''_x + M'_y + M''_y)$$

令总虚功等于零,可得四边连续双向板极限荷载与极限弯矩的关系式为

$$\frac{1}{24} p l_x (3 l_y - l_x) = M_x + M_y + \frac{1}{2} (M'_x + M''_x + M'_y + M''_y) \tag{1-23}$$

式中　　M_x、M_y——沿 l_x、l_y 方向跨中塑性铰线上的总极限正弯矩,$M_x = m_x l_y$,$M_y = m_y l_x$;

M'_x、M''_x、M'_y、M''_y——沿 l_x、l_y 方向两对边支座塑性铰线上的总极限弯矩,取其绝对值,$M'_x = m'_x l_y$,$M''_x = m''_x l_y$,$M'_y = m'_y l_x$,$M''_y = m''_y l_x$。

2. 极限平衡法

式(1-23)也可通过研究各板块(图 1-45)的平衡条件而得到。

板块①〔图 1-47(a)〕:根据 $\sum M_{AD} = 0$,得

$$M_y + M'_y = p \frac{1}{2} \times \frac{l_x}{2} l_x \frac{l_x}{6} = \frac{p l_x^3}{24}$$

板块①′:根据 $\sum M_{BC} = 0$,同样可得

$$M_y + M''_y = \frac{p l_x^3}{24}$$

板块②〔图 1-47(b)〕:根据 $\sum M_{AB} = 0$,得

$$M_x + M'_x = p \frac{l_x}{2} (l_y - l_x) \times \frac{l_x}{4} + 2 \left(p \frac{1}{2} \cdot \frac{l_x}{2} \cdot \frac{l_x}{2} \cdot \frac{l_x}{6} \right) = \frac{p l_x^2}{24} (3 l_y - 2 l_x)$$

板块②′:根据 $\sum M_{CD} = 0$,同样可得

$$M_x + M''_x = \frac{p l_x^2}{24} (3 l_y - 2 l_x)$$

将以上各式相加,即得式(1-23)。它是按塑性理论计算双向板的基本公式。对四边简支双向板,因支座弯矩为零,在式(1-23)中取 $M'_x = M''_x = M'_y = M''_y = 0$,有

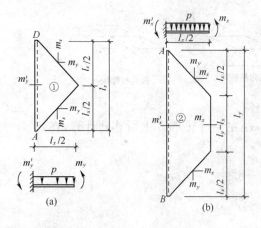

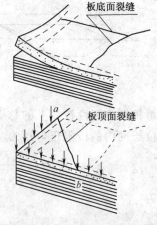

图 1-47 板块计算简图   图 1-48 简支双向板角部塑性铰线

$$\frac{1}{24}pl_x^2(3l_y-l_x)=M_x+M_y \tag{1-24}$$

顺便指出,简支双向板受荷后角部有翘起的趋势,以致在角部形成 Y 形塑性铰线,使板的极限荷载有所降低。若此上翘受到约束,角部板的顶面将出现图 1-48 所示的斜向裂缝 ab。为了控制这种裂缝的开展,并补偿由于 Y 形塑性铰线引起的极限荷载的降低,只需在简支双向板的角区顶部配置一定数量的构造钢筋即可。

应该说明,塑性铰线的位置与板的平面形状、各向尺寸比、支承条件、荷载类型以及各方向跨中与支座配筋情况等诸多因素有关。前面对四边连续双向板进行塑性极限分析时,采取了按 $\theta=45°$ 定位的塑性铰线,这实际上是一种近似的处理。欲确定其精确位置,需将有关定位参数,如 θ 作为未知数保留在机动分析的推导过程中。考虑到在所有可能的破坏机构形式中,最危险一种的相应极限荷载最小这一原则,待虚功方程建立后,再将极限荷载对定位参数求导取极值,可求得定位参数的值。显然,这样将使分析变得繁冗,不便于设计。而近似地将塑性铰线如图 1-45 所示定位,可大大减少其计算工作量,同时计算误差一般在工程设计允许范围以内,故这种近似是实用可行的。

(三)双向板的设计方法

双向板极限荷载与极限弯矩的关系一经建立,当板的各种条件给定时,求极限荷载十分容易。但在设计双向板时,通常已知板的设计荷载 p 并已确定计算跨度,求解内力和配筋。由于一般情况下式(1-23)中有 6 个内力未知量,即 m_x、m_y、m_x'、m_x''、m_y'、m_y'',一个方程无法求解,故需补充条件。

从构造和经济角度出发,按塑性方法设计双向板时,可在合理范围内预先选定内力间的比值

令 $$\frac{m_y}{m_x}=\alpha,\frac{m_x'}{m_x}=\frac{m_x''}{m_x}=\frac{m_y'}{m_y}=\frac{m_y''}{m_y}=\beta \tag{1-25}$$

设计时可取 $\alpha=(l_x/l_y)^2,\beta=1.5\sim2.5$。

为了充分利用钢筋,双向板跨中正弯矩钢筋可以不全部伸入支座,而是在距支座 $l_x/4$ 处截断一半,或弯起一半以帮助抵抗支座负弯矩(图 1-49)。在这种情况下,近支座 $l_x/4$ 板带范围内截断或弯起的那部分钢筋将不通过塑性铰线。设跨中中间区段单位板宽的极限弯矩为 m_x(或 m_y)、则在近支座 $l_x/4$ 以内的角隅区,单位宽度塑性铰线上的极限弯矩为 $m_x/2$(或

$m_y/2$），故其极限弯矩为

$$M_x = \left(l_y - \frac{l_x}{2}\right)m_x + 2 \cdot \frac{l_x}{4} \cdot \frac{m_x}{2} = \left(\frac{l_y}{l_x} - \frac{1}{4}\right)l_x m_x$$

$$M_y = \frac{l_x}{2}m_y + 2 \cdot \frac{l_x}{4} \cdot \frac{m_y}{2} = \frac{3}{4}l_x m_y = \frac{3}{4}\alpha l_x m_x$$

$$M'_x = M''_x = \beta l_y m_x$$

$$M'_y = M''_y = \beta l_x m_y = \alpha\beta l_x m_x$$

将以上内力代入式（1-23），可得

$$m_x = \frac{pl_x^2}{12} \cdot \frac{3n-1}{2\left(n-\frac{1}{4}\right) + \frac{3}{2}\alpha + 2n\beta + 2\alpha\beta} \qquad (1\text{-}26)$$

式中，$n = l_y/l_x$。

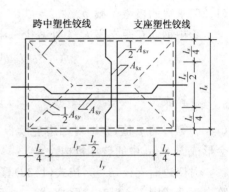

图 1-49　跨中钢筋弯起

式（1-26）为四边连续板的一般公式。当某边支座弯矩为已知时，在上述推导中将该已知弯矩代入，可得其相应计算公式。如已知一个长边单位长度支座弯矩为 $\overline{m}'_x$，则

$$m_x = \frac{\frac{pl_x^2}{12}(3n-1) - n\overline{m}'_x}{2\left(n-\frac{1}{4}\right) + \frac{3}{2}\alpha + n\beta + 2\alpha\beta} \qquad (1\text{-}27)$$

如已知一个短边单位长度支座弯矩为 $\overline{m}'_y$，则

$$m_x = \frac{\frac{pl_x^2}{12}(3n-1) - \overline{m}'_y}{2\left(n-\frac{1}{4}\right) + \frac{3}{2}\alpha + 2n\beta + \alpha\beta} \qquad (1\text{-}28)$$

同理可推得，当一长边单位长度支座弯矩 $\overline{m}'_x$ 为已知，而其对边为简支时，则

$$m_x = \frac{\frac{pl_x^2}{12}(3n-1) - n\overline{m}'_x}{2\left(n-\frac{1}{4}\right) + \frac{3}{2}\alpha + 2\alpha\beta} \qquad (1\text{-}29)$$

当一短边单位长度支座弯矩 $\overline{m}'_y$ 为已知，而其对边简支时，则

$$m_x = \frac{\frac{pl_x^2}{12}(3n-1) - \overline{m}'_y}{2\left(n-\frac{1}{4}\right) + \frac{3}{2}\alpha + 2n\beta} \qquad (1\text{-}30)$$

而当已知一个长边单位长度支座弯矩为 $\overline{m}'_x$，一个短边单位长度支座弯矩式 $\overline{m}'_y$ 时，有

$$m_x = \frac{\frac{pl_x^2}{12}(3n-1) - \overline{m}'_y - n\overline{m}'_x}{2\left(n-\frac{1}{4}\right) + \frac{3}{2}\alpha + n\beta + \alpha\beta} \qquad (1\text{-}31)$$

双向板肋梁楼盖的配筋设计宜从中间区格板算起，再算其相邻区格板，最后算边区格板。根据式（1-26）及所选定的 β 求得中区格板的跨中板底及支座板顶钢筋后，对其各边相邻的区格板来说，因有一公共边上单位长度支座弯矩可以确定，故可用式（1-27）、式（1-28）计算这些相邻区格板的跨中及其他支座配筋，然后可用式（1-31）计算其各角邻区格板。从中部向周边

方向对各区格板重复上述步骤即可完成整个楼盖的配筋计算。当楼盖周边为简支时,各边区格板的计算将用到式(1-29)、式(1-30)。而对角区格板,考虑到跨中钢筋宜全部伸入支座,此时需按下式计算:

$$m_x = \frac{\dfrac{pl_x^2}{12}(3n-1) - \overline{m}'_y - n\overline{m}'_x}{2(n+\alpha)} \qquad (1-32)$$

决定钢筋是否切断(或弯起),在何处切断,目的是防止出现图 1-50 所示破坏机构导致极限荷载降低。为做到这一点,需保证按图 1-50 所示破坏机构求得的极限荷载 p' 不小于按式(1-26)求得的极限荷载 p。

跨中钢筋在距支座 $l_x/4$ 处减少一半,根据机动分析可导出其极限荷载 p' 的计算公式为

$$p' = \frac{48(1+2\beta)(n+\alpha)}{9n-2} \cdot \frac{m_x}{l_x^2} \qquad (1-33)$$

计算表明,当 $\alpha = \dfrac{1}{n^2}$,$\beta = 1.5 \sim 2.5$ 时,不管 n 取值如何,按上式算得的 p' 值均大于按式(1-26)算得的 p 值,亦即对四边连续板,在图 1-49 所示位置截断或弯起一半板底钢筋,将不会形成图 1-50 中的破坏机构。

对四边简支板,$\beta = 0$,按式(1-33)算得的 p' 值均小于按式(1-26)算得的 p 值,故简支板的跨中钢筋按图 1-49 隔一弯(或截)一是不安全的。

四边连续板支座上承受负弯矩的钢筋,可以由跨中钢筋弯起而来,也可以是分离式的,或由二者组合而成。支座负弯矩钢筋通常也在距支座边 $l_x/4$ 处(图 1-51 中 $abcd$)截断。由于此处没有负弯矩钢筋,板顶开裂后 $M = 0$,故 $abcd$ 相当于一块四边简支板,其边长分别为 $l'_x = l_x/2$,$l'_y = l_y - l_x/2$,极限荷载 p' 则可按式(1-24)求得,但其中 n 需代以 n'($n' = l'_y/l'_x$),故

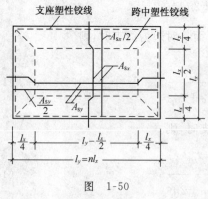

图 1-50

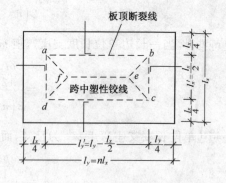

图 1-51 支座钢筋截断

$$p' = \frac{n'+\alpha}{3n'-1} \cdot \frac{24m_x}{l_x'^2} \qquad (1-34)$$

为了防止局部破坏使极限荷载降低,要求 $p' \geqslant p$,即

$$\frac{n'+\alpha}{3n'-1} \cdot \frac{24m_x}{l_x'^2} \geqslant \frac{n+\alpha}{3n-1} \cdot \frac{24m_x}{l_x^2}(1+\beta)$$

将 $n' = 2n-1$ 及 $l'_x = l_x/2$ 代入得

$$\beta \leqslant \frac{2(2n-1+\alpha)(3n-1)}{(3n-2)(n+\alpha)} - 1 \qquad (1-35)$$

取 $\alpha = 1/n^2$,则当 $n = 1 \sim 3$ 时,上式右边最小值约为 2.5,故 β 值最大不宜超过 2.5。如果 β 值

超过 2.5，则在距支座边 $l_x/4$ 处支座负弯矩钢筋不应截断。

三、双向板的截面设计与配筋构造

（一）截面设计

1. 板厚

双向板的厚度一般在 $80\sim160$ mm 范围内，任何情况下不得小于 80 mm。同时为了满足刚度要求，板的厚度不得小于 $l_0/40$，此处 l_0 为双向板的短跨计算跨度。

2. 弯矩折减

对于四边与梁整体现浇的双向板，除角区格板外，考虑到周边支承梁对板的有利影响，即周边支承梁对板形成的拱作用，不论按弹性理论还是按塑性理论计算，所得弯矩均可按下述规定予以折减。

（1）对于连续板的中间区格板，其跨中截面及中间支座截面弯矩可折减 20%。

（2）对于边区格板的跨中截面及从楼板边缘算起的第二支座截面弯矩，当 $l_b/l < 1.5$ 时，可折减 20%，当 $1.5 \leqslant l_b/l \leqslant 2$ 时，可折减 10%。l_b 为沿楼板边缘方向的计算跨度，l 则是与之垂直方向的计算跨度（图 1-52）。

（3）对于角区格的各截面，不予折减。

3. 有效板厚 h_0

由于板内钢筋是双向交叉布置的，与受力状态相适应，跨中沿短边方向的板底钢筋和板顶钢筋宜放在远离中和轴（更靠近其相应板面）的外层。计算时两个方向应采用各自的有效高度。

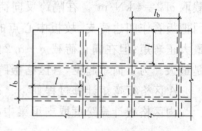

图 1-52　整体肋形楼盖板计算跨度

4. 钢筋面积

根据单位板宽极限弯矩 m 求其相应钢筋面积 a_s 时，可将内力臂系数近似取为 0.9 以简化计算，即 $a_s = m/(0.9 f_y h_0)$。

（二）钢筋的配置

与单向板一样，双向板的配筋型式也有弯起式与分离式两种。弯起式可节约钢材，分离式则便于施工。

按弹性理论方法设计双向板时，板底钢筋数量是按最大跨中正弯矩求得的，但实际上跨中正弯矩是沿板宽向两边逐渐减小的，故钢筋数量亦可向两边逐渐减小。考虑到施工方便，通常的做法是：将板按纵横两个方向分别划分为两个宽为 $l_x/4$（l_x 为短跨方向跨度）的边缘板带和一个中间板带（图 1-53）。在中间板带单位板宽内均匀布置按最大正弯矩求得的板底钢筋，边缘板带单位宽度上的配筋量为中间板带单位宽度上配筋量的 50%，但每米宽度内不少于 3 根。对于支座负弯矩钢筋，为了承受板四角的扭矩，按支座最大负弯矩求得的钢筋应沿全支座宽度均匀分布，不能在边带内减小。

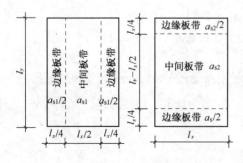

图 1-53　边缘板带与中间板带的配筋量

注：a_{s1} 和 a_{s2} 分别为沿 l_y 和 l_x 方向中间板带单位宽度内的钢筋截面面积

按塑性理论方法设计时，不必划分跨中板带和边缘板带，钢筋一般沿纵横两个方向均匀布置，但钢筋实际弯起或截断的位置和数量必须与计算要求的相一致。

双向板肋梁楼盖受力钢筋的直径、间距,沿墙边以及墙角的板顶构造配筋与单向板肋梁楼盖中有关要求相同。

【例 1-1】 某厂房双向板肋形楼盖的结构布置如图 1-54 所示,楼面活荷载设计值 $q=8 \text{ kN/m}^2$,悬挑部分 $q=2 \text{ kN/m}^2$。楼板选用 120 mm 厚,加上面层、粉刷等自重,恒载设计值 $g=4 \text{ kN/m}^2$,混凝土强度等级 C20($f_c=9.6 \text{ kN/m}^2$),钢筋采用 HPB300 级钢($f_y=270 \text{ kN/m}^2$),要求用弹性理论计算各区格板的弯矩,然后进行截面设计,并绘配筋图。

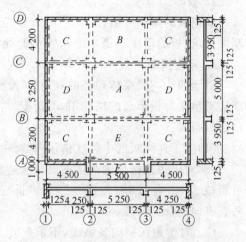

图 1-54 双向板肋形楼盖结构平面布置图

【解】 根据结构布置,楼盖可划分为 A、B、C、D、E、F 六种区格板。

计算每一双向板区格的支座最大负弯矩时,荷载满布,取为 $g+q=12 \text{ kN/m}^2$。计算其跨中正弯矩时,满布荷载取 $g+q/2=8 \text{ kN/m}^2$,隔跨反向荷载取 $q/2=4 \text{ kN/m}^2$。在隔跨反向荷载 $q/2$ 作用下,因把板看作四边简支,故板中心点的弯矩即为跨中最大正弯矩;但在满布荷载 $g+q/2$ 作用下,板的各内支座均为固定,板中心点的弯矩值并不是最大。为了简单起见,各区格板跨中正弯矩取其中心点的弯矩值。

A 区格板弯矩计算过程如下:

内区格板计算跨度取支承梁中心线之间的距离为

$$l_x=5.5 \text{ m}, \quad l_y=5.25 \text{ m}, \quad l_y/l_x=0.95$$

满布荷载作用下,四边支承视为固定,查附表 2-4,得弯矩系数为

$$\alpha_{x1}=0.017\ 2, \quad \alpha_{y1}=0.019\ 8$$
$$\alpha'_x=-0.052\ 3, \quad \alpha'_y=-0.055\ 0$$

隔跨反向荷载作用下,四边支承视为简支,查附表 2-1,得

$$\alpha_{x2}=0.036\ 4, \quad \alpha_{y2}=0.041\ 0$$

$l=\{l_x, l_y\}_{\min}=5.25 \text{ m}$,跨中弯矩为

$$\begin{aligned}
m_x &= \alpha_{x1}(g+q/2)l^2+\alpha_{x2}q/2\times l^2\\
&= 0.017\ 2\times8\times5.25^2+0.036\ 4\times4\times5.25^2\\
&= 7.806 \text{ kN} \cdot \text{m}\\
m_y &= \alpha_{y1}(g+q/2)l^2+\alpha_{y2}q/2\times l^2\\
&= 0.019\ 8\times8\times5.25^2+0.041\ 0\times4\times5.25^2\\
&= 8.886 \text{ kN} \cdot \text{m}
\end{aligned}$$

考虑泊松比的影响,取 $\nu=0.2$,则

$$m_x^{(\nu)}=m_x+\nu m_y=7.806+0.2\times8.886=9.583 \quad \text{kN} \cdot \text{m}$$
$$m_y^{(\nu)}=m_y+\nu m_x=8.886+0.2\times7.806=10.447 \quad \text{kN} \cdot \text{m}$$

支座弯矩为

$$m'_x=\alpha'_x(g+q)l^2=-0.052\ 3\times12\times5.25^2=-17.298 \quad \text{kN} \cdot \text{m}$$

$$m'_y = \alpha'_y(g+q)l^2 = -0.055\,0 \times 12 \times 5.25^2 = -18.191 \quad \text{kN} \cdot \text{m}$$

B、C、D 区格板的弯矩计算见表1-11。如果利用先进的表格处理软件，这样列表计算是非常方便的。表中计算跨度的取法同肋梁楼盖单向板，例如，对角区格板 C，$l_x = l_n + b/2 + h/2 = 4\,250 + 125 + 120/2 = 4\,435$ mm。

F 区格板按单向板计算，活载 $q = 2$ kN/m²，其支座弯矩为 $0.5 \times (4+2) \times 1^2 = 3$ kN·m。

由于 F 区格板即悬挑部分的支座弯矩 3 kN·m 远小于 E 区格板按四边固定算得的④轴支座弯矩，故 E 区格板除④轴支座应按 $m_y = 3$ kN·m 配筋外，其余各处弯矩及配筋可取与 B 区格板相同。

A 区格板的计算结果亦列于表1-11中。由表可见，从相邻区格板算出的同一支座弯矩有些差别。实际应用时，可近似取其平均值作为支座弯矩，例如，对 A、D 两区格共用支座，$m'_x = (-17.298 - 17.065)/2 = -17.182$ kN·m。

表1-11 弯矩计算(kN·m)

区 格		A	B	C	D
l_x(m)		5.500	5.500	4.435	4.435
l_y(m)		5.250	4.135	4.135	5.250
跨度比(短/长)		0.95	0.75	0.93	0.84
内支座固定	α_{x1}	0.017 2	0.020 8	0.022 8	0.026 2
	α_{y1}	0.019 8	0.032 9	0.027 3	0.022 2
	α'_x	−0.052 3	−0.072 9	−0.070 5	−0.072 3
	α'_y	−0.055 0	−0.083 7	−0.074 6	−0.068 8
内支座简支	α_{x2}	0.036 4	0.031 7	0.036 2	0.051 7
	α_{y2}	0.041 0	0.062 0	0.042 8	0.034 5
m_x		7.806	5.013	5.595	8.190
m_y		8.886	8.741	6.661	6.208
$m_x^{(v)}$		9.583	6.761	6.927	9.432
$m_y^{(v)}$		10.447	9.744	7.780	7.846
m'_x		−17.298	−14.958	−14.465	−17.065
m'_y		−18.191	−17.173	−15.306	−16.239

考虑到周边支承梁对板的推力作用，弯矩应予折减。A 区格板四边与梁整体连接，跨中弯矩乘以折减系数0.8。由于楼盖周边未设圈梁，故其余各区格板都不是与梁整体连接，弯矩均不折减。

各跨中及支座弯矩求得后，可取截面内力臂系数 $\gamma = 0.9$，近似地按 $a_s = m/(0.9f_yh_0)$ 计算受拉钢筋截面面积，其中 h_0 为截面有效高度。假定极底钢筋选用 $\phi 8$，则对短边方向跨中截面，因钢筋一般靠外布置，故 $h_0 = 120 - 15 - 8/2 = 101$ mm；而对长边方向跨中截面 $h_0 = 101 - 8 = 93$ mm。板顶支座处钢筋选用 $\phi 10$，则 $h_0 = 120 - 15 - 10/2 = 100$ mm。配筋计算结果见表1-12，实配钢筋见图1-55，图中下部钢筋为跨中板带的配筋，边缘板带的配筋可减半。

表 1-12　多区格板按弹性理论分析内力时的截面配筋计算

截　面		h_0 (mm)	m (kN·m)	a_s (mm²)	配　筋 (mm²)	实配 (mm²)
跨中	区格 A　l_x 方向	93	$9.583\times0.8=7.666$	339.22	$\phi8@140$	359
	区格 A　l_y 方向	101	$10.447\times0.8=8.358$	340.55	$\phi8@140$	359
	区格 B　l_x 方向	93	6.761	299.17	$\phi8@160$	314
	区格 B　l_y 方向	101	9.744	397.02	$\phi8@125$	402
	区格 C　l_x 方向	93	6.927	306.52	$\phi8@160$	314
	区格 C　l_y 方向	101	7.780	316.99	$\phi8@160$	314
	区格 D　l_x 方向	101	9.432	384.31	$\phi8@130$	387
	区格 D　l_y 方向	93	7.846	347.18	$\phi8@140$	359
支座	A—B	100	$(-18.191-17.173)/2=-17.682$	-727.65	$\phi10@110$	714
	A—D	100	$(-17.298-17.065)/2=-17.182$	-707.08	$\phi10@110$	714
	B—C	100	$(-14.958-14.465)/2=-14.712$	-605.43	$\phi10@110$	714
	C—D	100	$(-15.306-16.239)/2=-15.773$	-649.09	$\phi10@110$	714

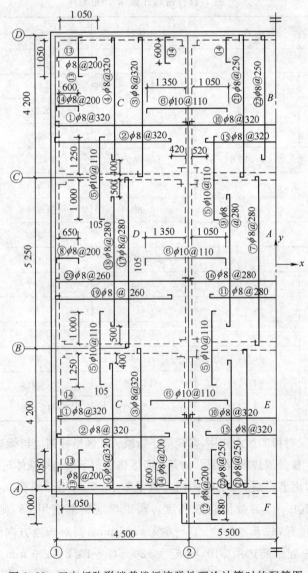

图 1-55　双向板肋形楼盖楼板按弹性理论计算时的配筋图

【例 1-2】 条件同例 1-1,要求用塑性理论(极限平衡法)计算各区格的弯矩,进行截面设计,并绘出配筋图。

【解】 1. 按极限平衡法求各区格板的弯矩

先从中央区格板 A 开始,然后依次解 B、D、C、E、F 等区格板。计算中以各区格板的短跨为 l_x,长跨为 l_y。

区格板 A:$l_x=5.25-0.25=5.00$ m,$l_y=5.5-0.25=5.25$ m,$n=5.25/5.0=1.05$,$\alpha=(1/n)^2=0.9,\beta=2$,根据极限平衡条件可得

$$m_x=\frac{(g+q)l_x^2(3n-1)}{12(6n+5.5\alpha-1/2)}$$

$$=\frac{(4+8)\times5^2\times(3\times1.05-1)}{12\times(6\times1.05+5.5\times0.9-0.5)}=5.01 \text{ kN} \cdot \text{m}$$

$$m_y=\alpha m_x=0.9\times5.01=4.51 \text{ kN} \cdot \text{m}$$

$$m'_x=m''_x=\beta m_x=2\times5.01=10.02 \text{ kN} \cdot \text{m}$$

$$m'_y=m''_y=\beta m_y=2\times4.51=9.02 \text{ kN} \cdot \text{m}$$

区格板 B:$l_x=4.2-0.25+0.06\approx4.0$ m,$l_y=5.5-0.25=5.25$ m,$n=5.25/4.0=1.31$,$\alpha=(1/n)^2=0.58,\beta=2$,已知 $m'_x=0,m''_x=10.02$ kN·m,由极限平衡条件可推得

$$m_x=\frac{(g+q)l_x^2(3n-1)/12-nm''_x}{2n+5.5\alpha-1/2}$$

$$=\frac{12\times4^2\times(3\times1.31-1)/12-1.31\times10.02}{2\times1.31+5.5\times0.58-0.5}$$

$$=6.36 \text{ kN} \cdot \text{m}$$

$$m_y=\alpha m_x=0.58\times6.36=3.69 \text{ kN} \cdot \text{m}$$

$$m'_y=m''_y=\beta m_y=2\times3.69=7.38 \text{ kN} \cdot \text{m}$$

区格板 D:$l_x=4.5-0.25+0.06\approx4.3$ m,$l_y=5.25-0.25=5.0$ m,$n=5.0/4.3=1.16$,$\alpha=(1/n)^2=0.74,\beta=2$,已知 $m'_x=0,m''_x=9.02$ kN·m,由极限平衡条件可推得

$$m_x=\frac{(g+q)l_x^2(3n-1)/12-nm''_x}{2n+5.5\alpha-1/2}$$

$$=\frac{12\times4.3^2\times(3\times1.16-1)/12-1.16\times9.02}{2\times1.16+5.5\times0.74-0.5}$$

$$=6.01 \text{ kN} \cdot \text{m}$$

$$m_y=\alpha m_x=0.74\times6.01=4.45 \text{ kN} \cdot \text{m}$$

$$m'_y=m''_y=\beta m_y=2\times4.45=8.90 \text{ kN} \cdot \text{m}$$

区格板 C:$l_x\approx4.0$ m,$l_y\approx4.3$ m,$n=4.3/4.0=1.08$,$\alpha=(1/n)^2=0.87,\beta=2$,已知 $m'_x=0,m''_x=8.90$ kN·m,$m'_y=0,m''_y=7.38$ kN·m。因 C 区格板属于角区格板,跨中钢筋宜全部伸入支座,根据极限平衡条件可推导得

$$m_x=\frac{(g+q)l_x^2(3n-1)/12-nm''_x-m''_y}{2(n+\alpha)}$$

$$=\frac{12\times4^2\times(3\times1.08-1)/12-1.08\times8.90-7.38}{2\times(1.08+0.87)}$$

$$=4.83 \text{ kN} \cdot \text{m}$$

$$m_y=\alpha m_x=0.87\times4.83=4.20 \text{ kN} \cdot \text{m}$$

区格板 E:$l_x=4.20-0.25=3.95$ m,$l_y=5.5-0.25=5.25$ m,$n=5.25/3.95=1.33$,

$\alpha = (1/n)^2 = 0.57, \beta = 2$。已知 $m'_x = (g+q)l^2/2 = (4+0) \times 1^2/2 = 2 \text{ kN·m}$(使跨中弯矩的计算偏安全),$m''_x = 10.02 \text{ kN·m}$,$m'_y = m''_y = 7.38 \text{ kN·m}$,由极限平衡条件可推得

$$m_x = \frac{(g+q)l_x^2(3n-1)/12 - n(m'_x + m''_x) - (m'_y + m''_y)}{2n + 1.5\alpha - 1/2}$$

$$= \frac{12 \times 3.95^2 \times (3 \times 1.33 - 1)/12 - 1.33 \times (2 + 10.02) - 2 \times 7.38}{2 \times 1.33 + 1.5 \times 0.57 - 0.5}$$

$$= 5.28 \text{ kN·m}$$

$$m_y = \alpha m_x = 0.57 \times 5.28 = 3.01 \text{ kN·m}$$

悬挑板 F 按单向板计算,其支座弯矩按恒载 $g = 4 \text{ kN/m}^2$、活载 $q = 2 \text{ kN/m}^2$ 计算,即 $m_F = 0.5 \times (4+2) \times 1^2 = 3 \text{ kN·m}$。

2. 截面配筋计算

(1)确定截面有效高度 h_0:假定板底钢筋选用 $\phi 6$,短边方向跨中截面的 $h_0 = 120 - 15 - 6/2 = 102 \text{ mm}$,长边方向跨中截面的 $h_0 = 102 - 6 = 96 \text{ mm}$;板顶钢筋选用 $\phi 8$,则支座截面的 $h_0 = 120 - 15 - 8/2 = 101 \text{ mm}$。

(2)截面设计用弯矩设计值:由于楼盖四周板的支承按简支考虑,故 C 角区格板的弯矩不予折减,而中央区格板 A 和 $l_b/l < 1.5$ 的边区格板 B、D、E 的跨中弯矩和支座弯矩可减少 20%。

(3)受拉钢筋 a_s 的计算:近似取内力臂系数 $\gamma = 0.9$,按下式计算受拉钢筋截面面积:

$$a_s = m/(0.9 f_y h_0) = m/(0.9 \times 270 \times h_0) = m/(243 h_0)$$

板内一般配筋率较低,γ 值较大,故 $\gamma = 0.9$ 是偏安全的。

截面配筋计算结果见表 1-13。

表 1-13 多区格板按塑性理论分析内力时的截面配筋计算

截面			h_0 (mm)	m (kN·m)	A_s (mm^2)	配筋	实配 (mm^2)
跨中	A 区格	长方向	96	$4.51 \times 0.8 = 3.61$	154.75	$\phi 6 @170$	166
		短方向	102	$5.01 \times 0.8 = 4.01$	161.78	$\phi 6 @170$	166
	B 区格	长方向	96	$3.69 \times 0.8 = 2.95$	126.46	$\phi 6 @200$	141
		短方向	102	$6.36 \times 0.8 = 5.09$	205.36	$\phi 6 @130$	218
	C 区格	长方向	96	4.20	180.04	$\phi 6 @140$	202
		短方向	102	4.83	194.87	$\phi 6 @140$	202
	D 区格	短方向	102	$6.01 \times 0.8 = 4.81$	194.06	$\phi 6 @140$	202
		长方向	96	$4.45 \times 0.8 = 3.56$	152.61	$\phi 6 @180$	157
	E 区格	短方向	102	$5.28 \times 0.8 = 4.22$	170.26	$\phi 6 @160$	177
		长方向	96	$3.01 \times 0.8 = 2.41$	103.31	$\phi 6 @200$	141
支座	A—B		101	$10.02 \times 0.8 = 8.02$	326.77	$\phi 8 @150$	335
	A—D		101	$9.02 \times 0.8 = 7.22$	294.18	$\phi 8 @170$	296
	A—E		101	$10.02 \times 0.8 = 8.02$	326.77	$\phi 8 @150$	335
	B—C E—C		101	7.38	317.81	$\phi 8 @150$	335
	C—D		101	8.90	362.63	$\phi 8 @130$	387
	E—F		101	3.00	122.23	$\phi 8 @200$	251

按塑性理论计算的各区格板的配筋见图1-56。

计算表明,该楼盖各区格板按塑性理论计算的用钢量比弹性理论计算的(图1-55)节省近30%。比较时按弹性理论计算的用钢量考虑了边缘板带跨中钢筋减半(图1-55中未表现)。而在实际工程中,为方便设计与施工,一般按弹性理论计算时,边缘板带跨中钢筋并不减半。因此,按塑性理论计算的用钢量还要节省些。此外,无论是按弹性理论还是按塑性理论进行配筋计算,楼盖周边各边区格板和角区格中的跨中受拉钢筋宜全部伸入边支座。

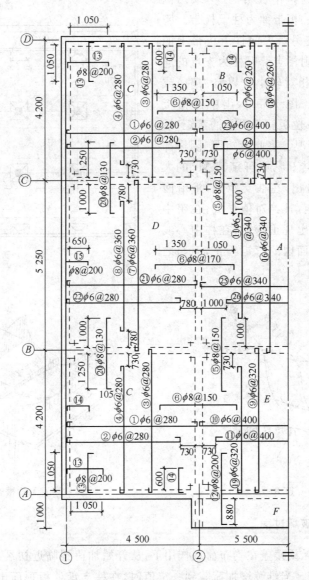

图1-56 双向板肋形楼盖楼板按塑性理论计算时的配筋图

第四节 无梁楼盖

一、无梁楼盖的受力特点

无梁楼盖由柱中心线划分为若干矩形区格,图1-57所示为9个区格的无梁楼盖,楼板分为中、边和角 3 种区格板。图 1-58 为均布荷载作用下中区格板的变形示意。由图可见,板在柱顶为峰形凸曲面,在区格中部为碗形凹曲面。

在无梁楼盖中,板的受力可视为支承在柱上的交叉板带体系。柱距中间宽度为 $l_x/2$(或 $l_y/2$)的板带称为跨中板带,柱中线两侧各 $l_x/4$(或 $l_y/4$)宽的板带称为柱上板带。跨中板带可视为支承在另一方向柱上板带上的连续梁,而柱上板带则相当于以柱为支点的连续梁(当柱的线刚度相对较小可以略去时)或与柱形成连续框架。图 1-59 示出中区格板 M_x(垂直于 x 轴的单位板宽截面上的弯矩)沿几条中心线的分布情况。将此弯矩图(阴影部分)在楼板平面内旋转 90°,则可窥其 M_y 的大致分布情况。不难看出,在柱支承处,板沿两个方向均出现负弯矩,且绝对值最大;在跨中处,板沿两个方向均出现正弯矩;在柱中心线上的跨中处,中线平面内的弯矩为正,而与之正交方向的弯矩为负。

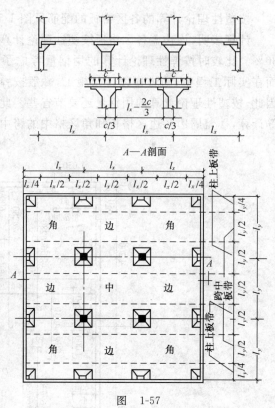

图 1-57

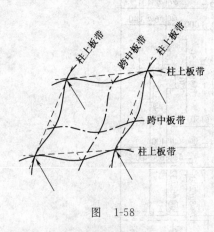

图 1-58

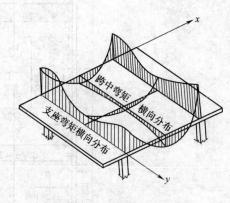

图 1-59 无梁楼盖 M_x' 分布

二、无梁楼盖的破坏过程

试验研究表明,无梁楼盖在均布荷载作用下,从开始加荷到临近初裂,其内力分布与弹性分析的结果基本相符。当继续增加荷载到一定值时,在柱支承处板顶面出现第一批裂缝。随着荷载的增加,这批裂缝沿柱列方向不断延伸,并可能最终发展成呈图 1-60(a)所示形状,同时,在板底面的跨中也逐步出现许多互相垂直且平行于柱列轴线的裂缝〔图 1-60(b)〕。若沿这两大交叉裂缝带,受拉钢筋普遍屈服,则形成了屈服铰线,当沿带受压混凝土达到弯曲抗压强度时,楼板即告弯曲破坏。若板柱连接处抗冲切能力不足,则在此之前甚至更早就将发生脆性的冲切破坏。

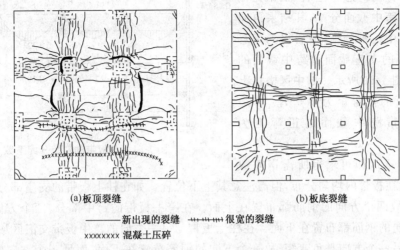

(a)板顶裂缝   (b)板底裂缝

———— 新出现的裂缝   +++++++ 很宽的裂缝
××××××× 混凝土压碎

图 1-60

三、无梁楼盖的计算

无梁楼盖也可按弹性理论和塑性理论两种方法计算,其中按弹性理论计算又分直接设计法和等代框架法。本节仅介绍直接设计法。

无梁楼盖的精确计算非常复杂,直接设计法是一种经验系数法。在试验研究和实践经验基础上,给出了两个方向截面总弯矩的分配系数,再将截面总弯矩分配给柱上板带和跨中板带。计算过程简捷方便,因而被广泛采用。

按直接设计法进行内力计算时,假设恒载和活载均匀满布于整个楼面上,不考虑活荷载的最不利位置。为了使各截面的计算弯矩值符合设计需要,无梁楼盖的结构布置必须满足以下条件。

(1)每个方向至少应有 3 个连续跨并设抗侧力体系;

(2)同一方向各跨跨度相近,最大与最小跨度比不应大于 1.2,两端跨的跨度不大于其相邻的内跨;

(3)区格必须为矩形,任一区格长、短跨的比值不应大于 1.5;

(4)活荷载与恒荷载之比不大于 3。

直接设计法假定每一区格沿任一柱列方向的跨中弯矩和支座弯矩总和等于等跨等荷的单向简支受弯构件的跨中最大弯矩,即

x 方向总弯矩为

$$M_{0x} = \frac{1}{8} p l_y \left(l_x - \frac{2}{3} c \right)^2 \tag{1-36}$$

y 方向总弯矩为

$$M_{0y} = \frac{1}{8} p l_x \left(l_y - \frac{2}{3} c \right)^2 \tag{1-37}$$

式中 p——单位面积上的恒载和活载设计值之和;

    l_x、l_y——x、y 两个方向的柱距;

    c——柱帽的计算宽度,当无柱帽时,$c=0$。

求出一个方向的总弯矩后,根据比例向支座截面和跨中截面分配,其结果再向柱上板带和跨中板带分配,最后得到该总弯矩在各板带的支座截面和跨中截面的分配结果,如图1-61所示。如中区格柱上板带支座截面的负弯矩为 $0.5M_{0x(y)}$,边区格跨中板带跨中截面的正弯矩为 $0.18M_{0x(y)}$ 。

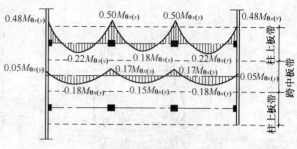

图1-61 各板带的弯矩分配系数

根据所得弯矩即可求得所需钢筋数量。钢筋一般在板带内均匀分布,但需注意其上下位置。如在柱上板带的支座部分,两个方向均为负弯矩,故两个方向的钢筋都布置在上面。在跨中板带的跨中部分,两个方向均为正弯矩,故两个方向的钢筋都布置在下面。在柱上板带与另一方向的跨中板带交汇区域,一个方向是正弯矩,而另一个方向是负弯矩,故一个方向的钢筋布置在下面,而另一个方向的钢筋布置在上面(图1-62)。

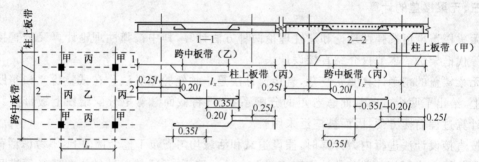

图1-62 无梁楼盖中板的配筋

四、无梁楼盖的抗冲切计算

无梁楼盖是一种双向受力楼盖,它与柱组成板—柱结构体系,应满足柱顶边缘处平板的抗冲切承载力的要求。当满布荷载时,无梁楼盖中内柱柱顶边缘处平板,可认为承受中心冲切,属于在局部荷载作用下具有均布反力的冲切情况。试验表明:冲切破坏时,形成破坏锥体的锥面与平板面大致呈45°的倾角;抗冲切承载力与混凝土强度等级的平方根、局部荷载的周边长度以及板的纵横两个方向的配筋率(仅对不太高的配筋率而言),均大体呈线性关系;配置箍筋或弯起钢筋等抗冲切钢筋可大大提高板的抗冲切承载力。

根据中心冲切承载力试验结果并参照国内外有关资料,我国规范有以下规定。

(1)对于不配置箍筋或弯起钢筋的钢筋混凝土平板,其抗冲切承载力应满足下式要求:

$$F_l \leqslant 0.7\eta\beta_h f_t u_m h_0 \tag{1-38}$$

式中　F_l ——冲切荷载设计值,取柱所受的轴向力设计值减去柱顶冲切破坏锥体范围内的荷载设计值,参见图1-63,按下式计算:

$$F_l = N - p(c + 2h_0)(d + 2h_0)$$

　　　　η ——系数,按下列两个公式计算,并取其中较小值:

$$\eta_1 = 0.4 + \frac{1.2}{\beta_s} , \quad \eta_2 = 0.5 + \frac{\alpha_s h_0}{4u_m}$$

β_h ——截面高度影响系数，当 $h \leqslant 800$ mm 时，取 $\beta_h = 1.0$，当 $h \geqslant 2\,000$ mm 时，取 $\beta_h = 0.9$，其间按线性内插法确定；

f_t ——混凝土轴心抗拉强度设计值；

u_m ——计算截面的周长，取距柱或（柱帽）周边 $h_0/2$ 处的周长；

h_0 ——截面有效高度，取两个配筋方向截面有效高度的平均值；

c、d ——柱截面的宽度和高度；

η_1 ——集中反力作用面积形状的影响系数；

β_s ——集中反力作用面积为矩形时的长边与短边尺寸的比值，β_s 不宜大于 4，当 β_s 小于 2 时取 2，对圆形冲切面，取 $\beta_s = 2$；

η_2 ——计算截面周长与板截面有效高度之比的影响系数；

α_s ——柱位置影响系数，中柱：α_s 取 40，边柱：α_s 取 30，角柱：α_s 取 20。

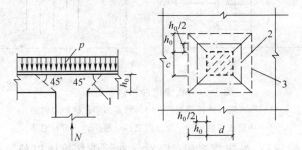

图 1-63　无梁楼盖受冲切承载力计算
1—冲切破坏锥体的斜面；2—计算界面的周长；
3—冲切破坏锥体的底面线

（2）当冲切承载力不能满足式（1-38）的要求，且板厚不小于 150 mm 时，可在柱周板内配置箍筋或弯起钢筋等抗冲切钢筋，以提高其抗冲切能力。但从控制使用阶段剪切变形及裂缝宽度考虑，其提高程度应予以限制。因此，其截面尺寸应满足下列限制条件：

$$F_l \leqslant 1.2\eta f_t u_m h_0 \tag{1-39}$$

所需配置的箍筋和弯起钢筋面积可按如下公式确定：

$$F_l \leqslant 0.5\eta f_t u_m h_0 + 0.8 f_{yv} A_{svu} + 0.8 f_y A_{sbu} \sin\alpha \tag{1-40}$$

式中　A_{svu} ——与呈 45° 冲切破坏锥体斜截面相交的全部箍筋截面面积；

f_{yv} ——箍筋的抗拉强度设计值；

A_{sbu} ——与呈 45° 冲切破坏锥体斜截面相交的全部弯起钢筋截面面积；

f_y ——弯起钢筋的抗拉强度设计值；

α ——弯起钢筋与板底面的夹角。

按计算所需的箍筋应配置在与 45° 冲切破坏锥面相交的范围内，且从集中反力作用面或柱截面边缘向外的分布长度不应小于 $1.5h_0$，如图 1-64（a）所示。箍筋应做成封闭式，其直径不应小于 6 mm，间距不应大于 $h_0/3$，且不应大于 100 mm。

计算求得的弯起钢筋，可由一排或两排组成，其弯起的角度可根据板的厚度在 30°～45° 之间选取。弯起钢筋的倾斜段应与冲切破坏锥面相交，其交点应在集中反力作用面或柱截面边缘以外 $1/2h$～$2/3h$ 的范围内，弯起钢筋直径不宜小于 12 mm，且每一个方向不宜小于 3 根，如图 1-64（b）所示。

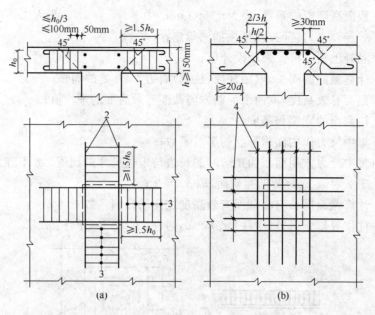

图 1-64　板中抗冲切钢筋的布置

(a)用箍筋作抗冲切钢筋；(b)用弯起钢筋作抗冲切钢筋

1—冲切破坏锥面；2—架立钢筋；3—箍筋；4—弯起钢筋

　　箍筋或弯起钢筋配置后，尚应按式(1-38)对原冲切破坏锥体以外的截面进行抗冲切承载力验算。此时，u_m 取冲切破坏锥体以外 $0.5h_0$ 处的最不利周长计算。若验算不满足要求，需对相应斜截面进行配筋计算和排布，直到各处抗冲切承载力均满足要求为止。

　　无梁楼盖板柱连接处也可以采用设置柱帽的办法来提高抗冲切承载力。常用的矩形柱帽有无帽顶板、折线形帽顶板以及矩形帽顶板三种形式。第一种用于板面荷载较小的情形〔图1-65(a)〕；第二种用于板面荷载较大的情形〔图 1-65(b)〕，可使荷载自板到柱的传力过程比较平缓，但施工较为复杂；第三种的传力条件稍次于第二种，但施工方便〔图 1-65(c)〕。当这些柱帽的几何尺寸满足图 1-65 所示的要求时，柱帽本身一般不存在冲切问题，但柱帽上边缘处楼板仍需要进行抗冲切验算。验算的方法同前述不配置箍筋或弯起钢筋的钢筋混凝土平板，即仍可采用公式(1-38)来进行验算，但需将其中的柱截面尺寸改为柱帽上边缘处尺寸。

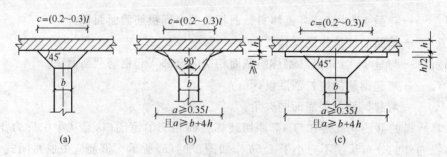

图 1-65　柱帽的形式

　　设置柱帽，除可以提高板柱连接处板的受冲切承载力外，还可以有效减少板的计算跨度，从而降低其纵筋用量、减小其跨中挠度，使板的配筋经济合理。至于柱帽本身的抗弯承载力，由于柱帽内拉、压应力均很小，钢筋一般按图 1-66 所示构造要求配置，可不另行计算。

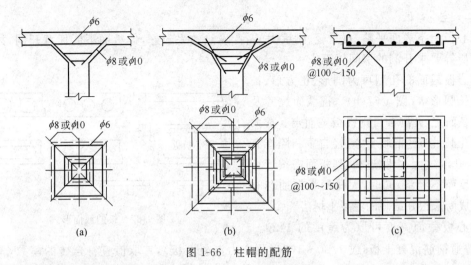

图 1-66　柱帽的配筋

五、无梁楼盖的构造要点

无梁楼盖应满足下列构造要求：

(1)无梁楼盖宜采用方形或接近方形的柱网布置，柱距一般取 5～7 m。

(2)无梁楼盖的板厚 $h \geqslant l/35$ (l 为区格长边尺寸)，且 $h \geqslant 150$ mm 。

(3)无梁楼盖板中配筋可采用弯起式或分离式。在同一区格两个方向有同号弯矩时，应将弯矩较大方向的受力钢筋放在外层。

(4)无梁楼盖应沿周边设置圈梁，其梁高≥2.5 倍板厚，并配置必要的抗扭构造钢筋。

(5)无梁楼盖应满足裂缝宽度的要求，具体验算方法同受弯构件。

(6)无梁楼盖的配筋率以 0.3％～0.8％为宜。

第五节　装配式混凝土楼盖

装配式楼盖在多层民用房屋和多层工业厂房中应用广泛。统计资料表明，与采用现浇式楼盖相比，采用装配式楼盖可节约模板 60％左右，缩短现场施工工期 30％～50％，节约劳动力 20％～50％。其缺点是整体性差，楼盖平面刚度小，要求建筑平面比较规整，施工时运输、吊装和堆放要求高。就形式而言，装配式楼盖大致可分为铺板式、密肋式和无梁式等。本节只介绍最常采用的铺板式楼盖。

一、铺板的形式

装配式铺板楼盖是将预制板搁置在承重砖墙或楼面梁上。预制板有实心板、空心板、槽形板、单 T 板和双 T 板等多种形式，其中以空心板的应用最为广泛。我国各省市一般均有自行编制的标准和通用图集。随着高层建筑的发展，预制的大型楼板也日益增多。铺板的形式对楼盖的施工、使用和经济效果影响较大。下面就各种板型的优缺点及适用范围作一介绍。

（一）实心板

实心板上下表面平整，制作简单，但材料用量较多，适用于荷载及跨度较小的走道板、地沟盖板和楼梯平台等处〔图 1-67(a)〕。

实心板的常用跨度 $l=1.2$～2.4 m；板厚 $h \geqslant l/30$，常用 50～100 mm；常用板宽 $B=500$～1 000 mm。

（二）空心板

空心板上下表面平整、自重轻、刚度大、隔音隔热效果较好，但板面不能任意开洞，故不适用于厕所等要求开洞的房间楼面。

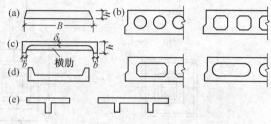

图 1-67　板的截面形式

空心板截面的孔型可为圆形、正方形、长方形或长圆形等〔图 1-67(b)〕，视截面尺寸及抽芯设备而定，孔洞数目则视板宽而定。扩大和增加孔洞对节约混凝土、减轻自重和隔音有利，但若孔洞过大，中肋过稀，其板面需按计算配筋时反而不经济，同时，大孔洞板在抽芯时还易造成尚未很好结硬的混凝土坍落。

空心板截面高度可取为跨度的 $1/20 \sim$ $1/25$（普通钢筋混凝土板）或 $1/30 \sim 1/35$（预应力混凝土板），其取值宜符合砖的模数，常用厚度为 120、180 和 240 mm。空心板的宽度主要根据当地制作、运输和吊装设备的具体条件而定，常用 500、600、900 和 1 200 mm。板的长度视房屋开间或进深大小而定，一般有 3～6 m，按 0.3 m 进级的多种规格。

（三）槽 形 板

槽形板有肋向下的正槽形板和肋向上的倒槽形板两种〔图 1-67(c)、(d)〕。正槽板可以较充分地利用板面混凝土抗压，故材料省，自重轻，但不能直接形成平整的天棚。槽板隔音隔热效果较差。

槽形板由于开洞较为自由，承载能力较大，故在工业建筑中采用较多。此外，也可用于对天花板要求不高的民用建筑屋盖和楼盖结构。

槽形板的常用跨度 $l = 1.5 \sim 5.6$ m，板宽 $B = 500、600、900$ 和 1 200 mm，肋高 $h = 120、$ 180 和 240 mm，板面厚度 $\delta = 25 \sim 30$ mm，肋宽 $b = 50 \sim 80$ mm。为了加强槽板刚度，使两条纵肋能很好地协同工作，避免纵肋在施工中因受扭产生裂缝，一般均加设小的横肋。

（四）T 形 板

T 形板有单 T 板和双 T 板两种〔图 1-67(e)〕。这类板受力性能良好，布置灵活，能跨越较大的空间，且开洞也较自由，但整体刚度不如其他类型的板。T 形板适用于板跨在 12 m 以内的楼盖和屋盖结构。

T 形板的翼缘宽度为 1 500～2 100 mm，截面高度为 300～500 mm，具体根据跨度而定。

二、装配式梁

一般混合结构房屋中的楼盖梁多为简支梁或带悬臂的简支梁，有时也做成连续梁。梁的截面多为矩形。当梁高较大时，为满足建筑净空要求，往往做成图 1-68(b)、(c)所示的花篮梁或十字梁。根据需要，还可采用图 1-68(d)～(g)所示的截面形式。简支梁的截面高度一般取为跨度的 $1/18 \sim 1/10$。

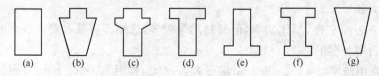

图 1-68　梁的截面形式

三、装配式构件的计算特点

装配式梁板构件,其使用阶段承载力、变形和裂缝验算与现浇整体式结构完全相同,但这种构件在制作、运输、堆放和吊装阶段的受力与使用阶段不同,故还需要进行施工阶段的验算和吊环、吊钩的计算。

(一)施工阶段的验算

装配式混凝土梁、板构件必须进行运输和吊装验算。对于预应力混凝土构件,还应进行张拉(对后张法构件)和放松(对先张法构件)预应力钢筋时构件承载力和抗裂度的验算。验算时应注意以下问题:

1. 计算简图:按运输、堆放及吊点位置实际情况加以确定。

2. 施工或检修荷载:对预制板、挑檐板、檩条、雨篷板等构件,应考虑在最不利位置上作用 1 kN 的集中荷载进行验算。

3. 动力系数:进行吊装验算时,构件的自重应乘以 1.5 的动力系数。

4. 安全等级:在进行施工阶段承载力验算时,结构的重要性系数应较使用阶段的承载力计算降低一个安全等级,但降低后不得低于三级。

(二)吊环的计算与构造

吊环应采用 HPB300 级钢筋,并严禁冷加工以防脆断。吊环埋入混凝土深度不应小于 $30d$(d 为吊环钢筋直径),并应焊接或绑扎在构件的钢筋骨架上。

在吊装过程中,每个吊环可考虑两个截面受力,故吊环所需截面面积为

$$A_s = \frac{G_k}{2m[\sigma_s]} \tag{1-41}$$

式中 G_k——构件自重(不考虑动力系数)的标准值;

m——受力吊环数量,最多考虑 3 个;

$[\sigma_s]$——吊环用钢的容许设计拉应力,考虑动力作用之后,规范规定 $[\sigma_s]=65\ \text{N/mm}^2$。

四、装配式楼盖的连接构造

装配式铺板楼盖由预制构件所组成,这些构件大都简支在砖墙或混凝土梁上,结构整体性能较差。为了加强楼面在竖向荷载作用下楼盖垂直方向的整体性,改善各独立铺板的工作,以及在水平荷载作用下,保证墙体和楼盖共同工作,将外力直接可靠地传递至基础。因此,设计中应处理好构件间的连接构造问题。

(一)板与板的连接

板与板的连接,一般采用强度不低于 C20 的细石混凝土或砂浆灌缝(图 1-69)。当楼面有振动荷载或房屋有抗震设防要求时,应在板缝内设置拉结钢筋以加强整体刚性(图 1-69)。此时板间缝隙应适当加宽。必要时可在板上现浇一层配有钢筋网的混凝土面层。

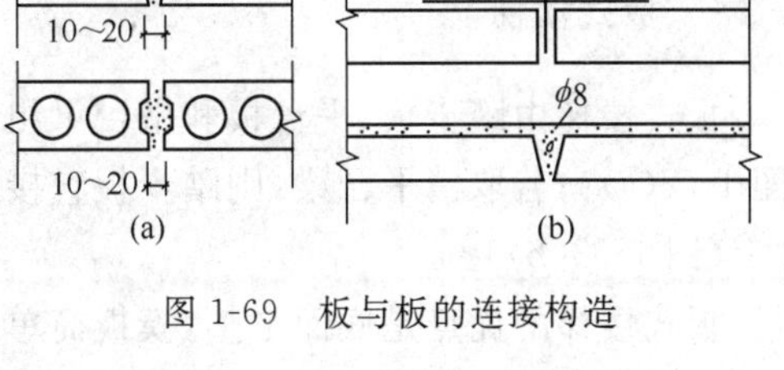

图 1-69 板与板的连接构造

(二)板与墙、梁的连接

预制板支承在梁或墙上时,应坐浆 10～20 mm。板在墙上支承长度应≥100 mm,在梁上支承长度应≥60～80 mm,以保证连接牢固

可靠。

板与非支承墙的连接,一般采用细石混凝土灌缝〔图 1-70(a)〕。当板长≥4.8 m 时,应在其跨中处设置联系钢筋 2φ8,将板与墙或圈梁拉结。此筋一端伸入墙内,一端跨过板宽弯入板的侧缝〔图 1-70(b)〕。为加强房屋的整体性,宜将混凝土圈梁设置于楼盖平面处〔图 1-70(c)〕。

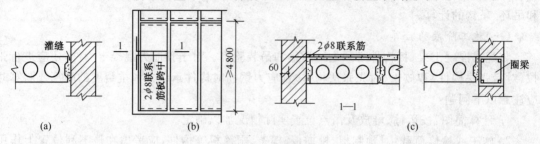

图 1-70　板与非支承墙的连接构造

(三)梁与墙的连接

梁在砖墙上的支承长度,应满足梁内受力钢筋在支座处的锚固要求,并满足支座处砌体局部受压承载力的要求。如后一要求不满足,应按砌体结构设计规范在梁下设置混凝土垫块。一般预制梁也应在支承处坐浆 10~20 mm。

第六节　楼　梯

楼梯是房屋楼层之间的竖向交通联系。钢筋混凝土楼梯由于具有坚固、耐久、耐火等优点,所以在多、高层房屋中应用较广。从施工方法看,钢筋混凝土楼梯可以分为整体现浇式或者预制装配式楼梯。整体现浇式楼梯又可根据结构的受力特点分为板式楼梯〔图 1-71(a)〕、梁式楼梯〔图 1-71(b)〕、折板悬挑楼梯〔图 1-71(c)〕和螺旋式楼梯〔图 1-71(d)〕等形式,前两种属平面受力体系,后两种则为空间受力体系。本节只介绍工程中常用的现浇板式楼梯和现浇梁式楼梯。

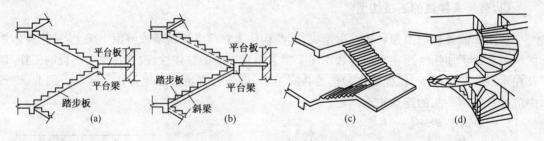

图 1-71　楼梯类型

一、板式楼梯

板式楼梯由踏步板、平台板和平台梁组成〔图 1-71(a)〕。踏步板一般两端支承于平台梁上〔图 1-72(a)〕;若取消平台梁,则踏步板直接与平台板相连,平台板再搁于砖墙或支承在其他构件上〔图 1-72(b)〕。

板式楼梯的优点是底面平整,模板简单,施工方便,缺点是混凝土和钢材用量较多,结构自重较大,故从经济方面考虑,多用于梯段板跨度小于 3 m 的情形。但由于这种楼梯外形比较轻巧、美观,所以,近年来在一些公共建筑中,梯段板跨度较大时也时有采用。

（一）梯段板的计算

由图 1-72 可知，梯段板可以是斜板，也可以是折线形板。作用于斜板上的竖向荷载包括踏步板的自重及活荷载，设单位水平长度上竖向荷载设计值为 $p(kN/m)$。假定斜板两端简支，则其计算简图如图 1-73 所示。

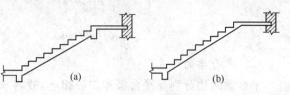

图 1-72 梯段板类型

为了求得斜板内力，先对支座 A 取力矩平衡求支座 B 中反力 R_B，即

$$\sum M_A = 0, \quad R_B l_0' = \frac{1}{2} p l_0^2$$

$$R_B = \frac{p l_0^2}{2 l_0'} = \frac{1}{2} p l_0 \cos\alpha \tag{1-42}$$

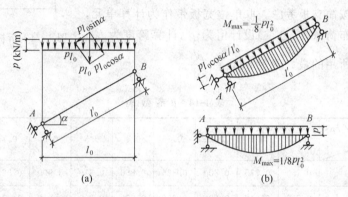

图 1-73 斜板和斜梁计算简图

然后，将计算简图在距离支座 $(A)x$ 处切开，对其右边隔离体取平衡方程，并将式(1-42)代入，可得该处截面上的弯矩和剪力为

$$M_x = R_B \frac{l_0 - x}{\cos\alpha} - \frac{1}{2} p (l_0 - x)^2 = \frac{1}{2} p (l_0 - x) x \tag{1-43}$$

$$V_x = R_B - p(l_0 - x)\cos\alpha = p\left(x - \frac{l_0}{2}\right)\cos\alpha \tag{1-44}$$

不难看出，斜板在竖向荷载 p 作用下的截面弯矩等于相应水平梁在同一竖向位置处的截面弯矩，截面剪力等于后者截面剪力乘以 $\cos\alpha$。需要明确的是，在进行斜板截面受剪承载力计算时，这一截面指的是与斜板垂直的截面，故截面高度应以斜向高度计算。

截面设计应取用最大内力，由式(1-43)、式(1-44)，有

$$M_{max} = \frac{1}{8} p l_0^2 \tag{1-45}$$

$$V_{max} = \frac{1}{2} p l_0 \cos\alpha \tag{1-46}$$

考虑到平台梁对斜板的嵌固影响，跨中弯矩可以适当减小而采用 $M_{max} = \frac{1}{10} p l^2$。

对于折线形板，上述嵌固影响较小，一般不予考虑。进行内力计算时，同样可将折线形板转化为相应水平投影简支板。但需注意，由于斜板部分与平台板部分恒载不同，故须按剪力为零的极值条件求出其最大弯矩 M_{max} 所在截面的位置。设 M_{max} 截面离斜板支座 A 的距离为 $x = \beta l / (2\cos\alpha)$，据极值条件可建立 β 与 l_1/l 和 p_1/p_2 的关系（各符号意义见图 1-74），如表

1-14所示,相应的最大内力则为

$$M_{max} = \frac{1}{8} p_1 (\beta l)^2 \qquad (1-47)$$

$$V_{max} = \frac{1}{2} p_1 (\beta l) \cos\alpha \qquad (1-48)$$

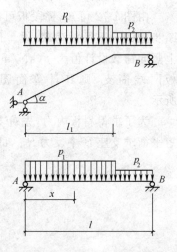

（二）平台梁的计算

平台梁两边分别与平台板和斜板相连,故将承受由平台板和斜板传来的均布力。平台梁一般可按简支梁计算内力,按受弯构件设计配筋。计算钢筋用量时,由于平台板与平台梁整体连接,故可按倒 L 形截面进行设计,但也可忽略翼缘作用仅按矩形截面考虑。

（三）平台板的计算

平台板一般按简支板考虑。取单位宽板带作为计算单元,设平台板所受均布荷载(含自重)设计值为 p,计算跨度为 l_0,则确定板内配筋所用的最大弯矩 $M_{max} = \dfrac{p l_0^2}{8}$。

图 1-74　折板、折梁计算简图

表 1-14　β 系 数 表

l_1/l ＼ p_1/p_2	0.0	0.1	0.2	0.3	0.4	0.5	0.6	0.7	0.8	0.9
0.50	0.750	0.775	0.800	0.825	0.850	0.875	0.900	0.925	0.950	0.975
0.55	0.793	0.818	0.838	0.858	0.878	0.899	0.919	0.939	0.960	0.980
0.60	0.840	0.856	0.872	0.888	0.904	0.920	0.936	0.950	0.968	0.998
0.65	0.878	0.890	0.902	0.914	0.927	0.939	0.951	0.963	0.976	0.988
0.70	0.910	0.919	0.928	0.937	0.946	0.955	0.964	0.973	0.982	0.991
0.75	0.938	0.944	0.950	0.956	0.963	0.969	0.976	0.981	0.988	0.994
0.80	0.960	0.964	0.968	0.972	0.976	0.980	0.984	0.988	0.992	0.996
0.85	0.978	0.980	0.982	0.984	0.987	0.989	0.991	0.993	0.996	0.998
0.90	0.990	0.991	0.992	0.993	0.994	0.995	0.996	0.997	0.998	0.999
0.95	0.998	0.998	0.998	0.998	0.999	0.999	0.999	0.999	1.000	1.000

二、梁式楼梯

梁式楼梯由踏步板、斜梁、平台板及平台梁组成〔图 1-71（b）〕。梯段上荷载通过踏步板传至斜梁,斜梁上荷载及平台板上荷载通过平台梁传到两侧墙体或其他支承构件。

梁式楼梯的优点是当楼梯梯段长度较大时,比板式楼梯经济,结构自重较小,缺点是模板比较复杂、施工不便,此外,当斜梁尺寸较大时,外观显得笨重。

（一）踏步板的计算

踏步板按两端支承在斜梁上的单向板进行计算。取一个踏步作为计算单元,从竖向挠曲看,其截面形式为梯形,为简化计算,可按面积相等的原则换算成与踏步同宽的矩形,高为 $h=\dfrac{b}{2}+\dfrac{d}{\cos\varphi}$,其中 b 为踏步高度,d 为板厚(图 1-75)。如此换算减小了截面的抗弯力臂,计算所得配筋必定偏大,因此,这是一种保守的近似方法。计算时应当直接考虑竖向荷载。

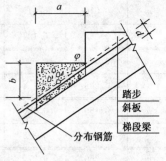

图 1-75　踏步板的构造

根据踏步板受力情况,板的挠度实际上只能垂直于斜梁,即中和轴将平行于斜面,此时踏步计算截面形如图 1-76 所示,受压区为直角三角形。取竖向荷载沿垂直斜梁方向的分量进行计算。按面积相等原则将该截面换算为宽同踏步板斜边、高为 $h=\dfrac{b\cos\varphi}{2}+d$ 的矩形,进行配筋计算,同样是偏于安全的做法。如果仍然采用矩形截面受弯构件应力假定,则根据图 1-76 所示计算简图可建立平衡方程如下:

$$\alpha_1 f_c A_x = f_y A_s$$

$$M = \alpha_1 f_c A_x \left(h_0 - \frac{2}{3}x \right)$$

其中

$$A_x = \frac{1}{2} x \cdot C_x = \frac{1}{2} x \frac{x}{\sin\varphi\cos\varphi} = \frac{x^2}{\sin(2\varphi)}$$

代入得

$$\frac{x^2}{\sin(2\varphi)} \alpha_1 f_c = A_s f_y$$

$$M = \frac{x^2}{\sin(2\varphi)} \alpha_1 f_c \left(h_0 - \frac{2}{3}x \right) = \frac{\alpha_1 f_c h_0^3}{\sin(2\varphi)} \xi^2 \left(1 - \frac{2}{3}\xi \right)$$

设

$$m = \frac{1.5 M \sin(2\varphi)}{\alpha_1 f_c h_0^3} \tag{1-49}$$

则由上式得

$$\xi^3 - 1.5\xi^2 + m = 0 \tag{1-50}$$

为便于计算,ξ 可由表 1-15 查得,然后按下式求出配筋面积

$$A_s = \frac{\xi^2 \alpha_1 f_c}{\sin(2\varphi) \cdot f_y} h_0^2 \tag{1-51}$$

其中,ξ 的上限值可参照 ξ_b 采用。

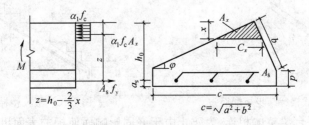

图 1-76　踏步板受力图

表 1-15 m-ξ 数值表

m	0.010	0.015	0.020	0.025	0.030	0.040	0.050	0.060
ξ	0.084	0.104	0.120	0.135	0.149	0.174	0.196	0.216
m	0.070	0.080	0.090	0.100	0.110	0.120	0.130	0.140
ξ	0.236	0.254	0.271	0.287	0.303	0.319	0.334	0.349
m	0.150	0.160	0.170	0.180	0.190	0.200	0.210	0.230
ξ	0.363	0.378	0.392	0.406	0.419	0.433	0.446	0.473
m	0.250	0.270	0.300					
ξ	0.500	0.527	0.567	中间数值,用直线内插法求出				

（二）斜梁的计算

楼梯斜梁一般支承在上、下平台梁上,也有采用折线形斜梁的,斜梁承受由踏步板传来的均布荷载。与板式楼梯中梯段板计算同理,不论是简支斜梁还是折线形斜梁,都可化作水平投影简支梁考虑。

（三）平台梁的计算

在梁式楼梯中,平台梁一方面要承受由平台板传来的均布力,另一方面,踏步板上的均布荷载则通过斜梁以集中力的方式传来,这与板式楼梯中平台梁所承受的均布荷载是不相同的,这一受力特点无论对其抗弯设计还是抗剪设计都较为不利。

（四）平台板的计算

不管梁式楼梯还是板式楼梯,平台板的计算都是相同的,故不再赘述。

三、整体现浇式楼梯的构造

因楼梯各部件都是受弯构件,所以受弯构件的构造要求同样适用于楼梯各部件。

在梁式楼梯中,每个踏步板的受力筋应保证不少于 $2\phi6$,受力钢筋呈水平方向布置,置于板底;分布钢筋则呈倾斜方向布置,置于受力筋之上,一般采用 $\phi6@300$,见图 1-77。踏步底板厚度一般为 $30\sim40$ mm。

板式楼梯的踏步板厚度一般取 $l/30$,通常采用 $100\sim120$ mm。踏步板内受力钢筋沿倾斜方向置于板底,水平向的分布钢筋置于受力钢筋之上,每个踏步需配置 $1\phi8$,见图 1-78。

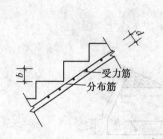

图 1-77 梁式楼梯踏步板配筋

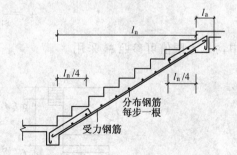

图 1-78 板式楼梯踏步板配筋

由于梯段板与平台梁整体相连,为防止由于嵌固影响而使板的表面出现裂缝,应将平台梁的钢筋伸入斜板,一般伸入长度为 $l_n/4$（图 1-78）。

对于折线形板,受力钢筋一般采用图 1-79 所示形式,在折角处应将斜板和平板的受力钢筋各自断开,再加以锚固,避免出现内折角式配筋,以免受力后使混凝土崩脱。

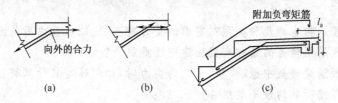

图 1-79　折线形板折角处配筋

小　　结

1. 楼盖、屋盖、楼梯等梁板结构的设计步骤是:(1)结构选型和布置;(2)结构计算(包括确定简图、计算荷载、内力分析、内力组合及截面配筋计算等);(3)绘制结构施工图(包括结构布置、构件模板及配筋图)。上述步骤不但适用于梁板结构、也适用于其他结构设计。

2. 结构选型和布置对结构的可靠性和经济性有重要影响。因此,应熟悉各种梁板结构,如现浇单向板肋梁楼盖、现浇双向板肋梁楼盖、无梁楼盖、装配式楼盖等的布置方式、受力特点及适用范围,以便在设计中作出合理选择。

3. 在现浇单向板肋形楼盖中,板和次梁均可按连续梁并取折算荷载(保持总荷载不变,增加恒载,减小活载)进行计算。对于主梁,当梁柱线刚度比不小于 3 时,也可按连续梁计算,忽略柱对梁的约束作用。

4. 计算连续梁、板时,如果考虑塑性内力重分布,为保证塑性铰具有足够的转动能力,使结构实现完全内力重分布,应采用塑性好的 HPB300、HRB335 级钢筋,并保证截面受压区高度 $x \leqslant 0.35h$,同时满足斜截面抗剪能力要求。为保证结构在使用阶段裂缝不致出现过早和开展过宽,设计时应对弯矩调幅予以控制。

5. 理论上,单向板和双向板的区别在于:弯曲变形和内力是在一个方向发生,还是在两个方向发生。实际上,由于肋梁楼盖板四边支承在主梁和次梁或墙上,两个方向将同时发生弯曲变形和内力,只是当长边和短边之比大于 2 时,弹性弯曲变形和内力主要产生在短边方向,工程上才把它视为单向板。此时长跨方向产生的内力很小,不必另行计算,按构造要求配筋即可。

6. 周边支承的双向板可按弹性理论和塑性理论两种方法进行设计计算,后者结果较为经济。

7. 无梁楼盖是一种点支承双向板体系,应特别注意板中钢筋的上下摆放位置和板柱连接区域的构造要求。

8. 梁式楼梯和板式楼梯的主要区别在于:楼梯梯段是采用斜梁承重还是斜板承重。前者受力较合理,用材较省,但施工较烦,不够美观,一般用于梯段较长的楼梯;后者反之。设计时应根据要求适当选型。

9. 梁板结构构件(包括楼梯)的截面尺寸,通常根据刚度所要求的高跨比确定,一般不必进行变形及裂缝宽度验算,其截面配筋按承载力计算,同时需满足规范中有关构造要求。

思 考 题

1. 混凝土楼盖结构有哪几种类型？它们的受力特点、优缺点及适用范围有何异同？

2. 现浇单向板肋梁楼盖的结构布置应遵守哪些原则？

3. 计算单向板肋梁楼盖中板、次梁、主梁的内力时，如何确定其计算简图？

4. 为什么要考虑荷载的最不利组合？

5. 如何绘制主梁的弯矩包络图及材料图？

6. 何谓塑性铰？混凝土结构中的塑性铰与结构力学中的理想铰有何异同？

7. 何谓内力重分布？引起超静定结构内力重分布的主要因素有哪些？如何保证它实现？

8. 何谓弯矩调幅法？按塑性内力重分布方法计算混凝土连续梁的内力时，为什么要控制弯矩调幅系数？

9. 考虑塑性内力重分布方法计算混凝土结构时，应遵守哪些原则？

10. 梁中纵向受力钢筋弯起或截断应满足哪些条件？

11. 现浇混凝土肋梁楼盖中板、次梁及主梁设计与构造要点有哪些？

12. 单向板与双向板如何区别？其受力特点有何异同？

13. 利用单跨双向板弹性弯矩系数计算连续双向板跨中和支座最大弯矩时采用了哪些假定？

14. 简述双向板的破坏特征，并说明按塑性理论计算双向板的大致过程。

15. 按直接设计法计算无梁楼盖的适用条件是什么？

16. 常用的楼梯形式分哪两种？试说明其受力特点，并描绘其计算简图。

习 题

1-1　5 跨连续板的内跨板带如图 1-80 所示，板跨 2.4 m，受恒荷载标准值 $g_k = 3\ \text{kN/m}^2$，荷载分项系数为 1.2，活荷载标准值 $q_k = 3.0\ \text{kN/m}^2$，荷载分项系数为 1.4；混凝土强度等级为 C20，HPB300 级钢筋；次梁截面尺寸 $b \times h = 200\ \text{mm} \times 400\ \text{mm}$。求板厚及其配筋（考虑塑性内力重分布计算内力），并绘出配筋草图。

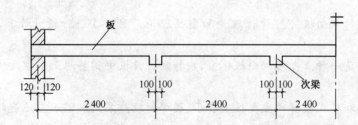

图 1-80　5 跨连续板几何尺寸及支承情况

1-2　5 跨连续次梁两端支承在 370 mm 厚的砖墙上，中间支承在 $b \times h = 300\ \text{mm} \times 650\ \text{mm}$ 主梁上（图 1-81）。承受板传来的恒荷载标准值 $g_k = 12\ \text{kN/m}$，分项系数为 1.2，活荷载标准值 $q_k = 10\ \text{kN/m}$，分项系数为 1.3。混凝土强度等级为 C20，采用 HRB335 级钢筋，试考虑塑性内

力重分布设计该梁(确定截面尺寸及配筋),并绘出配筋草图。

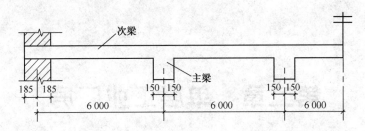

图 1-81 5 跨连续次梁几何尺寸及支承情况

1-3 图 1-82 所示钢筋混凝土伸臂梁,计算跨度 $l_1 = 7\,000$ mm,$l_2 = 1\,800$ mm,支座宽度均为 370 mm;承受均布恒荷载设计值 $g_1 = g_2 = 32$ kN/m,均布活荷载设计值 $q_1 = 48$ kN/m²,$q_2 = 118$ kN/m;采用 C25 混凝土,纵向受力钢筋为 HRB335 级钢筋,箍筋为 HPB300 级钢筋,试求梁的配筋,绘制材料图,确定纵筋的弯起和截断位置,绘制梁的配筋纵断面和横断面以及单根钢筋图。

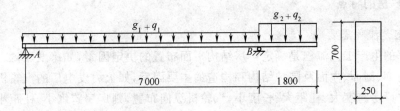

图 1-82 外伸梁几何尺寸及支承情况

第二章　单层工业厂房

第一节　概　述

工业厂房的结构有多种形式,而对于冶金、机械和纺织工业厂房,如炼钢、轧钢、铸造、锻压、金工、装配、织布车间等,更多的是采用单层厂房,由于较重、较大的机器和设备,较大轮廓尺寸的产品以及频繁的原材料和产品的运输,都需要有高大的建筑空间。

一、单层厂房的特点

1. 生产工艺流程需要

车间内部的生产工艺流程是确定厂房结构平面布置的决定因素,如跨度、跨数、柱距等,也是决定厂房高度、剖面、立面及围护结构和构造的主要因素,如火力发电厂的汽轮机间,汽轮机横向布置要求厂房跨度大、柱距大、长度小,汽轮机纵向布置,则厂房跨度小,柱距小,长度大。

2. 起重运输或设备安装检修需要

由于生产需要频繁的起重和运输或者设备安装和检修,厂房内常设有起重吊车,其吨位从几吨至上百吨,且可以有汽车、火车运行的运输通道,或者留有足够的检修场地,这样对厂房的高度、跨度、柱距和屋架等主要构件型式及地面、山墙、大门结构的设计有很大影响。

3. 卫生方面的需要

为了有一个良好的工作环境,保证工人身体健康,需解决好采光和通风的问题,还需解决余热、湿气、有害气体的排除,减少噪声及设备振动的干扰,处理好烟尘、废水、废渣、热水对环境的污染。

二、单层厂房结构的类型

单层厂房面积大,构件类型少,但数量多,便于定型设计和生产施工的工业化,因此,单层厂房采用装配式结构可大大缩短设计和施工的周期,降低建筑的造价。单层厂房按其主要承重结构的材料,分成混合结构、钢筋混凝土结构和钢结构。通常,无吊车或吊车吨位不超过5 t,且跨度在15 m以内,柱顶相对高程(以下简称高程)在8 m以下,无特殊工艺要求的小型厂房,可采用由砖柱、钢筋混凝土屋架或木屋架或轻钢屋架组成的混合结构。当吊车吨位在250 t(A_4、A_5 工作级别)以上,或跨度大于36 m的大型厂房,或有特殊工艺要求的厂房(如设有10 t以上锻锤的车间以及高温车间的特殊部位等),一般采用钢屋架、钢筋混凝土柱或全钢结构。其他大部分单层厂房均可采用钢筋混凝土结构,而且除特别情况外,一般采用预制钢筋混凝土柱及屋架组成的装配式钢筋混凝土结构。

按结构形式可分为排架结构及刚架结构两种。

钢筋混凝土排架结构由屋架或屋面梁、柱和基础组成,柱与屋架铰接,柱与基础刚接。根据生产工艺与使用要求,排架可做成单跨、多跨,又可做成等高〔图 2-1(a)〕、不等高〔图 2-1 (b)〕和锯齿形〔图 2-1(c)〕等多种形式,锯齿形适用于织布过程中不允许阳光直射的纺织厂,只允许朝北方向开天窗。排架结构是目前单层厂房结构的基本形式,跨度可超过 30 m,高度可达 20～30 m 或更大,吊车吨位可达 150 t,甚至更大。排架结构传力明确,构造简单,有利于实现设计标准化,构配件生产工厂化和系列化,施工机械化,提高建筑工业化水平。

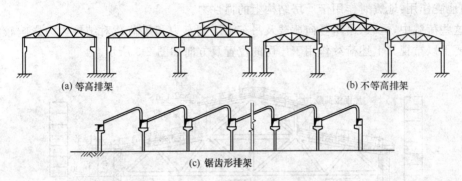

(a) 等高排架 (b) 不等高排架

(c) 锯齿形排架

图 2-1 单跨与多跨排架

刚架结构的特点是柱和横梁刚接成一个构件,柱与基础铰接,门架顶节点做成铰接的称为三铰门架〔图 2-2(a)〕,做成刚接的称为两铰门架〔图 2-2(b)〕。为便于施工吊装,两铰门架常做成三段,在横梁弯矩为零或很小的截面设置接头,用焊接或螺栓连接成整体。门架横梁的型式有人字形〔图 2-2(a)、(b)〕和弧形〔图 2-2(c)〕两种,常用的是前者。门架立柱和横梁截面高度随弯矩变化而做成变截面以省材料,构件截面一般为矩形,但当跨度和高度较大时,也有做成工字形或空腹的以减轻自重。门架与排架比较,优点是梁柱合一,构件种类少,制作较简单,且结构轻巧,当跨度和高度均较小时经济指标稍优于排架,其缺点是刚度较差,承载后会产生跨变,即横梁产生轴向变形,梁柱转角处易产生裂缝,所以一般适用于吊车吨位不大于 10 t 的厂房,跨度不超过 18～24 m,柱高度不超过 6～10 m 的金工、机修、装配和喷漆等车间及仓库。

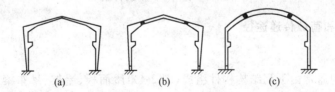

(a) (b) (c)

图 2-2 折线形和拱形门式刚架

本章主要介绍装配式钢筋混凝土排架结构设计中的基本问题。

第二节 单层厂房排架结构的组成、构件选型和布置

一、荷 载

单层厂房结构在施工和使用期间承受的主要荷载有下面几种:

(1)恒载:各种结构构件的自重,各种建筑构造层如屋面保温层、防水层、各构件表面的粉刷层等。

(2)吊车竖向荷载:吊车自重和起重物重量在厂房内运行时的移动集中荷载。

(3)吊车纵、横向制动力:吊车起吊重物后,启动和制动时在纵向或者横向所产生的水平

荷载。

(4)风荷载:用基本风压计算的作用在厂房各部分表面上的风压(吸)力。

(5)施工荷载:施工或屋面检修作用的荷载。

(6)积灰荷载:附近有灰源作用在屋面上的荷载。

(7)其他荷载:如设备工作平台加于厂房结构的荷载,管道荷载等。

(8)地震作用:地震时作用于厂房结构上的惯性力。

在这些荷载中,恒载、吊车竖向荷载及吊车水平刹车力和风荷载对结构内力影响较大,在计算时要予以重视。上述荷载作用于厂房的位置及方向如图 2-3 所示。

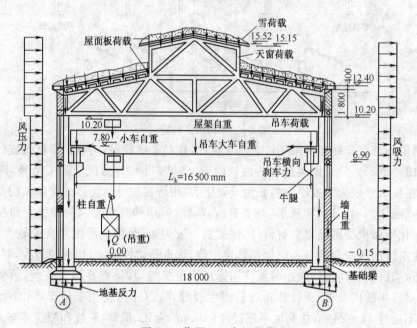

图 2-3　作用于厂房的荷载

二、结构组成和荷载传递途径

1. 结构组成

单层厂房结构通常由下列结构构件组成(图 2-4):屋面板、屋架、吊车梁、排架柱、抗风柱、基础梁、基础等。这些构件又分别组成屋盖结构、横向平面排架、纵向平面排架和围护结构。

屋盖结构:分有檩体系与无檩体系,有檩体系由小型屋面板、檩条、屋架及屋盖支撑组成。无檩体系由大型屋面板、屋面梁或屋架、屋盖支撑组成。前者用于小型厂房,后者用于大、中型厂房。

横向平面排架:由屋面梁或屋架、横向柱列及柱基础组成,是厂房基本承重结构,厂房的主要荷载都是通过它传给地基的(图 2-5)。

纵向平面排架:由纵向柱列、柱基础、连系梁、吊车梁及柱间支撑等组成,主要传递沿厂房纵向的水平力以及因材料的温度和收缩变形而产生的内力,并把它们传给地基(图 2-6)。

围护结构:由纵墙、横墙(山墙)、墙梁、抗风柱(有时还有抗风梁或抗风桁架)和基础梁等组成的墙架,主要承受自重以及作用在墙面上的风荷载。

横向和纵向平面排架上主要构件及其作用见表 2-1。

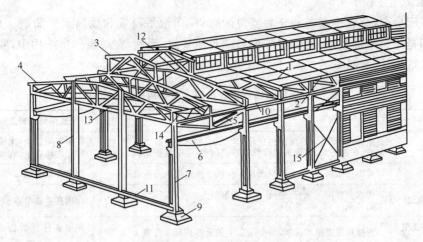

图 2-4 厂房结构构件组成

1—屋面板;2—天沟板;3—天窗架;4—屋架;5—托架;6—吊车梁;7—排架柱;8—抗风柱;
9—基础;10—连系梁;11—基础梁;12—天窗架垂直支撑;13—屋架下弦横向水平支撑;14—屋架
端部垂直支撑;15—柱间支撑

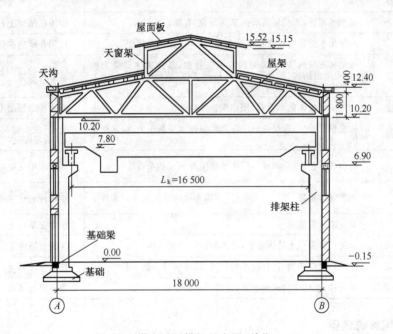

图 2-5 横向平面排架示意图(单位:mm)

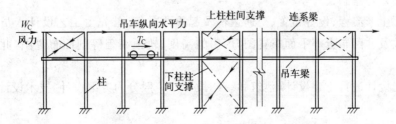

图 2-6 纵向平面排架结构示意图

2. 荷载传递途径

在单层厂房中,荷载按方向划分为竖向荷载、横向水平荷载和纵向水平荷载。显然,绝大部分荷载都是传递给排架柱,再由柱传至基础及地基的,因此,在单层厂房结构中,屋盖、柱、基础是主要承重构件,有吊车的厂房,吊车梁也是主要承重构件。

表 2-1 横向和纵向平面排架上主要构件及其作用

构　件		作　用	荷载作用位置及传递方向
屋盖结构	屋面板	屋面围护用,承受屋面构造层(防水、保温层等)重力荷载、雪荷载、积灰荷载、屋面施工荷载或检修荷载,且是维护结构	作用在屋架上(无檩体系) 作用在檩条上(有檩体系)
	天沟板	屋面排水用,承受屋面积水及天沟板上构造层重力荷载	作用在屋架端部
	天窗架	构成天窗用于采光、通风,承受天窗架上的屋面板荷载及天窗上的风载	作用在屋架节点上
	屋架或屋面梁	连接柱形成横向排架,承受屋盖上的全部荷载及自重	作用在柱顶或柱牛腿上或托架上
	托架	当纵向柱间距大于屋架间距时,用来支承屋架	作用在柱顶
	屋架支撑	加强屋盖空间刚度、保证屋架稳定,传递风荷载至排架结构	
	天窗架支撑	保证天窗上弦的侧向稳定,传递天窗端壁所受风力至排架结构	
	檩条	支承屋面板,承受屋面板传来的荷载(有檩体系)	作用在屋架上
吊车梁		承受吊车的竖向轮压和水平刹车力,并构成纵向排架	作用在横向排架柱的牛腿上
柱	排架柱	横向构成横向排架、纵向构成纵向排架,是排架主要受力构件,承受屋盖结构、吊车梁、外墙、柱间支撑、墙梁传来的竖向力及水平力(风载和吊车刹车力)	作用在柱顶、柱牛腿、上柱、下柱等各个部位
	抗风柱	承受山墙传来的风荷载,用作围护结构	荷载传给屋架上、下弦及基础
	柱间支撑	构成纵向排架,承受纵向风荷载和纵向水平刹车力、纵向地震作用	上、下柱支撑将荷载传至上柱底、基础底部
围护结构	外纵墙、山墙	厂房的围护构件,承受作用在墙面上的风荷载及自重	荷载作用在基础梁或基础上
	连系梁(墙梁)	承受墙体重量,并将它传给柱,亦作为纵向柱列的连系构件	作用传到柱牛腿上
	基础梁	承受墙体重量	作用在基础上
	过梁	承受门窗洞口上墙体重量,并传给洞口两侧墙体	作用在墙体上
	圈梁	加强厂房空间刚度、抵抗不均匀沉降、传递风荷载	作用在墙体上
	基础	承受柱、基础梁传来的荷载,并将荷载传给地基	荷载由地基承受

三、主要构件的选型

（一）单层厂房结构设计步骤

根据工厂生产流程、设备布置、交通运输及起重要求等,首先由工艺设计人员定出厂房长度、跨度、跨数及柱网布置等平面布置图,厂房的高度、轨顶高程等剖面布置图,此过程为工艺设计。

根据工艺设计进行土建设计(建筑和结构设计),一般分为方案设计、技术设计和施工图设计 3 个阶段。

1. 方案设计阶段:确定柱网,结构形式、高程,结构构件类型,屋面、楼面、墙面及地面做法。

2．技术设计阶段：选择结构构件，进行排架内力分析，设计柱、基础。

3．施工图阶段：画出平面布置图，构件图，节点大样图。

在单层厂房结构设计中，应充分利用标准构配件图，这些图集有屋面板、天窗架、支撑、屋架、吊车梁、墙板、连系梁、基础梁等，可以按工程具体情况选用，不必另行设计，以提高建筑工业化水平。而对柱与基础必须进行设计。

（二）主要构件的选型

1．选型的原则

（1）经济合理。如屋面构件不是主要承重构件，但由于面积大，在厂房投资、材料用量和工期方面占相当大的比例（表2-2），设计选型时应十分重视，下面以中型厂房（跨度24 m，吊车起重量150 kN）情况所作的统计分析。

表 2-2　中型厂房各种构件材料用量表

材料类型	1 m² 建筑面积总用量	每种构件用量占材料总用量的百分比				
		屋面板	屋架	吊车梁	柱	基础
钢　材	18～20 kg	25～30	20～30	20～32	18～25	8～12
混凝土	0.13～0.18 m³	30～40	8～12	10～15	15～20	25～35

表 2-3　厂房各部分造价占土建总造价的百分比

项　　目	屋盖	柱、梁	基础	墙	地面	门、窗	其　他
百分比	30～50	10～20	5～10	10～18	4～7	5～11	3～5

从上表分析可看出，屋盖材料用量占总用量的38％～52％，造价占总造价30％～50％，因此减少材料用量、减轻结构自重、选用自重轻的预应力混凝土构件是首先应考虑的，减轻屋盖自重还相应节省了支承它的柱和基础的材料用量，同时对抗震亦有利。

（2）工艺和建筑设计要求。厂房的跨度、下弦高程、吊车的吨位和振动，有无悬挂吊车，有无天窗，屋面排水坡度，有无天沟，立面造型等。

（3）荷载情况。各种构件承受荷载的大小，有无吊车，是否考虑地震作用。

（4）施工条件和构件供应情况。吊装能力、焊接技术、运输能力、预应力混凝土构件供应情况等。

（5）各种构件的适用范围和技术经济指标。如屋架选型时，除了考虑屋架本身的优缺点，还需把屋架与其他构件作为一个屋盖结构，进行综合技术经济比较，才能确定屋架的形式。

2．主要构件的选型

（1）屋面板

目前常用屋面板的形式、特点和适用条件列于表2-4中，在无檩体系中，广泛采用1.5 m×6 m的预应力混凝土屋面板，其材料用量为混凝土52 kg/m²，钢材 3.51～4.69 kg/m²（卷材防水屋面），也有采用3 m×6 m，1.5 m×9 m和3 m×12 m的。近年来，东欧一些国家采用3 m×18 m的预应力混凝土屋面板，面板厚25 mm，纵肋高450 mm。

（2）檩条

檩条支承小型屋面板，如预应力混凝土槽瓦，并将荷载传给屋架。与屋架应连接牢固，与支撑构件共同组成整体，保证厂房的空间刚度，可靠地传递水平力。

檩条跨度一般为4 m和6 m，也有9 m的。目前常用的有钢筋混凝土Γ形檩条〔图 2-7（a）〕，轻钢檩条和组合式檩条(上弦为钢筋混凝土,腹杆及下弦为钢材)。钢筋混凝土檩条搁在屋架上有正放〔图 2-7(a)〕和斜放〔图 2-7(b)〕两种。正放时受力较好,屋架上弦需作水平支托,斜放时檩条在荷载作用下产生双向弯曲,若屋面坡度大需在屋架上弦檩条支承处的预埋钢板上焊一短钢板,防止檩条安装时倾翻。常用檩条见表 2-5。

表 2-4　常 用 屋 面 板

序号	构件名称（标准图号）	形　式(mm)	特点及适用条件
1	预应力混凝土屋面板（G410CG411)		有卷材防水和非卷材防水两种。屋面水平刚度好,适用于大、中型和振动较大,对屋面刚度要求较高的厂房。屋面坡度:卷材防水最大 1/5,非卷材防水 1/4
2	预应力混凝土 F 形屋面板(CG412)		屋面自防水,板沿纵向互相搭接,横缝及纵缝加盖瓦和脊瓦。适用于中、小型非保温厂房,不适用于对屋面刚度和防水要求高的厂房。屋面坡度 1/4~1/8
3	预应力混凝土夹心保温屋面板（三合一板)		具有承重、保温、防水三种作用。故亦称三合一板。适用于一般保温厂房,不适用于气候寒冷、冻融频繁地区和有腐蚀性气体和湿度大的厂房。屋面坡度 1/8~1/12
4	预应力混凝土槽瓦		在檩条上互相搭接,沿横缝及纵缝加盖瓦和脊瓦。可在长线台座上叠层制作,材料省,屋面较轻。刚度较差,如构造和施工不当,易渗漏。一般适用于非保温、积灰少的中小型厂房,有腐蚀介质和振动较大的厂房不宜使用。屋面坡度 1/3~1/5
5	钢筋混凝土挂瓦板		挂瓦板密排在屋架上,其上铺黏土瓦,有平整的平顶。适用于采用黏土瓦的小型厂房和仓库。屋面坡度 1/2~1/2.5

注:其中序号 1~3 用于无檩体系,序号 4 用于有檩体系,序号 5 用于铺设黏土瓦屋面而不需另设檩条。

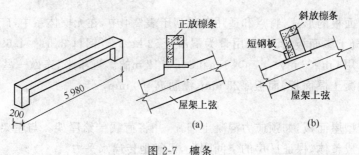

图 2-7　檩条

表 2-5　常见的几种檩条

序号	构件名称	形状示意	规格(m)	适用条件
1	钢筋混凝土Γ形檩条(G144)	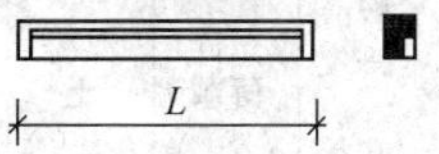	L=6.0 檩条间距 3.0	适用于瓦材屋面的各类厂房及辅助房屋
2	钢筋混凝土T形檩条(G144)	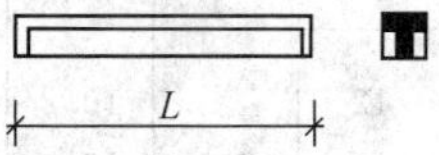	L=6.0 檩条间距 3.0	适用于瓦材屋面的各类厂房及辅助房屋
3	预应力混凝土Γ形檩条	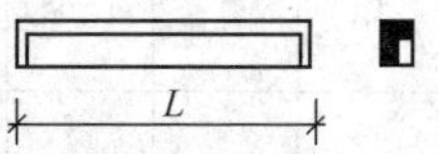	L=6.0 或 9.0	适用于瓦材屋面的各类厂房及辅助房屋
4	预应力混凝土T形檩条	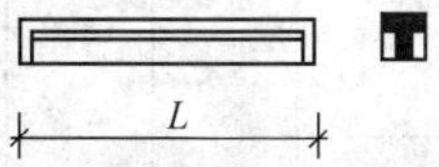	L=6.0 檩条间距 3.0 L=12.0 檩条间距 6.0	适用于瓦材屋面的各类厂房及辅助房屋
5	钢檩条	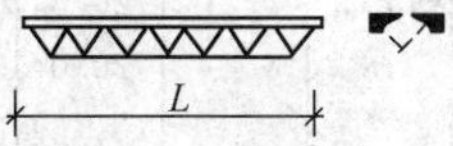	L=6.0 檩条间距 1.5	适用于无腐蚀性水汽产生的厂房及辅助房屋承受轻型瓦材
6	冷弯薄壁型钢檩条	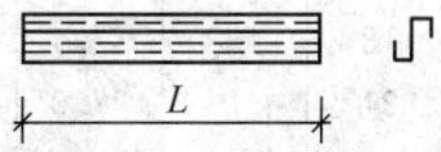	L=6.0 檩条间距 1.1	适用于无腐蚀性水汽产生的厂房及辅助房屋承受轻型瓦材

(3)屋架和屋面梁

目前常用屋面梁和屋架的形式、特点和适用条件列于表 2-6 中。

表 2-6　常用屋面梁、屋架(6 m 柱距)

序号	构件名称(通用图集号)	构件形式	跨度(m)	材料用量 允许荷载 $\left(\frac{kg}{m^2}\right)$	材料用量 混凝土 $\left(\frac{mm}{m^2}\right)$	材料用量 钢材 $\left(\frac{kg}{m^2}\right)$	特点及适用条件
1	预应力混凝土单坡屋面梁(G414)	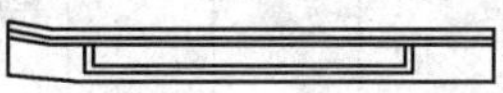	9 12	450	21.3 23.2	4.83 4.96	高度小,重心低,侧向刚度好,施工方便,但自重大,经济指标较差;适用于有较大振动和腐蚀介质的厂房。屋面坡度为 1/8～1/12
2	预应力混凝土双坡屋面梁(G414)	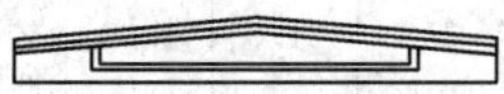	12 15 18	450	24.3 26.4 33.7	4.80 5.82 6.14	
3	钢筋混凝土两铰拱屋架(G310、CG311)	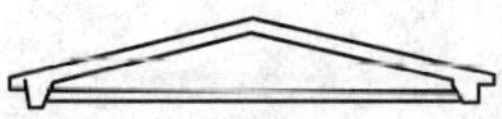	9 12 15	300	10.8 14.9 19.3	2.50 3.25 3.88	上弦为钢筋混凝土,下弦为角钢。自重较轻。适用于中、小型厂房,应防止下弦受压。屋面坡度:卷材防水 1/5,非卷材防水 1/4
4	钢筋混凝土三铰拱屋架(G312、CG313)	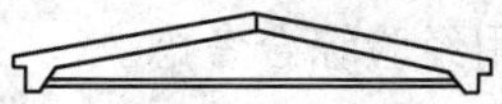	9 12 15	300	10.0 12.9 16.0	2.85 3.51 3.80	顶节点为铰接 其他同上
5	预应力混凝土三铰拱屋架(CG424)	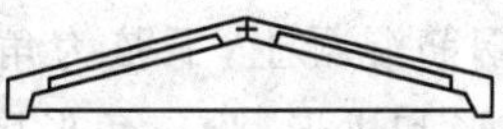	9 12 15 18	300	06.8 10.1 12.1 14.9	2.04 2.60 3.38 4.09	上弦为先张法预应力,下弦为角钢 其他同上

续上表

序号	构件名称（通用图集号）	构件形式	跨度 (m)	材料用量			特点及适用条件
				允许荷载 $\left(\frac{kg}{m^2}\right)$	混凝土 $\left(\frac{mm}{m^2}\right)$	钢材 $\left(\frac{kg}{m^2}\right)$	
6	钢筋混凝土组合式屋架(CG315)		12 15 18	300	10.2 13.9 13.6	4.00 5.20 6.00	上弦及受压腹杆为钢筋混凝土,下弦及受拉腹杆为角钢。自重较轻。适用于中、轻型厂房。屋面坡度 1/4
7	钢筋混凝土三角形屋架（原 G145）		12 15	300	16.7 18.9	4.14 4.00	屋架上设檩条或挂瓦板。自重较大。适用于有檩体系中的中、小型厂房。屋面坡度 1/2～1/3
8	钢筋混凝土折线形屋架(G314)		15 18	350	20.3 20.0	4.92 5.76	外形较合理,屋面坡度合适,适用于卷材防水屋面的厂房
9	预应力混凝土折线形屋架（G415）（卷材防水）		18 21 24 27 30	400 }350	22.4 27.0 28.6 30.0 41.4	4.43 5.10 5.47 6.00 6.15	适用于卷材防水屋面的大、中型厂房 其他同上
10	预应力混凝土折线形屋架（CG423）（非卷材防水）		18 21 24	350	17.1 21.0 23.0	3.80 4.46 5.04	外形较合理,自重较轻,适用于非卷材防水屋面的中型厂房 屋面坡度 1/4
11	预应力混凝土梯形屋架(CG417)		18～30	350	25.0	5.10	自重较大,刚度好。适用于卷材防水屋面的高温及采用井式或横向天窗的中、重型厂房 屋面坡度 1/10～1/12
12	预应力混凝土直腹杆屋架		15～36	250	21.9	4.69	构造较简单,但端部坡度较陡。适用于采用井式或横向天窗的厂房

注:1. 图集号中加"原"字者系 1966 年编制的图集;

2. 预应力构件钢材用量均按冷拉Ⅳ级钢筋方案计;

3. 序号 11～12 均仅按 24 m 跨度计算材料用量。

屋架或屋面梁形式的选择,应根据选型原则,考虑厂房的生产使用及建筑要求、跨度大小、吊车吨位和工作制,施工条件和技术经济指标及使用经验综合考虑。

屋架与屋面梁是屋盖结构的主要承重构件,它直接承受屋面荷载,有的厂房屋架还要承受悬挂吊车、管道或其他工艺设备荷载。另外,屋架对于保证厂房刚度起着重要作用。

屋架可做成拱式,有两铰拱、三铰拱,上弦杆为钢筋混凝土,下弦为角钢,适用于15 m 及以下厂房,更多的屋架为桁架式,有三角形、梯形、折线形和拱形,除三角形屋架用于小跨度外,其余可做到 18～36 m 跨度,其中又以预应力混凝土折线形屋架应用最广泛。

当有抗震要求时,宜优先采用低重心的预应力混凝土屋面梁,重量轻的预应力混凝土屋架或钢屋架、轻型钢屋架。

梁的应用范围在俄国一般不超过18 m,而在美、英、法国则可做到30 m以上,且梁的高跨比(指跨身最大高度与跨度之比)常为1/25~1/15,屋架为1/15~1/13,梁和屋架都比较轻巧。德国某飞机库,预应力轻混凝土屋面大梁,等高T形截面,跨度89 m,梁高5.5 m,高跨比约1/16,上翼缘宽2.4 m,腹板厚度由跨中180 mm分段增加到端部的400 mm,梁底部扩大到440 mm,采用强度等级为C45的轻混凝土,用量210 m³,梁重378 t,覆盖面积213.6 m²。

(4)天窗架

当单层厂房有采光及通风要求时,有时需设置气楼式天窗,用天窗架来支承屋面板,并将荷载传给屋架或屋面梁,天窗架设置增加了屋盖构件,削弱了屋盖的整体刚度、增大了受风面积,尤其是地震时高耸于屋面上的天窗极易破坏,应特别注意加强天窗架的支撑,天窗架宜采用钢结构。

目前常用天窗架有M形和W形两种(图2-8),前者宽度6、9、12 m,用于跨度12~30 m厂房,W形宽度6 m,常用于12~15 m跨度厂房。当有抗震要求时,宜优先采用低重心天窗,如下沉式(井式)、钢天窗或平天窗。

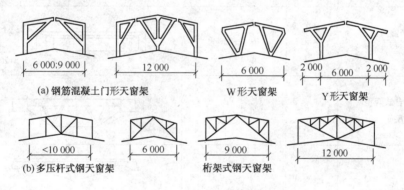

图2-8 天窗架形式

(5)托架

当厂房柱距大于大型屋面板或檩条的跨度时,则需沿纵向柱列设置托架,以支承中间屋面梁或屋架,图2-9为12 m跨预应力混凝土桁架式托架的常用形式。当预应力钢筋为粗钢筋时,一般采用三角形〔图2-9(a)〕,当预应力筋为钢丝束时,一般采用折线形〔图2-9(b)〕。

(6)吊车梁

吊车梁直接承受吊车自重和起重荷载,以及运行时其有动力作用的移动荷载。吊车梁对吊车的正常运行和工厂生产有直接影响,同时吊车梁纵向布置,传递厂房纵向荷载,加强厂房纵向刚度,连接各横向平面排架,保证厂房的空间作用起着重要作用。

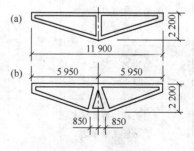

图2-9 托架形式

厂房结构设计时,应根据工艺要求和吊车的特点,结合当地施工条件和材料供应,对几种可能的吊车梁型式进行技术经济比较,选定合理的吊车梁形式。常用吊车梁见表2-8,在选择吊车梁时常用到吊车工作级别,即按吊车荷载在使用期内要求的总工作循环次数分成U_0~U_9 10个利用等级,又按照吊车在生产中使用的频繁程度分成4个载荷状态(轻、中、重、特重),按起重机的利用等级和载荷状态,起重机工作级别分为 $A_1 \sim A_8$ 级,其划分见表 2-7。

表 2-7 起重机工作级别的划分

载荷状态	利 用 等 级									
	U_0	U_1	U_2	U_3	U_4	U_5	U_6	U_7	U_8	U_9
Q_1—轻			A_1	A_2	A_3	A_4	A_5	A_6	A_7	A_8
Q_2—中		A_1	A_2	A_3	A_4	A_5	A_6	A_7	A_8	
Q_3—重	A_1	A_2	A_3	A_4	A_5	A_6	A_7	A_8		
Q_4—特重	A_2	A_3	A_4	A_5	A_6	A_7	A_8			

表 2-8 常用吊车梁表

序号	构 件 名 称	跨 度	适用起重量(t)	形 状 示 意
1	钢筋混凝土吊车梁(厚腹)	6 m	轻级:3~50 中级:3~30 重级:5~20	
2	钢筋混凝土吊车梁(薄腹)	6 m	轻级:3~50 中级:3~30 重级:5~20	
3	组合式轻型吊车梁	4 m、6 m	轻、中级:≤5	
4	组合式吊车梁	6 m、12 m	轻、中级:≤5	
5	先张预应力混凝土等截面吊车梁	6 m	轻级:5~125 中级:5~75 重级:5~50	
6	后张预应力混凝土等截面吊车梁	6 m	轻级:15~100 中级:5~100 重级:5~50	
7	后张预应力混凝土鱼腹式吊车梁	6 m	中级:15~125 重级:10~100	
8	后张预应力混凝土鱼腹式吊车梁	12 m	中级:5~100 重级:5~50	
9	部分预应力(先张)混凝土吊车梁	6 m	轻、中级:≤30	

在钢筋混凝土等截面吊车梁,组合式吊车梁,预应力混凝土等截面吊车梁及变截面(鱼腹式)吊车梁,部分预应力混凝土吊车梁中,尤以预应力混凝土等截面吊车梁应用最广泛。它的工作性能、经济指标好,施工、运输、堆放方便。而鱼腹式吊车梁目前使用日趋减少,当需要大吨位吊车梁时可采用钢结构吊车梁。

(7)柱

柱是单层厂房中的主要承重构件,常用柱的形式有矩形、工字形、双肢柱及管柱等。

矩形柱外形简单,施工方便,刚度好,但在偏心受压时不能充分利用混凝土的承载力,自重大、费材料。一般用在小型厂房及阶梯柱的上柱〔图 2-10(a)〕。

工字形柱受力性能及材料使用都较合理,整体性能较双肢柱好,但重量比双肢柱大,模板较复杂,特别是尺寸较大($h > 1\,600$ mm)时,自重大,吊装较困难,使用受到限制〔图 2-10(b)〕。

双肢柱受力性能好,材料省、自重轻,可利用肢间空格布置设备管道,对于平腹杆双肢柱〔图 2-10(c)〕肢间还可作为走道,且构造简单、制作方便、应用广泛;当承受水平荷载较大时,斜腹杆双肢柱受力性能更好〔图 2-10(d)〕,但制作较复杂。平腹杆双肢柱缺点是使用、施工翻身及吊装刚度差,且节点多,构造复杂。

管柱有圆管和外方内圆管两种,可做成单肢、双肢或四肢柱,应用较多的是两肢。管柱可在离心机上制管,机械化程度高,混凝土质量好,自重轻,但节点构造复杂,且受离心制管机的限制,尚难广泛推广〔图 2-10(e)〕。

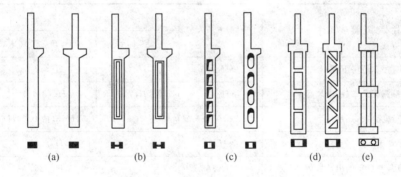

图 2-10 柱的形式

选择柱子形式时,应力求受力合理、模板简单、材料节约、维护简便。要考虑有无吊车及吊车规格、柱高和柱距等因素。同时应因地制宜、考虑制作,运输、吊装及材料供应等具体情况。在同一工程中,柱形、规格不宜多,为施工工厂化,机械化创造条件。

目前可按柱截面高度,参照表 2-9 选用。

柱的截面尺寸是由使用要求决定的,除了保证柱子有一定的承载力,还需保证有足够的刚度,以免造成厂房横向和纵向变形过大,发生吊车轮和轨道的过早磨损,影响吊车正常运行或造成墙及屋盖产生裂缝,影响厂房的正常使用。实际上厂房结构是空间体系,影响柱刚度的因素很多,如厂房跨度、跨数、柱子高度、屋盖刚度、吊车吨位、吊车台数、工作级别、两端山墙的刚度等,其中最主要的因素是吊车起重量和柱子高度,一般根据已建厂房的实际经验和实测试验资料来控制柱截面尺寸,表 2-10 数据可供参考,对于一般厂房柱满足上表最小柱截面尺寸的限制时,刚度可得到保证,不必验算柱的横向水平位移值,但在吊车吨位较大时,为安全计,尚需进行验算。

表 2-9　各种截面形式比较表

截面形式		矩形	工字形	双肢柱	管柱
材料用量比较	混凝土	100%	60%~70%	55%~65%	40%~60%
	钢材	100%	60%~70%	70%~80%	70%~80%
一般应用范围（mm）		1. $h \leqslant 500 \sim 700$ 2. 设有悬臂吊车柱 3. 易受冲撞及壁行吊车柱 4. 重型厂房为满足柱抗冲撞 $h = 1\,000 \sim 1\,300$ 5. 阶梯柱上柱 6. 抗震性能好	1. $h = 600 \sim 1\,500$ 2. 易受冲撞及臂行吊车柱 3. 地震区不宜采用薄壁开孔或预制腹板工字形柱	1. 小型 $h = 500 \sim 800$，$1\,300 \sim 1\,500$，大型柱 $h \geqslant 1\,600$ 2. 平腹杆双肢柱，仅用于 7 度地震区 3. 斜腹杆双肢柱可用在 8 度、9 度地震区	1. 400 左右　$h = 700 \sim 1\,500$ 2. 地震区易破坏，慎用

表 2-10　6 m柱距单层厂房矩形、工字形截面尺寸限值

柱 的 类 型	b	h		
		$Q \leqslant 10\,t$	$10\,t < Q < 30\,t$	$30\,t \leqslant Q \leqslant 50\,t$
有吊车厂房下柱	$\geqslant H_L/25$	$\geqslant H_L/14$	$\geqslant H_L/12$	$\geqslant H_L/10$
露天吊车柱	$\geqslant H_L/25$	$\geqslant H_L/10$	$H_L/8$	$\geqslant H_L/7$
单跨无吊车厂房柱	$\geqslant H/30$	$\geqslant 1.5H/25$(或 $0.06H$)		
多跨无吊车厂房柱	$\geqslant H/30$	$\geqslant H_L/20$		
仅承受风载与自重的山墙抗风柱	$\geqslant H_b/40$	$\geqslant H_L/25$		
同时承受由连系梁传来山墙重的山墙抗风柱	$\geqslant H_b/30$	$\geqslant H_L/25$		

注：H_L——下柱高度（算至基础顶面）；

　　H——柱全高（算至基础顶面）；

　　H_b——山墙抗风柱从基础顶面至柱平面外（宽度）方向支撑点的高度。

　　根据大量的设计经验，当柱距为 6 m，一般桥式软钩吊车起重量为 $5 \sim 100$ t时，厂房柱的截面形式及尺寸可参照表 2-11。

　　工字形柱的翼缘高度不宜小于100 mm，腹板厚度不应小于80 mm，当有高温及侵蚀性介质时，则翼缘和腹板的尺寸应适当增大。工字形腹板可以开洞，当孔洞的横向尺寸小于柱截面高度的一半、竖向尺寸小于相邻两孔洞中距的一半时，柱的刚度可按实腹工字形柱计算，但承载力计算时应扣除孔洞的削弱部分。当开孔尺寸超过上述范围时，柱的承载力和刚度均应按双肢柱计算。

　　小型双肢柱实际上是开孔洞的矩形柱，腹杆与肢杆宽度相同，制作方便，可用在柱截面高度为 $500 \sim 800$ mm。当 $h \geqslant 1\,600$ mm时，宜采用平腹杆或斜腹杆双肢柱。

表 2-11　6 m柱距中级工作制吊车单层厂房柱截面形式、尺寸参考表

吊车起重量 (t)	轨顶高程 (m)	边　柱(mm)		中　柱(mm)	
		上　柱	下　柱	上　柱	下　柱
≤5	6~8	□400×400	Ⅰ 400×600×100	□400×400	Ⅰ 400×600×100
10	8	□400×400	Ⅰ 400×700×100	□400×600	Ⅰ 400×800×150
	10	□400×400	Ⅰ 400×800×150	□400×600	Ⅰ 400×800×150
15~20	8	□400×400	Ⅰ 400×800×150	□400×600	Ⅰ 400×800×150
	10	□400×400	Ⅰ 400×900×150	□400×600	Ⅰ 400×1 000×150
	12	□500×400	Ⅰ 500×1 000×200	□500×600	Ⅰ 500×1 200×200
30	8	□400×400	Ⅰ 400×1 000×150	□400×600	Ⅰ 400×1 000×150
	10	□400×500	Ⅰ 400×1 000×150	□500×600	Ⅰ 500×1 200×200
	12	□500×500	Ⅰ 500×1 000×200	□500×600	Ⅰ 500×1 200×200
	14	□600×500	Ⅰ 600×1 200×200	□600×600	Ⅰ 600×1 200×200
50	10	□500×500	Ⅰ 500×1 200×200	□500×700	双 500×1 600×300
	12	□500×600	Ⅰ 500×1 400×200	□500×700	双 500×1 600×300
	14	□600×600	Ⅰ 600×1 400×200	□600×700	双 600×1 800×300

注：□——矩形截面 $b×h$；

　　Ⅰ——工字形截面 $b×h×h_t$；

　　双——双肢柱 $b×h×h_c$。

（8）基础

基础承受着厂房上部结构的全部重量和作用力，并将它们传递到地基中去，起着承上传下的作用，是厂房的重要受力构件。

单层厂房的柱下基础目前一般都采用单独杯形基础，它的外形简单，施工方便，按外形又分阶梯形和锥形两种〔图 2-11(a)、(b)〕。按埋置深度分为浅埋的低杯口基础和深埋的高杯口基础〔图 2-11(c)〕。

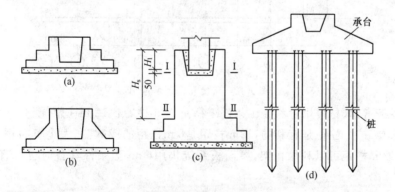

图 2-11　柱下单独基础的形式及桩基础

阶梯形基础比锥形基础混凝土用量多，但施工支模简单，每阶高度 300~500 mm。锥形基础的斜面坡度不宜太陡，否则施工时需设置斜模才能保证混凝土密实，一般大型的单独基础宜用锥形，锥形基础边缘高度不小于200 mm。

当地质条件限制或附近有较深的设备基础或地坑等要求时，必须把基础埋得较深，为了不使预制柱过长，可做成高杯口基础，它由杯口、短柱和底板组成，台阶以上部分称为短柱〔图 2-11(c)〕。

当上部结构荷载大，地基土质差，对基础沉降要求较严的厂房，一般采用桩基础〔图 2-11(d)〕。

四、柱网布置和变形缝

（一）柱网布置

厂房承重柱的定位轴线，在平面上排列所形成的网格，称为柱网。柱网布置就是确定纵向定位轴线即跨度之间和横向定位轴线即柱距之间的尺寸。柱网布置既确定了柱的位置，又是确定屋架、屋面板及吊车梁等构件跨度的依据，并涉及到结构构件的布置。柱网布置恰当与否，将直接影响厂房结构的经济、合理及先进性，对生产使用也有密切关系。

柱网布置原则：符合生产及使用要求，建筑平面和结构方案经济合理，厂房结构形式和施工方法先进、合理，符合《厂房建筑模数协调标准》（GBJ6—86）的有关规定，适应生产发展和技术革新要求。

厂房的跨度在18 m和18 m以下，一般取3 m的倍数（30M）；在18 m以上时，应采用扩大模数6 m的倍数（60M），必要时也允许采用21、27、33 m等扩大模数30M的倍数。

厂房的柱距应采用扩大模数60M倍数（图2-12），也有取9 m柱距的。

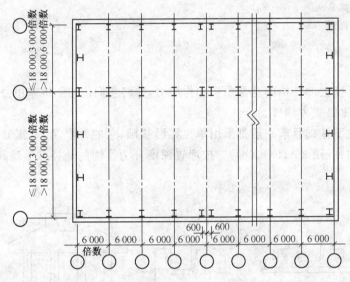

图 2-12 跨度和柱距示意图

目前从经济指标、材料用量和施工条件来衡量，6 m柱距比12 m柱距优越。但从现代化工业发展趋势来看，扩大柱距是有利的，12 m柱距是6 m柱距的模数，在大小车间相结合时，两者可配合使用，12 m柱距可以利用托架，屋面板系统仍用6 m，当条件具备时也可直接用12 m的屋面板。

（二）变形缝

变形缝包括伸缩缝、沉降缝和防震缝。

如果厂房的长度和宽度过大，在气温变化时，厂房的地上部分要热胀冷缩，而厂房的埋在地下部分受温度变化的影响很小，基本上不产生变形，这样暴露在大气中的上部结构的伸缩受到限制，在结构内部包括柱、墙、纵向吊车梁、连系梁等产生温度应力，严重时可使墙面、屋面、纵梁拉裂，使柱的承载力降低（图2-13），目前采取设置伸缩缝的办法来减小温度应力，保证厂房正常使用。

伸缩缝将厂房沿纵向或横向分成若干温度区段，其做法是从基础顶面开始，将相邻温度区段的上部结构完全分开,沿纵向是设双柱,中间留出一定的缝隙,使上部结构在气温变化时,水平方向可以较自由地发生较小的变形,结构的内应力随之降低,使有关构件避免开裂。

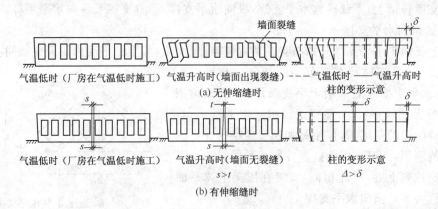

图 2-13　温度变化产生裂缝示意图

温度区段的长度即伸缩缝间距,取决于结构类型和年气温变化,按《混凝土结构设计规范》(GB 50010—2010)规定:装配式单层厂房结构(排架结构)伸缩缝最大间距,在室内或土中时为100 m,露天时为70 m。当厂房的伸缩缝间距超过规定时,应验算温度应力。

沉降缝一般单层厂房采用较少,只有在下列情况下设置:相邻厂房高度差异很大(如10 m以上);地基承载力或下卧层土质有巨大差别,或厂房各部分的施工时间相差很长,土壤压缩程度不同等情况。沉降缝的做法是将建筑物从屋顶到基础全部分开,以使缝两边发生不同沉降时而不致损坏整个建筑物。沉降缝可兼作伸缩缝。

防震缝是为了减轻厂房震害而采取的措施之一,当厂房平、立面复杂或结构高度或刚度相差很大,以及在厂房侧边贴建生活间、变电所、炉子间等披屋时,应设置防震缝将相邻部分分开。地震区的伸缩缝和沉降缝均应符合防震缝的要求。

五、支撑的作用及布置原则

在装配式单层厂房中,支撑是联系屋架、柱等主要构件,保证厂房整体刚性的重要组成部分,在单层厂房的抗震设计中尤其重要,若支撑布置不当,不仅会影响生产的正常使用,甚至可能引起工程质量事故,故应当重视。

支撑主要有下面几种作用:

1. 在施工和使用阶段保证厂房结构的几何稳定性。无论由屋架和屋面板或檩条连成的屋盖结构,还是由柱和吊车梁连接成的厂房纵向结构,如果不设支撑,都是一个几何可变体系。所以支撑的第一个作用是保证屋盖结构和厂房纵向结构形成几何不变体系,以便充分发挥各种结构构件的作用。

2. 保证厂房结构的横向水平刚度、纵向水平刚度及空间整体性。在厂房结构设计中,主要计算厂房横向平面排架的内力,并保证其侧向刚度,而对横向排架外的水平刚度、纵向刚度及空间整体协同工作是不计算的,这就要依靠各种支撑来保证。

3. 为主体结构构件提供适当的侧向支承点,改善它们的侧向稳定性。屋架支撑可以作为屋架弦杆的侧向支承点,减小弦杆在屋架平面外的计算长度。柱间支撑可作为柱的侧向支承点,减小柱的计算长度,提高柱的抗弯和抗扭能力。

4. 将某些水平荷载(如风荷载、吊车纵向刹车力、纵向地震作用等)传给主要承重结构或基础。

（一）屋盖支撑

层盖支撑包括上、下弦横向水平支撑，纵向水平支撑，垂直支撑及纵向水平系杆。

1. 上弦横向水平支撑

屋盖上弦横向水平支撑是指布置在两榀屋架（屋面梁）间上弦平面内及天窗架间上弦平面内的水平支撑（图 2-14），支撑节间的划分应与屋架节间相适应，水平支撑一般采用十字交叉形式，交叉角钢的倾角一般为 $30°\sim60°$，与屋架上弦组成水平桁架，布置在伸缩缝区段的两端，其作用是加强屋盖结构在纵向水平面内的刚度，还可将山墙抗风柱所承受的纵向水平力传到两侧柱列上去；与此相似，布置在屋架下弦平面内的支撑称为下弦横向水平支撑。

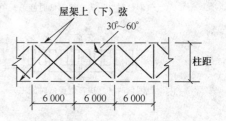

图 2-14　屋盖上、下弦水平支撑形式

当屋盖结构的纵向水平面内的刚度不足，具有下列情况之一时，应设置上弦横向水平支撑：①有檩体系屋盖。当采用檩条时，应设置（图 2-15）。②无檩体系屋盖。

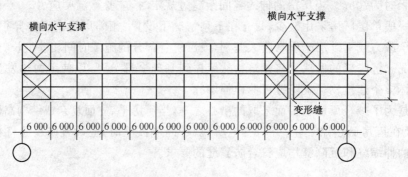

图 2-15　屋面梁上弦横向水平支撑（有檩体系）

（1）当采用大型屋面板，并与屋架或梁有三点焊接，屋面板纵肋间空隙用 C20 级细石混凝土灌实，当连接可靠时，屋面板可起上弦横向支撑的作用；当屋面板与屋架连接点的焊接质量不能保证，且山墙抗风柱与屋架上弦连接时应设置。

（2）厂房设有天窗，当天窗通到厂房端部的第二柱间或通过伸缩缝时，由于天窗区段内的屋架上没有屋面板，屋盖纵向水平刚度不足，屋架上弦侧向稳定性较差，应在第一或第二柱间的范围内设置上弦横向水平支撑（图 2-16），同时在天窗范围内沿纵向设置一至三道通长的受

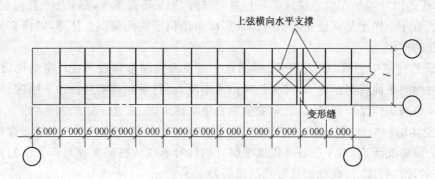

图 2-16　上弦横向水平支撑（无檩体系，有连续天窗）

压水平系杆,以保证屋架上弦侧向稳定。

(3)采用钢筋混凝土拱形或梯形屋架。在每一个伸缩缝区段端部的第一或第二个柱距内布置上弦横向水平支撑。

2. 屋架下弦横向水平支撑

下弦横向水平支撑位置与上弦横向水平支撑布置在同一柱间,以形成空间稳定体,有下列情况之一时应设置。

(1)山墙抗风柱与屋架下弦连接,纵向水平力通过下弦传递时。

(2)厂房内有较大的振动设备,如有硬钩桥式吊车或5 t级以上的锻锤。

(3)有纵向或横向运行的悬挂吊车(或电动葫芦),且吊点设置在屋架下弦时,当吊车纵向行驶,吊车纵向水平荷载较大而又无其他措施传至屋盖时,应使其传至屋盖下弦水平支撑的节点上〔图 2-17(a)〕,这时下弦横向水平支撑应设在吊车梁两端。当吊车横向行驶时,在其相邻两侧的柱间内坛设下弦横向水平支撑,并在轨道两端增设水平支撑〔图 2-17(b)〕。

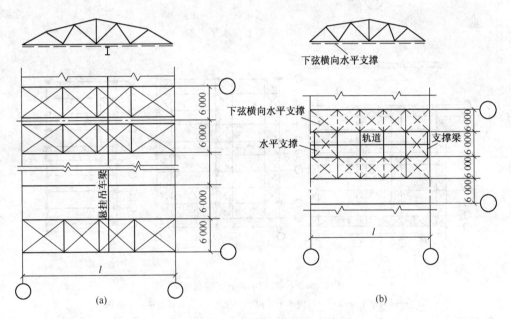

图 2-17　下弦横向水平支撑(当下弦设有悬挂吊时)

(4)当厂房跨度 $l \geqslant 18$ m时,下弦横向水平支撑布置在每一伸缩缝区段端部的第一个柱距内(图 2-18),当设有下弦纵向水平支撑时,为保证厂房空间刚度,必须同时设置相应的下弦横向水平支撑,以形成封闭的水平支撑系统。当厂房伸缩缝间距大于66 m时,可根据具体情况增设。

3. 下弦纵向水平支撑

沿着厂房纵向,在屋架下弦第一节间位置,连续布置十字交叉的支撑组成的水平桁架,称为下弦纵向水平支撑,由交叉角钢组成〔图 2-19(a)〕,其作用是加强屋盖结构在横向水平面内的刚度;在屋盖设有托架时,还可保证屋架上缘的侧向稳定,并将托架区域内的横向水平风力有效地传到相邻柱子上去。有下列情况之一时应设置。

(1)厂房设有托架时,对没有保证托架上弦稳定的特殊结构措施时,应沿托架的一侧设置下弦纵向水平支撑〔图 2-19(c)〕,为了保证结构的空间刚度,局部柱间纵向水平支撑应自托架的两端向外各延伸一个柱距。

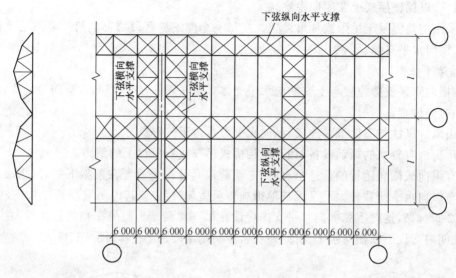

图 2-18　屋架下弦水平支撑

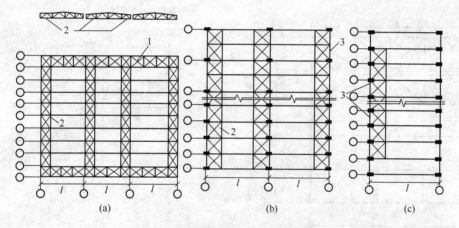

图 2-19　下弦纵向水平支撑的布置

1—横向水平支撑；2—纵向水平支撑；3—托架(布置局部纵向水平支撑)

　　(2)厂房内设有5 t或5 t以上的悬臂吊车；厂房内有较大振动设备，如5 t或5 t以上的锻锤、重型水压机或锻压机、铸件水瀑池或其他类似振动设备〔图 2-19(a)〕。

　　(3)厂房内设有软钩桥式吊车，但厂房高大，单跨厂房柱高 15～18 m以上，吊车吨位较重，重级工作制吊车10 t或中级工作制吊车30 t以上时，等高多跨厂房一般可沿边列柱的屋架下弦端部各布置一道通长的纵向支撑〔图 2-19(a)〕跨度较小的单跨厂房可沿下弦中部布置一道通长的纵向支撑。

　　(4)厂房内设有硬钩桥式吊车，布置要求同图 2-19(c)，当吊车吨位较大或对厂房刚度有特殊要求时，可沿中间柱列适当增设纵向水平支撑〔图 2-19(b)〕，下弦纵向水平支撑应与下弦横向水平支撑连接形成封闭的水平支撑系统〔图 2-19(a)〕。

　　4. 垂直支撑

　　垂直支撑一般是由角钢杆件与屋架中的直腹杆或天窗架中的立柱组成的垂直桁架。垂直支撑的形式如图 2-20 所示，当垂直支撑高度小于 3 m时，可做成 W 形，当高度为 3～4 m时，可做成十字交叉形。天窗架垂直支撑一般做成斜交叉形，有利于采光和通风。

垂直支撑的作用是保证屋架或天窗架平面外的稳定,并将纵向水平力由屋架上弦平面内传到屋架下弦平面内,所以垂直支撑与屋架下弦横向水平支撑应布置在同一柱间,即在厂房伸缩缝区段的两端各设一道。

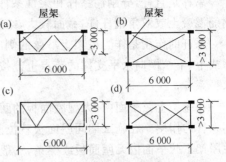

图 2-20 屋盖垂直支撑形式
(a)、(b)、(d)钢支撑;(c)钢筋混凝土支撑

屋架的垂直支撑宜按以下要求设置。

(1)当屋架端部高度大于1.2 m时,如梯形屋架,为了使屋面传来的纵向力能可靠地传到柱顶以及保证施工时的平面外稳定,应在屋架两端各设一道垂直支撑。

(2)屋架间距为6 m,采用大型屋面板,屋架跨中的垂直支撑按表 2-12 规定设置(图 2-21)。

表 2-12 支 撑 的 设 置

厂房跨度(m)	$12 \leqslant l < 18$	$18 \leqslant l \leqslant 24$	$24 < l \leqslant 30$		$30 < l \leqslant 36$	
			不设端部垂直支撑	设置端部垂直支撑	不设端部垂直支撑	设置端部垂直支撑
屋架跨中垂直支撑要求	不设(无天窗),设一道(有 $\geqslant 0.75$ t 锻锤)	一道	两道	一道	三道	两道
设置位置	屋架跨度 $\frac{1}{2}$ 处	屋架跨度 $\frac{1}{2}$ 处	屋架跨度 $\frac{1}{3}$ 附近	屋架跨度 $\frac{1}{2}$ 处	屋架跨度 $\frac{1}{2}$ 及 $\frac{1}{4}$ 处	屋架跨度 $\frac{1}{3}$ 处

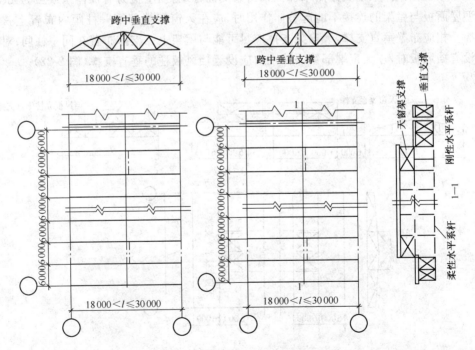

图 2-21 屋架跨中垂直支撑

(3)当厂房伸缩缝区段长度大于60 m时,应在设有柱间支撑的柱间内增设一道垂直支撑。

(4)当厂房设有3 t以上锻锤时,在锻锤所处的柱间内以及以锻锤为中心的30 m范围内的屋架间,宜在设有一般垂直支撑的平面内,每跨连续增设一道垂直支撑。

5. 水平系杆

系杆是直杆,分刚性系杆和柔性系杆两种,刚性系杆既能承受拉力也能承受压力,一般为钢筋混凝土或双角钢杆件,截面较大,柔性系杆只承受拉力,多为单角钢,截面较小。

系杆的作用是作为屋架上下弦的侧向支承点,系杆一般通长设置,一端最终连接在垂直支撑或上、下弦横向水平支撑的节点上。按其布置位置又可分为上弦纵向水平系杆及下弦纵向水平系杆。

在屋架上弦平面内,大型屋面板的肋可起到刚性系杆的作用;在有檩体系中檩条也可以起到系杆的作用。在施工期间屋面板就位前,在屋脊、屋架两端设系杆可保证屋架侧向稳定。而在屋架下弦平面内无屋面板或檩条,一般应在跨中或跨中附近设置一或两道柔性系杆,在两端设置刚性系杆;有天窗时可在屋脊节点处设置一道刚性水平系杆。

系杆与屋盖支撑应同时设置,以形成垂直或水平桁架,因此可按下列规定设置。

(1)当屋架跨度中部设垂直支撑时,一般沿其纵向垂直平面设通长的上弦刚性系杆及下弦柔性系杆,当设置端部垂直支撑时,一般在其铅垂面内设通长的下弦刚性水平系杆(图2-21)。

(2)当设有下弦横向水平支撑或纵向水平支撑时,均应设相应的下弦刚性系杆,以形成水平桁架。

(3)天窗侧柱处应设置柔性系杆,为配合天窗上弦横向水平支撑,在天窗范围内沿纵向设置一至三道通长的上弦刚性系杆,以保证屋架上弦侧向稳定。

(4)当屋架横向水平支撑设置在端部第二柱间时,在第一柱间应设置上、下弦刚性系杆。

6. 天窗架间的支撑

天窗架上弦横向水平支撑用来保证天窗架侧向稳定,当屋盖为有檩体系或虽为无檩体系,但大型屋面板与屋架的连接不能起整体作用时,应在天窗架端部第一柱距内布置上弦横向水平支撑及相应布置垂直支撑,天窗架支撑应尽可能与屋架上弦支撑布置在同一柱间;对于通风天窗设有挡风板时,在天窗端部第一柱距内应设置挡风板柱的垂直支撑(图2-22)。

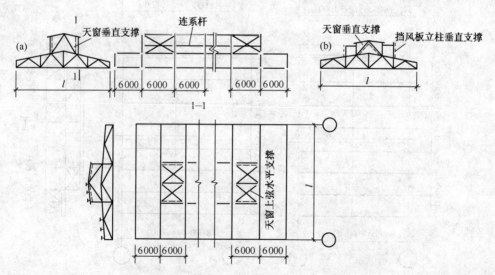

图 2-22　天窗垂直支撑及天窗上弦水平支撑

(二)柱间支撑

柱间支撑的主要作用是提高厂房的纵向刚度和稳定性,传递纵向水平力到两侧纵向柱列。凡属下列情况之一,应设置柱间支撑。

1. 厂房跨度在18 m以上或柱高≥8 m。

2. 厂房有重级工作制吊车或中、轻级工作制吊车起重量≥10 t。

3. 厂房内有悬臂吊车或3 t以上的悬挂吊车。

4. 纵向柱列的柱数在7根以下。

5. 露天栈桥柱列。

当厂房吊车起重量较小($Q\leqslant 5$ t),且柱间设有强度和稳定性足够的墙体并与柱能起整体作用时,可不设柱间支撑,各种纵向水平力由纵向排架承担。

柱间支撑应布置在伸缩缝区段的中央或临近中央,这样在温度变化或混凝土收缩时,厂房可较自由的变形而不致产生较大的温度或收缩应力(图 2-23);上部柱间支撑还应布置在伸缩缝区段两侧与屋盖水平支撑相对应的柱间;当厂房温度区段长度超过120 m时,应在其长度的$\frac{1}{3}$附近各布置一道上、下柱柱间支撑,两道支撑的距离不宜大于60 m,以减少温度应力;并在柱顶设通长刚性连杆来传递水平荷载。

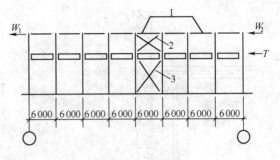

图 2-23 柱间支撑
1—柱顶系杆;2—上部柱间支撑;3—下部柱间支撑

柱间支撑一般采用交叉钢斜杆组成,交叉倾角 α 在35°~55°之间,当柱间因交通、设备布置或柱距较大而不能采用交叉支撑式,可以做成门架式支撑〔图 2-24(a)、(b)〕或其他形式支撑。

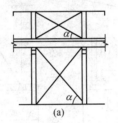 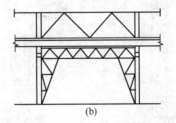

(a)　　　　　　　(b)

图 2-24 柱间支撑的形式

六、围护结构布置

围护结构除了屋面板外,还有抗风柱、圈梁、连系梁、过梁、基础梁和墙体或墙板等构件。围护结构除了遮风挡雨外,还承受风、积雪、雨水、地震作用,以及基础不均匀沉降产生的内力,其作用前面已介绍,下面仅考虑其布置。

1. 抗风柱(山墙壁柱)

单层厂房的山墙受风荷载的面积较大,一般需设置抗风柱将山墙分成区格,使墙面受到的风荷载,在靠近纵向柱列区格的那部分直接传给纵向排架,另一部分由抗风柱承受,抗风柱将风载传给下部支座基础及上部铰支座屋架的上弦或下弦,或者上、下弦,再经屋盖系统传至纵向排架。

当厂房跨度≤12 m及柱高≤8 m时,可在山墙设砖壁作柱抗风柱;否则都设置上柱为矩形截面且尺寸 $b\times h\geqslant 350$ mm×300 mm,下柱为矩形或工形或双肢柱的钢筋混凝土柱,柱外侧再贴砌砖墙或挂墙板。当厂房很高时,为了减小抗风柱截面尺寸,可加设水平抗风梁或钢抗风桁架〔图 2-25(a)〕,作为抗风柱的中间铰支点。

抗风柱与基础连接一般采用刚接,当厂房端部需扩建时则扩建端应采用可拆卸的钢柱及压型钢板的墙面或其他方便拆卸的结构。

抗风柱上端与屋架连接一是要保证水平方向连接可靠,以便有效传递风荷载,二是竖向脱开,且两者间能允许一定的相对位移,以防厂房与抗风柱沉降不均匀时产生不利影响,所以抗风柱与屋架一般采用竖向可以移动、水平向又有较大刚度的弹簧板连接〔图 2-25(b)〕,如不均匀沉降可能较大时,则宜采用螺栓连接方案〔图 2-25(c)〕。

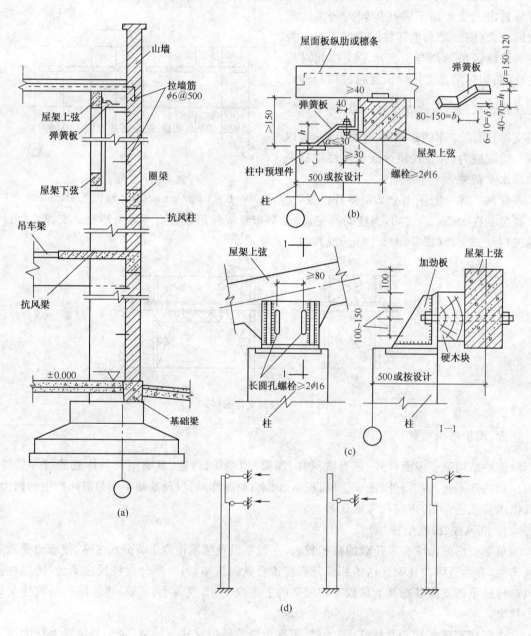

图 2-25 抗风柱构造及计算简图(单位:mm)

抗风柱设计时,其荷载主要为风载,竖向一般只有柱自重,可近似按受弯构件计算,计算简图如图 2-25(d),并考虑正、反两个方向弯矩。当抗风柱还承受由承重墙梁、墙板及平台板传来的荷载时,应按偏心受压构件计算。

2. 圈梁、连系梁、过梁和基础梁

当用砖墙作围护结构时,一般要设置圈梁或者连系梁、过梁及基础梁。

圈梁将墙体与厂房柱箍在一起,其作用是增强房屋的整体刚度,防止由于地基发生过大的不均匀沉降或较大的振动对厂房产生不利的影响。圈梁为现浇钢筋混凝土构件,埋设在墙体内,和柱子连接,在平面上尽可能交圈。主要起拉结作用,不承受墙体重量,所以柱子上不设置支承圈梁的牛腿。

圈梁的布置与墙体高度、对厂房刚度的要求及地基情况有关。对无桥式吊车厂房,檐高不足 8 m 时,应在檐口处布置一道圈梁;当檐高大于 8 m 时宜在墙体适当部位增设一道圈梁。对有桥式吊车的厂房,除在檐口附近或窗顶处设置一道圈梁外,还应在吊车梁高程处或墙体适当部位增设一道圈梁;当外墙高度在 15 m 以上时,还应根据墙体高度适当增设。对于有振动的厂房,除上述要求外,每隔 4 m 距离,应有一道圈梁。

圈梁应连续设置在墙体的同一平面内,除伸缩缝处及洞口处必须切断外,其余应形成封闭状,当圈梁被门窗洞口切断时,应在洞口上部增设一道附加圈梁(图 2-26)与圈梁搭接,搭接长度应不小于其垂直距离的 2 倍,且不得小于 1.0 m。

圈梁的截面宽度与墙厚相同,当墙厚 $h \geq 240$ mm 时,其宽度不宜小于 $2h/3$。圈梁高度应为砌体每皮厚度的倍数,且不小于 120 mm。圈梁的纵向钢筋一般 $4\phi10 \sim$

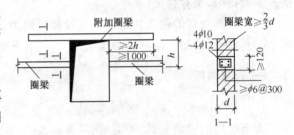

图 2-26 圈梁的搭接长度(单位:mm)

$4\phi12$,钢筋的搭接长度为 $1.2l_a$(l_a 为锚固长度),箍筋不少于 $\phi6 @300$ mm。当圈梁兼作过梁时,过梁部分配筋应按计算确定。混凝土强度等级不得低于 C15。

连系梁的作用主要是承受上部墙体荷载。一般单层厂房外墙是自承重墙,不需设置连系梁。当墙的高度超过一定限度,例如 15 m 以上,墙体的抗压强度已不能承受本身自重时;或在设置有高侧悬墙的情况下,需要在墙下布置连系梁。连系梁两端支承在柱的牛腿上,墙体荷载通过牛腿传给柱子。连系梁与柱用螺栓或焊接连接。此外,连系梁能连系纵向柱列,增强厂房纵向刚度,传递纵向水平荷载。

过梁是设置在门窗洞口上承受洞口上面墙体重量的钢筋混凝土梁。单独设置的过梁宜采用预制构件,两端搁置在墙体上的支承长度不宜小于 240 mm。

在进行厂房围护结构布置时,应尽可能将圈梁、连系梁与过梁结合起来,使一种梁能起到两种或三种梁的作用,以简化构造、节约材料、方便施工。

基础梁是用来承受墙体自重、代替墙基础、支承在柱基上的钢筋混凝土梁,其一是省了墙基,最主要的是墙基与柱基荷载差异大,易引起基础间不均匀沉降而造成墙面开裂,影响使用。外墙基础梁一般设置在基础外侧,基础梁顶面至少低于室内地面 50 mm,基础梁底部即指非支座处距土层表面应预留 100 mm 空隙,使基础梁可以随柱一起沉降。在寒冷地区,应在基础梁下铺设一层干砂、矿渣等松散材料,防止冬季冻土上升将梁顶裂。基础梁只需搁置在柱基础杯口上(一级抗震的基础梁顶面应增设埋铁与柱焊接),当基础埋置较深时,可将基础梁放在混凝土垫块上或牛腿上(图 2-27)。

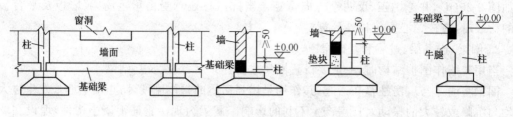

图 2-27　基础梁的布置(单位:mm)

第三节　排　架　计　算

单层厂房排架结构实际上是空间结构,为了计算方便,简化为平面结构计算,即在跨度方向按横向平面排架计算,在纵向按纵向平面排架计算。又由于纵向平面排架的柱较多,抗侧移刚度较大,每根柱承受的水平力不大,因而往往不考虑柱受弯矩的影响,不必计算,仅当纵向抗侧刚度较差、柱较少及需要考虑水平地震作用或温度内力时才进行计算,所以后面讲的均是指横向平面排架,简称排架。

排架计算的目的是为柱和基础设计提供内力数据,其主要内容有:确定计算简图、荷载计算、内力分析和控制截面的内力组合,作为柱和基础配筋的依据。必要时应验算排架的侧移。

一、计算简图

(一)计算单元

由于厂房的屋面荷载、雪荷载、风荷载及结构刚度都是均匀分布的,一般柱距相等,可以从任意两个相邻的柱距中线截出一个典型区段,该区段称为计算单元,各个平面排架之间互不影响,各自独立工作(图 2-28)。对于厂房端部和伸缩缝处的排架,其负荷范围只有中间排架的一半,但为便于设计和施工,通常也不再另外单独分析计算,而按中间排架的计算单元进行设计。

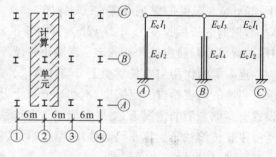

计算单元中的排架将承受计算单元范围内屋面荷载、雪荷载和风荷载。吊车荷载是

图 2-28　计算单元

移动的局部荷载,不可能同时作用在每一个排架上,所以吊车荷载应根据吊车梁传给柱的力来计算。

(二)基本假定

1. 排架柱上端与屋架(屋面梁)铰结,下端固接于基础顶面。

屋架或屋面大梁与柱顶连接处,仅用预埋钢板焊牢,抵抗转动的能力很小,焊缝只考虑传递竖向力和水平剪力,按铰接点考虑。

排架柱与基础的连接是将预制柱插入基础杯口一定深度,柱和基础间空隙用高强度的细石混凝土浇筑密实而成为一个整体,同时地基变形是受控制的,基础的转动很小,所以柱下端可视为固定端,固定端位于基础顶面。但是当地基土质较差、变形较大或有比较大的地面堆载时，则应考虑基础位移和转动对排架的影响。

2.屋架或屋面梁轴向变形忽略不计，即横梁为没有轴向变形的刚性杆，排架受力后横梁两端两柱顶水平位移相等。

这一假定对于一般钢筋混凝土和预应力混凝土屋架或屋面梁是成立的，但对下弦杆为小型圆钢或角钢的组合式屋架、两铰拱、三铰拱屋架却不够合理，应考虑轴向变形对排架内力的影响，即应把横梁看作是可以轴向变形的弹性杆考虑，称此为有跨变的排架。

（三）计算简图

柱总高 H＝柱顶高程减去基础顶面高程，基础顶面高程一般为－0.5 m左右，基础高度按构造要求初估，一般在 0.9～1.2 m之间。上柱高度 H_1＝柱顶高程减去牛腿顶面高程，牛腿顶面高程＝吊车轨顶高程减去吊车梁及其上轨道构造高度之和。

排架柱的轴线应分别取上、下柱截面的形心线，当为变截面柱时，排架柱轴线为一折线（图2-29）。

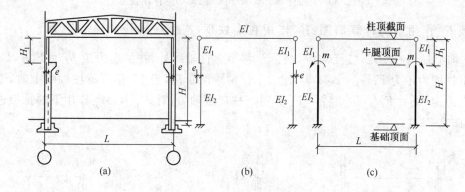

图 2-29　横向排架计算简图

屋面梁或屋架用一根没有轴向变形的刚性杆表示，只起连接两个柱的作用。

排架结构是超静定结构，计算时首先要确定柱子的型式及几何尺寸，柱子的形式开始设计已经选定，截面尺寸可按前述选型原则或参照已建的类似厂房事先确定，当柱最后所需截面的惯性矩与计算前假定尺寸算得的惯性矩相差在 30% 以内时，计算结果认为有效，可不必重算。

二、荷载计算

作用在排架上的荷载分为恒载（永久荷载）和活载（可变荷载）两类，恒载一般包括屋盖自重 F_1，上柱自重 F_2，下柱自重 F_3，吊车梁及轨道、连接件等自重 F_4，作用在柱牛腿上连系梁及墙体自重或作用在柱上的墙板重 F_5 及其他等。活荷载包括屋面活荷载 Q_1，吊车荷载 D_{max}、D_{min}、T_{max}，风载。各个恒载作用位置见图 2-30(a)。

（一）屋盖恒载 F_1

屋盖恒载包括屋面板自重及其上的构造层，即保温层、隔热层、防水层、隔离层、找平层等自重，屋面板、天沟板、屋架、天窗架、屋盖支撑以及与屋架连接的设备管道重量，可按屋面构造详图及各种构件标准图进行计算。对屋面坡度较陡的三角形屋架，负荷面积应按斜面积计算。

屋盖恒载 F_1 的作用位置：当采用屋架时，F_1 通过屋架上弦与下弦中心线的交点作用于柱顶，屋架的轴线尺寸与名义尺寸相差300 mm，一般屋架上、下弦中心线交点至柱外边的距离为150 mm〔图 2-30(b)〕。当采用屋面梁时，F_1 通过梁端支承垫板的中心线作用于柱顶〔图 2-30(c)〕。

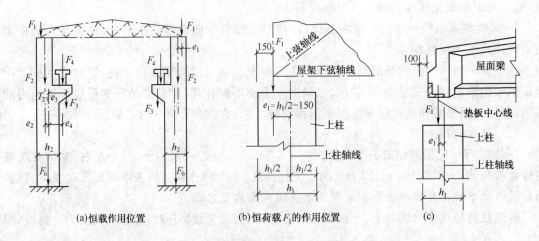

图 2-30 屋面恒载 F_1 及 F_2、F_3、F_4、F_6 作用位置

恒载 F_1 作用下的计算简图：F_1 作用在上柱顶，与上柱轴线的偏心距为 e_1，$e_1 = \dfrac{h_1}{2} - 150$ mm，即上柱偏心受压，按受力等效将 F_1 移至上柱轴线处，并加上力矩 $M_1 = F_1 e_1$，F_1 未移动前对下柱的力矩为 $F_1(e_1 + e_2)$，e_2 为上、下柱轴线间距离，当 F_1 移到下柱轴线上时，下柱顶还作用有力矩 $M_1' = F_1 e_2$，移动后的 F_1 只对下柱产生轴力；对 M_1 及 M_1' 作用下的排架进行内力分析（图 2-31）。

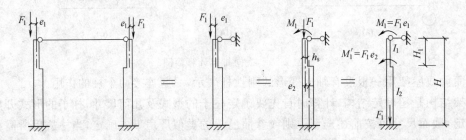

图 2-31 屋盖恒载作用下的计算简图

（二）恒荷载 F_2、F_3、F_4、F_5

同样道理，可以对其他竖向偏心荷载 F_2、F_3、F_4 进行换算，并画出计算简图，$M_2 = F_2 e_2$，作用在下柱柱顶；$M_4 = F_4 e_4$，e_4 为吊车梁中心线至下柱中心线的距离，$e_4 = 750 - \dfrac{h_2}{2}$，$h_2$ 为下柱截面高；$M_3 = F_3 e_3$，F_3 为牛腿部分自重，e_3 为牛腿梯形截面中线至下柱中心线的距离；$M_5 = F_5 e_5$，e_5 为连系梁中心线至柱中心线距离，作用在柱上的弯矩按顺时针为正，反时针为负的规定，同一截面的弯矩叠加，最后作出 F_2、F_3、F_4 及 F_5 共同作用下的计算简图〔图 2-32(b)〕。

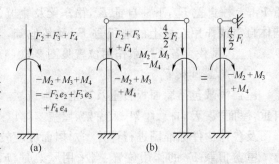

图 2-32 F_2、F_3、F_4 作用计算简图

考虑到构件吊装顺序，上柱自重 F_2、牛腿自重 F_3 及吊车梁自重 F_4 等是在屋架或屋面梁

没有吊装之前已就位,这时排架还没有形成,因此柱和吊车梁在自重作用下,柱内力可不按排架计算,而按悬臂柱来分析内力〔图 2-32(a)〕。由于按排架计算 F_2、F_3、F_4 作用下柱内力〔图 2-32(b)〕。与按悬臂柱计算内力对总的结果影响很小,在设计中两者均有采用,尤其是电算多用图 2-32(b);而图 2-32(a)计算较为简便。

（三）屋面活荷载 Q_1

屋面活荷载包括屋面均布活荷载、雪荷载和积灰荷载,均应按屋面水平投影面积计算。

屋面活荷载应按《建筑结构荷载规范》(GB 50009—2012)(以下简称《荷载规范》)取值。对于一般不上人的钢结构或钢筋混凝土结构上的钢筋混凝土屋面取 $0.5~\mathrm{kW/m^2}$ 或大于此值的施工荷载。

屋面雪荷载根据屋面形式及所在地区按《荷载规范》采用,其雪荷载标准值为

$$S_k = \mu_r S_0 \tag{2-1}$$

式中,S_0 为基本雪压,由《荷载规范》中全国雪压分布图查得。S_0 系以一般空旷平坦地面上 50 年一遇最大积雪自重为标准。μ_r 为屋面积雪分布系数,根据屋面形式由《荷载规范》查得,如单跨、等高双跨或多跨厂房,当屋面坡度不大于 25°时,$\mu_r = 1.0$。各种外形不同的厂房 μ_r 取值见附表 4。雪荷载与屋面均布活载不同时考虑,取两者中较大值。

设计生产中有大量排灰的厂房及其邻近建筑物时,应考虑积灰荷载。对于具有一定除尘设施和保证清灰制度的机械、冶金、水泥厂房的屋面,其水平投影面上的屋面积灰荷载,应分别按《荷载规范》表5.4.1-1 和表5.4.1-2。

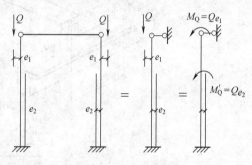

图 2-33　活载计算简图

积灰荷载应与雪荷载或屋面均布活载中较大值同时考虑。

计算简图与屋盖恒载类似,即以集中力形式通过屋架传到上柱顶,且是偏心受压荷载。

（四）吊车荷载 $D_{\max}$、$D_{\min}$ 和 $T_{\max}$

单层厂房中常用的吊车种类有桥式吊车、单梁桥式吊车、梁式悬挂吊车、悬(旋)臂吊车、壁行吊车(移动式悬臂吊车)。

桥式吊车是起重量大,用得最多的吊车型式。吊车的桥架即钢梁两端通过轮子支承在吊车梁上面的轨道上〔图 2-34(a)〕,其荷载传递:轮压通过轨道→吊车梁→柱。

大车自重 G 产生压力平均分配到各轮子上产生轮压,小车自重 g 与起吊重量 Q 之和,当小车走到一端的极限位置时,按求简支梁支座反力的方法求两边轮子的压力,此时将靠近小车一端每个轮压称为最大轮压标准值 $P_{\max,k}$,相应的另一端轮压为最小轮压标准值 $P_{\min,k}$,两者同时出现。$P_{\max,k}$ 通常可根据吊车型号、规格等查阅专业标准《起重机基本参数和尺寸系列(ZQ1—62~8—62)》或通过吊车制造厂提供的产品规格目录得到。附表 6 中列出一些电动吊车数据,供查用。

1. 吊车竖向荷载 $D_{\max}$ 和 $D_{\min}$

对于一般桥架有 4 个轮子的吊车,每边为两个轮子,有

$$P_{\min,k} = \frac{1}{2}(G+g+Q) - P_{\max,k}$$

吊车最大轮压的设计值 $P_{\max} = \gamma_Q P_{\max,k}$，吊车最小轮压的设计值 $P_{\min} = \gamma_Q \cdot P_{\min,k}$，$\gamma_Q$ 为吊车荷载的分项系数，取 1.4。

因为吊车在吊车梁上往返行驶，因此吊车轮压是一组移动荷载，通过吊车梁传给柱子的竖向荷载将随吊车所在位置而变化，所以要利用影响线原理求出吊车对柱子产生的最大竖向荷载 $D_{\max}$，及另一侧相应的 $D_{\min}$，一般吊车梁为单跨预制的简支梁，$D_{\max}$ 和 $D_{\min}$ 值可按简支梁支座反力影响线原理求出〔图 2-34(b)〕。

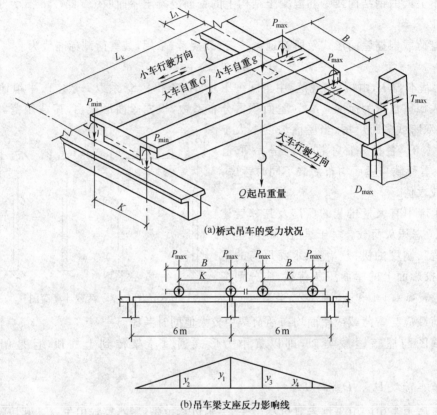

(a)桥式吊车的受力状况

(b)吊车梁支座反力影响线

图 2-34　吊车梁受力及支座反力影响线

厂房中同一跨内可能有多台吊车。《荷载规范》规定：在排架计算中，有多台吊车的竖向荷载时，对一层吊车的单跨厂房每个排架，不宜多于两台；对一层吊车的多跨厂房的每个排架，不宜多于 4 台。对于多台吊车，应考虑多台吊车荷载折减系数 ξ（见表 2-13）。

$$D_{\max} = \xi p_{\max} \sum Y_i$$

$$D_{\min} = \xi p_{\min} \sum Y_i \qquad (2\text{-}2)$$

最大竖向荷载 $D_{\max}$ 作用在吊车梁中心线，对下柱中心线距离为 e_5，$D_{\min}$ 作用点距下柱中心线距离为 e_5，其计算简图如图 2-35。

表 2-13　多台吊车的荷载折减系数 ξ

参与组合的吊车台数	吊车工作级别	
	$A_1 \sim A_5$	$A_6 \sim A_8$
2	0.9	0.95
3	0.85	0.90
4	0.8	0.85

2. 吊车横向水平荷载 T_{max}

小车吊着重物在桥架上横向运行,在启动和制动时都将产生横向水平力,即吊车横向水平荷载,这种横向惯性力通过小车制动轮与桥架间的摩擦力传给桥架,由桥架通过大车车轮在吊车梁轨顶传给吊车梁,再经过吊车梁顶面的连接钢板传给排架柱的上柱,吊车横向荷载作用在排架柱的位置是吊车梁顶面高程处,方向与轨道垂直,并应考虑正、反两个方向的情况(图2-36)。

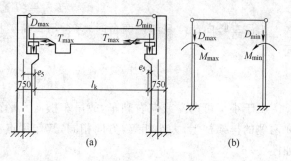

图 2-35 D_{max} 及 D_{min} 作用下计算简图

吊车横向水平荷载又称为横向水平刹车力,与吊车类型、小车运行部分的质量,运行速度和制动时间有关,吊车水平刹车力由两边轨道等分,并分别由轨道上的各车轮平均传至轨顶,另外《荷载规范》规定,无论单跨或多跨厂房,计算桥式吊车的水平刹车力时,最多考虑两台,同时要考虑多台吊车的荷载折减系数 ξ。

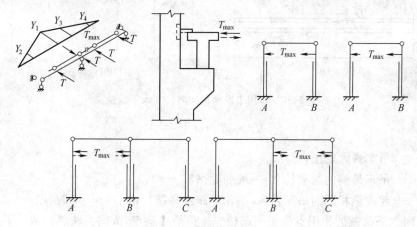

图 2-36 吊车横向水平荷载

对于一般的四轮吊车满载运行时,每个车轮上产生的横向水平刹车力 T 为

$$T = \frac{\alpha}{4} \times (Q+g) \tag{2-3}$$

式中 Q ——吊车额定起重量产生的重力,以 kN 计;

g ——小车重量产生的重力,以 kN 计;

α ——横向水平荷载系数(或称为小车制动力系数),对于软钩吊车(采用钢索、通过滑轮组带动吊钩起吊重物),当额定起重量≤10 t 时,$\alpha=0.12$(车轮数为4个);当额定起重量=15~50 t 时,$\alpha=0.10$(车轮数为4个);当额定起重量≥75 t 时,$\alpha=0.08$(车轮子数为8个)。对于硬钩吊车(吊车用钢臂起吊重物或进行操作),如夹钳、料把等传给小车的特种吊车。硬钩吊车工作频繁,运行速度高,小车附设的刚性悬臂结构使吊重不能自由摆动,以致刹车时惯性力较大,且硬钩吊车的卡轨现象也严重,因此横向水平荷载系数取得较高,一般取 $\alpha=0.2$。

在计算排架横向水平刹车力时,同样要利用影响线原理,这时吊车的位置与计算吊车垂直轮压的反力时相同,由图2-36可求出作用在排架柱上的吊车横向水平荷载 T_{max} 为

$$T_{\max} = \xi T \sum Y_i \tag{2-4}$$

当吊车竖向荷载只考虑两台时,多台吊车荷载折减系数 ξ 和各轮对应的 Y_i 与 $D_{\max}$ 完全相同,则

$$T_{\max} = D_{\max} \frac{T}{P_{\max}} \tag{2-5}$$

由于小车可向左或向右刹车,故吊车横向水平荷载可有向左或向右的两种可能性,且作用在两侧的排架柱上,大小相等,方向相同,其作用点在排架上柱吊车梁顶面高程处。计算简图如图 2-36。

3. 吊车纵向水平荷载 T_0

当沿厂房纵向运行的桥架在启动或突然刹车时,吊车自重和吊重的惯性将产生吊车纵向制动力,并由吊车一侧的制动轮传至轨道,最后通过吊车梁传给纵向柱列或柱间支撑。每台吊车纵向制动力 T_0 (图 2-37)为

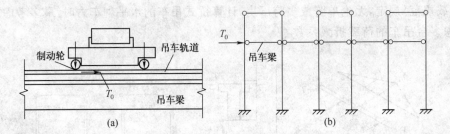

图 2-37 作用于纵向排架的吊车水平荷载

$$T_0 = mT = m \frac{nP_{\max}}{10} \tag{2-6}$$

式中 $P_{\max}$——吊车最大轮压;

       n——吊车每侧的制动轮数,一般四轮吊车 $n=1$;

       m——起重量相同的吊车台数,不论单跨或多跨厂房,当 $m>2$ 时,取 $m=2$。

吊车纵向水平荷载的作用点位于刹车轮与轨道的接触点,方向与轨道一致。T_0 由纵向排架或柱间支撑承担,在横向排架计算时,不予考虑。

【例 2-1】 有一单跨厂房,跨度为18 m,柱距6 m,设计时考虑两台10 t中级工作制的桥式吊车,吊车桥跨跨度 $L_k=16.5$ m,大车轮距 $K=4.40$ m,桥宽 $B=5.55$ m,$P_{\max,k}=115$ kN,小车重 $g=38$ kN,大车重 $G=180$ kN。软钩吊车,吊车梁高1 200 mm,吊车梁中心线与下柱形心线距离700 mm。

求:(1)$D_{\max}$、$D_{\min}$ 及 $T_{\max}$;

(2)画出 $D_{\max}$、$D_{\min}$ 及 $T_{\max}$ 作用下的计算简图。

【解】 (1)求 $P_{\max}$、$P_{\min}$ 及 T

$$P_{\max} = \gamma_Q \cdot P_{\max,k} = 1.4 \times 115 = 161 \text{ kN}$$

$$P_{\min,k} = \frac{G+g+Q}{2} - P_{\max,k} = \frac{180+38+10 \times 10}{2} - 115 = 44 \text{ kN}$$

$$P_{\min} = \gamma_Q P_{\min,k} = 1.4 \times 44 = 61.6 \text{ kN}$$

$$T_k = \frac{\alpha}{4}(Q+g) = \frac{0.12}{4}(38+100) = 4.14 \text{ kN}$$

$$T = \gamma_Q \cdot T_k = 1.4 \times 4.14 = 5.80 \text{ kN}$$

(2)求 D_{max}、D_{min} 及 T_{max}

两台吊车,查表 2-13,$\xi=0.9$,支座反力影响线及两台吊车位置如图 2-38(a)所示。

$$D_{max}=\xi P_{max}\sum Y_i=0.9\times161\times\left(1+\frac{1.6+4.85+0.45}{6}\right)=311.54\ \text{kN}$$

$$D_{min}=\xi P_{min}\sum Y_i=D_{max}\frac{D_{min}}{P_{max}}=311.54\times\frac{61.6}{161}=119.20\ \text{kN}$$

$$T_{max}=\xi T\sum Y_i=D_{max}\frac{T}{P_{max}}=311.54\times\frac{5.80}{161}=11.22\ \text{kN}$$

对应于 D_{max}、D_{min} 的力矩 M_{max}、M_{min} 为

$$M_{max}=D_{max}\times0.7=311.54\times0.7=218.08\ \text{kN}\cdot\text{m}$$

$$M_{min}=D_{min}\times0.7=119.20\times0.7=83.44\ \text{kN}\cdot\text{m}$$

(3)计算简图〔图 2-38(b)、(c)〕。

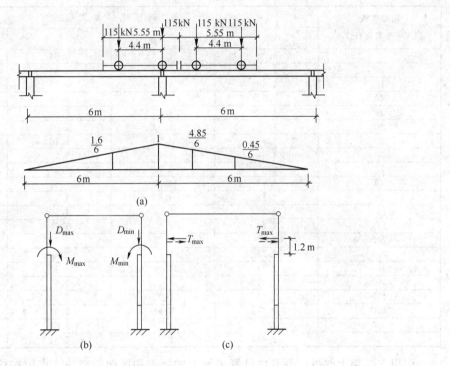

图　2-38

(五)风荷载 q_1、q_2、F_w

风是空气流动形成的,当遇到建筑物受阻时,就在建筑物的表面形成压力(一般是迎风面)或吸力(背风面或侧风面),这种风力作用称为风荷载。风荷载是随时间而波动的动力荷载,但在房屋设计中把它看成静荷载。仅在高度较大的建筑中考虑动力效应影响。

风荷载的方向垂直于建筑物表面,作用在建筑表面单位面积上的风荷载标准值 W_K 按下式计算:

$$w_k=\beta_z\mu_s\mu_z w_0 \tag{2-7}$$

式中　w_0——基本风压 (kN/m²),以当地空旷平坦地面上离地 10 m 高统计所得的 50 年一遇 10 s 平均最大风速 V_0(m/s)为标准,按 $w_0=\dfrac{V_0^2}{1\,600}$ 确定的风压值,w_0 取值按《荷载规范》中全国基本风压分布图的规定采用,$w_0\geqslant0.3$ kN/m²;

μ_s——风荷载体型系数,指作用在建筑物表面实际压力(或吸力)与基本风压的比值,它表示建筑物表面在稳定风压作用下的静态压力分布规律,主要与建筑物的体型、尺度、表面位置、表面状况有关,见附表5;

μ_z——风压高度变化系数,在10 m高度以上,风压、风速随高度增加,建筑物在离地面300~500 m以内时,风速随高度增加的规律与地面粗糙度有关,《荷载规范》规定,地面粗糙度可分为A、B、C、D四类,A类指近海海面、海岛、海岸、湖岸及沙漠地区,B类指田野、乡村、丛林、丘陵及房屋比较稀疏的中、小城镇和大城市郊区,C类指有密集建筑群的大城市市区,D类指有密集建筑群且房屋较高的城市市区,μ_z可查《荷载规范》表7.2.1确定,表2-14给出了此表的一部分;

β_z——风振系数,对单层厂房$\beta_z=1$。

表2-14 风压高度变化系数 μ_z

离地面或海平面高度(m)	地 面 粗 糙 度 类 别			
	A	B	C	D
5	1.09	1.00	0.65	0.51
10	1.28	1.00	0.65	0.51
15	1.42	1.13	0.65	0.51
20	1.52	1.23	0.74	0.51
30	1.67	1.39	0.88	0.51
40	1.79	1.52	1.00	0.60
50	1.89	1.62	1.10	0.69
60	1.97	1.71	1.20	0.77
70	2.05	1.79	1.28	0.84
80	2.12	1.87	1.36	0.91
90	2.18	1.93	1.43	0.98
100	2.23	2.00	1.50	1.04
150	2.46	2.25	1.79	1.33
200	2.64	2.46	2.03	1.58
250	2.78	2.63	2.24	1.81
300	2.91	2.77	2.43	2.02
350	2.91	2.91	2.60	2.22
400	2.91	2.91	2.76	2.40
450	2.91	2.91	2.91	2.58
500	2.91	2.91	2.91	2.74
≥550	2.91	2.91	2.91	2.91

作用在排架上的风荷载是由计算单元上的屋盖和墙面传来的。作用在柱顶以下的风荷载按均布考虑,其风压高度变化系数可按柱顶离地面高度取值;迎风面为压力,背风面为吸力。作用在柱顶以上的风荷载仍为均布的,其μ_z取值按天窗檐口(有天窗时)或厂房檐口离地面高度而定,风力方向垂直于建筑物表面,柱顶以上的风载通过屋架以集中力形式作用于排架柱顶。一般以砖墙作围护结构时,排架柱只做到屋架下面,由于屋架与柱顶是通过螺栓或焊缝连接,仅传递水平力,故柱顶只有集中力;当围护结构是采用钢筋混凝土墙板,则排架柱有一小柱需做到与屋架端部同高,则这部分风力平移到排架柱顶时,还有弯矩产生。

排架受到各种荷载的总荷载如图2-39所示。

【例2-2】 上海市区的某一单层单跨厂房,排架间距为6 m,排架剖面如图2-40(a)所示,μ_s注于图中,基本风压 $w_0=0.55$ kN/m²,求作用于排架上的风荷载标准值,画出风载作用下的计算简图。

【解】 1. 柱顶以下横向均布荷载计算,μ_z按柱顶离地面高度12.3 m计算。可按C类粗糙

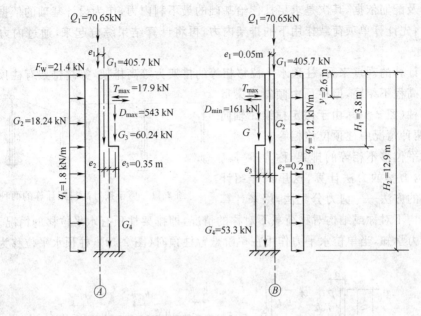

图 2-39 排架受荷总图

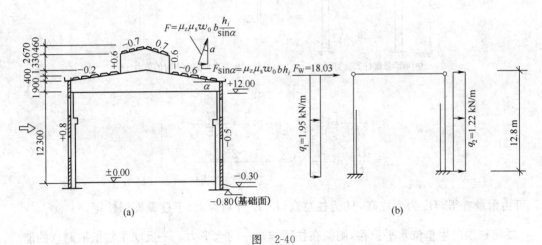

图 2-40

度考虑。在12.3 m高度 $\mu_z=0.74$，计算单元宽度为6 m。

$$q_1=\mu_s\mu_zw_0B=0.8\times0.74\times0.55\times6=1.95 \text{ kN/m}$$

$$q_2=\mu_s\mu_zw_0B=0.5\times0.74\times0.55\times6=1.22 \text{ kN}$$

2. 作用于柱顶以上风载以集中力形式作用于柱顶，μ_z 取天窗檐口离地面高度18.6 m处。

$$\mu_z=0.74+\frac{0.84-0.74}{20-15}\times(18.6-15)=0.812$$

$$\begin{aligned}F_w&=\mu_zBw_0(\sum\mu_{si}h_i)\\&=0.812\times6\times0.55\times[(+0.8+0.5)\times(1.9+0.4)+(-0.2+0.6)\times1.33\\&\quad+(0.6+0.6)\times2.67+(-0.7+0.7)\times0.46]=18.03 \text{ kN}(\rightarrow)\end{aligned}$$

3. 计算简图。风载是可以变向的，故排架计算时要考虑左风和右风两种情况[图 2-40(b)]。

三、用剪力分配法计算等高排架内力

排架内力分析的目的是为了求出在各种荷载作用下，起控制作用截面的最不利内力，作为

柱截面设计及配筋依据,其次是求出柱传给基础的最不利内力,作为设计基础的依据。为了求最不利内力,先计算单项荷载作用下的排架内力,再将计算结果综合起来,通过内力组合确定最不利内力。

从排架计算的观点来看,柱顶水平位移相等的排架为等高排架,等高排架有柱顶高程相同的以及柱顶高程不相同,但柱顶由倾斜横梁贯通相连的两种(图 2-41),由于假定横梁无轴向变形,上述两种情况中柱顶位移相等。

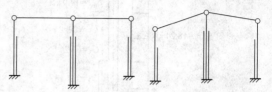

柱顶水平位移不相等的排架,称为不等高排架,用结构力学的力法计算,这里只介绍计算等高排架的方法——剪力分配法,用来计算荷载对称结构不对称或结构对称荷载不对称的情况,即排架柱顶有水平位移的情况。

图 2-41 属于按等高排架计算的两种情况

由结构力学知,当单位水平力作用在单阶悬臂柱顶时(图 2-42),柱顶水平位移为

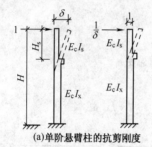

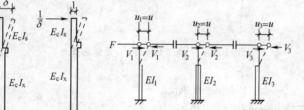

(a)单阶悬臂柱的抗剪刚度 　　(b)柱顶作用水平集中力时的剪力分配

图　2-42

$$
\left.
\begin{aligned}
\delta &= \frac{H^3}{3EI_x}\left[1+\lambda^3\left(\frac{1}{n}-1\right)\right] = \frac{H^3}{C_0 E_0 I_x} \\
\lambda &= \frac{H_s}{H}, n = \frac{I_s}{I_x}, C_0 = \frac{3}{1+\lambda^3\left(\frac{1}{n}-1\right)}
\end{aligned}
\right\}
\tag{2-8}
$$

C_0 可由附录查得,H_s 为上柱高,H 为柱总高,I_s、I_x 分别为上、下柱截面惯性矩。

要使柱顶产生单位水平位移,则须在柱顶施加 $\frac{1}{\delta}$ 的水平力。$\frac{1}{\delta}$ 反映了柱抵抗侧移的能力,一般称为柱的抗剪刚度或抗侧刚度,各柱的抗剪刚度都可用上式求得。

1. 排架在柱顶作用水平集中力时的内力计算

柱顶作用水平集中力 F 的等高排架,各柱顶侧移为 $u_1=u_2=u_3=u$,沿柱顶将横梁与柱切开,柱顶与横梁间的剪力为 V_1、V_2、V_3。

平衡条件　　$\sum X=0, F=V_1+V_2+V_3 = \sum_{i=1}^{3} V_i$ 　　　　(2-9)

变形条件　　$u_1=u_2=u_3=u$

根据柱顶剪力和柱顶位移关系 $\Delta_i=V_i\delta_i$,柱顶位移等于柱顶剪力乘柱顶单位力产生的位移 δ_i,则

$$
\left.
\begin{aligned}
u_1 &= V_1\delta_1, V_1 = u_1/\delta_1 = u/\delta_1 \\
u_2 &= V_2\delta_2, V_2 = u_2/\delta_2 = u/\delta_2 \\
u_3 &= V_3\delta_3, V_3 = u_3/\delta_3 = u/\delta_3
\end{aligned}
\right\}
\tag{2-10}
$$

$$\delta_i = \frac{H^3}{C_0 E I_i}$$

将求得的 V_1、V_2、V_3 代入式(2-9),得

$$F = u\left(\frac{1}{\delta_1} + \frac{1}{\delta_2} + \frac{1}{\delta_3}\right)$$

或

$$u = F / \left(\frac{1}{\delta_1} + \frac{1}{\delta_2} + \frac{1}{\delta_3}\right) \qquad (2-11)$$

将式(2-11)代入式(2-10),得

$$V_i = u/\delta_i = \frac{\frac{1}{\delta_i}}{\left(\frac{1}{\delta_1} + \frac{1}{\delta_2} + \frac{1}{\delta_3}\right)} F = \frac{1/\delta_i}{\sum\limits_{i}^{3} 1/\delta_i} F \qquad (2-12)$$

从式(2-12)可知,在柱顶水平力作用下,排架任一柱的剪力按抗剪刚度分配,称 $\eta_i = \frac{1/\delta_i}{\sum 1/\delta_i}$ 为剪力分配系数。求出柱顶剪力,各排架柱可按悬臂柱求弯矩。

2. 任意荷载作用

由于排架顶端有侧移,计算可分两步进行。

(1)在排架柱顶端附加一个不动铰支座以阻止水平侧移(图 2-43),求出支座反力 R_A、R_B、R_C。求 R_A、R_B、R_C 时各排架柱为下端固定、上端为不动铰的单独柱,可利用附录图表中系数 C_{11},$R_A = q_1 H C_{11}$,$R_C = q_2 H C_{11}$,总支座反力 $R = R_A + R_B + R_C(\leftarrow)$,$R$ 的方向与荷载作用方向相反。

(2)撤除附加不动铰支座,并将 R 以反方向作用于排架柱顶(图 2-43),以恢复原来结构体系情况。利用剪力分配法,得到各柱柱顶剪力 $\eta_i(F_w + R_A + R_C)$,F_w 是直接作用在柱顶的集中力,直接进行剪力分配,柱顶剪力方向与荷载作用方向一致。

(3)将上述两个步骤叠加,得到排架柱的计算简图,其中各柱顶剪力如下:

$$V_A = R_A - \eta_A(F_w + R_A + R_C)(\leftarrow)$$
$$V_B = \eta_B(F_w + R_A + R_C)(\rightarrow)$$
$$V_C = R_C - \eta_C(F_w + R_A + R_C)(\leftarrow)$$

(4)在其他各种荷载作用下都可利用附表 7 中图表计算柱顶为不动铰支座的反力。

【例 2-3】 某两跨等高排架,承受吊车垂直荷载,A、B、C 柱截面尺寸相同,上柱 $I_{1A} = I_{1B} = I_{1C} = 2.13 \times 10^9 \text{ mm}^4$,下柱 $I_{2A} = I_{2B} = I_{2C} = 13.24 \times 10^9 \text{ mm}^2$,上柱高 $H_s = 3.3$ m,柱总高 $H = 11.5$ m,求该排架的弯矩图和柱底剪力(标准值)。

【解】 (1)在 A、B 柱顶附加不动铰支座,求出 R_A 和 R_B。

$$\lambda = H_s/H = 3.3/11.5 = 0.286\ 9$$

$n = I_1/I_2 = 21.3/132.4 = 0.160\ 9$,$\frac{1}{n} = 6.215$,查附表 7 得

$$C_3 = \frac{3}{2} \frac{1-\lambda^2}{1+\lambda^3\left(\frac{1}{n}-1\right)} = \frac{3 \times (1-0.286\ 9^2)}{2 + 0.286\ 9^3(6.215-1)} = 1.226$$

$$R_A = M_{\min} C_3/H = 21.9 \times 1.226/11.5 = 2.33 \text{ kN}(\leftarrow)$$

$$R_B = M_{\max} C_3/H = 191.9 \times 1.226/11.5 = 20.46 \text{ kN}(\rightarrow)$$

总支座反力 $R = -R_A + R_B = -2.33 + 20.46 = 18.13 \text{ kN}(\rightarrow)$

(2)求剪力分配系数 η_A、η_B 和 η_C。

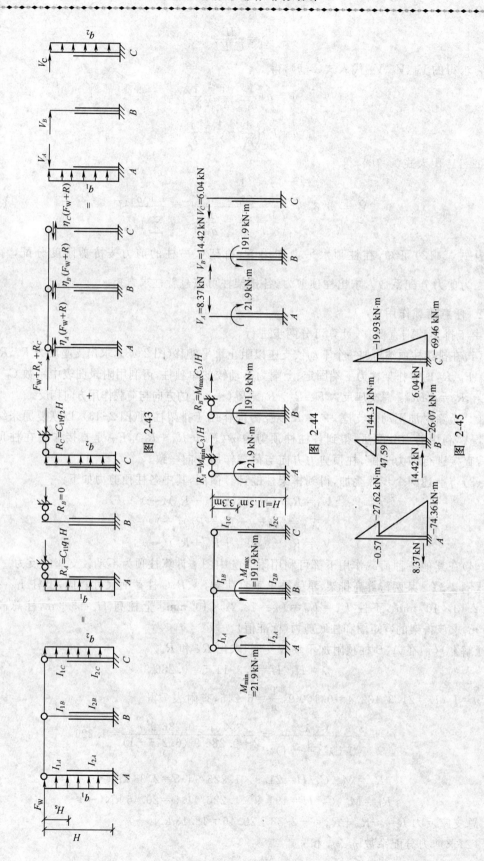

图 2-43

图 2-44

图 2-45

由于各柱截面尺寸及高度相同,则 $\delta_A=\delta_B=\delta_C=\dfrac{H^3}{C_0EI_2}=\delta$

$$\delta=\frac{1}{\delta_i}\bigg/\sum_1^3\frac{1}{\delta_i}=\frac{1}{3}$$

(3)用剪力分配法求柱顶剪力,将 R 反向分配,并与柱顶反力叠加。

$$V_A=R_A+\eta_AR=-2.33-\frac{1}{3}\times18.13=-8.37\text{ kN}(\leftarrow)$$

$$V_B=R_B+\eta_BR=20.46-18.13/3=14.42\text{ kN}(\rightarrow)$$

$$V_C=R_C+\eta_CR=0-6.04=-6.04\text{ kN}(\leftarrow)$$

(4)求各柱 M 和 V(柱底)。

$$M_{1A}=-(2.33+6.04)\times3.3=-27.62\text{ kN}\cdot\text{m}(\swarrow-,\text{上柱底})$$

$$M'_{1A}=-27.62+21.9=-5.72\text{ kN}\cdot\text{m}(\swarrow-,\text{下柱顶})$$

$$M_A=-8.37\times11.5+21.9=-74.36\text{ kN}\cdot\text{m}(\swarrow-,\text{下柱底})$$

$$V_A=-(2.33+6.04)=-8.37\text{ kN}(\leftarrow)(\text{顺时针为正})$$

$$M_{2B}=(20.46-6.04)\times3.3=47.59\text{ kN}\cdot\text{m}(\nwarrow+)$$

$$M_{2B}=14.42\times3.3-191.9=-144.31\text{ kN}\cdot\text{m}(\swarrow-)$$

$$M_B=14.42\times11.5-191.9=-26.07\text{ kN}\cdot\text{m}(\swarrow-)$$

$$V_B=+14.42\text{ kN}(\rightarrow)$$

$$M_{1C}=-6.04\times3.3=-19.93\text{ kN}\cdot\text{m}(\swarrow-)$$

$$M_C=-6.04\times11.5=-69.46\text{ kN}\cdot\text{m}(\swarrow-)$$

$$V_C=-6.04\text{ kN}(\leftarrow)$$

【例 2-4】 用剪力分配法计算例 2-3 所示排架在风荷载作用下的内力。已知 $F_w=4.12\text{ kN}$,$q_1=1.224\text{ kN/m}$,$q_2=0.612\text{ kN/m}$,如图 2-46。

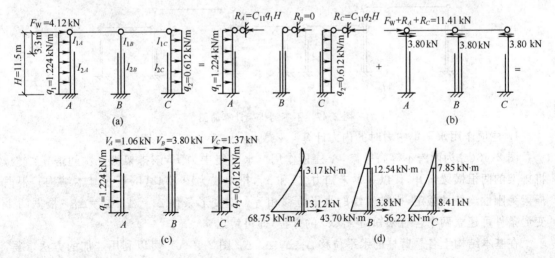

图 2-46

【解】 (1)计算不动铰支座反力 R_A、R_C,一般假设反力方向与荷载方向相反。

根据 $\lambda=0.2869$,$n=0.161$,查附表 9,$C_{11}=0.345$

$$R_A=C_{11}q_1H=0.345\times1.224\times11.5=4.86\text{ kN}(\leftarrow)$$

$$R_C=C_{11}q_2H=0.345\times0.612\times11.5=2.43\text{ kN}(\leftarrow)$$

不动铰总反力 $R=R_A+R_C=4.86+2.43=7.29$ kN($\leftarrow$)

(2)将 R 反向作用在柱顶上,作用在柱顶上力为 F_w+R,乘上剪力分配系数 $\frac{1}{3}$,则各柱顶上分配剪力为 $\frac{1}{3}(F_w+R)$。

(3)将(1)及(2)叠加,在第(1)步中柱顶还有剪力 R_A、R_C,各柱顶总剪力为

$$V_A=\eta_A(F_w+R_A+R_C)-R_A=\frac{1}{3}(4.12+7.29)-4.86=-1.06 \text{ kN}(\leftarrow)$$

$$V_B=\eta_B(F_w+R_A+R_C)=3.80 \text{ kN}(\rightarrow)$$

$$V_C=\eta_C(F_w+R_A+R_C)-R_C=\frac{1}{3}\times11.41-2.43=1.37 \text{ kN}(\rightarrow)$$

(4)作各柱内力图〔图2-46(d)〕。

3. 柱顶为不动铰支座的排架内力计算

结构对称、荷载对称的排架以及两端有山墙的两跨或两跨以上的无檩屋盖等高厂房排架,由于荷载对称,没有不对称的位移,即柱顶不产生水平位移,可按不动铰支座计算。而对于不少于两跨的等高排架(无檩体系),当吊车起重量 $Q\leqslant30$ t时,首先是吊车荷载是局部荷载,引起柱顶的水平位移很小,其次是排架的抗剪刚度较大,空间受力,也可按柱顶为不动铰支座考虑,其计算简图为下端固定、上端不动铰支座的单柱,只要利用附录查出或计算出柱顶反力系数 C_1、C_3,计算出反力作用在柱顶上,各柱成为静定的悬臂柱,可求出排架内力。

四、用力法计算不等高排架

图2-47所示是常见的不等高排架的计算简图,在荷载作用下,由于高、低跨的柱顶位移不等,用力法直接求解比较方便。

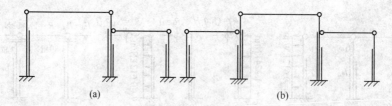

图2-47 不等高排架计算简图

1. 柱顶作用水平集中力时的内力计算

图2-48(a)为两跨不等高排架,A 柱顶作用一水平集中力 F,该排架为二次超静定结构,将排架的两根横梁切开,代以基本未知力 x_1 和 x_2,排架成为图2-48(b)所示基本结构。根据横梁为刚性连杆的假定,横梁两端的水平位移相等。即变形条件 $\Delta_a=\Delta_b$、$\Delta_c=\Delta_d$。根据两个变形条件可建立两个含有未知力 x_1、x_2 的方程,即可解出 x_1、x_2。

在基本结构上各悬臂柱的水平位移 Δ_a、Δ_b、Δ_c、Δ_d〔图2-48(c)〕可以利用选加的方法求得。位移的符号自左向右的水平位移为正值,反之为负值。未知力 x 以图中所示为正,当未知力 x 或水平力 F 与位移方向一致时求出 Δ_i 为正值,反之为负值。

$$\Delta_a=-\delta_{aa}x_1+F\delta_{aa},\Delta_b=\delta_{tb}x_1-\delta_{bc}x_2$$

$$\Delta_c=-\delta_{cc}x_2+\delta_{cb}x_1,\Delta_d=\delta_{dd}x_2$$

由变形条件 $\Delta_a=\Delta_b$,$\Delta_c=\Delta_d$,可建立力法方程为

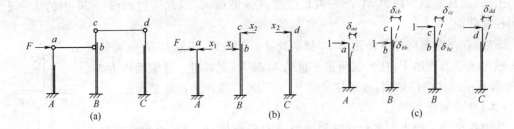

图 2-48　用力法求解不等高排架

$$\left.\begin{aligned}(\delta_{aa}+\delta_{bb})x_1-\delta_{bc}x_2-F\delta_{aa}=0\\-\delta_{cb}x_1+(\delta_{cc}+\delta_{dd})x_2=0\end{aligned}\right\} \tag{2-13}$$

式中，δ_{aa}、δ_{bb}、δ_{cc}、δ_{dd} 分别为单阶柱上单位水平力作用在 a、b、c、d 点时［图 2-48(c)］在该点所产生的位移，可直接用附表 8 柱位移系数计算公式计算。

δ_{cb}、δ_{bc} 分别为单位水平力作用在 b、c 点时，在 c、b 点所产生的位移。也可用附表公式计算。

将求得的位移代入力法方程，即可解出 x_1 和 x_2，求出结果为负值时，即与所设方向相反。

2. 柱上作用任意荷载时的内力计算

当任意荷载作用于柱上时，计算原理与方法同前，以图 2-49 为低跨作用吊车垂直荷载简化为集中力矩为例，设横梁内力为 x_1、x_2，仍利用变形条件 $\Delta_a=\Delta_b$，$\Delta_c=\Delta_d$。

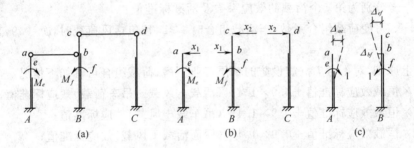

图 2-49　用力法求解吊车垂直荷载作用下的内力

$$\Delta_a=-x_1\delta_{aa}+M_c\Delta_{ae}$$

$$\Delta_b=x_1\delta_{bb}-\delta_{bc}x_2-M_f\Delta_{bf}$$

$$\Delta_c=x_2\delta_{cc}$$

$$\Delta_d=x_1\delta_{cb}-x_2\delta_{dd}-M_f\Delta_{cf}$$

合并、移项，得

$$\left.\begin{aligned}(\delta_{aa}+\delta_{bb})x_1-\delta_{bc}x_2-M_c\Delta_{ac}-M_f\Delta_{bf}=0\\-\delta_{cb}x_1+(\delta_{cc}+\delta_{dd})x_2+M_f\Delta_{cf}=0\end{aligned}\right\} \tag{2-14}$$

式中，δ_{aa}、δ_{bb}、δ_{cc}、δ_{dd}、δ_{bc}（$=\delta_{cb}$）的含义同前，Δ_{ae} 为单位力矩作用在 e 点时，在 a 点产生的位移。Δ_{bf}、Δ_{ef} 为单位力矩作用在 f 点时在 b、e 点产生的位移，仍可用附表 8 公式计算。

五、排架内力组合

（一）控制截面

荷载作用下柱子内力是沿柱高变化的，设计时选择对全柱配筋起控制作用的截面进行内力组合。在一般单阶柱中为便于施工，整个上柱截面及整个下柱截面各自配筋相同，因此需分别找出上柱及下柱的控制截面。

上柱:上柱底截面内力 M、N 一般比上柱其他截面大,因此通过取图 2-50 中的 I—I 截面为控制截面。

下柱:在吊车竖向荷载作用下,牛腿面处 II—II 截面 M 最大,在风荷载或吊车横向水平力作用下,柱底截面 III—III 的 M 最大,同时 III—III 截面内力 M、V、N 也是设计基础的依据,故下柱常取 II—II、III—III 作为控制截面。

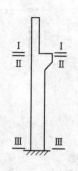

图 2-50 柱的控制截面

(二)荷载组合

作用在单层厂房上的各种活荷载同时达到最大值,即厂房内两台吊车正起吊最大的重物,室外刮着 50 年一遇的大风,同时屋面正在检修,这种可能性极小,因此《荷载规范》规定,在进行各种荷载引起的结构最不利内力组合时,应予适当降低,即乘以小于 1 的组合系数。对于一般排架和框架结构,荷载效应 S 为

$$S = \gamma_0 \left(\gamma_G C_G G_K + \psi \sum_{i=1}^{n} \gamma_{Qi} C_{Qi} Q_{iK} \right) \qquad (2-15)$$

式中　　γ_0——重要性系数,重要建筑、一般建筑、临时建筑 $\gamma_0 = 1.1, 1.0, 0.9$;

　　　　γ_G——恒载的荷载系数 $\gamma_G = 1.2$;

　C_G、C_K——分别为恒载效应系数及恒载标准值;

　　　　γ_{Qi}——活载(可变荷载)荷载系数,$\gamma_{Qi} = 1.4$;

　C_{Qi}、Q_{iK}——分别为第 i 个活载的效应系数及活载标准值;

　　　　ψ——可变荷载组合系数,当活载组合时 $i \geqslant 2$,且包括风荷载时,$\psi = 0.9$,其他情况 $\psi = 1$。

根据以上原则,对不考虑抗震设防的单层工业厂房,荷载组合可有如下情况:

(1)1.2×恒载效应标准值+0.9×1.4×(活载+风载+吊车荷载)效应标准值;

(2)1.2×恒载效应标准值+0.9×1.4×(吊车载+风载)效应标准值;

(3)1.2×恒载效应标准值+0.9×1.4×(屋面活载+风载)效应标准值;

(4)1.2×恒载效应标准值+1.4×(活载+吊车载)效应标准值;

(5)1.2×恒载效应标准值+1.4×吊车载效应标准值;

(6)1.2×恒载效应标准值+1.4×风载效应标准值。

以上 6 种荷载组合中,内力不利组合由(1)、(2)、(3)控制较多,上柱有时由情况(3)控制,由情况(4)、(5)、(6)控制较少。当风荷载较小,吊车吨位较大时,可能由(4)、(5)控制;当风荷载较大而吊车吨位较小,以及有高天窗时,可能由情况(6)控制。

(三)内力组合

内力组合的目的是为了对钢筋混凝土柱配筋,除了双肢柱外剪力对柱配筋不起控制作用,而对基础设计,M、V、N 都对其有影响;在 M、N 作用下,排架柱为偏心受压构件,其截面上的内力有 $\pm M$、N、$\pm V$,因有异号弯矩,柱截面往往采用对称配筋 $A_s = A_s'$。对于大偏心受压构件在内力组合时 M 愈大、N 愈小、$e_0 = M/N$ 愈大,配筋愈多;对于小偏心受压构件 M 愈大、N 愈大、配筋愈多。因此在内力组合时应尽量使 M 大,在风载及水平刹车力作用下,轴力为零,弯矩不为零,组合时应考虑。通过选择以下 4 种组合:

(1)$+M_{max}$ 及相应 N、V;

(2)$-M_{max}$ 及相应 N、V;

(3)N_{max} 及相应 M、V;

(4)$N_{\min}$及相应M、V。

（四）内力组合的特点

(1)恒载在任何情况下都应参加组合。

(2)在吊车竖向荷载中,对单跨厂房应在$D_{\max}$和$D_{\min}$中两者取一;对多跨厂房因一般按不多于4台吊车考虑,因此对D最多只能在不同跨各取一项。当取两项时,吊车荷载折减系数应取4台吊车的值,故对其内力值应乘以转换系数,轻级和中级时为0.8/0.9,重级和超重级时为0.85/0.95。

(3)吊车横向水平荷载$T_{\max}$同时作用于其左、右两边的柱上,其方向可向左或向右,不论单跨还是多跨厂房,因为只考虑两台吊车,因此组合时只能取一项。

(4)同一跨内的$D_{\max}$与$T_{\max}$不一定同时产生,但组合时有$T_{\max}$必有$D_{\max}$或$D_{\min}$,不能仅组合$T_{\max}$。$T_{\max}$不能脱离吊车竖向荷载而单独存在;有$D_{\max}$或$D_{\min}$也必有$T_{\max}$。

(5)风荷载有左来风和右来风,两者取一。

(6)在每一种组合中,M、V、N应是相应的,即应是在相同荷载作用下产生的。

(7)在$N_{\max}$或$N_{\min}$组合时,应使相应的$|M|$尽可能大,因此当$N=0$而$M\neq0$时的荷载项,只要对截面不利,也应参加组合。

内力组合通常列表进行,见表2-15。

六、考虑整体空间作用的计算

（一）厂房整体空间工作的概念

单层厂房是由排架、屋盖系统、山墙、吊车梁和连系梁等纵向构件组成的空间结构,计算时取横向平面排架只是一种简化,在某些情况下与实际有差别。为了说明这种差别,图2-51示出了单跨厂房在柱顶水平荷载作用下的四种水平位移图。图2-51(a)代表厂房一个伸缩缝区段,两端无山墙,各柱顶均受有水平集中力F,这时各排架的受力相同,柱顶水平位移也相同,均为u_a,互不制约,实际上与没有纵向构件联系着的单个排架相同,属于平面排架;图2-51(b)为两端有山墙,受力同前,由于两端山墙侧向刚度很大,故该处水平位移很小,对其他排架有程度不同的约束,柱顶水平位移呈曲线,$u_b<u_a$。图2-51(c)代表厂房一个伸缩缝区段,两端无山墙,仅有一个排架柱顶作用在水平集中力,其他排架虽未直接受荷,但受到受力排架的牵连也将产生水平位移。图2-51(d)厂房两端有山墙,仅有一排架柱顶受力,各排架的位移都比情况图2-51(c)小,$u_d<u_c$,可见在后3种情况下,各个排架或山墙都不能单独变形,而是互相制约成一整体。

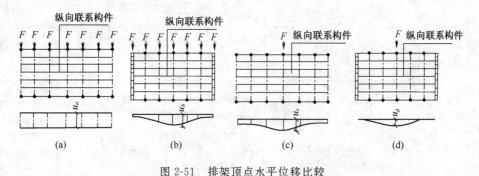

图2-51 排架顶点水平位移比较

表 2-15 单跨对称单层

荷载类型		恒荷载								
荷载编号		①屋面恒荷载			②柱、吊车梁自重			③屋面均布活荷载		
内力		M	V	N	M		N	M	V	N

柱号、控制截面及正向内力 / 控制截面 / 内力值

①屋面恒荷载: −13.83 / 9.5 / −31.98 / 21.05 / 7.07 / 276.55

②柱、吊车梁自重: 30.24 / 61.92 / 13.18 / 100.83

③屋面均布活荷载: −3.78 / 2.59 / −8.75 / 5.72 / 1.93 / 75.6

内力组合 荷载组合		恒荷载+0.9(任意两个或两个以上活荷载)		
	组合项目		M	N、V
I-I	$+M_{max}$ 及相应 N	①+②+0.9[③+⑦]	$M=9.5+0+0.9[2.59+64.61]$ $=69.98$	$N=276.55+30.24+0.9$
	$-M_{max}$ 及相应 N	①+②+0.9[④+⑥+⑧]	$M_{max}=9.5+0+0.9[-29.70-9.8-74.67]=-93.25$	$N=276.55+30.24+0.9$
	N_{max} 及相应 M	①+②+0.9[③+④+⑥+⑧]	$M=9.5+0+0.9[2.59-29.70-9.8-74.67]=-90.92$	$N_{max}=276.55+30.24+0.9$
	N_{min} 及相应 M	①+②+0.9[④+⑥+⑧]	$M=9.5+0+0.9[-29.70-9.8-74.67]=-93.25$	$N_{min}=276.55+30.28+0.9$
II-II	$+M_{max}$ 及相应 N	①+②+0.9[④+⑥+⑦]	$M_{max}=-31.98+13.18+0.9[86.04+9.8+64.61]=125.61$	$N=276.55+61.92+0.9$
	$-M_{max}$ 及相应 N	①+②+0.9[③+⑧]	$-M_{max}=-31.98+13.18+0.9[-8.75-74.67]=-93.88$	$N=276.55+61.92+0.9$
	N_{max} 及相应 M	①+②+0.9[③+④+⑥+⑦]	$M=-31.98+13.18+0.9[-8.75+86.04+9.8+64.61]=117.73$	$N_{max}=276.55+61.92+0.9[75.6+64.61]$
	N_{min} 及相应 M	①+②+0.9[③+⑦]	$M=-31.98+13.18+0.9[-8.75+64.61]=31.47$	$N=276.55+61.92+0.9$
III-III	$+M_{max}$ 及相应 N、V	①+②+0.9[③+④+⑥+⑦]	$M_{max}=21.05+13.18+0.9[5.72+18.54+91.48+362.10]=464.29$	$N=276.55+100.83+0.9[75.6$ $V=7.07+0+0.9[1.93-9$
	$-M_{max}$ 及相应 N、V	①+②+0.9[⑤+⑥+⑧]	$-M_{max}=21.05+13.18+0.9[-57.52-91.48-338.34]=-404.38$	$N=276.55+100.83+0.9$ $V=7.07+0+0.9$
	N_{max} 及相应 M、V	①+②+0.9[③+④+⑥+⑦]	$M=21.05+13.18+0.9[5.72+18.54+91.48+362.10]=464.29$	$N_{max}=276.55+100.83+0.9=705.83$ $V=7.07+0+0.9[1.93-9.00$
	N_{min} 及相应 M、V	①+②+0.9[③+⑦]	$M=21.05+13.18+0.9[5.72+362.10]=365.27$	$N=276.55+100.83+0.9$ $V=7.07+0+0.9$

厂房内力组合表

活荷载											
④D_{max}在右柱			⑤D_{min}在右柱			⑥T_{max}		⑦左风		⑧右风	
M	V	N	M	V	N	M	V	M	V	M	V
86.04	−29.70		9.98	−29.70		9.8 −9.8		64.61		−74.67	
8.54	−9.00	289.34	−57.52	−9.00	99.20	91.48 −91.48	−10.89 10.89	362.10	−53.62	−388.34	43.86

恒荷载＋任一活荷载			
	组合项目	M	N、V
[75.6＋0]＝374.83	①＋②＋⑦	M_{max}＝9.5＋0＋64.61＝74.11	N＝276.55＋30.24＋0＝306.79
[0＋0＋0]＝306.79	①＋②＋⑧	M＝9.5＋0−74.67＝−65.17	N＝276.55＋30.24＋0＝306.79
[75.6＋0＋0＋0]＝374.83	①＋②＋③	M＝9.5＋0＋2.59＝12.09	N_{amx}＝276.55＋30.24＋75.6＝382.39
[0＋0＋0]＝306.79	①＋②＋⑦	M＝9.5＋0＋64.61＝74.11	N＝276.55＋30.24＋0＝306.79
[289.34＋0＋0]＝598.88	①＋②＋④	M＝−31.98＋13.18＋86.04＝67.24	N＝276.55＋61.92＋289.34＝627.81
[75.6＋0]＝406.51	①＋②＋⑧	M＝−31.98＋13.18−74.67＝−93.47	N＝276.55＋61.92＋0＝338.47
＋289.34＋0＋0]＝666.92	①＋②＋④	M＝−31.98＋13.18＋86.04＝67.24	N＝276.55＋61.92＋289.34＝627.81
[75.6＋0]＝406.51	①＋②＋⑧	M＝−31.98＋13.18−74.67＝−93.47	N_{min}＝276.55＋61.92＋0＝338.47
＋289.34＋0＋0]＝705.83 ＋10.89＋53.62]＝58.77	①＋②＋⑦	M＝21.05＋13.18＋362.10＝396.33	N＝276.55＋100.83＋0＝377.83 V＝7.07＋0＋53.62＝60.69
[99.20＋0＋0]＝466.66 [−9.00＋10.89]＝8.77	①＋②＋⑧	M＝21.05＋13.18−338.34＝−304.11	N＝276.55＋100.83＋0＝377.83 V＝7.07＋0−43.86＝−36.79
[75.6＋289.34＋0＋0] ＋10.89＋53.62]＝58.77	①＋②＋④	M＝21.05＋13.18＋18.54＝52.77	N＝276.55＋100.83＋289.34＝666.72 V＝7.07＋0−9.00＝−1.93
[75.6＋0]＝445.42 [1.93＋53.62]＝57.07	①＋②＋⑦	M＝21.05＋13.18＋362.10＝396.33	N_{min}＝276.55＋100.83＋0＝377.38 V＝7.07＋0＋53.62＝60.69

排架与排架、排架与山墙之间相互关联的整体作用称为厂房的整体空间作用。产生整体空间作用的条件有两个,一是各横向排架(其中包括山墙,山墙可理解为广义的横向排架)之间必须有纵向构件联系,另一个是各横向排架的刚度不同,如有山墙,或者是承受的荷载不同,如局部荷载。由此可以得出由于无檩屋盖比有檩屋盖纵向联系强,局部荷载作用下的厂房整体空间作用要大些,两端有山墙又比一端有山墙的空间作用大。

在实际工程中,一个伸缩缝区段内两端无山墙是有的,各个横向排架都受到相同的荷载,如恒载、屋面活载、风载、雪载等,不应考虑厂房的空间作用,按平面排架计算;当一端或两端有山墙,各排架受到相同的荷载,仍按平面排架计算,其结果偏于安全。仅在吊车的竖向及水平荷载作用时是局部荷载,才考虑厂房的空间整体作用。

(二)吊车荷载下单跨单层厂房整体空间作用的计算方法

1. 单个水平荷载作用下的空间作用分配系数 μ_K

厂房在单个水平荷载 R_K 作用于排架柱顶的情况下〔图 2-52(a)〕,将这种承载排架截离出来〔图 2-52(b)〕与平面排架〔图 2-52(c)〕作比较,可以看出平面排架柱顶位移 $u_K > u'_{Kmax}$,在受力方面,平面排架受到水平力 R_K,横梁内力 X_K;当考虑空间作用时,直接受荷排架受到的水平力为 R'_K,横梁内力 X'_K。由于厂房的空间整体作用,$R'_K < R_K$,即 $R'_K + R''_K = R_K$,其中 R''_K 是通过屋盖纵向联系构件传给相邻排架所承担的水平荷载。

设

$$\mu_K = \frac{R'_K}{R_K} \leqslant 1 \tag{2-16}$$

由于是按弹性结构计算,力与柱顶水平位移成正比。

$$\mu_K = \frac{R'_K}{R_K} = \frac{X'_K}{X_K} = \frac{u'_{Kmax}}{u_K} \tag{2-17}$$

μ_K 称为单个水平荷载作用下的空间作用分配系数,它的物理意义是:当 $R_K = 1$ 时,直接承载的排架所分担到的荷载,$\mu_K \leqslant 1$。μ_K 越小,通过纵向联系构件传到其余排架的水平力 $R''_K = (1 - \mu_K) R_K$ 就越大,即单个水平荷载作用下的空间作用愈大。

影响空间作用分配系数 μ_K 的主要因素如下:

(1)屋盖刚度:屋盖刚度愈大,空间作用就愈大,所提供的水平力 R''_K 愈大,μ_K 愈小。

(2)承载排架刚度:若承载排架本身刚度大,刚分担的外荷载也大,R''_K 就小,空间作用小,μ_K 则大。

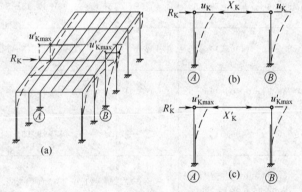

图 2-52 单个水平荷载作用下厂房整体空间作用

(3)厂房两端有无山墙:由于山墙的抗侧移刚度比排架柱大得多,所以两端有山墙比无山墙的厂房空间作用大,相应的 μ_K 比无山墙的 μ_K 小。

(4)厂房的山墙间距:山墙间距愈小,则屋盖的平面刚度愈大,空间作用则大,μ_K 小。反之,则 μ_K 大,空间作用小。

2. 吊车荷载作用下空间作用分配系数 μ_K

在吊车荷载作用下,直接受力排架及相邻排架共同受力。以吊车横向水平荷载为例,在

T_{max}作用下,若按平面排架计算,传到排架柱顶的水平力为 $R=2C_5 T\Sigma Y_i$[图 2-54(a)]。当为空间排架时,计算排架上的力要传到其他排架,其他排架上所受的力也要传到计算排架,要考虑这种相互影响,就必须把排架柱空间作用受力影响线求出,这个影响线实际上就是一个单位水平力作用下,各个排架柱的受力分配图。对此清华大学根据实测和理论分析,给出了无檩和有檩体系的计算方法。图 2-53(a)为两端有山墙,10 个柱距排架的受力影响线。

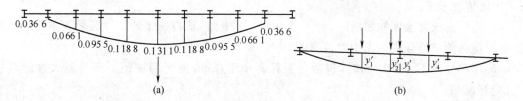

图 2-53　空间排架受力影响线

(a)空间排架受力影响线;(b)排架柱顶受力

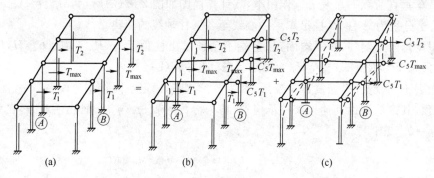

图 2-54　排架空间位移

由图 2-53(b)知,排架柱顶受力为

$$R'=2C_5 T\Sigma Y'_i=2C_5 T(y'_1+y'_2+y'_3+y'_4) \tag{2-18}$$

引进 μ_K 的概念,单个吊车荷载下厂房空间作用分配系数为

$$\mu_K=\frac{R'}{R}=\frac{2CT\Sigma y'_i}{2CT\Sigma y_i}=\frac{\Sigma y'_i}{\Sigma y_i} \tag{2-19}$$

但实际的 μ 值(表 2-16)是经过较大幅度的增加和调整,即留有余地。为了慎重,对于大型屋面板体系,吊车额定起重量在75 t以上及轻型有檩体系,吊车吨位在30 t以上的厂房,建议暂不考虑空间作用。

表 2-16　单层厂房空间作用分配系数 μ

厂 房 情 况		吊车起重量 (t)	厂房长度(m)	
			≤60	>60
有檩屋盖	两端无山墙及一端有山墙	≤30	0.90	0.85
	两端有山墙		0.85	

厂 房 情 况		吊车起重量 (t)	跨　度　(m)			
			12～27	>27	12～27	>27
无檩屋盖	两端无山墙及一端有山墙	≤75	0.90	0.85	0.85	0.80
	两端有山墙	≤75	0.80			

考虑厂房整体空间作用除了受吊车吨位的限制,还必须在计算和构造上考虑下列要求。

(1)无檩屋盖的大型屋面板肋高 $h \geqslant 150$ mm,且板与屋架的连接为焊接。

(2)有檩屋盖的檩条与屋架的连接为焊接。

(3)厂房山墙应为实心砖墙,如山墙上开孔洞时,其在山墙水平截面的削弱面积,不应大于山墙全部水平截面面积的 50%,否则应视为无山墙情况;对将来扩建时拆除山墙的厂房,亦应按无山墙情况考虑。

(4)当厂房没有温度伸缩缝时,表 2-16 中的厂房长度,应按一个伸缩缝区段为单元进行考虑,此时应将伸缩缝处视为无山墙情况。

(5)厂房柱距不大于 12 m 时(包括一般柱距小于 12 m,但个别柱距不等且最大柱距超过12 m 的情况)。

3. 考虑厂房结构整体空间作用时的实用计算方法

以图单跨厂房为例(图 2-55),说明内力计算步骤,计算方法仍为剪力分配法。

(1)吊车垂直荷载 D_{max} 及 D_{min} 作用下,其计算简图如图 2-55(a)所示,$M_{max} = D_{max} e_3$,$M_{min} = D_{min} e_4$,e_3、e_4 分别为 A 柱、B 柱吊车梁中心线至各下柱轴线的距离。

(2)假设排架无侧移,按下端固定、上端不动铰求出柱顶反力,$R_A = M_{max} C_3 / H$,$R_B = M_{min} C_3 / H$,柱顶总反力 $R = R_A - R_B$,称为固定状态〔图 2-55(b)〕。

(3)撤去不动铰支座,恢复排架变形,称为放松状态,确定空间作用分配系数 μ,将 μR 反向作用于柱顶,其余荷载由其他排架柱承担;按剪力分配系数 η_A、η_B 分配柱顶剪力,在单跨厂房中,$\eta_A = \eta_B = 0.5$〔图 2-55(c)〕。

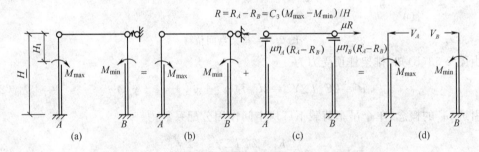

图 2-55 吊车荷载下单跨厂房整体工作计算简图

$$V'_A = 0.5\mu R = 0.5\mu C_3 (M_{max} - M_{min}) / H \quad (\rightarrow)$$
$$V'_B = 0.5\mu R = 0.5\mu C_3 (M_{max} - M_{min}) / H \quad (\rightarrow) \qquad (2\text{-}20)$$

(4)排架实际受力=固定状态+放松状态〔图 2-55(d)〕。

排架柱顶总剪力

$$
\begin{aligned}
V_A &= R_A - 0.5\mu R = M_{max} C_3 / H - 0.5\mu C_3 (M_{max} - M_{min}) / H \\
&= -0.5 C_3 [M_{max}(2 - \mu) + \mu M_{min}] / H \\
V_B &= R_B + 0.5\mu R = M_{min} C_3 / H + 0.5\mu C_3 (M_{max} - M_{min}) / H \\
&= 0.5 C_3 [M_{min}(2 - \mu) + \mu M_{mzx}] / H
\end{aligned}
\qquad (2\text{-}21)
$$

式中 μ——厂房空间作用分配系数查表 2-15;

$\quad C_3$——反力系数查附图 7-3。

(5)求各悬臂柱内力。

同理,对于吊车水平荷载,则可得图 2-56,图中 C_5 为支座反力系数,柱顶水平剪力为

$$V_A = V_B = C_5 T_{max} - \mu C_5 T_{max} = (1 - \mu) C_5 T_{max} \tag{2-22}$$

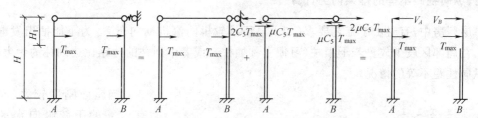

图 2-56　吊车横向水平荷载作用下单跨厂房整体空间工作计算简图

(三)多跨厂房的空间作用分配系数

1. 对等高多跨厂房,排架计算时的空间作用分配系数值,可按下式确定:

$$\frac{1}{\mu} = \frac{1}{n}\left(\frac{1}{\mu'_1} + \frac{1}{\mu'_2} + \cdots + \frac{1}{\mu'_n}\right) = \frac{1}{n}\sum_{i=1}^{n}\frac{1}{\mu'_i} \tag{2-23}$$

式中　μ——等高多跨厂房的空间作用分配系数;

　　　n——排架跨数;

　　　μ'_i——第 i 跨的单跨空间作用分配系数。

2. 对不高等多跨厂房的空间作用分配系数,必须考虑各跨间高差带来的影响,按下列公式计算:

$$\frac{1}{\mu_i} = \frac{1}{1 + \xi_i + \xi_{i+1}}\left(\frac{1}{\mu'_i} + \xi_i\frac{1}{\mu'_{i-1}} + \xi_{i+1}\frac{1}{\mu'_{i+1}}\right) \tag{2-24}$$

式中　　μ_i——不等高多跨厂房第 i 跨的空间作用分配系数;

　　　ξ_i、ξ_{i+1}——分别为 i、$(i+1)$ 柱子高差系数,$\xi_i = \left(\dfrac{h_i}{H_i}\right)^4$,$\xi_{i+1} = \left(\dfrac{h_{i+1}}{H_{i+1}}\right)^4$;其中 h_i、h_{i+1} 分别

　　　　　为 i、$(i+1)$ 柱从基础顶面算起的到第 $i-1$、第 i 跨屋架(或屋面梁)下表面的

　　　　　高度,H_i、H_{i+1} 分别为 i、$(i+1)$ 柱从基础顶面算起的全高;

μ'_{i-1}、μ'_i、μ'_{i+1}——第 $i-1$、i、$i+1$ 跨的单跨空间作用分配系数(图 2-57)。

经验表明,对两端有山墙的多跨无檩体系厂房,其屋盖在平面内的刚度是非常大的,尤其在吊车起重量比较小时,吊车荷载引起的柱顶侧移很小,可忽略它对排架内力的影响。为简化此类厂房的排架内力计算,对于两端有山墙的两跨以上无檩体系等高厂房,当吊车起重量 $Q < 30$ t 时,可根据经验按柱顶为不动铰支承进行计算。

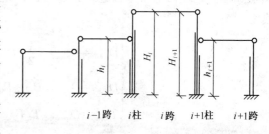

图 2-57　多跨单层厂房空间作用分配系数计算

但当存在下列情况之一时,排架内力计算不应考虑厂房整体空间作用,取 $\mu = 1$。

(1)当厂房一端或两端无山墙,且厂房长度小于 36 m 时。

(2)天窗跨度大于厂房跨度的 $\dfrac{1}{2}$,或天窗布置使厂房屋盖沿纵向不连续时,如设有横向带形天窗。

(3)厂房柱距大于 12 m 时(包括一般柱距小于 12 m,但有个别柱距不等,且最大柱距超过 12 m 的情况)。

(4)当屋架下弦为柔性拉杆时,如组合屋架、钢屋架。

七、纵向柱距不等的排架内力计算

单层厂房中,有时由于工艺要求(如火电厂汽轮机间汽机横向布置,为了能抽出发电机的转子),在局部区段少放置若干根柱(习惯上称抽柱),或者中列柱的柱距比边列柱的为大,因而造成纵向柱距不等的情况。

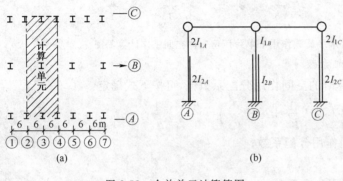

图 2-58　合并单元计算简图

当屋面刚度较大,或者设有可靠的下弦纵向水平支撑时,可以选取较宽的计算单元〔图 2-58(a)中的阴影部分〕来进行内力分析,并且假定计算单元中同一柱列的柱顶位移相同。因此计算单元内的几种排架可以合并为一种平面排架来计算内力。合并后的平面排架柱的惯性矩,应按合并了的考虑,例如,Ⓐ、Ⓒ轴线的柱应由两根(即一根和两个半根)合并而成,当同一柱列的截面尺寸相同时,计算简图如图 2-58(b)所示。按此原则计算时应注意下列几点:

1. 为保证同列柱的柱顶位移相等,计算单元的宽度不能太大。对柱距为 6 m 的无檩体系屋盖,其宽度不能超过 18 m(当厂房跨度 $l \leqslant 18$ m 时)及 24 m(当 $l \geqslant 21$ m 时),对设有纵向下弦水平支撑的有檩体系屋盖,其宽度尚宜适当减小。

2. 合并排架的恒载、风载等的计算,方法与一般排架相同,但吊车荷载则应按计算单元的中间排架③产生

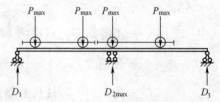

图 2-59　合并排架的吊车荷载计算图

D_{3max}、D_{3min}、T_{3max} 时的吊车位置来计算(图 2-59),即合并排架的吊车竖向荷载和横向水平荷载为

$$\left\{ \begin{aligned} & D_{max} = D_{3max} + \frac{1}{2}(D_2 + D_4) \\ & D_{min} = D_{max} \times P_{min}/P_{max} \\ & T_{max} = D_{max} \times T/P_{max} \end{aligned} \right. \tag{2-25}$$

3. 按计算简图和荷载求得内力后,必须进行还原,以求得柱的实际内力。例如,计算简图中Ⓐ、Ⓒ轴线的柱是由两根柱合并成的,此时应将它们的 M、V 除以 2 才等于原结构中Ⓐ、Ⓒ轴线各根柱的 M、V。但对于吊车竖向荷载 P_{max}、P_{min} 引起的轴力 N,则不能把合并排架求得的轴力除以 2,而应该按这根柱实际所承受的最大、最小的吊车竖向荷载来计算。

八、单层厂房有附属跨排架及复式排架的简化计算

1. 单层厂房有附属跨排架

单层厂房常在主跨边上有用砖柱或钢筋混凝土柱构成的附属排架〔图 2-60(a)〕,当边

跨柱截面的刚度 E_1I_1 不大于与其相连的主跨排架柱截面刚度 E_2I_2 的 1/20 时,排架内力可按下列规定进行简化〔图 2-60((b))〕。

(1)附跨柱的内力按柱底固定于基础顶面,柱顶为不动铰支点的独立柱计算。当风荷载作用时,考虑主排架有较大的侧移,可取柱顶反力为其不动铰支座反力 R 的 0.8 倍。

(2)主跨排架内力计算时,不考虑附跨柱参加工作,仅考虑附跨柱的柱顶不动铰支座反力通过附跨横梁作用于主跨排架上的垂直荷载及水平荷载。

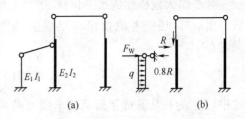

图 2-60　有附属跨排架计算简图

2. 复式排架

由排架和框架组成的复式排架,其内力计算应考虑排架柱与框架的共同工作(图 2-61)。

(1)当与排架横梁连接处的框架抗剪刚度大于柱抗剪刚度的 20 倍时,可将框架作为排架柱的不动铰支点进行简化计算,即取图中 $X_1=R$〔图 2-61(a)〕。

(2)当不满足上述条件时,可取 $X_1=0.95R$〔图 2-61(b)〕。

(3)当排架中屋架下弦高于框架顶层高时,取 $X_1=0.85R$〔图 2-61(c)〕。

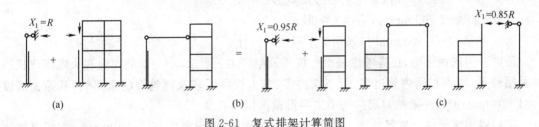

图 2-61　复式排架计算简图

九、排架的横向刚度验算

在一般情况下,当矩形、工字形柱的截面尺寸满足表 2-9 的要求时,就可以认为排架的横向刚度已得到保证,不必验算水平位移值。但在某些情况下,例如吊车吨位较大时,为安全计,尚需对水平位移进行验算。最有实际意义的是算出吊车梁顶面与柱连接处 K 的水平位移值(图 2-62),要求该值不超过水平位移限值,这是因为吊车的轨距与柱在 K 处的水平位移值有关,若柱 K 处的水平位移较大,吊车沿纵向轨道行驶,轨道变形亦较大,将影响吊车安全行驶。

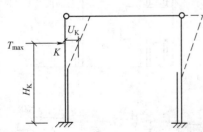

图 2-62　吊车梁顶位置柱的水平位移

对排架的横向刚度进行验算,属正常使用极限状态,荷载取排架内一台起重量最大的吊车的横向水平荷载,作用于 K 点时进行内力、位移验算,刹车属于短期荷载效应,不考虑长期荷载效应的效果,计算时荷载应取标准值。

K 点的水平位移值,应满足下列规定:

1. 当 $u_K \leqslant 5$ mm,满足正常使用要求;

2. 当 5 mm $< u_K <$ 10 mm 时,其水平位移限值如下:

轻、中级工作制吊车的厂房柱　　　　　　　　$$u_K \leqslant \frac{H_K}{1\ 800}$$

重级工作制吊车的厂房柱

$$u_K \leqslant \frac{H_K}{2\,200}$$

对于露天栈桥柱的水平位移,则按悬臂柱计算,除考虑一台最大起重量的吊车横向水平荷载作用以外,还应考虑由吊车梁安装偏差20 mm产生的偏心力矩的作用,这时应满足下列规定:

$$u_K \leqslant 10\ \mathrm{mm}\ 及\ u_K \leqslant \frac{H_K}{2\,500}$$

式中,H_K 为柱从基础顶面至吊车梁顶面的高度,在计算水平位移值时,可取柱截面的抗弯刚度 $B = 0.85E_cI$,E_c 为混凝土弹性模量,I 为排架柱上、下柱各自的截面惯性矩。

第四节　单层厂房柱

单层厂房柱的形式及截面尺寸在本章已介绍,柱的截面高度 h 一般可参照以下条件选用:

当 $h \leqslant 500$ mm,或变阶柱的上柱,采用矩形实腹柱;

当 $h = 600 \sim 800$ mm时,采用工字形及矩形;

当 $h = 900 \sim 1\,200$ mm时,采用工字形;

当 $h = 1\,300 \sim 1\,500$ mm时,采用工字形或双肢柱。

最终采用何种柱型,还需考虑是否有抗震及生产工艺要求,如矩形截面柱在火电厂汽机房中采用较多,因为车间内管道多、预埋铁件多,加上抗震要求及建筑物的重要性,其截面高度 $h = 1\,600$ mm;而在一般的单层厂房中工字形截面用得较多。

下面将工字形柱轮廓尺寸要求在图 2-63 中示出,工字形翼缘高度 $\geqslant 100$ mm,腹板厚度 $\geqslant 80$ mm,且为了脱模方便,翼缘做成斜坡,为了施工吊装,在牛腿下应留有 200 矩形实心截面,为了防止地坪附近的碰撞及起吊、翻身,在地坪以上宜有部分实心矩形截面。

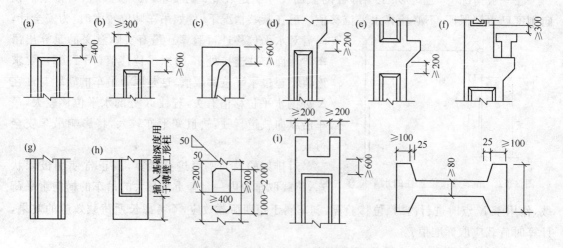

图 2-63　工字形柱的外形尺寸

一、矩形、工字形柱

柱的设计内容一般包括确定截面尺寸,根据各控制截面的最不利内力组合进行截面设计,施工吊装运输阶段的强度和裂缝宽度验算;与屋架、吊车梁等构件的连接构造和绘制施工图等。当有吊车时还需设计牛腿。

钢筋混凝土柱为一偏心受压构件,强度计算前面已讲过,这里再补充设计中的一些问题。

(一)柱的计算长度

对刚性屋盖的单层工业厂房排架柱、露天吊车柱和栈桥柱,其计算长度 l_0 按《混凝土结构设计规范》(GB50010—2010)第 6.2.20 条给出的采用(表 2-17),其中 H 为从基础顶面算起的柱子全高;H_1 为从基础顶面至牛腿顶面或现浇式吊车梁顶面的柱子下部高度;$H_u = H - H_1$;H_u 为柱子上部高度。

表中有吊车厂房排架柱的计算长度,当计算中不考虑吊车荷载时,可按无吊车厂房采用,但上柱计算长度仍按有吊车采用。

表中有吊车厂房排架柱的上柱在排架方向的计算长度,仅适用于 $H_u/H_1 \geqslant 0.3$ 的情况;当 $H_u/H_1 < 0.3$ 时,宜采用 $2.5H_u$。

(二)截面尺寸

上柱截面一般为矩形,取控制截面 Ⅰ—Ⅰ,控制截面 Ⅱ—Ⅱ、Ⅲ—Ⅲ 为下柱截面,为矩形或工字形(图 2-50)。

表 2-17 采用刚性屋盖的单层工业厂房排架柱、露天吊车柱和栈桥柱的计算长度 l_0

柱 的 类 型		排架方向	垂直排架方向	
			有柱间支撑	无柱间支撑
无吊车厂房柱	单跨	$1.5H$	$1.0H$	$1.2H$
	两跨及多跨	$1.25H$	$1.0H$	$1.2H$
有吊车厂房柱	上 柱	$2.0H_u$	$1.25H_u$	$1.5H_u$
	下 柱	$1.0H_1$	$0.8H_1$	$1.0H_1$
露天吊车柱和栈桥柱		$2.0H_1$	$1.0H_1$	—

注:1. 表中 H 为从基础顶面算起的柱子全高;H_1 为从基础顶面至装配式吊车梁底面或现浇式吊车梁顶面的柱子下部高度;H_u 为从装配式吊车梁底面或从现浇式吊车梁顶面算起的柱子上部高度。

    2. 表中有吊车厂房排架柱的计算长度,当计算中不考虑吊车荷载时,可按无吊车厂房采用,但上柱的计算长度仍按有吊车厂房采用。

    3. 表中有吊车厂房排架柱的上柱在排架方向的计算长度,仅适用于 $H_u/H_1 \geqslant 0.3$ 的情况;当 $H_u/H_1 < 0.3$ 时,宜采用 $2.5H_u$。

(三)材　　料

混凝土强度等级为 C20、C25、C30、C35、C40,对于柱采用强度高的混凝土较好。纵向受力钢筋一般采用 HRB500、HRB400 和 HRB335 钢筋,构造钢筋可用 HPB300 或 HRB335 级钢筋,箍筋采用 HPB300 或 HRB335 级钢筋。

(四)内力组合的取舍及截面设计

工程中柱常采用对称配筋,一个截面有四组内力组合,一般情况下 M_{max} 及相应 N、$-M_{max}$ 及相应 N、N_{min} 及相应 M 三组内力,由于弯矩较大,轴力较小,往往是属于大偏心受压,而 N_{max} 及相应 M 这一组,则可能是小偏心受压或者是大偏心受压,如何选择哪一种内力,应首先根据组合结果来判断,对于矩形截面对称配筋,$A_s = A'_s$。

若 $x = \dfrac{N}{\alpha_1 b f_c} \leqslant \xi_b h_0$,则为大偏心受压;否则为小偏心受压。

对于工字形截面：若 $x=\dfrac{N}{\alpha_1 b'_f f_c}\leqslant h'_f<\xi_b h_0$ 为大偏压，当 $x>h'_f$ 时，重算 $x=[N-\alpha_1 f_c(b'_f-b)h'_f]/\alpha_1 f_c b\leqslant\xi_b h_0$，仍为大偏压，一般选择 M 较大，$e_0=M/N$ 较大一组；否则为小偏心受压，选择 M 大、N 大的一组。若 M 相同，大偏压，A_s 多。

（五）吊装、运输阶段的强度和裂缝宽度验算

对于钢筋混凝土预制柱，施工吊装时可以采用平吊或者翻身起吊。此时混凝土的强度需达到设计强度的 70%，当要求达到 100% 设计强度才能吊装、运输时应在设计图上说明；当柱中配筋能满足吊装、运输中的承载力和裂缝的要求时，宜采用平吊〔图 2-64(a)〕，以简化施工。但当平吊需增加柱中较多纵筋时，则应考虑翻身起吊〔图 2-64(d)〕。

吊装一般采用一点起吊，即将吊点设在牛腿的下边缘处，考虑起吊时的动力作用，柱自重需乘动力系数 1.5（根据吊装情况可适当增减），此时的安全等级可较使用阶段降低一级，取重要性系数 $\gamma_0=0.9$。

当采用翻身起吊时，截面的受力方向与使用阶段一致，因而承载力和裂缝均能满足要求，一般不必进行验算。

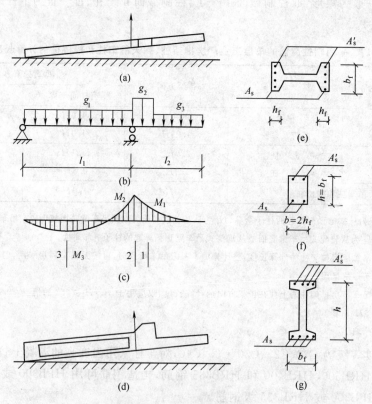

图 2-64　柱吊装阶段的验算

当采用平吊时，截面高度为 b_f，截面宽度一般取 $2h_f$，而受力钢筋只有两翼缘的最外边的两根钢筋〔图 2-64(e)〕。

施工阶段承载力验算，采用弯矩设计值，按双筋截面校核强度；裂缝宽度验算属正常使用极限状态，用弯矩标准值、受弯构件进行验算。

（六）构造要求

1. 纵向受力钢筋直径不宜小于 12 mm，全部纵向钢筋的配筋率不应大于 5%，柱截面每一

侧纵向钢筋的最小配筋率:对于受压钢筋为 0.2%,对于受拉钢筋,C35 以下为 0.15%,C40~C60 为 0.2%,由于是对称配筋,实际上每侧均为 0.2%。

2. 当柱截面高度 h≥600 mm 时,在侧面应设置 φ10~φ16 的纵向构造钢筋,间距<500,并相应设置附加箍筋;工字形截面箍筋的形式如图 2-65 所示,翼缘箍筋与腹板箍筋的关系以点焊成封闭环式为好。

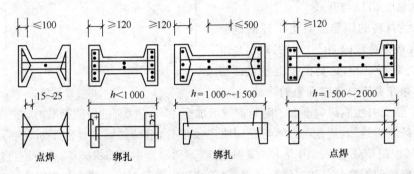

图 2-65　工字形柱箍筋形式

3. 柱与外纵墙用预留拉筋连接。

预留拉筋 φ6 @500 沿柱高设置(图 2-66)。

4. 柱与屋架、吊车梁、柱间支撑的连接都是通过在柱中预埋铁板的方法处理的(图 2-67)。

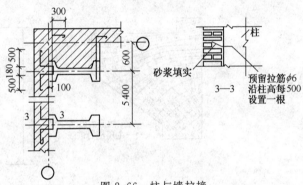

图 2-66　柱与墙拉接

二、牛　　腿

在单层厂房中,通常采用柱侧伸出来的牛腿来支承屋架(屋面梁)、托架、吊车梁等构件,由于这些构件负荷大或者是动力作用,牛腿虽小,受力复杂,是一个重要部件。

根据牛腿的受力将牛腿分为长牛腿及短牛腿,将牛腿竖向力 F_v 的作用点至下柱边缘的距离为 a,牛腿与下柱交接处垂直截面的有效高度为 h_0,当 $a≤h_0$ 为短牛腿,$a>h_0$ 为长牛腿(图 2-68)。

长牛腿的受力特点与悬臂梁相似,可按悬臂梁设计。支承吊车梁等构件的牛腿均为短牛腿(以下简称牛腿),它实质上是一个变截面深梁,受力性能与普通悬臂梁不同。

(一)试验研究

1. 弹性阶段的应力分布

图 2-69(a)为环氧树脂牛腿模型取

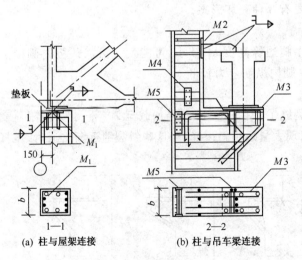

(a)柱与屋架连接　　(b)柱与吊车梁连接

图　2-67

$a/h_0=0.5$ 进行光弹试验得到的主应力轨迹线。从中看出,在牛腿上部主拉应力轨迹线基本上与牛腿上边缘平行,其拉应力沿牛腿长度方向分布比较均匀。牛腿下部主压应力迹线大致从加载点到牛腿下部转角的连线 ab 相平行。

牛腿中下部主拉应力迹线是倾斜的,所以加载后裂缝有向下倾斜的现象。

2. 斜裂缝的出现与开展

对弹塑性材料的钢筋混凝土牛腿的试验表明,一般在极限荷载的 $20\%\sim40\%$ 时出现垂直裂缝①〔图 2-69(b)〕,这是由于上柱根部与牛腿交界处存在着应力集中现象的缘故,裂缝

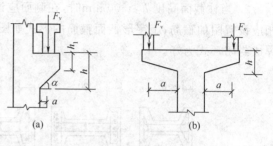

图 2-68　牛腿分类

①很细,对牛腿受力性能影响不大。随着荷载增加至 $40\%\sim60\%$ 的极限荷载时,在加载板内侧附近产生第一条斜裂缝②,其方向大体与受压轨迹线平行,继续加载裂缝②不断发展,直到接近破坏(约为 80% 极限荷载),突然出现第二条斜裂缝③,预示着牛腿即将破坏,在使用过程中,不允许牛腿出现斜裂缝即指第一条斜裂缝②而言,它是控制牛腿截面尺寸的主要依据。

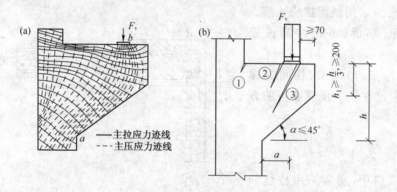

图 2-69　牛腿光弹性试验结果示意及裂缝

3. 破坏形态

根据试验,随 a/h_0 值的不同,牛腿主要有 3 种破坏形态。

(1)剪切破坏

当 $a/h_0\leqslant0.1$ 时或 a/h_0 值虽较大但牛腿边缘高度 h_1 较小,可能发生沿加载板内侧接近垂直截面的剪切破坏〔图 2-70(a)〕,这时牛腿内纵筋应力较低。

(2)斜压破坏

当 $a/h_0=0.1\sim0.75$ 时,首先出现斜裂缝①〔图 2-70(b)〕,当加载至 $70\%\sim80\%$ 极限荷载时,在斜裂缝①的外侧整个压杆范围内,出现大量短小斜裂缝,当这些斜裂缝逐渐贯通时,压杆

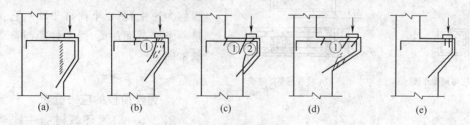

图 2-70　牛腿的破坏形态

内混凝土剥落崩出，牛腿即宣告破坏。也有少数牛腿出现斜裂缝①，并发展到相对稳定时，当加载到某级荷载时，突然从加载板内侧出现一条通长斜裂缝②，然后就很快沿此斜裂缝破坏〔图 2-70(c)〕。

(3)弯压破坏

当 $a/h_0 > 0.75$ 和纵向钢筋配筋率较低时，一般发生弯压破坏，特点是出现斜裂缝①后，随着荷载增加不断向受压区延伸，纵筋应力不断增加并到达屈服强度，这时斜裂缝①的外侧部分绕牛腿下部与柱交接点转动，致使受压区混凝土压碎而引起破坏〔图 2-70(d)〕。

试验证明，随着 a/h_0 值的增加，出现斜裂缝的荷载不断减小。这是因为 a/h_0 增加，水平方向的应力 σ_x 也增加，而垂直方向的应力 σ_y 减小，因此主拉应力增大，斜裂缝提早出现。

此外，还有由于加载板尺寸过小而导致加载板下混凝土局部压坏〔图 2-70(e)〕，以及纵向受力钢筋锚固不良而被拔出等破坏形态。

(4)牛腿在竖向力和水平拉力同时作用下的受力情况

对同时作用有竖向力 F_v 和水平力 F_h 的牛腿试验结果表明，由于水平拉力的作用，牛腿截面出现斜裂缝的荷载比仅有竖向力的牛腿低。当 $F_h/F_v = 0.2 \sim 0.5$ 时，开裂荷载下降36%～47%，可见影响较大，同时牛腿的极限承载能力亦降低。试验还表明，两种受力情况下，牛腿的破坏规律相似。

(二)牛腿的设计

牛腿设计为两个内容：①确定牛腿截面尺寸；②承载力计算和配筋构造。

1. 截面尺寸的确定

牛腿截面宽度一般取柱宽，主要是要确定牛腿高度 h。由前面知，牛腿的破坏都是发生在斜裂缝形成和展开以后，因此牛腿截面高度一般以斜截面的抗裂度为标准，即控制牛腿在使用阶段不出现或仅出现细微裂缝为准。因为牛腿出现裂缝给人不安全感，加固也很困难，所以牛腿的截面尺寸应符合下列裂缝控制和构造要求[图 2-69(b)]：

$$F_{vs} \leqslant \beta \left(1 - 0.5 \frac{F_{hs}}{F_{vs}} \right) \frac{f_{tk} b h_0}{0.5 + \dfrac{a}{h_0}} \tag{2-26}$$

式中　F_{vs}——作用于牛腿顶部按荷载标准效应组合计算的竖向力值；

　　　F_{hs}——作用于牛腿顶部按荷载标准效应组合计算的水平拉力值；

　　　β——系数，对承受重级工作制的牛腿，$\beta = 0.65$，对承受中、轻级工作制吊车的牛腿，$\beta = 0.70$，其他牛腿，$\beta = 0.80$；

　　　a——竖向力的作用点至下柱边缘的水平距离，并应考虑安装偏差20 mm，当竖向力的作用点位于柱截面以内时，取 $a = 0$；

　　　b——牛腿宽度；

　　　h_0——牛腿与下柱交接处垂直截面的有效高度。

公式中 $(1 - 0.5 F_{hs}/F_{vs})$ 是考虑在水平拉力 F_{hs} 同时作用下对牛腿抗裂度的影响；系数 β 考虑了不同使用条件对牛腿抗裂度的要求。当 $\beta = 0.65$ 时，可使牛腿在正常使用条件下，基本上不出现斜裂缝，当 $\beta = 0.70$，可使大部分牛腿在正常使用条件下也不出现斜裂缝或少数牛腿偶尔出现一些微小的裂缝。对承受静力荷载的牛腿，抗裂度可降低些，取 $\beta = 0.80$，可使多数牛腿在正常使用条件下不出现斜裂缝，有的仅出现细微斜裂缝，而牛腿的纵向及弯起钢筋对斜裂缝出现影响甚微，弯筋对斜裂缝开展有重要作用。

为了防止加载板内侧近似垂直截面的剪切破坏，牛腿外边缘 h_1 不应小于 $h/3$，且不应小于200 mm〔图 2-69(b)〕。

牛腿底面倾角 α 一般取 $45°$，不应大于 $45°$，以防止斜裂缝出现后可能引起底面与下柱相交接处产生严重的应力集中。

加载板的尺寸越大，刚度足够时，牛腿的承载力越高，尺寸过小，将导致其下部混凝土局部承压不足而降低承载力。为了防止局部混凝土压坏，需满足下式：

$$F_{vs}/A \leqslant 0.75f_c \tag{2-27}$$

式中　A——牛腿支承面上的局部受压面积；

　　　F_{vs}——作用于牛腿顶部按荷载短期效应组合的竖向压力值。

若不满足上式，应加大受压面积，提高混凝土强度或设置钢筋网等。

2. 承载力计算和配筋构造

(1)计算简图

由试验得出，牛腿纵筋受拉，破坏时钢筋应力沿全长分布趋于均匀，如同桁架中的水平拉杆，钢筋应力随配筋率增大而减小，在配筋率不大时可达屈服强度。

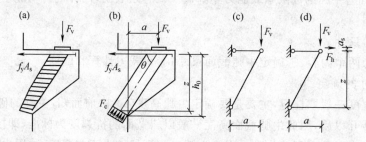

图 2-71　牛腿承载力计算简图

混凝土的斜向压应力集中分布在斜裂缝①外侧不很宽的压力带内（图 2-71），在整个压力带内，压应力分布比较均匀，如同桁架中的压杆。破坏时可到达混凝上的抗压强度。因此计算简图为以纵向钢筋为拉杆，混凝土斜撑为压杆的三角形桁架，见图 2-71，其上作用有竖向压力和作用在牛腿顶面的水平拉力。

(2)纵向受拉钢筋的计算和构造

对牛腿与下柱交接处压力合力作用位置取矩，得

$$\sum M_A = 0, \quad f_y A_s z = F_v a + F_h(z + a_s)$$

若令力臂 $z = 0.85h_0$，则得

$$A_s = \frac{F_v a}{0.85f_y h_0} + \left(1 + \frac{a_s}{0.85h_0}\right)\frac{F_h}{f_y}$$

令 $a_s/0.85h_0 = 0.2$，则

$$A_s = \frac{F_v a}{0.85f_y h_0} + 1.2\frac{F_h}{f_y} \tag{2-28}$$

式中　F_v——作用在牛腿顶部的竖向力设计值；

　　　F_h——作用在牛腿顶部的水平拉力设计值。

当 $a \leqslant 0.3h_0$ 时，取 $a = 0.3h$。

纵向受力钢筋宜采用 HRB400 级或 HRB500 级，承受竖向力所需的纵向受拉钢筋的配筋率（按全截面进行计算）不应小于 0.2% 及 $0.45f_t/f_y$，也不宜大于 0.6%，且根数不宜少于 4

根,直径不应小于12 mm。纵向受拉钢筋不得下弯兼作弯筋,因纵筋受拉各截面应力相同,同时伸入柱内应有足够的受拉钢筋锚固长度,当上柱尺寸不满足直接锚固时,可将钢筋向下弯折,从上柱内边算起的水平长度不应小于 $0.4l_a$,向下弯折的竖直段应取 $15d$(图 2-72),另一端应全部直通至牛腿外边缘再沿斜边下弯,并超过下柱边缘150 mm。

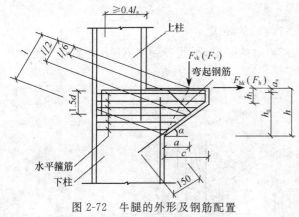

图 2-72 牛腿的外形及钢筋配置

承受水平拉力的锚筋应焊在预埋件上,且不应少于 2 根,其直径不应小于12 mm。

3. 水平箍筋和弯起钢筋的构造要求

在总结我国的工程设计经验和参考国外有关规范的基础上,牛腿除按计算配置纵向受拉钢筋外,还应配置水平箍筋,《规范》规定:水平箍筋直径为 $\phi6\sim\phi12$,间距 $100\sim150$ mm,且在上部 $2h_0/3$ 范围内的水平箍总截面面积不应小于承受竖向力的受拉钢筋截面面积的1/2。

试验表明,弯起钢筋对牛腿的抗裂度影响不大,但对限制斜裂缝开展的效果较显著。试验还表明,当剪跨比 $a/h_0>0.2$ 时,弯起钢筋可提高牛腿的承载力 $10\%\sim30\%$,剪跨比较小时,在牛腿内设置弯起钢筋不能充分发挥作用。因此《规范》规定,当 $a/h_0\geq0.3$ 时,应设置弯起钢筋。弯起钢筋宜用 HRB400 级或 HRB500 级,并宜设置在牛腿上部 $l/6$ 至 $l/2$ 之间的范围内(图 2-72),其截面面积不应少于承受竖向力的受拉钢筋截面面积的 $\dfrac{1}{2}$,其根数不应少于 2 根,直径不应小于12 mm,弯起钢筋沿牛腿外边缘向下伸入下柱内长度和伸入上柱的锚固长度要求与牛腿的纵向受力钢筋相同。

当满足以上构造要求时,即能满足牛腿受剪承载力的要求。

柱顶支承屋架(或屋面梁)的牛腿配筋构造,见图 2-73。

三、双 肢 柱

双肢柱是由大量挖除实腹桩的腹部而演变的。当挖孔较小时,仍具有实腹柱的性质,可按实腹柱设计。当挖孔率超过一定的数量界限(见对工字形柱的规定)时,柱的受力性能和刚度特性均发生很大的变化,因而不能再按实腹柱设计,应按双肢柱设计。

钢筋混凝土双肢柱按腹杆形式可分为平腹杆和斜腹杆两种。平腹杆双肢柱为由腹杆和肢杆组成的多层框架构件;斜腹杆双肢柱为由腹杆和肢杆组成的桁架构件(图

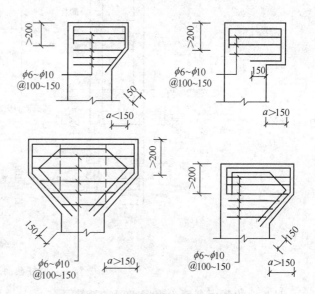

图 2-73 柱顶牛腿的配筋构造(单位:mm)

2-74)。两者计算方法和构造要求有许多相似的地方,也有些不同点。在荷载作用下,平腹杆

双肢柱的局部弯曲较大,刚度较斜腹杆双肢柱为小。因此,在吊车吨位较大的高大厂房中,采用斜腹杆柱较多。但平腹杆柱混凝土量较省,自重较轻,支模较方便,在中小型厂房中,有时被采用。

本节将简述双肢柱的设计特点。

1. 双肢柱的外形尺寸

(1)斜腹杆双肢柱的截面尺寸应符合图 2-74(b)的要求。

(2)平腹杆双肢柱的截面尺寸应符合图 2-74(a)的要求,平腹杆劲度 $K_f(K_f=I_f/l'_f)$ 宜大于 5 倍肢杆劲度 $K_z(K_z=I_z/l'_z)$。

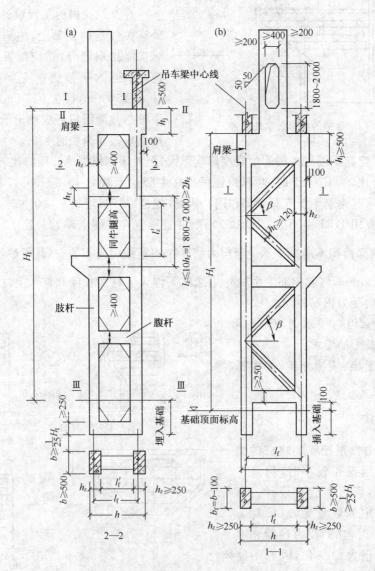

图 2-74 双肢柱截面尺寸

双肢柱的截面高度 h 和宽度 b,应较同高的实腹柱高大 10%,宽度仍与实腹柱同,见表 2-9,因为双肢柱的刚度较实腹柱小。

肢杆厚度 h_z 宜取 $h/5$ 左右,且 $h_z \geqslant 250$ mm,肢杆宽度同柱宽。

平腹杆截面高度宜取 $h_f=1.4h_z$,且 $h_f \geqslant 250$ mm,宽度 $b_f=b$ 或 $b_f=b-100$ mm;平腹杆腹

杆净距 $l_f \leqslant 10h_f$，$l_f = 1\,800 \sim 2\,000$ mm，且 $l_f \geqslant 2h_z$ 如图 2-74 所示。

斜腹杆与水平面夹角 $\beta = 35° \sim 55°$，以 45° 为宜，斜腹杆截面高度 $h_f \geqslant 120$ mm，且 $h_f \leqslant 0.5h_z$；斜腹杆宽度 $b_f \geqslant 150$ mm，且 $b_f \leqslant b - 100$ mm，如图 2-74 所示。

在双肢柱段上设牛腿时，应设置与牛腿整体相连且截面高度与牛腿高度相同的平腹杆。

当双肢柱下端采用分肢插入基础杯口时，在距基础顶面 100 mm 处需设置一道平腹杆，其高度 $\geqslant 250$ mm。

为了防止肢杆与腹杆交接处的应力集中而引起混凝土过早开裂，宜采用三角形加肋。

(3)双肢柱肩梁高度应符合下列要求：

肩梁高度 $h_j \geqslant 2h_z$，且 $\geqslant 500$ mm；应满足柱与上柱内纵向受力钢筋锚固长度的要求；肩梁劲度 K_j（$K_j = I_j/l_j$）宜为肢杆劲度 K_z（$K_z = I_z/l_z$）的 20 倍以上。

(4)双肢柱的柱肢中心应尽量与吊车梁中心线重合，如不能重合，吊车梁中心线也不宜超出柱肢外缘。斜腹杆双肢柱设有吊车梁的柱肢上端应为斜腹杆的设置起点；若两柱肢均设有吊车梁时，则以承受吊车荷载较大的柱肢为斜腹杆的设置起点，见图 2-74。

(5)双肢柱的上柱设置人孔时，人孔底面高程应高出吊车梁顶面 150 mm。在柱肢段上设置牛腿时，在牛腿范围内的一段应做成实腹矩形截面(图 2-74)。

(6)双肢柱的柱脚，当基础设计为单杯口时，应采用图 2-74(a)所示的形式；当柱脚采用分肢插入基础杯口时，应采用图 2-74(b)的形式。

2. 双肢柱截面刚度折减系数

在进行排架计算时，首先需计算双肢柱的截面抗弯刚度。实践证明，由于空腹，双肢柱截面刚度较相应的实腹柱小。这是因为双肢柱除整体弯曲外，还有剪力引起的局部变形(对平腹杆双肢柱主要为单肢和腹杆的弯曲变形，对于斜腹杆双肢柱主要为腹杆的轴向变形)。

在一般工程设计中，为简化计算，可将双肢柱视作为假想的实腹柱，但其截面抗弯刚度应乘以折减系数 α，以考虑剪力引起的局部变形的影响，即

$$B = 0.85\alpha E_c I \tag{2-29}$$

式中 I——双肢混凝土截面的惯性矩，其值为 $I = 2[bh_z^3/12 + bh_z(l_f/2)^2]$；

α——考虑肢杆或腹杆局部变形对双肢柱截面刚度影响折减系数。

确定 α 值的原则是：实际的双肢柱与假想的实腹柱在相同荷载作用下，同一点处的水平位移相等。显然，对同一双肢柱，α 值将随荷载形式、作用点以及所考虑的水平位移点的不同而不同，设计时，一般对竖向荷载作用下，不考虑折减，即取 $\alpha = 1.0$；在水平荷载作用下，为简化计算，实用中一般即取在柱顶作用单位水平力，双肢柱与假想实腹柱的柱顶水平位移相等来确定 α 值。对于平腹杆双肢柱，按此法确定 α 约在 $0.89 \sim 0.97$ 之间，故平腹杆双肢柱的截面惯性矩折减系数 α 可取 0.9；而影响斜腹杆双肢柱惯性矩折减系数的主要因素是腹杆的面积 A_f 及材料弹性模量 E_f，当腹杆为钢筋混凝土时，α 接近 1.0；当腹杆采用型钢时，$\alpha < 0.8$；因此在有重级工作制大吨位吊车厂房中，不宜采用钢腹杆。

3. 双肢柱内力计算

(1)斜腹杆双肢柱各杆内力可近似按铰接桁架计算，但应考虑次弯矩的影响。当已知柱截面最不利内力 M、N、V 和最大剪力 V_{max} 后，根据平衡条件计算肢杆轴力 N_z、N'_z 和斜腹杆轴力 N_f。以柱在基础顶面的截面Ⅲ—Ⅲ为例(图 2-75)加以说明。

$$\left.\begin{array}{l} \sum M_B = 0,\ N'_z = \dfrac{N}{2} - \eta\dfrac{M}{l_f} \\[2mm] \sum M_C = 0,\ N_z = \dfrac{N}{2} + \eta\dfrac{M}{l_f} - V\dfrac{l_1}{l_f} \\[2mm] \sum X = 0,\ N_f = V_{max}\dfrac{l_2}{l_f} \end{array}\right\} \qquad (2\text{-}30)$$

式中　N_z、N'_z、N_f——柱肢和腹杆的轴力,正号受压,负号受拉;

$\qquad\quad V$——相应于截面最不利内力 M、N 的剪力;

$\qquad\quad V_{max}$——截面最大剪力;

$\qquad\quad \eta$——纵向力偏心距增大系数。

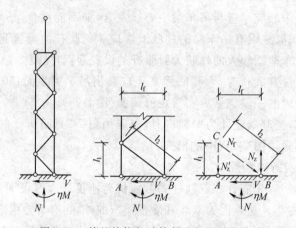

图 2-75　按铰接桁架计算斜腹杆双肢柱内力

　　柱截面内力的不同组合,对两肢产生的轴力也不一样,应选择每肢可能发生的最大轴力(压力或拉力),分别按中心受压或受拉验算两肢和腹杆的强度,进行配筋计算。

　　(2)平腹杆双肢柱实系一单跨多层框架,可用解超静定的方法计算出各杆内力。但该计算方法工作量太大,为简化起见,一般均采用近似计算方法。一是完全按弹性体系计算,称弹性法。在垂直荷载作用下,按整片双肢组合体分解截面的轴力和弯矩;在水平荷载作用下,按多层框架反弯点法计算肢杆的弯矩。由于设计时要求腹杆的线刚度($E_f I_f / l'_f$)要大于肢杆线刚度($E_z I_z / l_z$)的 5 倍,故反弯点可近似取在肢杆节间的中点。另一方法是考虑了混凝土裂缝出现而引起肢、腹杆刚度变化的计算方法,简称弹塑性法。其特点是破坏前,拉肢钢筋的最大应力接近屈服强度时,受拉肢刚度已降至压肢刚度的 $1/3 \sim 1/6$,压肢的实测弯矩比按弹性法计算的结果大 50% 以上。四川省建研所等单位建议:平腹杆双肢柱肢杆内力可按表 2-18 实用公式计算(图 2-76)。

　　表 2-18 中　M、V、N——为柱计算截面上的弯矩、剪力和轴力,均取排架分析中规定的正、负

$\qquad\qquad\qquad\qquad$ 号,受弯 $\overset{\frown}{1+}$,受剪顺时针为正、轴力受压为正;

$\qquad\quad I_z$、I——肢杆单肢和双肢的截面惯性矩,其值为

$$I = 2\left(I_z + A_z\,\frac{l_f^2}{4}\right)\ (A_z\ \text{为肢杆单肢截面面积})$$

$\qquad\quad \eta$——偏心距增大系数;

$\qquad\quad K$——考虑杆件刚度变化影响的内力修正系数,$K = 1.0 \sim 1.2$。

表 2-18　平腹杆双肢柱肢杆、腹杆内力计算公式

杆　件		$I/I_z<50$	$I/I_z\geqslant50$
肢杆	$N_{A\text{Ⅲ}}$	$-\dfrac{N}{2}+\dfrac{I-2I_z}{I}\ \dfrac{1}{l_f}\left(\eta M\mp\dfrac{Vl'_z}{2}\right)$	$\dfrac{N}{2}+\dfrac{\eta M\mp0.5Vl'_z}{l_5}$
	$N_{B\text{Ⅲ}}$	$\dfrac{N}{2}-\dfrac{I-2I_z}{I}\ \dfrac{1}{l_f}\left(\eta M\mp\dfrac{Vl'_z}{2}\right)$	$\dfrac{N}{2}-\dfrac{\eta M\mp0.5Vl'_z}{l_f}$
	$M_{A\text{Ⅲ}}$	$K\left(\dfrac{I_z}{I}\eta M\pm\dfrac{I-2I_z}{I}\ \dfrac{Vl'_z}{4}\right)$	$K\dfrac{Vl'_z}{4}$
	$N_{A\text{Ⅲ}}$	$(2-K)\left(\dfrac{I_z}{I}\eta M\pm\dfrac{I-2I_z}{I}\ \dfrac{Vl'_z}{4}\right)$	$(2-K)\dfrac{Vl'_z}{4}$
	$V_{A\text{Ⅲ}}$	$K\dfrac{V}{2}$	$K\dfrac{V}{2}$
	$V_{B\text{Ⅲ}}$	$(2-K)\dfrac{V}{2}$	$(2-K)\dfrac{V}{2}$
腹杆	M_f	$K\dfrac{I-2I_z}{I}\ \dfrac{Vl_z}{2}$	$K\dfrac{Vl_z}{2}$
	V_f	$\dfrac{I-2I_z}{I}\ \dfrac{Vl_z}{l_f}$	$\dfrac{Vl_z}{l_f}$

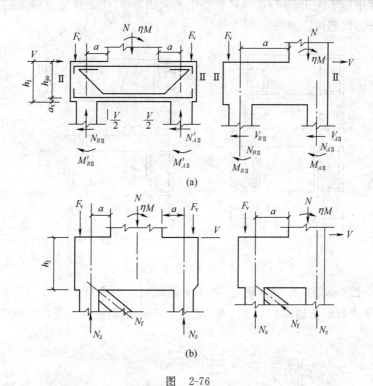

图　2-76

(a)平腹杆双肢柱Ⅱ—Ⅱ截面计算简图；(b)斜腹杆双肢柱肩梁计算简图

公式中的"±"号或"∓"号中，上、下面符号分别计算Ⅲ—Ⅲ截面肢杆的内力及Ⅱ—Ⅱ截面（图 2-74）下肢杆在肩梁底面处的内力（图 2-76）方法，简称弹塑性法。详见表 2-17。

4. 双肢柱的截面设计和构造要求

斜腹杆双肢柱各杆件可按轴心受压或轴心受拉构件进行截面设计；关于上述次弯矩的影响，在一般情况下，可近似地用提高结构重要性系数 γ_0（当一个柱段内腹杆数 $n\geqslant4$ 时，可近似取 $\gamma_0=1.05$，当 $n<4$ 时，可取 $\gamma_0=1.1$），或采用适当降低构件承载力来考虑。

平腹杆的肢杆为偏心受力构件,腹杆为受弯构件,可分别按偏心受压或偏心受拉及受弯构件进行截面设计。

双肢柱的肩梁承受上柱传来的 M、N 和 V,根据静力平衡条件,即可求得其内力。当 $a \leqslant h_{j0}$ 时,可按倒置的牛腿设计;当 $a > h_{j0}$ 时,可按梁设计。此处 a 为肢杆轴线至上柱边缘的距离,h_{j0} 为肩梁截面有效高度。当肩梁符合深梁条件时,也可按深梁设计。

双肢柱的混凝土强度等级不宜小于C30,对承受吊车吨位较大者,宜尽量采用高等级混凝土。纵向受力钢筋一般采用HRB500、HRB400和HRB335级钢筋,箍筋可采用HPB300级或冷拔低碳钢丝。

肢杆纵向受力钢筋的直径不宜小于12 mm,且应采用双排对称配筋;全部纵向钢筋的配筋率不宜超过 3%,也不应小于 0.4%。腹杆纵向钢筋直径不宜小于12 mm,受拉钢筋的配筋率不宜超过 2%,也不应小于 0.5%。

箍筋直径:当纵向钢筋最大直径 $d \leqslant 25$ mm时,采用6 mm(Ⅰ级钢筋)或5 mm(冷拔低碳钢丝),当 $d > 25$ mm时,应不小于 $d/4$。箍筋间距:当 h_z(或 h_f) $\leqslant 300$ mm时,应不大于200 mm,当300 mm $< h_z(h_f) \leqslant 500$ mm时,应不大于300 mm,当 $h_z(h_f) > 500$ mm时,应不大于350 mm;并且在绑扎骨架中应不大于 $15d$,在焊接骨架中不大于 $20d$(此处 d 为纵向钢筋的最小直径)。

双肢柱肢杆的配筋构造如图 2-77 所示。

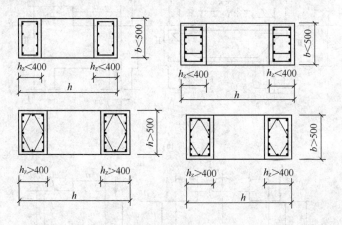

图 2-77 双肢柱肢杆配筋构造

双肢柱腹杆受力钢筋应按计算确定,并应对称配置。斜腹杆的受力钢筋每边不应少于 2 根,见图 2-78;平腹杆的每边不应少于 4 根,见图 2-78。钢筋伸入柱肢内的长度符合锚固长度的要求。

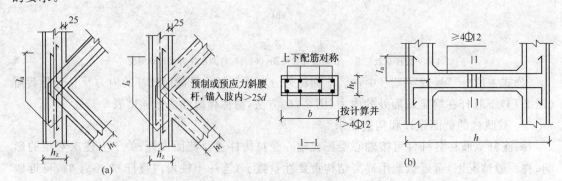

图 2-78 双肢柱腹杆配筋构造

双肢柱肩梁的纵向受力钢筋或弯起钢筋应根据计算确定,上下水平钢筋均不宜少于 4 根,其直径不宜小于 16 mm。肩梁水平箍筋一般采用 $\phi 8 \sim \phi 12$ 的 I 级钢筋,其间距为 $150 \sim 200$ mm;竖向钢筋一般为 $\phi 8@150$ mm。边柱肩梁的配筋构造见图 2-79(a),中柱肩梁的配筋构造见图 2-79(b)。

当双肢柱开设人孔时,人孔处的柱肢纵向受力钢筋应根据计算确定,其配筋构造如图 2-79(c)所示。

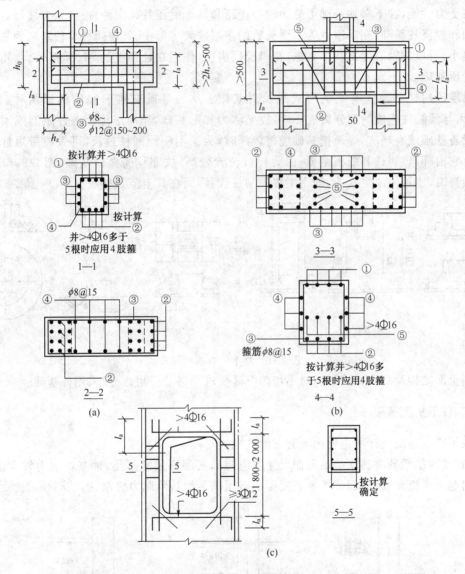

图 2-79　双肢柱肩梁配筋构造及双肢柱人孔配筋构造

第五节　柱下单独基础

一、概　述

柱基础是单层厂房的重要受力构件之一。上部结构传来的荷载都是通过基础传给地基的。因此基础设计需要从地基和基础两方面来考虑,就地基来说,要具有足够的稳定性和不发生过大的变形,为此要合理地选择基础的埋置深度,合理地确定地基的容许承载力,进行必要的地基沉降量验算,满足沉降差及沉降量的限制;而对于基础,则要求基础底面积足够,满足地基承载力要求,基础本身不产生冲切破坏,受弯破坏及剪切破坏,要具有足够的强度、刚度及耐久性,为此要进行基础类型的选择,进行基础的结构设计计算。

柱下单独基础是基础类型中最简单、使用最多的一种,本节所介绍的基础设计限于只需满足地基承载力,而不需作地基变形验算的情况。

按受力性能,柱下单独基础可分为轴心受压和偏心受压基础两种;按施工方法可分为预制柱基础和现浇柱基础,在以恒载为主要荷载的多层框架房屋中,其中间柱单独基础因轴力大而弯矩很小,可以按轴心受压基础考虑;在单层厂房中,作用在柱顶上的 M、N 都较大,则通常为偏心受压基础。

单层厂房柱下独立基础的形式是扩展基础。这种基础有锥形和阶梯形两种〔图 2-80(a)〕,因与预制柱连接的部分做成杯口,故又称为杯形基础,当由于地质条件限制或附近有较深的设备基础或有地坑,必须把基础埋得较深时,为了不使预制柱过长,可做成带短柱的扩展基础。它由杯口、短柱和底板组成,因为杯口位置较高,故亦称高杯口基础〔图 2-80(b)〕。当短柱很高时,也可做成空腹的,即用 4 根预制柱代替,而在其上浇筑杯底和杯口〔图 2-80(c)〕。

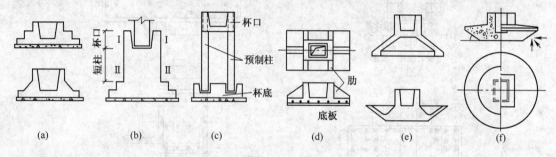

图 2-80 柱下独立基础形式

当上部结构荷载大,地基差,对不均匀沉降要求严格的厂房,一般采用桩基础。

二、柱下扩展基础

柱下扩展基础设计的主要内容有下面几项:

(1)按地基承载力确定基础底面尺寸。当基础底面积尺寸不足,地基将发生较大的沉降,甚至引起土体流动破坏,因此基础底板面积必须满足地基承载力要求〔图 2-81(a)〕。

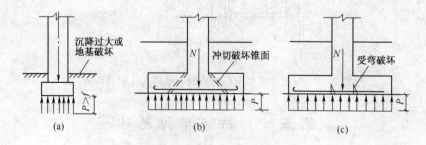

图 2-81 地基基础的破坏形式
(a)地基破坏;(b)冲切破坏;(c)弯曲破坏

(2)按混凝土冲切、剪切强度确定基础高度和变阶处的高度。基础在基础底面土反力产生的剪力作用下发生冲切破坏〔图 2-81（b）〕,这种破坏大约沿柱边 45°方向发生,破坏面为锥形斜截面,是一种混凝土斜截面上的主拉应力超过混凝土的抗拉强度的斜拉破坏,为了防止这种破坏,要求基础的高度足够大,起到传递荷载和保持稳定的作用。

（3）按基础受弯承载力计算基础底板钢筋。底板受弯破坏是在土反力作用下发生弯曲破坏〔图 2-81（c）〕。这种破坏沿柱边发生,裂缝平行于柱边。在一般配筋率情况下,主裂缝截面上的纵向受力钢筋首先到达屈服,然后压区混凝土发生受压破坏,为了防止底板弯曲破坏,要求基础各竖直截面上弯矩小于该截面材料的抵抗弯矩,以此条件确定基础底板配筋。

（一）确定基础底面尺寸

基础底面尺寸是根据地基承载力条件和地基变形条件确定的。由于柱下独立基础的底面积不太大,故假定基础是绝对刚性的,地基土反力为线性分布。

1. 轴心受压柱基础

假定基础底面压力均匀分布,设计时应满足下式:

$$P_k = \frac{F_k + G_k}{A} \leqslant f_a \tag{2-31}$$

式中　　F_k——上部结构传至基础面的竖向力设计值;

　　　　G_k——基础自重设计值和基础上土重标准值;

　　　　A——基础底面面积;

　　　　f_a——修正后的地基承载力特征值,按《建筑地基基础设计规范》采用,即对地基承载力特征值 f_k 进行深度与宽度修正,$f_a = f_{ak} + \eta_b \gamma (b-3) + \eta_d \gamma_m (d-0.5)$

　其中　　η_b、η_d——基础宽度和埋深的承载力修正系数,

　　　　γ、γ_m——基底下土的重度设计值,取基底以下土的天然密度 ρ 与重力加速度 g 的乘积（地下水位以下取有效重度）,以 kN/m^3 计,而 γ_m 为基础底面以上土的加权平均重度（地下水位以下取有效重度）的设计值,以 kN/m^3 计,

　　　　b——基础底面宽度（m）,当基宽小于 3 m 时,按 3 m 考虑,大于 6 m 按 6 m 考虑,

　　　　d——基础埋置深度（m）,一般自室外地面算起。在填方整平地区,可自填土地面算起,但填土在上部结构施工完成时,应从天然地面算起,对于内柱基础,应从室内地面算起。

设计时取基础自重和土重的平均容重为 γ_0,近似取 $\gamma_0 = 20\ kN/m^3$,则 $G = \gamma_0 \cdot d \cdot A$,代入式（2-31）,得

$$A \geqslant \frac{F_k}{f_k - \gamma_0 d} \tag{2-32}$$

设计时先计算出 A,再选定基础长边尺寸 b,即可求得另一边尺寸 $L = A/b$,对于轴压基础,采用正方形较好,$b = L = \sqrt{A}$。

对于安全等级为一级的建筑物及《地基规范》规定的二级建筑物,除应按地基承载力确定基础底面积尺寸外,还须经地基变形验算最后确定。

2. 偏心受压柱基础

当偏心荷载作用时,假定基础底面的压力按线性非均匀分布〔图 2-83（a）〕,这时基础底面边缘的最大和最小压力可按下式计算:

$$P_{k\,\min}^{\max} = \frac{F_k + G_k}{A} \pm \frac{M_k}{W} \tag{2-33}$$

式中 M_k——作用于基础底面的力矩标准值；

$\quad W$——基础底面面积的抵抗矩，$W = Lb^2/6$。

令 $e = M_k/(F_k + G_k)$，并将 $W = Lb^2/6$ 代入上式可得

$$P_{k\frac{\max}{\min}} = \frac{F_k + G_k}{lb}\left(1 \pm \frac{6e}{b}\right) \tag{2-33a}$$

由式（2-33a）可知，当 $e < b/6$ 时，$P_{kmin} > 0$，这时地基反力图形为梯形〔图 2-83（a）〕；当 $e = b/6$ 时，$P_{kmin} = 0$，地基反力为三角形〔图 2-83（b）〕；当 $e > b/6$ 时，$P_{kmin} < 0$〔图 2-83（c）〕。这说明基础底面积的一部分将产生拉应力，但由于基础与地基的接触面是不可能受拉的，因此基础与地基接触面之间是脱开的，亦即这时承受地基反力的基础底面积不是 bL 而是 $3aL$。因此 P_{kmax} 应按下式计算：

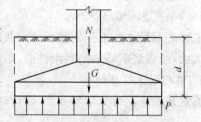

图 2-82 轴心受压柱下单独基础计算简图

$$P_{kmax} = \frac{2(F_k + G_k)}{3aL} \tag{2-34}$$

式中 a——合力$(F_k + G_k)$作用点至基础底面最大受压边缘的距离，$a = b/2 - e_0$；

$\quad L$——垂直于力矩作用方向的基础边长。

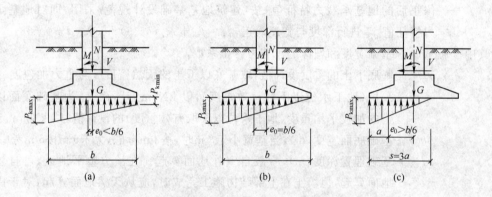

图 2-83 偏心受压柱下单独基础基底土壤反力分布

在确定偏心受压柱下基础底面积时，应符合下列要求：

$$P_k = \frac{P_{kmax} + P_{kmin}}{2} \leqslant f_a \tag{2-35}$$

$$P_{kmax} \leqslant 1.2f_a \tag{2-36}$$

上式中将地基承载力设计值提高 20% 的原因，是因为 P_{kmax} 只在基础边缘的局部范围内出现，且 P_{kmax} 中的大部是由活荷载而不是恒载产生的。

由于地基土的压缩性，如果 P_{kmax} 和 P_{kmin} 相差太大，将会使基础边缘的土产生不均匀变形，从而使基础发生倾斜，有时还会影响建筑物正常使用。因此，冶金工业厂房钢筋混凝土柱基础设计规程（YS10—77）提出应对基础底面土压力分布作以下限制：

（1）对于 $f_{ak} < 180 \text{ kN/m}^2$、吊车起重量 $Q > 75 \text{ t}$ 的单层厂房柱基，或对于 $f_{ak} < 105 \text{ kN/m}^2$、吊车起重量 $Q > 15 \text{ t}$ 的露天跨柱基，要求 $P_{kmin}/P_{kmax} \geqslant 0.25$；

（2）对于承受一般吊车荷载的柱基，要求 $P_{kmin} \geqslant 0$；

（3）对于仅有风荷载而无吊车荷载的柱基，允许基础底面不完全与地基接触，但接触部分长度 L' 与基础长度 L 之比，$L'/L \geqslant 0.75$，同时，还应验算基础底板受拉一边在底板自重及上部土的重力荷载作用下的抗弯强度。

确定偏心受压基础底面尺寸一般采用试算法：先计算轴心受压基础所需的底面积 A，再增大 $0.20\% \sim 0.40\%$，即取 $(1.2 \sim 1.4)A$，初步选定长、短边尺寸，然后验算是否满足地基承载力要求，如不符合则另行规定，一般假定 $b/L = 1.5 \sim 2$ 左右，至多 $b/L = 3$。直到满足。

（二）确定基础高度

柱下单独基础的高度需要满足两个要求：一个是构造要求；另一个是抗冲切承载能力要求，设计中往往先根据构造要求和设计经验初步确定基础高度，然后进行抗冲切承载能力验算。

1. 对于现浇柱下基础，为锚固柱中的纵向受力钢筋，要求基础有效高度 $h_0 \geqslant la$（柱中纵向受力钢筋的锚固长度）〔图 2-84(a)〕。

纵筋搭接接头长度，受拉为 $1.2l_a \geqslant 300$ mm，受压为 $0.85l_a \geqslant 250$ mm。

2. 对于预制柱下基础，为嵌固柱子，要求杯口有足够的深度 H_1；同时为抵抗在吊装过程中，柱对杯底底板的冲击，要求杯底有足够的厚度 a_1。此外为了使预制柱与基础牢固结合为一体，柱和杯底之间尚应留50 mm，以便浇灌细石混凝土，因此，基础的高度（图 2-84）为

$$h \geqslant H_1 + a_1 + 50 \tag{2-37}$$

式中 H_1、a_1——分别为杯口的深度和杯底的厚度，可分别按表 2-19、表 2-20 采用。

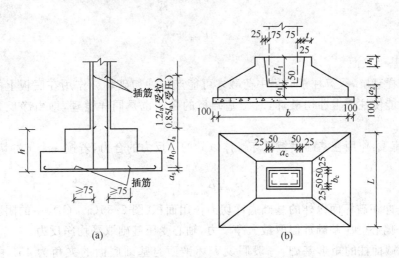

(a)　　　　　(b)

图 2-84　基础高度的构造要求

表 2-19　柱的插入深度 H_1（以 mm 计）

矩 形 或 工 形 截 面 柱				单肢管柱	双 肢 柱
$h < 500$	$500 \leqslant h < 800$	$800 \leqslant h < 1\,000$	$h > 1\,000$		
$H_1 = (1.0 \sim 1.2)h$	$H_1 = h$	$H_1 = 0.9h \geqslant 800$	$H_1 = 0.8h \geqslant 1\,000$	$H_1 = 1.5D \geqslant 500$	$H_1 = \left(\dfrac{1}{3} \sim \dfrac{2}{3}\right)h_a$ $= (1.50 \sim 1.80)h_b$

注：①h 为柱截面长边尺寸；D 为管柱外直径；h_a 为双肢柱整个截面长边尺寸；h_b 为双肢柱整个截面短边尺寸。

②柱为轴心受压或小偏心受压时，H_1 可适当减少；偏心距 $e_0 > 2h$ 或 $e_0 > 2D$ 时，H_1 应适当加大。

表 2-20 基础杯底厚度和杯壁厚度（mm）

柱截面长边尺寸	杯底厚度 a_1	杯壁厚度 t	柱截面长边尺寸	杯底厚度 a_1	杯壁厚度 t
$h<500$	$\geqslant150$	$150\sim200$	$1\,000\leqslant h<1\,500$	$\geqslant250$	$\geqslant350$
$500\leqslant h<800$	$\geqslant200$	$\geqslant200$	$1\,500\leqslant h<2\,000$	$\geqslant300$	$\geqslant400$
$800\leqslant h<1\,000$	$\geqslant200$	$\geqslant300$			

注：1. 当有基础梁时，基础梁下的杯壁厚度尚应满足基础梁支承宽度的要求；

2. 柱插入杯口的内壁部分表面应尽量凿毛，柱与杯口的间隙应用比基础混凝土强度等级高一级的细石混凝土填实，当达到材料强度设计值的 70% 以上时方能进行上部吊装；

3. 双肢柱的杯底厚度可适当加大。

3. 基础抗冲切强度验算

当初步拟定出柱的高度后，根据柱与基础交接处混凝土抗冲切承载力要求验算基础高度。此外还应满足剪切承载力要求。

作用在基础底板上的荷载如下。

（1）由柱传来的 M_c、N_c、V_c 及基础自重及填土重 G，在基础底板产生向上的线性反力 P_{max}、P_{min}。

（2）在计算基础的冲切破坏时，取出脱离体可知，由基础自重及填土重产生的均匀的向下的压力与底板下向上的反力相互抵消了一部分，即冲切破坏的荷载仅由柱传来的荷载 M_c、N_c、V_c 产生，将此部分反力称为净反力 $P_{n,max}$ 及 $P_{n,min}$。

$$\left.\begin{array}{l} P_{n,max} = P_{max} - \dfrac{G}{A} \\[3mm] P_{n,min} = P_{min} - \dfrac{G}{A} \end{array}\right\} \tag{2-38}$$

式中 A——基础底面积。

也可以这样理解，只有柱子的集中荷载才可能产生冲切破坏。作用在底板上的基础自重及填土重不可能使柱产生冲切破坏，对于基础板的弯曲也是同样道理，即由净反力产生弯曲破坏。

（3）冲切荷载：作用在基础底板破坏锥体以外的净反力的合力，若按一个抗冲切面考虑，冲切荷载设计值 F_l 为

$$F_l = P_{n,max} A_1 \tag{2-39}$$

式中 A_1——冲切破坏面以外的基础底冲切力作用面积〔图 2-85(a)、(b)〕中的阴影面积；

$P_{n,max}$——偏心受压基础近似取最大净反力，轴心受压基础取平均净反力。

对于矩形截面柱的矩形基础，一般假设破坏锥面与基础底面的夹角为 45°，由几何关系可得

$$\text{当 } l\geqslant 2h_0+b_c \text{ 时，} A_1 = \left(\frac{b}{2} - \frac{h_c}{2} - h_0\right)l - \left(\frac{l}{2} - \frac{b_c}{2} - h_0\right)^2$$

$$\text{当 } l<2h_0+b_c \text{ 时，} A_1 = \left(\frac{b}{2} - \frac{h_c}{2} - h_0\right)l$$

（4）抗冲切承载力：矩形截面柱的矩形基础，通常不设抗剪的箍筋和弯筋，仅依靠混凝土抗冲切。当柱在集中力作用下有向下移动的趋势时，由柱边开始的破坏锥面上混凝土抵抗剪切变形引起的斜拉破坏〔图 2-85(d)、(e)〕，当斜截面上的主拉应力超过混凝土的抗拉强度，则产生冲切破坏。因此抗冲切承载力取混凝土的抗拉强度乘上相应斜截面的水平投影面积，对于一个冲切面上的承载力设计值，可按下列经验公式计算：

$$[F_l] = 0.7\beta_h f_t b_m h_0 \tag{2-40}$$

式中 β_h——受冲切承载力截面高度影响系数,当 h 不大于 800 mm 时,β_h 取 1.0,当 h 大于 2 000 mm时,β_h 取 0.9,其间按线性内插法取用;

h_0——基础冲切破坏的锥体有效高度,当计算柱与基础交接处的抗冲切承载力时,h_0 为基础的有效高度,当计算基础变阶处的抗冲切承载力时,取下阶的有效高度 h_{01};

b_m——冲切破坏锥体截面的上边长 b_t 和下边长 b_b 的平均值;

b_t——冲切破坏锥体最不利一侧斜截面的上边长,当计算柱与基础交接处的冲切承载能力时,取柱宽 b_c,当计算基础变阶处的承载能力时,取上阶宽 b_1;

b_b——冲切破坏锥体最不利一侧斜截面在基础底面积范围内的下边长,当计算柱与基础交接处时 $b_b = b_c + 2h_0$,当计算基础变阶处时 $b_b = b_1 + 2h_0$;

0.7——经验系数。

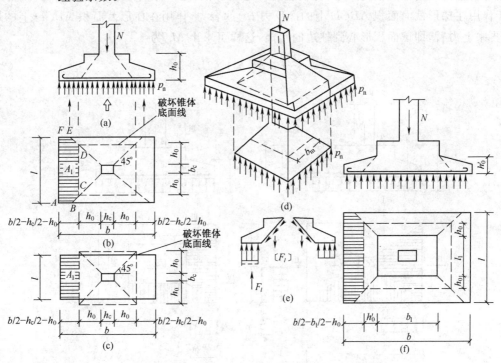

图 2-85 轴心受压单独柱下基础冲切破坏计算简图

(5)抗冲切强度验算:为避免发生冲切破坏,冲切荷载设计值应不大于抗冲切承载力,即

$$F_l \leqslant 0.07\beta_h f_t b_m h_0 \tag{2-41}$$

当上式不满足时,应调整基础高度及分阶高度,直到满足要求。基础高度确定后,若为阶形基础则可分阶,当 $h \geqslant 1\,000$ mm 时,分为三阶;当 500 mm $\leqslant h < 1\,000$ mm 时,分为二阶;当 $h < 500$ mm 则只做一阶。当基础底面落在 45°线以内时可不进行冲切验算。

(6)受剪承载力应满足如下条件:

$$V \leqslant 0.07 f_c A \tag{2-42}$$

式中 V——验算截面处的剪力设计值;

A——验算截面处的受剪截面面积。

（三）基础底板配筋

试验表明，基础底板在地基净反力作用下，在两个方向都产生向上的弯曲，因此需在底板两个方向都配置受力钢筋。

1. 控制截面

取柱与基础交接处Ⅰ—Ⅰ、Ⅱ—Ⅱ及阶形基础的变阶处Ⅰ′—Ⅰ′及Ⅱ′—Ⅱ′（图2-86）。

2. 计算简图

计算两个方向的弯矩时，基础作为固定在柱四边的悬臂板。为了便于计算，将柱四角与基础板四角对应相连（图2-86），将板划分为四块，并将每一块视为一端固定于柱边，三边自由的悬臂板，彼此互无联系。

3. 内力计算

对于矩形基础，当台阶的宽高比小于或等于2.5和偏心距小于或等于1/6基础宽度时，即指偏心受压基础整个底板受压时，对轴心受压基础，沿长边 b 方向的Ⅰ—Ⅰ截面处的弯矩 M_1 等于作用在梯形截面面积 $ABCD$ 上的净反力 P_n 的合力，作用在梯形截面面积 $ABCD$ 上的形心上，再乘上力臂，即该面积形心到柱边的距离，这样可求出 M_1 为

$$M_1 = \frac{1}{24} P_n (b - h_c)^2 (2L + b_c) \tag{2-43}$$

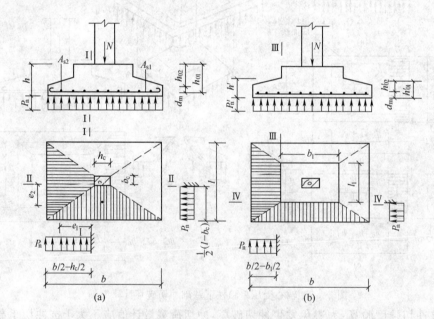

图 2-86　轴心受压单独基础的配筋计算简图

同理，沿短边 L 方向，对柱边截面Ⅱ—Ⅱ的弯矩 $M_{\text{Ⅱ}}$ 为

$$M_{\text{Ⅱ}} = \frac{1}{24} P_n (L - b_c)^2 (2b + h_c) \tag{2-44}$$

4. 配筋

由于配筋率较低，截面抗弯的内力臂 r 变化很小，一般近似取 $0.9h_0$，所以沿长边方向底板配筋 A_{s1} 为

$$A_{s1} = \frac{M_1}{0.9 f_y h_{01}} \tag{2-45}$$

沿短边布置的底板配筋 A_{s2}，一般布置在长边钢筋上面，即

$$A_{s2} = \frac{M_2}{0.9 f_y (h_{01} - d)} \tag{2-46}$$

式中 d——钢筋直径,一般可取 $d = 10$ mm。

对于整个底板受压的偏心受压基础,M_I、M_{II} 为

$$\left.\begin{array}{l} M_I = \dfrac{1}{24} \dfrac{P_{n,max} + P_{n,1}}{2} (b - h_c)^2 (2L + b_c) \\[3mm] M_{II} = \dfrac{1}{48} (P_{n,max} + P_{n,min})(L - b_c)^2 (2b + h_c) \end{array}\right\} \tag{2-47}$$

式中 $P_{n,1}$——对应于柱边 $I - I$ 截面的净反力。

配筋计算方法同轴心受压基础。当 $e_0/b > 1/6$ 时,地基有一部分与土脱开,只须求出净反力分布,同样方法求配筋。

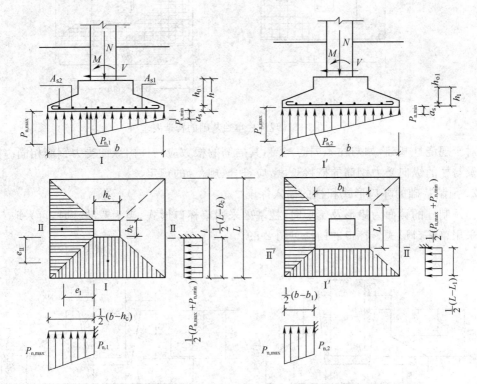

图 2-87 偏心受压单独基础基底配筋计算简图

(四)构造要求

1. 一般要求

轴心受压基础,其底面一般采用正方形。偏心受压基础,其底面应采用矩形,长边与弯矩作用方向平行;长、短边长的比值在 1.5～2.0 之间,不应超过 3.0。

锥形基础的边缘高度不宜小于200 mm;阶形基础的每阶高度宜为 300～500 mm。

混凝土强度等级不宜低于C20。基础下通常要做低强度混凝土(宜采用 C10)垫层,其厚度不宜小于70 mm。

底板受力钢筋一般采用 HRB400、HRB500、HRB335 级或 HPB300 级钢筋,其最小直径不宜小于10 mm,间距不宜大于200 mm,也不宜小于 100 mm。当有垫层时,受力钢筋的保护层厚度不宜小于40 mm,无垫层时不宜小于70 mm。

基础底板的边长大于或等于2.5 m时,沿此方向的钢筋长度可减短10%,并应交错布置〔图 2-88(b)〕。

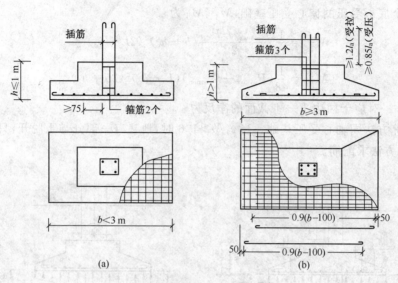

图 2-88　现浇柱单独基础的构造要求

对于现浇柱基础,如与柱不同时浇灌,其插筋的根数应与柱内纵向受力钢筋相同。插筋的锚固及与柱的纵向受力钢筋的搭接长度,应符合《规范》的规定。

2. 预制基础的杯口形式和柱的插入深度

当预制柱的截面为矩形及工形时,柱基础采用单杯口形式,当为双肢柱时,可采取双杯口,也可采用单杯口形式。杯口的构造见图 2-89。

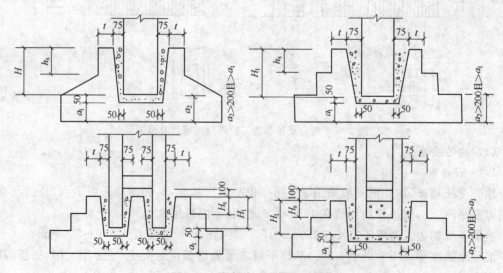

图 2-89　预制柱基础的杯口构造

预制柱插入基础杯口应有足够的长度,使柱可靠地嵌固在基础中;插入深度 h_1 可按表2-18选用。此外,h_1 还应满足柱纵向受力钢筋锚固长度 l_a 的要求和柱吊装时稳定性的要求,即应使 $h_1 \geqslant 0.05$ 倍柱长(指吊装时的柱长)。

基础的杯底厚度 a_1 和杯壁厚度 t 可按表 2-20 选用。

3. 无短柱基础杯口的配筋构造

当柱为轴心或小偏心受压，且 $t/h_2 \geq 0.65$ 时，或大偏心受压，且 $t/h_2 \geq 0.75$ 时，杯壁可不配筋（图 2-89）；当柱为轴心或小偏心受压，且 $0.5 \leq t/h_2 < 0.65$ 时，杯壁可按表 2-21 的要求构造配筋（见图 2-90）；其他情况下，应按计算配筋。

当双杯口基础的中间隔板宽度小于 400 mm 时，应在隔板内配置 $\phi 12 @200$ 的纵向钢筋和 $\phi 8 @300$ 的横向钢筋，见图 2-90(b)。

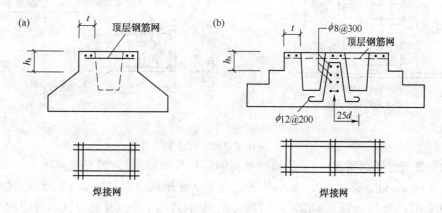

图 2-90　无短柱基础的杯口配筋构造

表 2-21　杯壁构造配筋

柱截面长边尺寸(mm)	$h < 1\,000$	$1\,000 \leq h < 1\,500$	$1\,500 \leq h < 2\,000$
钢筋直径(mm)	8～10	10～12	12～16

三、带短柱独立基础(高杯口基础)设计要点

带短柱独立基础，其底面尺寸、底板冲切承载力验算和配筋计算，以及柱与杯口的连接构造等均与普通独立基础相同。对短柱和杯口部分的计算和构造，某些文献提出规定，兹简述如下。

（一）短柱计算

一般分别根据偏心距的大小，按矩形截面混凝土偏心受压构件验算短柱底部截面。当 $e_0 < 0.225h$ 时，按矩形应力图形验算抗压强度；当 $0.225h \leq e_0 \leq 0.45h$ 时，考虑塑性系数 $\gamma = 1.75$ 验算其抗拉强度；当 $e_0 > 0.45h$ 或虽 $e_0 \leq 0.45h$，但抗拉强度验算不足时，则按钢筋混凝土对称配筋偏心受压构件验算其强度。

杯口为空心矩形截面即当作工形截面，根据上述划分的 e_0 条件对杯底截面的混凝土抗压和抗拉承载力分别进行验算，或按钢筋混凝土构件以确定纵向钢筋，计算时应考虑工形截面的特点。

（二）构造要求

杯口的杯壁厚度 t 应满足：当柱截面高度为 600 mm $< h \leq$ 800 mm，$t \geq 250$ mm；800 mm $< h \leq 1\,000$ mm，$t \geq 300$ mm；$1\,000$ mm $< h \leq 1\,400$ mm，$t \geq 350$ mm；$1\,400$ mm $< h \leq 1\,600$ mm，$t \geq 400$ mm。

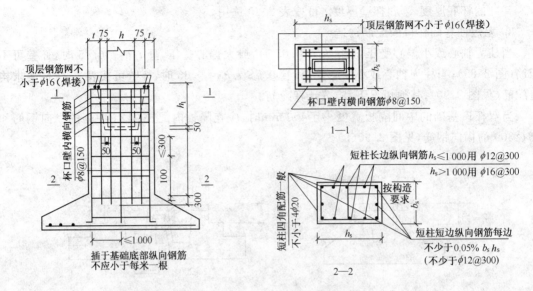

图 2-91　高杯口基础的配筋构造要求

基础短柱符合下列情况时,其周边的纵向钢筋应按构造配筋,其直径采用 12～16 mm,间距 300～500 mm;偏心距 $e_0 < 0.225h$,且满足混凝土抗压强度 f_c 时;$e_0 \geqslant 0.225h$,且满足混凝土抗拉强度 f_t。当 $0.225h < e_0 \leqslant 0.45h$,满足 f_c 但不满足 f_t 时,其受力方向每边的配筋率不应少于短柱全截面面积的 0.05%,非受力方向每边则按构造配筋。

基础短柱四角的纵向钢筋,应伸至基础底部的钢筋网上,中间的纵向钢筋应每隔1 m左右伸下一根,并做100 mm长的直钩,以支持整个钢筋骨架,其余钢筋应符合锚固长度 l_a 的要求。

基础短柱内的箍筋直径一般采用8 mm,间距不应大于300 mm,当短柱长边 $h \leqslant 2\,000$ mm 时,采用双肢封闭式箍筋,当 $h > 2\,000$ mm时,采用四肢封闭式箍筋。

基础短柱杯口杯壁外侧的纵向钢筋,与短柱的纵向钢筋配置相同。如在杯壁内侧配置纵向钢筋时,则应配置 $\phi10\,@500$ 的构造钢筋,自杯口顶部伸过杯口底面以下 l_a。

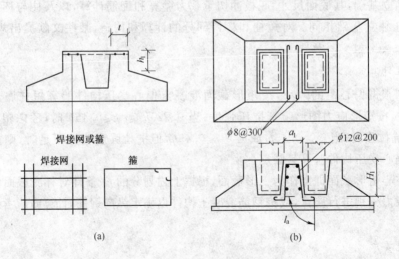

图 2-92　杯壁内加强钢筋构造要求

基础短柱杯口的横向钢筋,当 $e_0 \leqslant h/b$ 时,杯口顶部应按表 2-20 配置一层钢筋网,并在杯壁外侧配置 $\phi8 \sim \phi10\,@150$ mm 的双肢封闭式箍筋。当 $e_0 > h/b$ 时,杯口内的横向钢筋按计算配置。

《地基基础规范》规定，当满足下列要求时，其杯壁配筋，可按图 2-92 的构造要求配置。

(1)吊车在 75 t 以下，轨顶高程 14 m 以下，基本风压小于 0.5 kN/m²；

(2)基础短柱的高度不大于 5 m；

(3)杯壁厚度符合前述要求。

当基础短柱为双杯口时，杯口内的横向钢筋不需计算，可按构造配置 $\phi 8 \sim \phi 10 @ 150$ mm 的四肢箍筋。

第六节　屋面梁和屋架

一、屋面梁

根据使用要求，一般可采用单坡，双坡工字形截面的实腹式屋面梁(6 m 单坡屋面梁可采用 T 形截面)。12 m 和 15 m 跨度的单坡梁，也可采用折线形下翼缘。屋面梁的坡度常用 1/10 (卷材防水)或 1/7.5(非卷材防水)。

屋面梁的外形和截面尺寸，应根据梁的跨度、屋面荷载、梁的侧向稳定性、纵向受力钢筋的排列要求和施工方便等条件确定。对于预应力混凝土屋面梁，一般情况下其截面尺寸可参考下列数字确定。

为减少模板类型及便于安装，梁端高宜取 200 mm 的倍数，亦可取 100 mm 的位数，常取 900 mm，6 m 单坡，9 m 双坡梁的端高亦可采用 600 mm。上翼缘宽度保证梁的侧向稳定性并使屋面板有足够的支承长度，通常取 $b_f = 300 \sim 320$ mm，$h_f = 100 \sim 160$ mm。下翼缘尺寸应满足纵向受力钢筋的排列要求，一般可取 $b_f = 240$ mm，$h_f = 120 \sim 150$ mm。为减轻梁自重，腹板应尽量薄些，但应满足截面承载力要求及浇捣混凝土时的方便。当梁平卧浇捣时，最小厚度不应小于 60 mm (15 m 跨度及以下) 或 80 mm (18 m 跨度)；直立浇捣时，不应小于 80 mm；对有预应力钢筋通过的腹板区段，则不应小于 120 mm。靠近梁支座部分因剪力较大，故应分段适当加厚，至梁端截面由工形转化成 T 形或矩形截面。在翼缘与腹板交接处应设计成斜坡以利于脱模。

钢筋混凝土屋面梁的混凝土强度等级，一般采用 C20～C30；当设有悬挂吊车时，不应小于 C30；预应力梁则一般采用 C30～C40；当设有悬挂吊车时，不应小于 C40，若施工条件可能时，也可采用 C50。

预应力钢筋宜采用预应力钢丝、钢绞线和预应力螺纹钢筋。纵向非预应力钢筋，应优先采用 HRB400、HRB500、HRBF400、HRBF500 钢筋，也可采用 HPB300、HRB335、HRBF335、RRB400 钢筋。箍筋宜采用 HRB400、HRBF400、HPB300、HRB500、HRBF500 钢筋，也可采用 HRB335、HRBF335 钢筋。

作用于梁的荷载，包括屋面板传来的全部荷载、梁自重以及有时还有天窗架立柱传来的集中荷载、悬挂吊车或其他悬挂设备重量。

屋面梁可按简支受弯构件计算内力，并应作下列各项计算：正截面和斜截面承载力计算；变形验算；非预应力梁需进行裂缝宽度验算，预应力梁则应按抗裂等级进行抗裂验算，以及张拉或放张预应力钢筋时的验算和梁端局部受压验算(后张法梁)；施工阶段梁的翻身扶直、吊装运输时的验算；以及必要时对整个梁进行抗倾覆验算。

双坡梁正截面计算的控制截面一般位于 $(1/4 \sim 1/3) l$(l 为跨度)处，通常可沿跨度方向每隔 1.0～1.5 m 计算一组内力，同时对变厚度截面、集中力较大处截面(如天窗架立柱下)也应计算。

在计算变高度梁的刚度时,可求出几个特征截面的刚度及相应的曲率 M/B,将相邻截面的值用直线连起来,这样得出近似曲率图形,再按虚梁法计算梁挠度。

施工阶段梁的内力可按下列原则计算:翻身扶直时上翼缘的内力,当跨度小于12 m时,在上翼缘可设置两个吊点,按两端伸臂的单跨简支梁〔图 2-93(a)〕;当跨度等于或大于12 m时,应设置不少于 3 个吊点,按两跨伸臂连续梁计算〔图 2-93(b)〕。

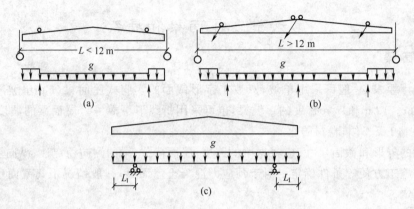

图 2-93　施工阶段屋面梁上翼缘内力计算简图

运输时,一般采用两点支承;吊装时,利用翻身扶直时吊点进行吊装,其上翼缘内力按端部悬臂梁计算〔图 2-93(c)〕。

图 2-94 表示预应力混凝土工形屋面梁施工简图,供参考。

二、屋　　架

(一)一般要求

根据工艺、建筑、材料及施工等因素,选择合适的屋架类型。柱距6 m、跨度 15~30 m时,一般应优先选用预应力混凝土折线形屋架;跨度 9~15 m时,可采用钢筋混凝土折线形屋架;屋面积灰的厂房可采用梯形屋架;屋面材料为石棉瓦时,可选用三角形屋架。

钢筋混凝土屋架应设计成整体的。预应力混凝土屋架,一般宜设计成整体的〔图 2-95(a)〕,有必要时也可采用两块体〔图 2-95(b)〕或多块体〔图 2-95(c)〕的组合屋架,两块体或多块体组合屋架的腹杆,除图 2-95(b)、(c)中 1 号(端竖杆)、2 号(端斜压杆)及 3 号(拼接处竖杆)杆件外,均宜用预应力芯棒。

设有1 t以上锻锤的锻造车间的屋架,应采用预应力混凝土整体式屋架。

天窗架和挡风板支架等构件在屋架上弦的支承点,大型管道和悬挂吊车(或电葫芦)在屋架上的吊点,应尽量设在上弦节点处。对上述支承点和吊点,在构造上应求使其合力作用点位于或尽可能接近于屋架的轴线,以避免或减少屋架受扭。

当有电力母线挂于屋架下弦时,应使其位于屋架的节点处,并通过支撑系统,解决拉紧母线时所产生的水平力向两端柱顶传递,以避免屋架平面外弯曲。如不能位于节点时,应采取措施,使上述水平力能传至节点。

(二)屋架的外形及杆件截面尺寸

屋架的外形应与厂房的使用要求、跨度大小及屋面的构造相适应,同时应尽可能接近简支梁的弯矩图形,使杆件内力均匀些。通常屋架的高跨比一般采用 $f/L=1/10\sim1/6$ 比较合适。

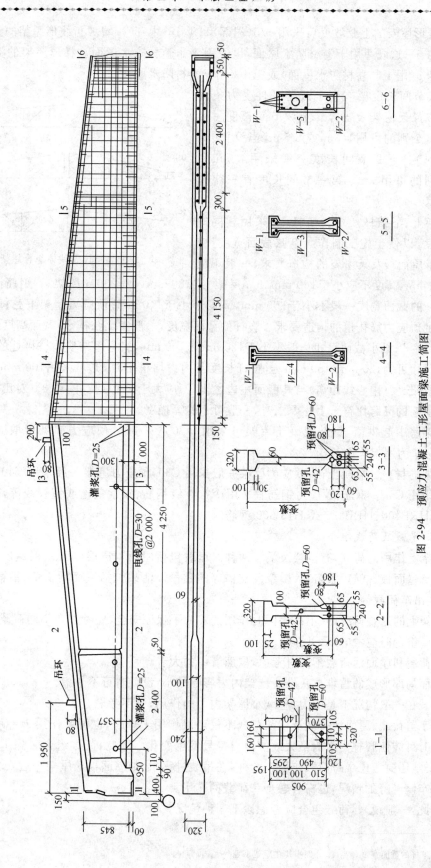

图 2-94　预应力混凝土工字形屋面梁施工简图

双坡折线形屋架的上弦坡度可采用 1/5(端部)和 1/15(中部)。单坡折线形屋架的上弦坡度可采用 1/7.5。这既适用于卷材防水屋面,也适用于非卷材防水屋面。梯形屋架的上弦坡度可采用 1/7.5(用于非卷材防水屋面)或 1/10(用于卷材防水屋面)。

屋架节间长度要有利于改善杆件受力条件和便于布置天窗架及支撑。上弦节间长度一般采用 3 m,个别的可用 1.5 m 或 4.5 m(当设置 9 m 天窗架时)。下弦节间长度一般采用 4.5 m 和 6 m,个别的可用 3 m。第一节间长度宜一律采用 4.5 m。

屋架上、下弦杆及端斜压杆,应采用相同的截面宽度,以便于施工制作。上弦截面宽度,应满足支承屋面板及天窗架的构造要求,一般不应

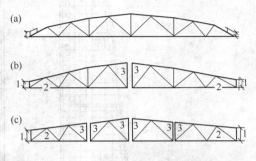

图 2-95　整体及块体组合屋架简图

小于 200 mm,高度不应小于 160 mm(9 m 屋架)或 180 mm(12~30 m 屋架)。钢筋混凝土屋架的下弦杆的截面宽度一般不小于 200 mm,高度不小于 140 mm;预应力屋架下弦杆截面尺寸,尚应满足预应力筋孔道的构造要求。腹杆的截面宽度,一般宜比弦杆窄,截面高度应小于或等于截面宽度①;最小截面尺寸一般不小于 120 mm×100 mm,组合屋架块体拼接处的双竖杆,各杆截面尺寸可为 120 mm×80 mm,当腹杆长度及内力均很小时,亦可采用 100 mm×100 mm;此外,腹杆长度(中心线距离)与其截面短边之比,不应大于 40(对拉杆)或 35(对压杆)。

当屋架的高跨比符合上述要求时,一般可不验算挠度。

屋架跨中起拱值,钢筋混凝土屋架可采用 $l/700\sim l/600$,预应力屋架可取 $l/1\,000\sim l/900$,此处 l 为屋架跨度。

屋架的材料。混凝土:非预应力屋架一般采用 C30,预应力屋架一般采用 C40,如跨度、荷载大时采用 C50。钢筋:预应力钢筋宜采用冷拉Ⅳ级钢筋、碳素钢丝或钢绞线等,非预应力钢筋采用 HRB400、HRB335 或 HPB300 钢筋。

(三)荷载及荷载组合

屋架上作用的荷载,有恒载及活载两种。恒载包括屋面构造层(面层、保温层、防水层、隔气层等)、屋面板、嵌缝、天窗架、屋架及支撑等的重量。活载包括屋面活荷载、雪荷载、积灰荷载、悬挂吊车荷载等。

屋架上的这些荷载,并不都是同时作用的。为了保证安全,要考虑在不同荷载情况下的不利组合。组合时应考虑以下问题。

雪荷载和屋面活荷载不同时考虑,取两者中的大者。

屋面局部形成的雪堆或灰堆对屋架内力影响较小,设计时可不考虑。

风载在一般情况下是吸力,起减小屋架内力的作用,可不考虑。

由于雪荷载、屋面活荷载及积灰荷载不仅可以作用于全跨,也可能作用于半跨,而半跨荷载作用时可能使腹杆内力为最大或使内力符号发生变化。因此,荷载组合时除了考虑全跨荷载作用外,还要考虑半跨荷载作用。此外,在吊装过程中,如屋面板从屋架一边安装,亦会出现屋面板布满半跨的情况,也需考虑半跨荷载的作用。

因此,一般说来,荷载组合应考虑以下 3 种情况。

---

① 腹杆的截面宽度和高度,分别指其在屋架平面外和内的尺寸。

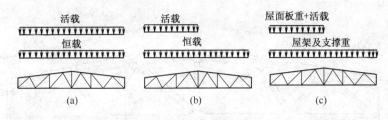

图 2-96 屋架荷载布置

(1)全跨恒载＋全跨活载〔图 2-96(a)〕;

(2)全跨恒载＋半跨活载〔图 2-96(b)〕;

(3)屋架自重(包括支撑重)＋半跨屋面板自重＋半跨屋面活荷载〔图 2-96(c)〕。

(四)计算简图和内力计算

钢筋混凝土(包括预应力)屋架由于节点现浇成整体,严格地说,是一个多次超静定刚接桁架,计算复杂;一般情况可简化成铰接桁架计算,但应考虑次弯矩的影响。

1. 计算简图

图 2-97(a)所示折线形屋架实际简图,图 2-97(b)所示其计算简图。图中 P_1、P_2、P_3…为屋面板(天沟板)传来的集中荷载;g 为上弦杆自重,G_1、G_2、G_3 为腹杆、下弦和支撑自重(已化为节点荷载)。作用于上弦既有节点荷载,又有节间荷载,因此上弦将产生弯矩。

2. 内力计算

由计算简图可知屋架不仅承受节点荷载,而且还承受有节间荷载。所以,上弦将产生弯矩,其计算内力时可分为两部分计算。

上弦按连续梁计算。屋架的各节点作为连续梁的不动铰支座,计算简图如图 2-97(c)。

屋架各杆件内力按铰接桁架计算。设计时一般可将此反力近似地按简支梁求得,即直接取节点两旁节间的各一半范围内的屋面均布荷载计算。桁架计算简图见图 2-97(d)。

(五)杆件截面设计

一般工业与民用建筑结构安全等级为二级,而屋架的安全等级应比结构安全等级高一级,即应为一级。这是因为屋架是一个主要承重构件,永久荷载占荷载的绝大部分,且屋架经常承受的荷载与设计荷载接近。另外也由于屋面构件及屋面构造层的自重容易超重,施工荷载变化也较大,因此取重要性系数 $\gamma_0 = 1.1$。

1. 上弦

屋架有节间荷载时,上弦杆同时承受轴力和弯矩,应选取内力的不利组合,按偏心受压杆件计算截面配筋。一般屋架的上弦杆都属于小偏心受压,又因为正负弯矩相差不大,为了制作方便,通常都设计成对称配筋。

上弦杆的计算长度 l_0 采取如下值:

(1)屋架平面内,取节间距离 l。

(2)屋架平面外,按实际支承情况取值。当屋盖为有檩体系时,计算长度可取横向支撑与屋架上弦连接点之间的距离(连接点应有檩条贯通);当屋盖为无檩体系时,如屋面板宽度不大于 3 m,计算长度可取 3 m。

若屋架上只有节点荷载,则上弦只受轴力,按轴心受压杆件计算,其他均按偏心受压计算。

2. 下弦

一般可忽略下弦自重产生的弯矩,按拉杆计算。

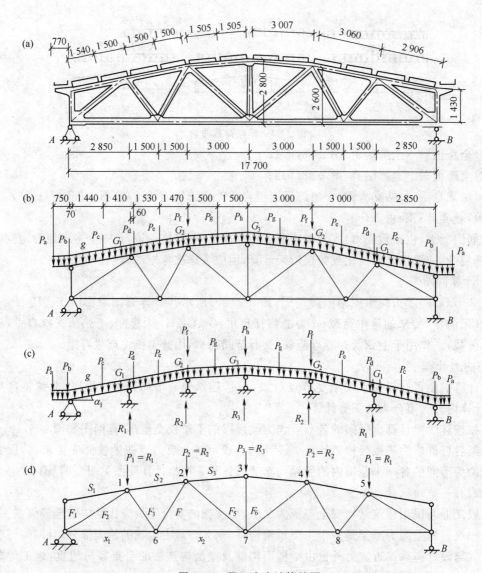

图 2-97　屋架内力计算简图

非预应力屋架裂缝的控制等级为三级,要求裂缝宽度 $W_{\max} \leqslant 0.2\ mm$;对预应力屋架应按抗裂度验算,其裂缝控制等级为二级,混凝土拉应力限制系数 α 可按规范选取。

3. 腹杆

腹杆为轴心受拉或轴心受压杆件。若按压杆计算时,计算长度取法如下:

(1)平面内,端斜杆 $l_0 = l$,其他腹杆 $l_0 = 0.8\ l$;

(2)平面外,$l_0 = l$。

若按拉杆计算时,需验算裂缝宽度,要求 $W_{\max} \leqslant 0.2\ mm$。

(六)屋架翻身扶直时的验算

屋架一般平卧制作,翻身扶直时的受力情况与使用阶段不同,故应进行验算。翻身扶直时的受力与起吊方法有关,一般可近似将上弦视作连续梁计算其平面外的弯矩(图 2-98),并按此验算上弦杆的承载力和抗裂度。这时,除上弦自重外,还应将腹杆重量的一半传给上弦的相应节点(腹杆由于其自重弯矩很小,不必验算)。动力系数一般取 1.5,但根据具体情况可适当增减。

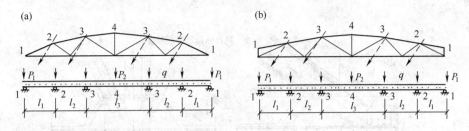

图 2-98 屋架翻身扶直时的计算简图

（七）屋架构造

1. 杆件配筋

杆件纵向受力钢筋除按计算要求配置外,尚需符合以下要求。

（1）上弦纵向钢筋和预应力下弦杆的非预应力纵筋一般不少于 4 Φ 12（4ϕ12）;

（2）腹杆截面一般不小于100 mm×100 mm,纵向钢筋不小于 4ϕ10;

（3）屋架杆件采用封闭式箍筋,直径不小于4 mm,箍筋间距在上、下弦中不大于200 mm,在腹杆中不大于250 mm。

2. 节点构造

屋架是通过节点将各杆件组成整体的,正确处理节点构造是保证屋架质量的重要问题。

下面以屋架中比较重要的端节点和中间节点为例,介绍它们的受力性能和构造处理。

预应力混凝土屋架端节点和中间节点上,经常发生的裂缝形式如图 2-99 所示,原因分述如下:

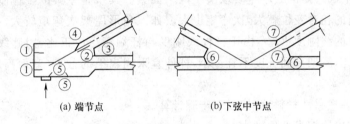

(a) 端节点　　　　　　　　(b) 下弦中节点

图 2-99 屋架端部节点及中间节点裂缝

（1）张拉预应力筋时,端部混凝土局部承压强度不足,如裂缝①;

（2）上弦压力大,端节点钢箍不足,如裂缝②;

（3）节点外形突变,发生应力集中,如裂缝③、④;

（4）底部不平,或安装位置不准,支点外偏,如裂缝⑤;

（5）腹杆主筋锚固不良或周边箍筋不足,如裂缝⑥、⑦,因此,对节点外形和配筋要采取相应的构造措施如图 2-100 所示。

为了锚固杆件内的纵向受力钢筋和减少节点裂缝,在节点处均应将混凝土截面局部加大。端节点为上、下弦的轴力和支点反力汇交的地方,故应有足够的长度和高度以保证抗剪的需要。端节点的凹角应避免作成尖角形可做成圆弧形,以减少应力集中。

节点配筋主要是抵抗节点上由于各种原因出现的裂缝及保证腹杆的锚固。由于节点上大部分裂缝都是从节点转折处自外向内开展的,因此沿周边必须布置周边钢筋。为了加强节点的整体性和承受节点处由于杆件内力差引起的剪力,钢箍应适当加密。在端节点处为了抵抗张拉时的挤压力,端部应设置预埋钢板,并在混凝土内设置焊接钢筋或螺旋箍筋,并加密端部斜向箍筋。

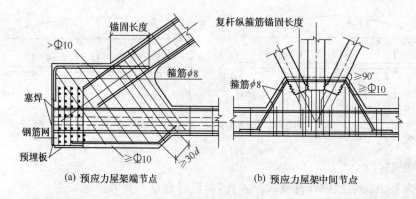

图 2-100　屋架节点配筋构造

（八）钢筋混凝土屋架的次应力

1. 次应力的概念

在计算屋架各杆件轴力时,计算图形取铰接桁架,并把上弦直接承受的荷载都化为节点荷载。这样算得的屋架内力反映了屋架受力的主要特点,称为主内力或主应力。

实际上,各种钢筋混凝土屋架的节点均由混凝土整体浇成,节点具有刚性,与铰接的假定有出入。对于承受节间荷载的屋架,上弦杆按刚性支承连续梁计算,而实际上,屋架节点是有位移的。在屋架承载后,因节点的刚性作用产生的内力,以及因节点位移而产生的内力,都称为次内力或次应力。

在荷载作用下次弯矩的大小主要取决于两个因素。其一是屋架的整体刚度,屋架整体刚度小,则相邻节间的相对变位就大,次弯矩也大。如三角形屋架次弯矩较大,梯形屋架次弯矩较小,其二是杆件的线刚度 EI/l,由于杆件线刚度与杆端弯矩成正比,因此线刚度愈大,则次弯矩也愈大。因此,屋架节间长度不宜过小,杆件宜采用扁平的截面(截面高度小于宽度等),以减小次弯矩。

如果屋架是理想弹性材料,可按以下步骤计算。

(1)按理想铰接屋架求杆件轴力;

(2)分析屋架在轴力作用下的变形;

(3)确定桁架节点的相对变位;

(4)计算由节点变位而引起的各杆件的固端弯矩;

(5)用力矩分配法确定屋架杆件的次弯矩。

由于钢筋混凝土是弹塑性材料,随着荷载的增加,屋架各杆件的相对刚度关系发生变化,次应力也要重新调整。即使荷载不增加,在长期荷载下,混凝土徐变的发展也会对次应力进行调整。当屋架的某些部位混凝土产生裂缝时,各杆件的相对刚度会发生突然改变,次应力分布也要发生变化。所以,按弹性计算的结果,并不能准确地求得屋架各受力阶段的次应力。因此,钢筋混凝土屋架次应力是一个比较复杂的问题。

2. 钢筋混凝土屋架中杆件轴向力 N 对次应力的影响

根据长沙有色冶金设计院资料,梯形屋架按铰接与按刚接两种方法计算各杆件内力的比较见表 2-22。

表 2-22　梯形屋架按铰接与刚接两种方法计算轴向力的比较

跨　　度	18 m		24 m	30 m
屋　架　类　型	非预应力	预应力	预应力	预应力
杆　件　　　　　　　　轴力比	$\dfrac{\text{刚接}-\text{铰接}}{\text{铰接}}$	$\dfrac{\text{刚接}-\text{铰接}}{\text{铰接}}$	$\dfrac{\text{刚接}-\text{铰接}}{\text{铰接}}$	$\dfrac{\text{刚接}-\text{铰接}}{\text{铰接}}$
上　弦	0.83%	0.6%	0.81%	0.24%
下　弦	3.3%	3.7%	1.5%	0.81%
斜腹杆　内力较大杆件	2.9%	3.7%	2.4%	2.2%
斜腹杆　内力较小杆件	−8.8%	−37.5%	−4.25%	−50.9%
垂直腹杆	−17.4%	−19%	−18.5%	−25.1%

由表可知,对表中形式的屋架,若不考虑节点刚接的影响,上下弦偏小 0.24%～3.7%;内力较大的腹杆偏小 2.2%～3.7%,内力较小的斜腹杆偏大 4.25%～50.9%;垂直腹杆偏大 17.4%～25.1%。由于垂直腹杆的内力值较小,因此可以认为轴力 N 对次应力的影响一般很小,可以忽略不计。

3. 次弯矩对屋架承载能力及抗裂性的影响

(1)次弯矩对屋架承载能力的影响

屋架的次弯矩对结构承载能力的影响,主要与屋架达到极限状态时的性质有关。

如屋架下弦的安全度较上弦的安全度低时,屋架破坏强度主要由下弦强度确定,这种屋架的次弯矩对承载能力没有显著的影响。我国的正常设计屋架多为这种情况。如屋架上弦安全度较低,屋架破坏强度主要由上弦强度确定,则次弯矩的作用对屋架的承载能力是有影响的,但影响比按弹性内力的计算结果小一些。

(2)次弯矩对屋架抗裂性的影响

在钢筋混凝土屋架中,次弯矩作用使下弦拉杆提前开裂,但次弯矩并不会使裂缝宽度增加。

在预应力混凝土屋架中,张拉阶段因下弦压缩而使屋架产生反拱,屋架各节点之间产生相对变位,节点产生转角。由于节点刚性而在杆件中产生次弯矩,该次弯矩可能使上弦及腹杆产生裂缝。但一般跨度不超过24 m、屋面荷载不超过4 kN/m² 的屋架,尚不会引起上弦开裂,即使开裂,若开裂位置不是在受力最大或者承载能力最低部位,这种裂缝一般也不会降低屋架的承载能力,且张拉时的次弯矩往往和外荷载产生的次弯矩相抵消(图 2-101)。

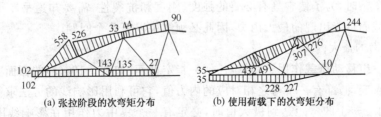

(a) 张拉阶段的次弯矩分布　　　　(b) 使用荷载下的次弯矩分布

图 2-101　次弯矩对内力的影响

在使用阶段,次弯矩作用将使下弦抗裂性降低。由于张拉阶段和使用阶段次弯矩可以互相抵消一部分,因而在设计时仅考虑下弦自重影响而不考虑其次弯矩的影响其误差不会太大。

4. 目前考虑次弯矩影响的方法

（1）跨度小于30 m的屋架，当按铰接屋架计算轴向力和按多跨连续梁计算上弦弯矩时，计算截面强度应乘以强度降低系数α，以考虑次弯矩的影响。α值可根据屋架的类型，上下弦安全度的级差等因素参照下列数值取用：

预应力混凝土多边形和梯形屋架的上弦杆　　　　$\alpha=0.9\sim1.0$；

钢筋混凝土多边形和梯形屋架的上弦杆　　　　$\alpha=0.8\sim0.9$；

上述屋架的受压腹杆　$\alpha=0.8\sim0.9$；

受拉腹杆和下弦拉杆　$\alpha=1.0$。

（2）对于需要作次弯矩计算的屋架，可按弹性方法计算，并对计算简图进行简化。钢筋混凝土屋架可按图 2-102（b）计算简图计算。预应力混凝土屋架可按图 2-102（a）计算简图计算。

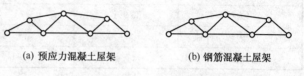

(a) 预应力混凝土屋架　　　　(b) 钢筋混凝土屋架

图 2-102　按弹性方法计算屋架计算简图

第七节　吊　车　梁

吊车梁是单层厂房中主要承重构件之一，它直接承受吊车起重、运输时产生的各种移动荷载。同时，它又是厂房的纵向构件，对于传递作用在山墙上的风力，加强厂房纵向刚度，连接平面排架，保证厂房结构的空间工作起着重要作用。

一、受力特点

装配式吊车梁是支承在柱上的简支梁，其受力特点取决于吊车荷载的特性，主要有以下4点：

（1）吊车荷载是两组移动的集中荷载，一组是移动的竖向垂直轮压，另一组为移动的横向水平制动力；

（2）吊车荷载具有冲击和振动作用；

（3）吊车荷载是重复荷载；

（4）吊车荷载使吊车梁上产生扭矩荷载。

由于吊车荷载具有这些特点，所以在设计吊车梁时，需要考虑吊车荷载移动时对内力的影响，考虑吊车荷载的动力影响，考虑吊车梁的疲劳问题，以及考虑吊车梁的扭转问题。

（一）移动荷载下的内力计算

在计算吊车梁时，为了使它具有必要的强度、刚度和抗裂性，需要知道吊车梁在移动荷载作用下各控制截面可能出现的最大内力，因此必须解决以下几个问题。

1. 指定截面的最大内力

简支梁在一组移动荷载作用下，对于任何一指定截面〔如图 2-103（a）的截面Ⅰ—Ⅰ〕，荷载位置的任何一点变动，都有一个与之相对应的内力值，它可利用影响线的方法求得。根据结构力学原理，截面Ⅰ—Ⅰ的弯矩达到极大值时，必定有一个集中力作用在影响线图顶点的截面上。根据这一条件，计算图 2-103（a）中梁截面Ⅰ—Ⅰ的最大弯矩时，有 4 种可能〔图 2-103（c）〕。分别算出这 4 种荷载位置下截面Ⅰ—Ⅰ的弯矩值，其中最大者就是该截面在这组移动荷载下的最大弯矩。相应于某一截面最大弯矩时的荷载位置，称为该截面的荷载最不利位置。

经分析可知，有些荷载情况下显然不可能使这个截面产生最大弯矩，如图 2-103（c）中的第

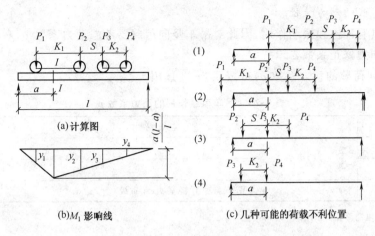

图 2-103　指定截面的最大内力

4 种情况,就不必进行计算比较,以减轻计算工作量。

计算支座最大反力和指定截面最大剪力的方法类似。

2. 包络图

一个简支梁的每一个截面,根据荷载组的间距和荷载值,都可计算出任一移动荷载下该截面的最大内力。然后将各截面的内力连起来称为内力包络图。包络图是整个吊车梁各截面可能出现的最大内力图,是设计吊车梁的主要依据。

图 2-104 为两台吊车作用下,吊车梁的弯矩包络图和剪力包络图。

3. 简支梁的绝对最大弯矩

从简支梁的包络图中可以发现,梁的绝对最大弯矩并不是在跨度中央截面,而是在靠近跨中的一个截面上。为了求得梁的绝对最大弯矩,首先要找出绝对最大弯矩的截面位置。

图 2-105 所示吊车梁上作用着一组已知荷载(图 2-105 中 P_1、P_2、P_3)。先确定其合力 P 的位置,若梁的中线平分此合力和相邻一集中力的间距时,则此集中力所在位置截面就可能出现绝对最大弯矩。

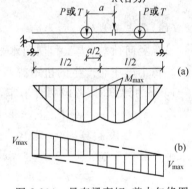

图 2-104　吊车梁弯矩,剪力包络图

图 2-105 中的梁有两种可能,应分别计算其截面弯矩,选其中较大值就是此梁的绝对最大弯矩。

(二)吊车荷载的重复作用特性

实际调查表明,若车间使用期为 50 年,则在这期间重级工作制吊车荷载的重复次数可达到 $4 \times 10^6 \sim 6 \times 10^6$ 次,中级工作制吊车一般可达到 2×10^6 次。直

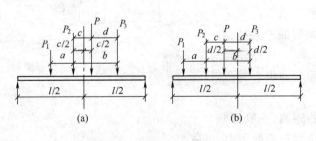

图 2-105　最大弯矩作用位置

接承受这种重复荷载的结构或构件,材料会因疲劳而降低强度。所以对超重级、重级和中级工作制吊车梁,除静力计算外,还要进行疲劳强度验算。在疲劳强度验算中,荷载取用标准值,对吊车荷载要考虑动力系数,对跨度不大于12 m的吊车梁,可取用一台最大吊车荷载。

（三）吊车荷载的动力特性

吊车荷载具有冲击和振动作用，因此对吊车竖向荷载要考虑动力系数 μ；对吊车横向水平荷载要考虑横向力修正系数 α。

1. 吊车竖向荷载的动力系数 μ，可按表 2-23 选用。

表 2-23 吊车荷载作用的动力系数 μ

序 号	吊 车 类 别		μ
1	软钩吊车	$A_1 \sim A_5$	1.05
2		$A_6 \sim A_8$	1.1
3	硬钩吊车、特种吊车（磁力、超重级）		1.1

注：悬挂吊车、电葫芦 μ 可采用 1.05。

2. 吊车横向水平荷载的横向力修正系数 α。

对吊车横向水平荷载一般不考虑动力系数，但由于结构、吊车桥架的变形等因素，常在轨道与大车轮之间产生水平挤压力（习惯上称卡轨力），这个力最大时可达横向水平荷载的 2.7~7.4 倍。因此在计算重级工作制钢筋混凝土吊车梁与柱的连接强度时，应将横向水平荷载乘以表 2-24 所示的横向力修正系数 α。

表 2-24 横向力修正系数 α

吊车起重量	α
$Q \leqslant 10$ t	5.0
$Q = 15 \sim 20$ t	4.0
$Q \geqslant 30$ t	3.0

（四）吊车荷载的偏心影响——扭矩

吊车竖向荷载 μP_{max} 和横向水平荷载 T 对吊车梁横截面的弯曲中心是偏心的，如图 2-106 所示。每个吊车轮产生的扭矩按两种情况计算。

1. 静力计算时，考虑两台吊车，则

$$t = (\mu P_{max} e_1 + T e_2) \times 0.7 \qquad (2\text{-}48)$$

2. 疲劳强度验算时，只考虑一台吊车，且不考虑吊车横向水平荷载的影响，则

$$t^f = 0.8 \mu P_{max} e_1 \qquad (2\text{-}49)$$

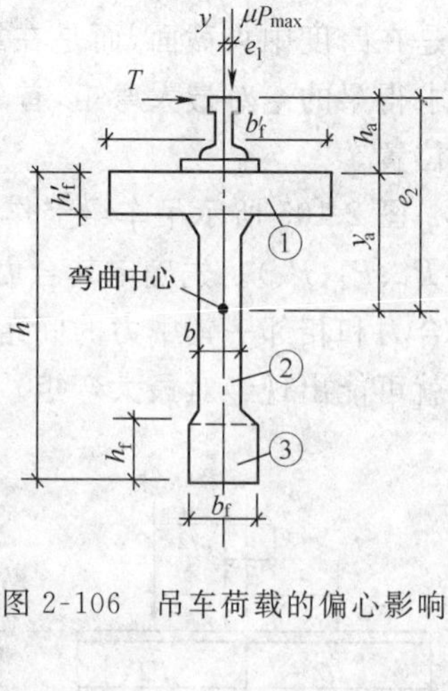

式中　t、t^f——静力计算和疲劳强度验算时，由一个吊车轮产生的扭矩值，上角码 f 表示"疲劳"；

0.7、0.8——扭矩和剪力共同作用的组合系数；

e_1——吊车轨道对吊车梁横截面弯曲中心的偏心距，一般取 $e_1 = 20$ mm；

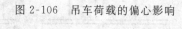

图 2-106 吊车荷载的偏心影响

e_2——吊车轨顶至吊车梁横截面弯曲中心的距离，$e_2 = h_a + y_a$；

h_a——吊车轨顶至吊车梁顶面的距离，一般可取 $h_a = 200$ mm；

y_a——吊车梁横截面弯曲中心至梁顶面的距离，可取

T 形截面时

$$y_a = \frac{h'_f}{2} + \frac{\frac{h}{2}(h - h'_f)b^3}{h'_f b'^3_f + (h - h'_f)b^3} \qquad (2\text{-}50)$$

工形截面时
$$y_a = \frac{\Sigma(I_{yi} \times y_i)}{\Sigma I_{yi}}$$
(2-51)

式中 h、b 和 h'_f、b'_f——截面高、肋宽和翼缘的高、宽；

I_{yi}——每一分块截面①、②、③（见图 2-106）对 $y—y$ 轴的惯性矩，均不考虑
预留孔道、钢筋换算因素；

ΣI_{yi}——整个截面对 $y—y$ 轴的惯性矩为

$$\Sigma I_{yi} = I_{y_1} + I_{y_2} + I_{y_3}$$

y_i——每一分块截面的重心至梁顶面的距离。

求出 t 和 t^f 后，再按影响线法求出扭矩 T 和 T^f 的包络图。

二、构造要求

（一）材料

混凝土强度等级可采用 C30～C50，预应力混凝土吊车梁一般宜采用 C40，必要时用 C50。
先张法的预应力钢筋，宜采用预应力钢丝、钢铰线和预应力螺纹钢筋。

吊车梁中的非预应力钢筋，除纵向受力钢筋、腹板纵筋采用 HRB400、HRB500、
HRBF400、HRBF500 钢筋外，其他部位的钢筋可采用 HPB300、HRB335、HRBF335、RRB400
钢筋。

（二）构造要点

1. 截面尺寸

梁高可取跨度的 1/4～1/12，一般有 600、900、1 200 和 1 500 mm 四种；钢筋混凝土吊车梁
的腹板一般取 b=140、160、180 mm，在梁端部分逐渐加厚至 200、250、300 mm。预应力混凝
土工形截面吊车梁的最小腹板厚度，先张法可为 120 mm（竖捣）、100 mm（卧捣），后张法当考
虑预应力钢筋（束）在腹板中通过时可为 140 mm，在梁端头均应加厚腹板而渐变成 T 形截面。
上翼缘宽度取梁高的 1/2～1/3，不小于 400 mm，一般采用 400、500、600 mm。

2. 连接构造

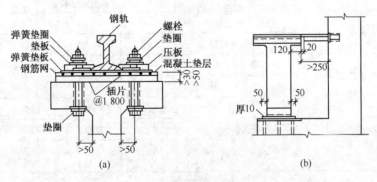

图 2-107 吊车梁的连接构造

(a)轨道与吊车梁的连接；(b)吊车梁与柱的连接

轨道与吊车梁的连接以及吊车梁与柱连接可详见有关标准图集，图 2-107 为其一般做法。
其中，上翼缘与柱相连的连接角钢或连接钢板承受吊车横向水平荷载的作用，按压杆计算。所
有连接焊缝高度也应按计算确定，且不小于8 mm。

3. 配筋构造

纵向钢筋：因为是直接承受重复荷载的，因此纵向受力钢筋不宜采用光面钢筋；先张法预应力混凝土吊车梁中，除有专门锚固措施外，不应采用光面碳素钢丝；中、重和超重级工作制吊车梁不得采用焊接骨架，其纵向受拉钢筋不得采用绑扎接头，也不宜采用焊接接头，也不得焊任何附件（端头锚固除外）。上部预应力钢筋截面面积 A'_p 应根据计算确定，一般宜为下部预应力钢筋截面积的 $1/4 \sim 1/8$。上、下部预应力钢筋均应对称放置。在薄腹的钢筋混凝土吊车梁中，为防止腹中裂缝开展过宽过高。应沿肋部两侧的一定高度内设置通常的腰筋 $\phi 10$。为此，主筋可分散布置以便部分地代替这种腰筋，宜上疏下密，直径上小下大，并使截面有效高度 h_0 基本控制在 $0.85 \sim 0.9h$ 之间。

箍筋：不得采用开口箍，但不需考虑互搭 $30d$ 的抗扭要求，箍筋直径一般不宜小于 6 mm。箍筋间距，在跨中一般为 $200 \sim 250$ mm；在梁端 $l_a + 1.5h$ 范围内，箍筋面积应比跨中增加 $20\% \sim 25\%$，间距一般为 $150 \sim 200$ mm。此处，h 为梁的跨中截面高度，l_a 为主筋锚固长度。上翼缘内的箍筋一般系按构造配筋，通常采用 $\phi 6$ 或 $\phi 8$，间距 200 mm 或与腹板中的箍筋间距相同。

端部构造钢筋：为了防止预应力混凝土吊车梁端部横截面在放张或施加预应力时产生水平裂缝，应沿梁高设置焊在端部锚板上的竖向钢筋及其水平的封闭箍筋。对后张预应力混凝土吊车梁尚应在锚孔附近增设封闭箍筋。为了防止在支座附近发生短柱式破坏，在钢筋混凝土吊车梁的端部也应设置竖向构造钢筋和水平箍筋，竖向构造钢筋应焊在支承钢板（或型钢）上，并伸入梁的上翼缘内。

三、钢筋混凝土等截面吊车梁的计算要点

（一）一般规定

钢筋混凝土吊车梁应进行静力计算和疲劳强度验算，其中静力计算包括正截面和斜截面承载力计算以及变形和裂缝宽度验算。这时所采用的吊车台数、动力系数及横向水平荷载可按表 2-25 采取。

表 2-25　吊车梁的验算项目及相应的荷载

序号	验算项目				恒载	吊车台数	吊车荷载	附注
1	抗弯	强度	垂直截面抗弯		g	2	μP_{max}	
2			水平荷载下抗弯		—	2	T	
3		垂直截面抗裂性	使用阶段		g	2	μP_{max}	
4			施工阶段	制作	—		—	
5				运输	g		—	动力系数取 1.5
6	抗剪	强度	斜截面抗剪		g	2	μP_{max}	
7			抗扭			2	μP_{max} T	
8		斜截面抗裂性			g	2	μP_{max}	
9	疲劳强度		垂直截面		g	1	μP_{max}	
10			斜截面		g	1	μP_{max}	
11	变形				g	2	P_{max}	
12	裂缝宽度				g	2	P_{max}	

注：g——恒载总和；P_{max}——吊车最大轮压；T——吊车横向制动力；μ——动力系数。

吊车梁是双向弯曲的弯、剪、扭的构件，故应把弯、剪、扭三者分开来单独计算，并且把剪、扭两者的计算结果迭加起来，即抗剪用的箍筋用量与抗扭附加箍筋用量相加，另外在验算主应力时，把竖向剪应力与扭剪应力相加。

对于双向弯曲，则仅在正截面承载力计算中予以考虑，并且当同时满足下式(2-52)的两个条件时，可以忽略水平弯矩，只按竖向弯曲计算，即

$$\left.\begin{aligned} \frac{M_y}{M_x} &= \frac{T}{\mu P_{\max}} \leqslant 0.1 \\ \frac{M_{u,x}}{M_x} &\geqslant 1.05 \end{aligned}\right\} \tag{2-52}$$

式中　M_y、M_x——水平弯矩、竖向弯矩设计值；

　　　　$M_{u,x}$——竖向弯曲时的正截面受弯承载力。

T 形及工形截面的抗扭计算可以采用把整个截面所承受的扭矩分配给各个矩形分块(见图 2-106)的方法。

1. 静力承载力计算时，按各矩形分块的塑性抗扭矩分配，有

$$T_i = T \cdot \frac{\overline{W}_{t,i}}{\overline{W}_t} \tag{2-53}$$

2. 疲劳强度验算时，按各矩形分块的弹性抗扭矩分配，则

$$T_i^f = T^f \cdot \frac{I_{t,i}}{I_t} \tag{2-54}$$

式中　T、T^f——静力计算，疲劳强度验算时，整个截面所承受的扭矩；

　　　　$\overline{W}_t$——整个截面的塑性抗扭抵抗矩，可近似地按 $\overline{W}_t = \sum \overline{W}_{t,i}$ 计算；

　　　　$\overline{W}_{t,i}$——任一矩形分块 i 的塑性抗扭抵抗矩；

　　　　I_t——整个截面的弹性抗扭惯性矩，$I_t = \sum I_{t,i}$；

　　　　$I_{t,i}$——任一矩形分块 i 的弹性抗扭惯性矩，$I_{t,i}$ 按下式计算：

上、下翼缘　　　　　　　$I_{t,1} = k_1 b'_f {h'_f}^3$，$I_{t,3} = k_2 b_f h_t^2$

腹板　　　　　　　　　$I_{t,3} = k_1 b(h - h_f - h'_f)^3$

其中　k_1、k_2——系数，按矩形分块的长边与短边的比值 α，由表 2-26 查得。

表 2-26　k_1、k_2 值

α	1.0	1.2	1.5	1.75	2.0	2.5	3.0	4	5	6	8	10	∞
k_1	0.141	0.166	0.196	0.214	0.229	0.249	0.263	0.281	0.291	0.299	0.307	0.312	0.33
k_2	0.208	0.219	0.231	0.239	0.246	0.258	0.267	0.282	0.291	0.299	0.307	0.312	0.33

这样，腹板处的扭剪应力 $\tau_{t,2}$ 或 $\tau_{t,2}^f$ 为

$$\tau_{t,2} = \frac{T_t}{\overline{W}_{t,2}}, \quad \tau_{t,2}^f = \frac{T_t^f}{\overline{W}_{t,2}^f} \tag{2-55}$$

式中　$\tau_{t,2}$、$\tau_{t,2}^f$——静力计算、疲劳强度验算时，腹板处的扭剪应力；

　　　　T_t、T_t^f——静力计算、疲劳强度验算时，腹板所分担的扭矩；

　　　　$\overline{W}_{t,2}$——腹板的塑性抗扭抵抗矩；

　　　　$\overline{W}_{t,2}^f$——腹板的弹性抗扭抵抗矩，$\overline{W}_{t,2}^f = k_2(h - h_f - h'_f)b^2$，其中 k_2 是系数，按腹板的高与宽的比值 α，由表 2-25 查得。

（二）钢筋混凝土 T 形等截面吊车梁的计算要点

1. 静力承载力计算

（1）正截面受弯承载力：为了减小垂直裂缝的开展，薄腹吊车梁的纵向受拉钢筋可沿梁高分成数排分散布置。此时若截面有效高度 $h_0 > 0.85h$，则在正截面计算中自梁底算起 $\frac{1}{2}(h-x)$ 范围内的主筋可用钢筋受拉强度设计值 f_y 计算（h 为截面高度，x 为受压区高度），在此范围以外的纵筋不予考虑。

（2）斜截面受剪承载力：截面在剪力作用下应符合以下 3 个条件：

$$\text{当 } h_w/b \leqslant 4 \text{ 时}, V \leqslant 0.25\beta_c f_c bh_0$$
$$\text{当 } h_w/b \geqslant 6 \text{ 时}, V \leqslant 0.2\beta_c f_c bh_0$$

当 $4 < h_w/b < 6$ 时，按线性内插法确定

式中　V——构件斜截面上的最大剪力设计值；

β_c——混凝土强度影响系数，当混凝土强度等级不超过 C50 时，取 $\beta_c = 1.0$，当混凝土强度等级为 C80 时，取 $\beta_c = 0.8$，其间按线性内插法确定；

f_c——混凝土轴心抗压强度设计值；

b——矩形截面的宽度，T 形截面或工形截面的腹板宽度；

h_0——截面的有效高度；

h_w——截面的腹板高度，对短形截面，取有效高度，对 T 形截面，取有效高度减去翼缘高度，对工形截面，取腹板净高。

（3）在剪力与扭矩作用下，当 $\frac{h_w}{b} < 6$ 时，$\frac{V}{bh_0} + \frac{T}{W_t} \leqslant 0.7f_t$

（4）为了控制斜裂缝宽度，尚应满足：

$$
\left.
\begin{array}{l}
\text{对中级工作级别} \quad \dfrac{V'}{f_c bh_0} \leqslant \dfrac{1}{9m+4.5} + 0.04 \\[4mm]
\text{对重级工作级别} \quad \dfrac{V'}{f_c bh_0} \leqslant \dfrac{1}{9m+5} + 0.03
\end{array}
\right\}
\tag{2-56}
$$

式中　m——剪跨比；

V 及 V'——剪力设计值及不计吊车动力系数 μ 的剪力设计值。

V 及 V'，对重级工作制取支座处的数值；对中、轻级工作制可按下述规定减小其取值：取轮压距支座为 h_0 或 $l_0/6$ 处的剪力值（取两者中的较小值），如图 2-108 所示。此处 h_0 为截面的有效高度，l_0 为计算跨度。这种考虑方法习惯上称退轮，其实质是根据设计经验适当地利用小剪跨时受剪承载力的潜力。

弯起钢筋和腹板内的受剪竖向箍筋用量 A_{sv}，则需按计算确定，这对中、轻级工作制吊车梁仍可考虑上述退轮方法。

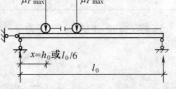

图 2-108　吊车梁按退轮方法计算剪力

（5）受扭承载力计算：由式（2-53）求得上翼缘、腹板所分担的扭矩 T_1、T_2 之后可按矩形截面纯扭构件有关公式求上翼缘、腹板内的受扭附加纵向钢筋以及腹板内的受扭附加箍筋用量 A_{st1}。A_{sv} 与 A_{st1} 相加即为腹板中总的竖向箍筋用量。

2. 变形和裂缝宽度验算

验算时，裂缝间纵向钢筋应变不均匀系数 ψ 取为 1.0；对轻、中级工作级别吊车梁，可将计

算所求得的最大裂缝宽度乘以 0.85;同时,当采用Ⅲ级钢筋作纵筋时,应将计算求得的最大裂缝宽度乘以系数 1.1。

对于纵向受拉钢筋沿肋高分散布置的情况,由于上述求得的最大裂缝宽度 W_{max} 是指纵向受拉钢筋重心处的,因此还必须验算最下一排钢筋处的最大裂缝宽度 W'_{max},它由 W_{max} 按平截面假设求得。这时,如截面有效高度 $h_0 = 0.85h \sim 0.9h$,可近似地取平均受压区为 $0.275 h_0$ 计算,通常 W'_{max} 比 W_{max} 大 5%～15%。

吊车梁的允许挠度,手动吊车 $l/500$,电动吊车为 $l/600$,l 为吊车梁跨度。

3. 疲劳强度验算

包括正截面和斜截面疲劳强度验算两方面。对前者应验算正截面受压区边缘纤维的混凝土应力和纵向受拉钢筋的应力幅(受压钢筋可不进行疲劳验算);对后者应验算中和轴处混凝土的剪应力和箍筋的应力幅。

必须指出,疲劳验算是对正常使用条件下进行的,故吊车取一台,荷载取标准值,正截面疲劳应力验算时按容许应力法进行计算,并采用以下假定:

(1)截面应变保持平面;

(2)受压区混凝土的正应力图形为三角形（图 2-109);

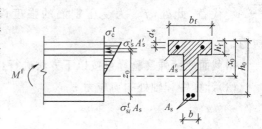

图 2-109 正截面疲劳强度验算

(3)受拉区出现裂缝后,受拉区混凝土不参加工作,拉应力全部由钢筋承受;

(4)采用换算截面计算:取钢筋弹性模量与混凝土疲劳变形模量的比值,$\alpha_E^f = E_s / E_c^f$。

正截面的疲劳应力验算公式为

$$\sigma_{c,max}^f = \frac{M_{max}^f x_0}{I_0^f} \leqslant f_c^f \qquad (2-57)$$

$$\Delta \sigma_{si}^f = \alpha_E^f \frac{(M_{max}^f - M_{min}^f)(h_{0i} - x_0)}{I_0^f} \leqslant \Delta f_y^f \qquad (2-58)$$

式中　$\sigma_{c,max}^f$——疲劳验算时截面受压区边缘纤维的混凝土压应力;

$\Delta \sigma_{si}^f$——疲劳验算时截面受拉区第 i 层纵向钢筋的应力幅;

f_c^f——混凝土轴心抗压疲劳强度设计值,按《规范》4.1.6 条确定;

Δf_y^f——钢筋的疲劳应力幅限值,按规范表 4.2.6—1 采用;

M_{max}^f, M_{min}^f——疲劳验算时同一截面上在相应荷载组合下产生的最大弯矩值、最小弯矩值;

α_E^f——钢筋的弹性模量与混凝土疲劳变形模量的比值,$\alpha_E^f = E_s / E_c^f$;

I_0^f——疲劳验算时相应于弯矩 M_{max}^f 与 M_{min}^f 为相同方向时的换算截面惯性矩;

x_0——疲劳验算时相应于弯矩 M_{max}^f 与 M_{min}^f 为相同方向时的换算截面受压区高度;

h_{0i}——相应于弯矩 M_{max}^f 与 M_{min}^f 为相同方向时表面受压区边缘至受拉区带 i 层纵向钢筋截面重心的距离。

对受拉钢筋,可仅验算最外层钢筋的应力,当内层钢筋的疲劳强度小于外层钢筋的疲劳强度时,则应分层验算。

T 形截面的换算截面受压区高度 x_0 和换算截面惯性矩按以下公式计算:

当 $x_0 > h'_f$ 时 $\quad \dfrac{b'_f x_0^2}{2} - \dfrac{(b'_f - b)(x_0 - h'_f)^2}{2} + \alpha^f_E A'_s(x_0 - a'_s) - \alpha^f_E A_s(x_0 - a_s) = 0 \qquad (2\text{-}59)$

$$I^f_0 = \frac{b'_f x_0^3}{3} - \frac{(b'_f - b)(x_0 - h'_f)^3}{3} + \alpha^f_E A'_s(x_0 - a'_s)^2 + \alpha^f_E A_s(x_0 - a_s)^2 = 0 \qquad (2\text{-}60)$$

当 $x_0 \leqslant h'_f$ 时，按宽度为 b'_f 的矩形截面计算，即在式(2-59)、式(2-60)中，取 $b = b'_f$。

当受拉钢筋沿截面高度多层布置时，式(2-59)、式(2-60)中，$\alpha^f_E A_s(x_0 - a_s)^2$ 项可用

$\alpha^f_E \sum\limits_{i=1}^{n} A_{si}(x_{0i} - a_s)^2$ 代替，此处，n 为受拉钢筋的总层数，A_{si} 为第 i 层全部钢筋的截面面积。

应注意，受压钢筋的应力应符合 $\alpha^f_E \sigma^f_c \leqslant f'_y$ 的条件；当不满足时，以上各公式中 $\alpha^f_E A'_s$ 应以

$\dfrac{f'_y}{\sigma^f_c} A'_s$ 代替，此处，f'_y 为受压钢筋的强度设计值，σ^f_c 为受压钢筋合力点处相应的混凝土应力。

斜截面疲劳强度验算可按以下方法进行：

(1)计算中和轴处的剪应力 τ^f

$$\tau^f = \frac{V^f_{max}}{b z_0} \qquad (2\text{-}61)$$

式中　V^f_{max}——疲劳验算时在相应荷载组合下构件验算截面的最大剪力值；

　　　b——肋宽；

　　　z_0——受压区合力点至受拉钢筋合力点的距离，此时受压区高度 x_0 按式(2-59)计算。

(2)若 $\tau^f \leqslant 0.6 f^f_t$，该区段的剪力全部用混凝土承受，箍筋按构造要求设置。式中 f^f_t 为混凝土轴心抗拉疲劳强度。

(3)若 $\tau^f > 0.6 f^f_t$，该区段的剪力由箍筋和混凝土共同承受。此时箍筋的应力幅 $\Delta\sigma^f_{sv}$ 为

$$\Delta\sigma^f_{sv} = \frac{(\Delta V^f_{max} - 0.1\eta f^f_t b h_0) S}{A_{sv} \cdot z_0} \qquad (2\text{-}62)$$

$$\Delta V^f_{max} = V^f_{max} - V^f_{min} \qquad (2\text{-}63)$$

$$\eta = \Delta V^f_{max} / V^f_{max} \qquad (2\text{-}64)$$

式中　ΔV^f_{max}——疲劳验算时构件验算截面的最大剪力幅值；

　　　V^f_{min}——疲劳验算时在相应荷载组合下验算截面的最小剪力值；

　　　η——最大剪力幅相对值；

　　　S——箍筋的间距；

　　　A_{sv}——配置在同一截面内箍筋各肢的全部截面面积。

箍筋应力幅 $\Delta\sigma^f_{sv}$ 应满足以下条件：

$$\Delta\sigma^f_{sv} \leqslant \Delta f^f_{yv} \qquad (2\text{-}65)$$

式中　Δf^f_{yv}——箍筋的疲劳应力幅限值，按《规范》表 4.2.6—1 中的 Δf^f_y 采用。

显然，通过上式可以计算箍筋的配置数量。

第八节　钢筋混凝土单层工业厂房设计实例

一、设计资料

1. 设计对象为某工厂金属结构车间。

2. 根据工艺布置要求,该车间为单跨厂房,跨度 18 m。厂房总长 48 m,柱跨为 6 m。

3. 车间内设有两台 $Q=100$ kN 的中级工作制电动桥式吊车,轨顶高程不低于 7.8 m。根据通风采光要求需设置天窗。

4. 工程地质情况

天然地面下为 0.6 m 的杂填土,下面是粉质黏土,地基承载力标准值 $f_k=150$ kN/m²,历年最高水位 −2.50 m 左右,土壤冷冻深度 −0.3 m,为非冻胀土,基础顶面高程 −0.6 m。

5. 自然条件

(1)该工程位于非地震区,不需按抗震设防。

(2)基本风压 0.55 kN/m²,B 类地区基本雪压 0.2 kN/m²。

6. 建筑资料

(1)屋面:卷材屋面保温做法;

(2)围护墙:240 厚双面清水墙;

(3)门窗:钢门窗;

(4)地面:混凝土地面,室内外高差 150 mm。

7. 地面以上部分结构除柱子外,其余全采用标准构件,如表 2-27。

表 2-27　标 准 构 件

构件名称	规格图集	型　号	重　量	附　注
屋面板	G410(一)	YWB-3Ⅱ	1.40 kN/m²	包括灌缝、中跨
	G410(二)	YWB-3ⅡS		边跨
檐口板	G410(二)	YWBT-2Ⅱ		
天沟板	G410(三)	TGB77-1	2.02 kN/m	允许外加荷载 3.51 kN
天窗架	G316	CJG-11	每腿 22 kN	包括支撑及侧板
屋架	G415(一)	YWJA-18-2B	每榀 60.5 kN	
吊车梁	G323(二)	DL-6Z	一根 27.5 kN	中跨 $b=250$ mm　$h=900$ mm
		DL-6B	一根 28.2 kN	边跨
吊车轨道及连接件	G325	DGL-15	0.821 kN/m	轨顶距梁顶面距离 h_a −170 mm
基础梁	CG420	YJL-1	300 450 200	中跨(边墙及山墙)
		YJL-15		边跨(边墙及山墙)

8. 排架柱及基础材料选用情况

(1)柱

混凝土:C30($f_c=14.3$ N/mm², $f_{tk}=2.01$ N/mm²)。

钢筋:纵向受力钢筋采用 HRB400 级钢筋($f_y=360$ N/mm², $E_s=2×10^5$ N/mm²);箍筋采用 HPB300 级钢筋($f_y=270$ N/mm², $E_s=2.1×10^5$ N/mm²)。

（2）基础

混凝土：C20（$f_c=9.6$ N/mm²，$f_t=1.10$ N/mm²）。

钢筋：采用 HPB300 级钢筋（$f_y=270$ N/mm²）。

垫层：C10。

建筑平、立、剖面（方案图）如图 2-110 所示，牛腿及柱尺寸如图 2-111（a）所示，柱及柱间支

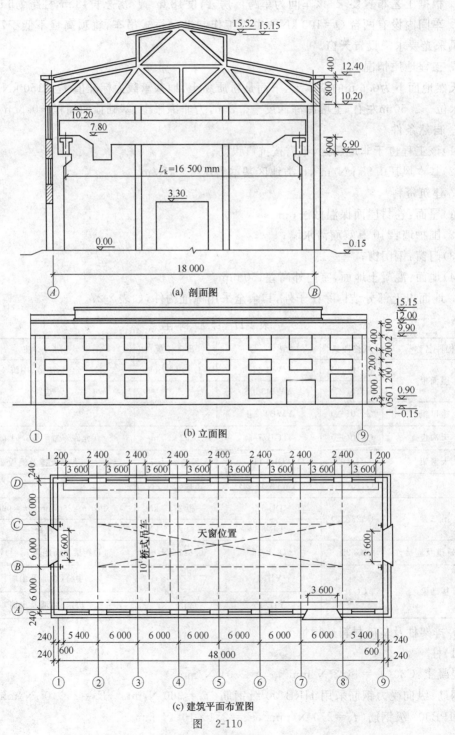

(a) 剖面图

(b) 立面图

(c) 建筑平面布置图

图 2-110

撑结构平面布置图如图 2-111(b)所示,屋盖结构平面布置图如图 2-112 所示。

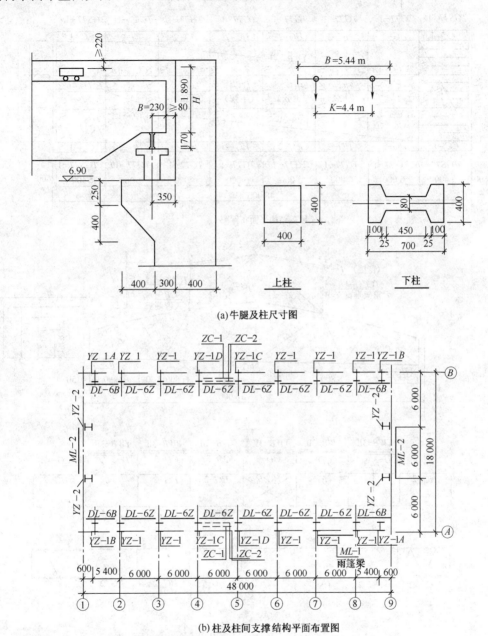

(a)牛腿及柱尺寸图

(b)柱及柱间支撑结构平面布置图

图 2-111

YZ-1C—预制柱;ZC—柱间支撑卡柱;

DL-6Z—吊车梁;ML—一般雨篷梁

二、排架计算

1. 确定计算简图

(1)上柱高及柱全高的计算

根据图以及有关设计资料,有

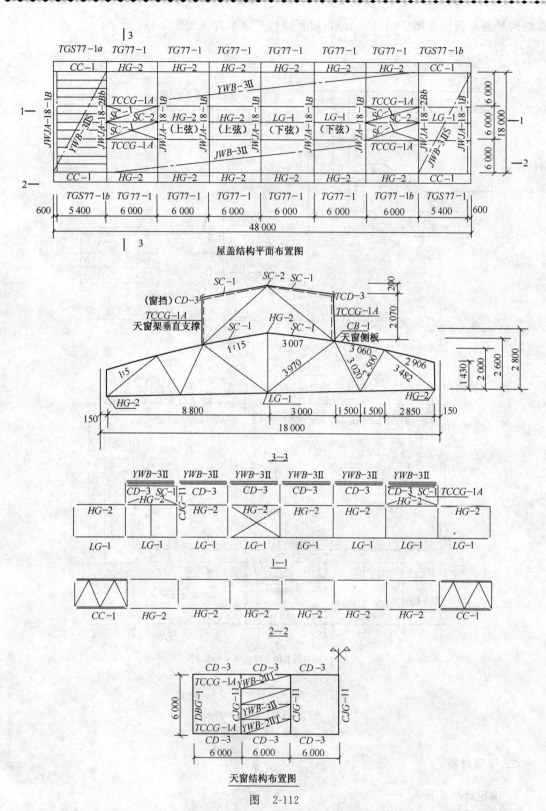

屋盖结构平面布置图

3—3

1—1

2—2

天窗结构布置图

图 2-112

HG—钢筋混凝土刚性水平系杆;*LG*—钢结构柔性水平系杆;*SC*—上弦横向水平支撑;*CC*—垂直支撑;*TCCG*—天窗架垂直支撑;*CB*—天窗侧板;*CD*—窗挡;*YWB*—预应力屋面板;*YWS*—预应力屋架;*TGB*—天沟板;*CJG*—天窗架

上柱高 $H_1 =$ 柱顶高程 $-$ 下柱高程 $= 10.20 - 6.90 = 3.3$ m

全柱高 $H_2 =$ 柱顶高程 $-$ 基顶高程 $= 10.20 - (-0.6) = 10.8$ m

下柱高 $=$ 全柱高 $-$ 上柱高 $= 10.8 - 3.3 =$

7.5 m

上柱与全柱高比值 $\lambda = 3.3/10.8 = 0.306$

（2）选定柱截面尺寸（图 2-113）

上柱采用矩形 $b \times h = 400$ mm $\times 400$ mm

下柱采用工字形 $b'_f \times h \times h'_f = 400$ mm $\times$

700 mm $\times 100$ mm

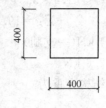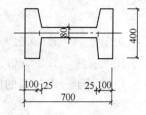

图 2-113

（3）上、下柱截面惯性矩及其比值

排架平面内：

上柱 $I_1 = \dfrac{1}{12} \times 400 \times 400^3 = 2.133 \times 10^9$ mm^4

下柱 $I_2 = \dfrac{1}{12} \times 400 \times 700^3 - \dfrac{1}{12} \times 400 \times 475^3 + \dfrac{1}{12} \times 80 \times 475^3 = 8.575 \times 10^9$ mm^4

比值 $n = I_1/I_2 = (2.133 \times 10^9)/(8.575 \times 10^9) = 0.249$

排架平面外：

上柱 $I_1 = 2.133 \times 10^9$ mm^4

下柱 $I_2 = 2 \times \dfrac{1}{12} \times 112.5 \times 400^3 + \dfrac{1}{12} \times 475 \times 80^3 = 1.220 \times 10^9$ mm^4

排架计算简图如图 2-114 所示。

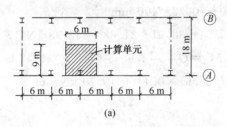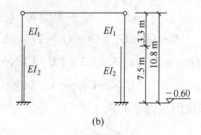

（a）　　　　　　　　　　（b）

图 2-114

2. 荷载计算

取计算单元为 6 m $\times$ 9 m（A 或 B 柱）

（1）恒荷载

①屋盖结构自重

三毡四油防水层上铺绿豆砂	$1.2 \times 0.35 = 0.42$ kN/m^2
15 mm厚水泥砂浆找平层	$1.2 \times 0.015 \times 20 = 0.36$ kN/m^2
100 mm厚加气混凝土保温层	$1.2 \times 0.1 \times 6 = 0.72$ kN/m^2
冷底子油一道、热沥青二道	$1.2 \times 0.05 = 0.06$ kN/m^2
15 mm厚水泥砂浆找平层	$1.2 \times 0.015 \times 20 = 0.36$ kN/m^2
预应力混凝土大型屋面板	$1.2 \times 1.4 = 1.68$ kN/m^2

$\sum g = 3.6$ kN/m^2

天沟板
$$1.2\times2.02\times6=14.54 \text{ kN}$$
$$1.4\times3.51=4.91 \text{ kN}$$
$$\sum g=19.45 \text{ kN}$$

天窗架　　$1.2\times22=26.4$ kN(一支腿)

屋架自重　$1.2\times60.5=72.6$ kN

则作用于一端柱顶的屋盖结构自重为
$$G_1=3.6\times6\times9+19.45+26.4+\frac{72.6}{2}=276.55 \text{ kN}$$

$$e_1=h_u/2-150=400/2-150=50 \text{ mm}$$

②柱自重

上柱　$G_2=1.2\times25\times0.4\times0.4\times3.3=15.84$ kN

$$e_2=h_2/2-h_u/2=700/2-400/2=150 \text{ mm}$$

下柱　$G_4=1.2\times25\times7.5\times(0.4\times0.112\ 5\times2+0.47\times0.08)\times1.1=31.68$ kN

$$e_4=0$$

注:1.1是考虑下柱仍有部分为400×700的矩形截面而乘的增大系数。

③吊车梁及轨道等自重

边跨　$G_3=1.2\times(28.2+0.821\times6)=39.75$ kN

中跨　$G_3=1.2\times(27.5+0.821\times6)=38.91$ kN

取　$G_3=38.91$ kN

$$e_3=750-h_2/2=750-700/2=400 \text{ mm}$$

$$G=G_1+G_2+G_3+G_4=276.55+15.84+38.91+31.68=362.98 \text{ kN}$$

$$M_G=G_1e_1=276.55\times0.05=13.83 \text{ kN}\cdot\text{m}, M'_G=G_1e_2=276.55\times0.15=41.48 \text{ kN}\cdot\text{m}$$

$$M''_G=G_2e_2-G_3e_3=15.84\times0.15-38.91\times0.4=-13.19 \text{ kN}\cdot\text{m}$$

计算简图见图 2-115。

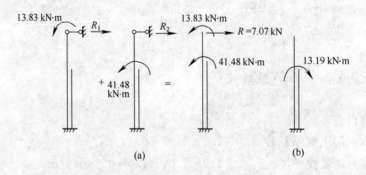

图　2-115

(2)屋面活荷载

由《荷载规范》可知,对不上人的钢盘混凝土屋面,其均布活荷载的标准值为0.5 kN/m²,大于该厂房所在地区的基本雪压 $S_0=0.2$ kN/m²。又考虑到附近有灰源,屋面有积灰0.5 kN/m²,故屋面活荷载在每侧柱顶产生的压力为

$$Q_1 = 1.4 \times (0.5 + 0.5) \times 6 \times 9 = 75.62 \text{ kN}$$

$$e_1 = \frac{h_w}{2} - 150 = 400/2 - 150 = 50 \text{ mm}$$

$$e_2 = 150 \text{ mm}$$

$$M_Q = Q_1 e_1 = 75.6 \times 0.05 = 3.78 \text{ kN} \cdot \text{m}$$

$$M'_Q = Q_1 e_2 = 75.6 \times 0.15 = 11.34 \text{ kN} \cdot \text{m}$$

计算简图见图 2-116。

（3）吊车荷载

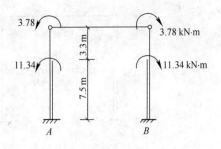

图 2-116　Q_1 作用计算简图

表 2-28　电动桥式吊车技术规格

起重量 Q(kN)	100	最大轮压 P_{max}(kN)	105
跨度 l_k(m)	16.5	小车重 g(kN)	37
起重机最大宽度 B(mm)	5 440	起重机总重 G(kN)	182
大车轮距 K(mm)	4 400	轨道中心至吊车外端距离 B_1(mm)	230
吊车在一条轨道上的轮子数 n_0	2	吊车顶至轨顶距离 H(mm)	1 890

由表 2-28 已知条件，求得

$$P_{min} = \frac{1}{2}(G + Q) - P_{max} = \frac{1}{2}(182 + 100) - 105 = 36 \text{ kN}$$

$$B = 5.44 \text{ m}, K = 4.4 \text{ m}, g = 37 \text{ kN}$$

根据 B 与 K 及反力影响线（图 2-117）算出各轮对应的反力影响线竖标，可求得作用于柱上的吊车垂直荷载为

$$D_{max} = \xi \gamma_Q P_{max} \sum y_1$$
$$= 0.9 \times 1.4 \times 105 \times (1 + 0.267 +$$

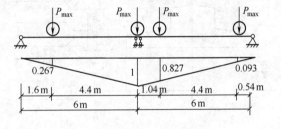

图 2-117　反力影响线

$$0.827 + 0.093) = 289.34 \text{ kN}$$

$$D_{min} = (P_{min}/P_{max}) \times D_{max} = (36/105) \times 289.34 = 99.20 \text{ kN}$$

$$e_3 = 750 - 700/2 = 400 \text{ mm}$$

作用于每个轮子的吊车水平制动力的设计值为

$$T = \frac{\alpha}{4}(\gamma_Q Q + \gamma_G g) = \frac{0.12}{4}(1.4 \times 100 + 1.2 \times 37) = 5.532 \text{ kN}$$

$$T_{max} = T D_{max}/P_{max}\gamma_Q = 5.532 \times 289.34/(105 \times 1.4) = 10.89 \text{ kN}$$

$$M_{max} = D_{max} e_3 = 289.34 \times 0.4 = 115.74 \text{ kN} \cdot \text{m}$$

$$M_{min} = D_{min} e_3 = 99.20 \times 0.4 = 39.68 \text{ kN} \cdot \text{m}$$

则作用点到柱顶的垂直距离为

$$Y = 3.3 - 0.9 = 2.4 \text{ m}$$

$$Y/H_1 = 2.4/3.3 = 0.727$$

垂直荷载计算简图见图 2-118(a)，水平荷载计算简图见图 2-118(b)。

（4）风荷载

该地区的基本风压 $W_0 = 0.55 \text{ kN/m}^3$，风压高度变化系数 μ_z 按 B 类地区考虑。高度的取

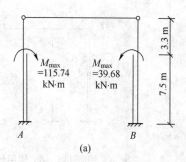 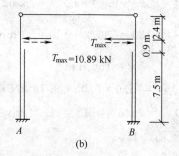

(a)　　　　　　　　　　　　(b)

图　2-118

值:对 q_1、q_2 按柱顶高程10.2 m+0.15 m考虑。查表得 $\mu_z=1.005\,6$;对 F_w 按天窗檐口高程 15.52 m+0.15 m考虑。查附表,得1.151 4。风载体型系数 μ_s 如图2-119所示。

$$F_w=\gamma_Q(1.3h_1+0.4h_2+1.2h_3)\mu_z w_0 B$$
$$=1.4\times(1.3\times2.2+0.4\times0.68+1.2\times2.44)\times1.151\,4\times0.55\times6$$
$$=32.23\ kN$$

$$q_1=\gamma_Q\mu_{s1}\mu_z w_0 B=1.4\times0.8\times1.005\,6\times0.55\times6=3.72\ kN/m$$

$$q_2=\gamma_Q\mu_{s2}\mu_z w_0 B=1.4\times0.5\times1.005\,6\times0.55\times6=2.32\ kN/m$$

计算简图见图2-120。排架受到总荷载见图2-121。

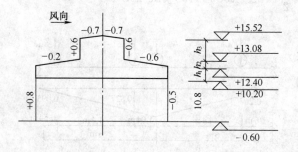 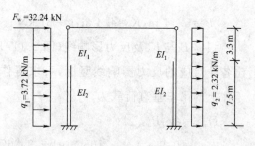

图　2-119　　　　　　　　　　　　图　2-120

3. 内力计算

(1)恒荷载

如前所得力计算结果。根据恒荷载的对称性和考虑施工过程中的实际受力情况,可将排架恒荷载计算简图化为分别在 G_1、G_2 及 G_3 和 G_4 作用下的计算简图,如图2-122(a)、(b)所示。

①在 G_1 作用下,有 $M_1=G_1 e_1=276.55\times0.05=13.83\ kN\cdot m$

$M_{11}=G_1 e_2=276.55\times0.15=41.48\ kN\cdot m$

已知 $n=0.249,\lambda=0.306$,故

$C_1=1.5\times[1-\lambda^2(1-1/n)]/[1+\lambda^3(1/n-1)]$

$=1.5\times[1-0.306^2(1-1/0.249)]/[1+0.306^3(1/0.249-1)]$

$=1.77$

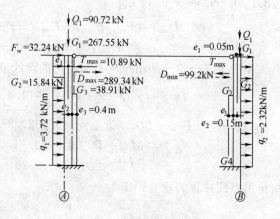

图 2-121　排架受荷总图

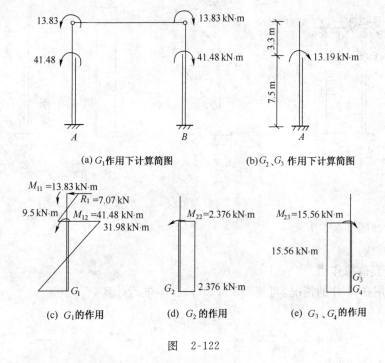

(a) G_1 作用下计算简图　　(b) G_2、G_3 作用下计算简图

(c) G_1 的作用　　(d) G_2 的作用　　(e) G_3、G_4 的作用

图　2-122

在 M_{11} 作用下，不动铰支承的柱顶反力为

$$R_{11}=C_1\times M_{11}/H_2=1.77\times 13.83/10.8=2.27 \text{ kN}$$

$$C_3=1.5\times(1-\lambda^2)/[1+\lambda^3(1/n-1)]$$

$$=1.5\times(1-0.306^2)/[1+0.306^3(1/0.249-1)]=1.251$$

在 M_{12} 作用下，不动铰支承的柱顶反力为

$$R_{12}=C_3\times M_{12}/H_2=1.251\times 41.48/10.8=4.80 \text{ kN}$$

则在 M_{11} 和 M_{12} 共同作用下（即在 G_1 作用下），不动铰支承的柱顶反力为

$$R_1=R_{11}+R_{12}=2.27+4.80=7.07 \text{ kN}(\rightarrow)$$

相应的弯矩图如图 2-122(c)所示。

②在 G_2 作用下，有

$$M_{22}=G_2e_2=15.84\times 0.15=2.376 \text{ kN}\cdot\text{m}$$

相应的弯矩图如图 2-122(d)所示。

③在 G_3、G_4 作用下，有

$$M_{23}=G_3e_3=38.91\times 0.4=15.56 \text{ kN}\cdot\text{m}$$

相应的弯矩图如图 2-122(e)所示。

将(c)、(d)、(e)弯矩图叠加如图 2-123 所示。

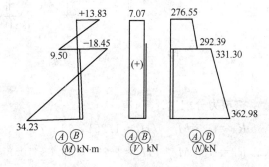

图 2-123　恒荷载作用下的内力

(2)屋面活荷载

对于单跨排架，Q_1 与 G_1 一样为对称荷载，且作用位置相同，仅数值大小不一，故由 G_1 的内力图按比例可求得 Q_1 的内力图。柱顶不动铰支承反力为

$$R_{Q1}=Q_1R_1/G_1=75.6\times 7.07/276.55=1.93 \text{ kN}(\rightarrow)$$

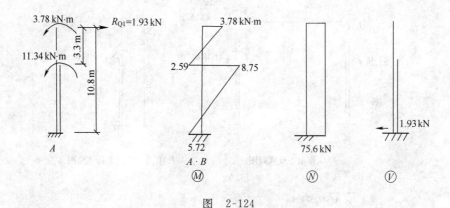

图 2-124

相应的内力图如图 2-125 所示。

（3）吊车荷载

①吊车垂直荷载作用

a. D_{max} 作用在 A 柱的情况，可按图 2-125(a)、(b)进行计算。

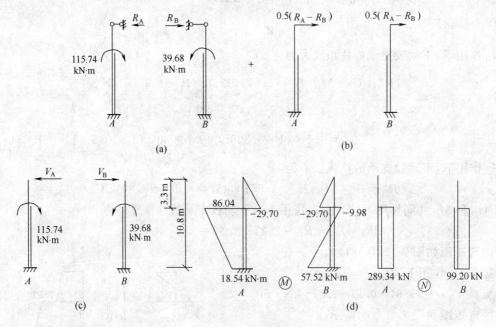

图 2-125

按剪力分配法计算，有

$$R_A = C_3 \cdot M_{D_{max}} / H_2 = 1.251 \times 115.74/10.8 = 13.41 \text{ kN}(\leftarrow)$$

$$R_B = C_3 \cdot M_{D_{min}} / H_2 = 1.251 \times 39.68/10.8 = 4.60 \text{ kN}(\rightarrow)$$

$$R = R_A + R_B = 13.41 - 4.60 = 8.81 \text{ kN}(\leftarrow)$$

由于 A、B 柱刚度相等，$\eta_A = \eta_B = 0.5$，反号分配，则

$$V_A = 13.41 - 8.81 \times 0.5 = 9.0 \text{ kN}(\leftarrow)$$

$$V_B = 4.60 + 8.81 \times 0.5 = 9.0 \text{ kN}(\rightarrow)$$

b. D_{min} 作用在 A 柱的情况。

由于结构对称,故只需将 A 柱与 B 柱内力对换,注意内力变号即可。

②吊车水平荷载作用

a. T_{max} 从左向右作用在 A、B 柱的情况,可按图 2-127 进行计算。

$V_A = V_B = 0$(对称结构,反对称荷载,对称内力 $=0$),按悬臂柱计算。

相应弯矩图如图 2-125 (d)和图 2-126 所示。

b. T_{max} 从右向左作用在 A、B 柱的情况。

在该情况下仅荷载方向相反,弯矩图符号与上图相反。

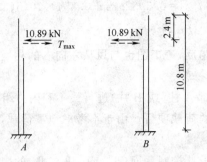
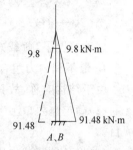

图　2-126

(4)风荷载

风荷载作用下,可按图 2-127(a)、(b)、(c)图进行计算。

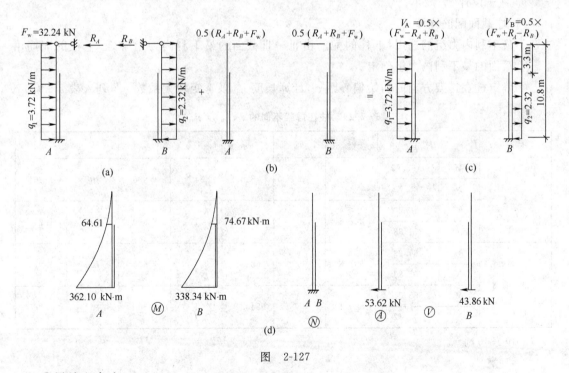

图　2-127

①风从左向右

先求柱顶反力系数 C_{11},当风荷载沿柱高均匀分布时,有

$$C_{11} = 3[1 + \lambda^4(1/n - 1)]/8[1 + \lambda^3(1/n - 1)]$$
$$= 3[1 + 0.306^4(1/0.249 - 1)]/8[1 + 0.306^3(1/0.249 - 1)]$$
$$= 0.354$$
$$R_A = C_{11}H_2q_1 = 0.354 \times 10.8 \times 3.72 = 14.22 \text{ kN}(\rightarrow)$$

$$R_B = C_{11}H_2q_2 = 0.354 \times 10.8 \times 2.32 = 8.87 \text{ kN}(\rightarrow)$$

对于单跨排架，A、B 柱柱顶剪力为

$$V_A = 0.5[F_w - C_{11}H_2(q_1 - q_2)] = 0.5[32.24 - 0.354 \times 10.8(3.72 - 2.32)] = 13.44 \text{ kN}(\rightarrow)$$

$$V_B = 0.5[F_w + C_{11}H_2(q_1 - q_2)] = 0.5[32.24 + 0.354 \times 10.8(3.72 - 2.32)] = 18.80 \text{ kN}(\rightarrow)$$

②风从右向左

这种情况下，荷载方向相反，弯矩图也与风从左向右的相反。相应的弯矩图见图 2-127。

4. 最不利内力组合

由于结构对称，故只需对 A 柱(或 B 柱)进行最不利内力组合。

(1)确定需要单独考虑的荷载项目。由于不考虑地震荷载，共有 8 种需要单独考虑的荷载项目。

(2)将各种荷载作用下设计控制截面($I-I$，$II-II$)的内力 M、N($III-III$ 截面还有剪力 V)填入组合表。注意内力符号的规定。

(3)根据最不利又是可能的原则，确定每一内力组的组合项目，并算出相应的组合值。内力组合结果见表 2-15。

5. 柱子设计

(1)柱截面配筋计算

①最不利内力组的选用：下柱的配筋由 $III-III$ 截面的最不利内力组确定，上柱的配筋由 $I-I$ 截面的最不利内力组确定。

②确定柱在排架方向的初始偏心距 e_i，计算长度 L_0 及弯矩增大系数 η_{ns}，列入表 2-29。

表 2-29　柱在排架不同的 e_i、L_0 及 η_{ns}

截面	内力组合		e_0	h_0	e_i	ζ_c	L_0	h	η_{ns}
$I-I$	M	-93.25	304	360	324	1	6 600	400	1.201
	N	306.79							
	M	-90.92	242.6	360	262.6	1	6 600	400	1.249
	N	374.83							
$III-III$	M	464.29	657.8	650	681.1	1	7 500	700	1.074
	N	705.83							
	M	365.27	820.1	650	843.4	1	7 500	700	1.060
	N	445.42							

注：①$e_0 = M/N$。

②$e_i = e_0 + e_a$。

③$e_a = \max\left(20, \dfrac{h}{30}\right)$。

④$\zeta_c = \dfrac{0.5f_cA}{N}$，$\zeta_c \leqslant 1$。

⑤$\eta_{ns} = 1 + \dfrac{1}{1\ 500e_i/h_0}\left(\dfrac{L_0}{h}\right)^2\zeta_c$。

⑥$M(\text{kN} \cdot \text{m})$，$N(\text{kN})$，$e_0$、$e_i$、$h_0$、$L_0$、$h(\text{mm})$。

③柱在排架平面内的截面配筋计算，列入表 2-30 中。

表 2-30　截面配筋计算

截面	内力组合		e_0(mm)	η	$e(e')$(mm)	x(mm)	$\xi_b h_0$(mm)	偏心情况	$A'_s = A_s$ 计算	(mm²)实配
I—I	M	-93.25	304	1.213	(225.1)	53.6	186.5	大偏压	465.3	4 ⫶ 14
	N	306.79								($A_s = 615$)
	M	-90.92	242.6	1 263	(143)	65.5	186.5	大偏压	599.5	
	N	374.83								
Ⅲ	M	464.29	657.8	1.078	1 039.8	220	341.9	大偏压	、 1 369.1	4 ⫶ 22
	N	705.83								($A_s = 1 520$)
	M	365.27	820.1	1.271	(559.2)	77.9	341.9	大偏压	1 115.9	
	N	445.42								

注：①$e = e_i + h/2 - a_s$，$e_i = \eta_{ns} M/N + e_a$。

②上柱：当 $M \leqslant \alpha_1 f_c b'_f h'_f \left(h_0 - \dfrac{h'_f}{2} \right)$ 时，$x = \dfrac{N}{\alpha_1 f_c b'_f} = \dfrac{N}{5\,720}$

下柱：当 $M \leqslant \alpha_1 f_c b'_f h'_f \left(h_0 - \dfrac{h'_f}{2} \right)$ 时，$x = \dfrac{N}{\alpha_1 f_c b'_f} = \dfrac{N}{5\,720}$

当 $M > \alpha_1 f_c b'_f h'_f \left(h_0 - \dfrac{h'_f}{2} \right)$ 时，$x = \dfrac{N - \alpha_1 f_c (b'_f - b) h'_f}{\alpha_1 f_c b} = \dfrac{N - 514\,800}{1\,144}$

③上柱：$x < \xi_b h_0$ 时，有

$$A_s = A'_s = \frac{\left[Ne - \alpha_1 f_c bx \left(h_0 - \dfrac{x}{2} \right) \right]}{f_y (h_0 - a'_s)} = \frac{Ne - 5\,720 x \left(h_0 - \dfrac{x}{2} \right)}{115\,200}$$

④下柱：

$2a'_s \leqslant x \leqslant h'_f$ 时，有

$$A_s = A'_s = \frac{\left[Ne - \alpha_1 f_c b'_f x \left(h_0 - \dfrac{x}{2} \right) \right]}{f_y (h_0 - a'_s)} = \frac{Ne - 5\,720 x \left(h_0 - \dfrac{x}{2} \right)}{223\,200}$$

当 $h'_f < x < \xi_b h_0$ 时，有

$$A_s = A'_s = \frac{\left\{ Ne - \left[(b'_f - b) h'_f \left(h_0 - \dfrac{h'_f}{2} \right) + bx \left(h_0 - \dfrac{x}{2} \right) \right] \alpha_1 f_c \right\}}{f_y (h_0 - a'_s)} = \frac{\left\{ Ne - \left[21\,375\,000 + 80 x \left(650 - \dfrac{x}{2} \right) \right] \times 14.3 \right\}}{223\,200}$$

⑤上柱或下柱 $x < 2a'_s$ 时，有

$$A_s = A'_s = \frac{Ne'}{f_y (h_0 - a'_s)} = \frac{Ne'}{360 (h_0 - a'_s)}$$

$$e' = e_i - \frac{h}{2} + a'_s$$

⑥下柱 $x > \xi_b h_0$ 时，按下述近似公式：

$$\xi = \frac{N - \alpha_1 f_c (b'_f - b) h'_f - \xi_b \alpha_1 f_c b h_0}{\dfrac{Ne - \alpha_1 f_c (b'_f - b) h'_f (h_0 - h'_f/2) - 0.43 \alpha_1 f_c b h_0^2}{(0.8 - \xi_b)(h_0 - a'_s)} + \alpha_1 f_c b h_0} + \xi_b \leqslant 1$$

$$A_s = A'_s = \frac{\left\{ Ne - \left[21\,375\,000 + 80 x \left(650 - \dfrac{x}{2} \right) \right] \times 14.3 \right\}}{223\,200}$$

若 $x > h - h_f$ 时，计算还应考虑 h_f 的作用。

⑦M(kN·m)，N(kN)。

根据上述计算，上柱配 4 ⫶ 14($A_s = 615$ mm²)，大于最小配筋率 $0.002bh = 0.002 \times 400 \times 400 = 320$ mm²，下柱配 4 ⫶ 22($A_s = 1\,520$ mm²)，大于最小配筋率 $0.002A = 0.002 \times 12\,000 = 240$ mm²。

④柱在排架平面外承载力验算

上柱 $N_{max}=374.83$ kN,当不考虑吊车荷载时,查表有

$$L_0=1.25\ H_a=1.25\times3\ 300=4\ 125\ mm$$

$$L_0/b=4\ 125/400=10.3$$

查表 $\varphi=0.975\ 5$

$$N_u=0.9\varphi(f_cA+f'_yA'_s)=0.9\times0.975\ 5(14.3\times400\times400+2\times360\times804)$$

$$N_u=2\ 515.68\ kN>N_{max}=374.83\ kN(可)$$

下柱　$N_{max}=705.83$ kN,当考虑吊车荷载时,查表有

$$L_0=0.8H_1=0.8\times7\ 500=6\ 000\ mm$$

$$I_2=1.220\times10^9\ mm^4$$

$$A=400\times700-2\times475\times160=128\ 000\ mm^2$$

$$i=\sqrt{\frac{I_2}{A}}=\sqrt{\frac{1.220\times10^9}{1.28\times10^5}}=97.63\ mm$$

$$\frac{L_0}{i}=\frac{6\ 000}{97.63}=61.537>28$$

查表 $\varphi=0.814$

$$N_u=0.9\varphi(f_cA+f'_yA'_s)=0.9\times0.814(14.3\times128\ 000+2\times360\times1\ 964)$$

$$N_u=1\ 858.93\ kN>N_{max}=374.83\ kN(可)$$

(2)柱牛腿设计

①牛腿几何尺寸的确定

牛腿截面宽度与柱宽相等,为400 mm。牛腿顶面长度为700 mm,相应牛腿水平截面高为1 100 mm,牛腿外缘高 $h_1=250$ mm,倾度 $\alpha=45°$。牛腿的几何尺寸如图 2-130(a)所示。

②牛腿抗裂度验算

吊车为中级工作制,取 $\beta=0.7$,考虑安装偏差 $a=50+20=70$ mm,$f_{tk}=2.01$ N/mm^2,$\beta(1-0.5F_{hs}/F_{vs})f_{tk}bh_0/(0.5+a/h_0)=0.7\times2.01\times400\times615/(0.5+70/615)=563.88\times10^3$ $>F_{vs}$

$$F_{vs}=289.34/1.4+38.91/1.2=239.1\ kN,截面尺寸满足要求。$$

③牛腿配筋

纵向钢筋的选配

$$F_v=D_{max}+G_3=289.34+38.91=328.25\ kN$$

$$F_h=0$$

$$a=50+20=70\ mm<0.3h_0=0.3(650-35)=184.5\ mm$$

取 $a=184.5$ mm

$A_s\geqslant F_va/0.85f_yh_0+1.2F_h/f_y=328.25\times10^3\times184.5/(0.85\times360\times615)=321.8$ mm^2

选 4 Φ 12($A_s=452$ mm^2)

配筋率　$\rho=A_s/bh_0=452/(400\times615)=0.18\%<0.2\%$

按 $\rho=0.2\%$ 配,$A_s=0.002bh=0.002\times400\times650=520$ mm^2

选 4 Φ 14($A_s=615$ mm^2)

牛腿的剪跨比

$a/h_0=70/615<0.3$,不必设置弯筋或按构造配筋选 4 Φ 14。

箍筋按构造配 $\phi8@100$。在 $2/3h_0=410$ mm 范围内,有

$$A_{sh}=2\times50.3\times4=402.4 \text{ mm}^2>A_s/2=615/2=307.5 \text{ mm}^2(\text{满足})$$

牛腿配筋如图 2-128(b)所示。

④牛腿局部受压验算

局部压力标准值为

$$F_{vk}=D_{maxk}+G_{3k}=289.34/1.4+38.91/1.2=239.1 \text{ kN}$$

局部压应力标准值为

$$\sigma_k=F_{vk}/A=239\ 100/(400\times250)=2.39 \text{ N/mm}^2$$

$$<0.75f_c=0.75\times14.3=10.73 \text{ N/mm}^2$$

满足要求。

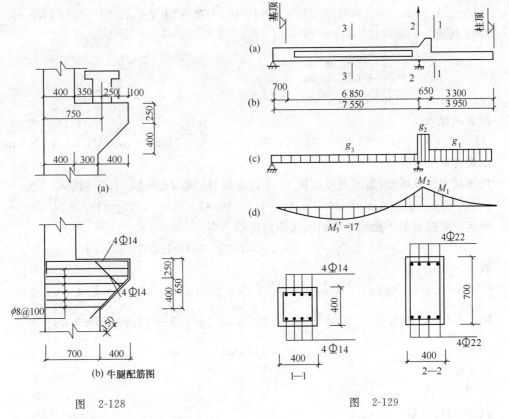

图 2-128 图 2-129

(3)柱的吊装验算

①吊装方案:一点翻身起吊,吊点设在牛腿与下柱交接处。

②荷载计算(考虑 1.5 的动力系数)

上柱自重 $g_1=1.2\times1.5\times25\times0.4\times0.4=7.2 \text{ kN/m}$

牛腿自重 $g_2=1.2\times1.5\times25\times0.4(1.1\times0.65-0.5\times0.4^2)/0.65=17.6 \text{ kN/m}$

下柱自重 $g_3=1.2\times1.5\times25\times0.128=5.76 \text{ kN/m}$

计算简图如图 2-129(c)所示。

③内力计算

$$M_1=0.5\times7.2\times3.3^2=39.2 \text{ kN}\cdot\text{m}$$

$$M_2=0.5\times7.2\times3.95^2+0.5(17.6-7.2)\times0.65^2=58.4 \text{ kN}\cdot\text{m}$$

$$M_3 = \frac{1}{8} \times 5.76 \times 7.55^2 - 58.4/2 = 11.8 \text{ kN} \cdot \text{m}$$

弯矩图如图 2-129(d)所示。

$$M'_3 = 14.01 \times 2.43 - 5.76 \times 2.43^2/2 = 17 \text{ kN} \cdot \text{m}$$

④截面承载力验算

1—1 截面　$b \times h = 400 \text{ mm} \times 400 \text{ mm}$

$h_0 = 360 \text{ mm}$

$A_s = A'_s = 615 \text{ mm}$

$f_y = 360 \text{ N/mm}^2$

截面承载力

$$M_u = A_s f_y (h_0 - a'_s) = 615 \times 360 \times (360 - 40) = 70.85 \text{ kN} \cdot \text{m} > M = 39.2 \text{ kN} \cdot \text{m}$$

2—2 截面　$b \times h = 400 \text{ mm} \times 700 \text{ mm}$

$h_0 = 660 \text{ mm}$

$A_s = A'_s = 1\,520 \text{ mm}$

$f_y = 360 \text{ N/mm}^2$

截面承载力

$$M_u = A_s f_y (h_0 - a'_s) = 1\,520 \times 360 \times (660 - 40) = 339.26 \text{ kN} \cdot \text{m} > M = 58.4 \text{ kN} \cdot \text{m}$$

⑤裂缝宽度验算

由承载力计算可知,裂缝宽度验算 1—1 截面即可。取 $M_q = M_1/1.2$,钢筋应力为

$$\sigma_{sq} = M_q/(0.87 A_s h_0) = 39.2 \times 10^6/[1.2 \times (0.87 \times 615 \times 360)] = 169.6 \text{ N/mm}^2$$

按有效受拉混凝土面积计算的纵向钢筋配筋率为

$$\rho_{te} = A_s/0.5bh = 615/(0.5 \times 400 \times 400) = 0.007\,7 < 0.01$$

取 $\rho_{te} = 0.01$,则

$$\psi = 1.1 - 0.65 f_{tk}/(\rho_{te}\sigma_s) = 1.1 - 0.65 \times 2.01/(0.01 \times 169.6) = 0.330 < 0.2$$

$$W_{max} = 1.9\psi \frac{\sigma_{sq}}{E_s}\left(1.9 C_s + 0.08 \frac{d_{eq}}{\rho_{te}}\right) = 1.9 \times 0.33 \times \frac{169.6}{2.0 \times 10^5}\left(1.9 \times 25 + 0.08 \frac{22}{0.01}\right)$$

$$= 0.119 \text{ mm} < 0.3 \text{ mm}$$

满足要求。

6. 基础设计

(1)内力设计值

①由柱传至基顶的内力设计值

第一组:$M_{max} = 464.29 \text{ kN} \cdot \text{m}, N = 705.83 \text{ kN}, V = 58.77 \text{ kN}$

第二组:$M_{min} = -404.38 \text{ kN} \cdot \text{m}, N = 466.66 \text{ kN}, V = 8.77 \text{ kN}$

第三组:$N_{max} = 705.83 \text{ kN} \cdot \text{m}, M = 464.29 \text{ kN} \cdot \text{m}, V = 58.77 \text{ kN}$

②由基础梁传至基顶的荷载

墙重　　　$1.2 \times [11.85 \times 6 - 3.6 \times (3 + 1.2 + 2.4)] \times 0.24 \times 19 = 259.0 \text{ kN}$

窗重　　　　　　　$1.2 \times 3.6 \times (3 + 1.2 + 2.4) \times 0.45 = 12.8 \text{ kN}$

基础梁　　　　$1.2 \times (0.2 + 0.3) \times 0.45 \times 0.5 \times 6 \times 25 = 20.3 \text{ kN}$

由基础梁传至基顶荷载的设计值　$G_5 = 292.1 \text{ kN}$

G_5 对基础底面中心的偏心距　$e_5 = 0.3/2 + 0.7/2 + 0.075 = 0.575 \text{ m}$

相应的偏心弯矩设计值为 $G_5 e_5 = -292.1 \times 0.575 = -167.96$ kN·m

③作用于基底的弯矩和相应基顶的轴向力

假定基础高度为 $700 + 50 + 200 = 950$ mm $= 0.95$ m,则作用于基底的弯矩和相应基底的轴向力设计值分别为

第一组：$M_{bot} = 464.29 + 0.95 \times 58.77 - 167.96 = 352.16$ kN·m

$N = 705.83 + 292.1 = 997.93$ kN

第二组：$M_{bot} = -404.38 + 0.95 \times 8.77 - 167.96 = -564.01$ kN·m

$N = 466.66 + 292.1 = 758.76$

第三组：$M_{bot} = 464.29 + 0.95 \times 58.77 - 167.96 = 352.16$ kN·m

$N = 705.83 + 292.1 = 997.93$ kN

(2)确定基底尺寸

①按第二组荷载设计值进行计算,计算中不考虑由于宽度和深度对地基承载力的修正,取 $f_a = f_{ak} = 150$ kN/m²

先按轴心受压估算,有

$$F_k = 758.76/1.35 = 562.04 \text{ kN}$$

$$A \geqslant 562.04/(150 - 20 \times 1.55) = 4.7 \text{ m}^2$$

初步选用底板尺寸为 $b \times l = 4 \times 3 = 12$ m²

$$W = \frac{1}{6} l b^2 = \frac{1}{6} \times 3 \times 4^2 = 8 \text{ m}^3$$

$$G_k = \gamma_0 bld = 20 \times 12 \times 1.55 = 372 \text{ kN}$$

$$P_{k\min}^{\max} = (F_k + G_k)/bl \pm M_k/W$$

$$= (\frac{758.76}{1.35} + 372)/(4 \times 3) \pm 564.01/(1.35 \times 8)$$

$$= 77.84 \pm 52.22$$

$$P_{k\max} = 130.06 < 1.2 f_a = 180 \text{ kN/m}^2$$

$$P_{k\min} = 25.62 > 0$$

$$\frac{(P_{k\max} + P_{k\min})}{2} = 77.84 < f_a = 150 \text{ kN/m}^2$$

验算 $e \leqslant b/6$ 的条件

取 $$M_k = \frac{M_{bot}}{1.35} = \frac{564.01}{1.35} = 417.79$$

$$e = \frac{M_k}{F_k + G_k} = \frac{417.79}{562.04 + 312} = 0.447 < \frac{b}{6} = 4/6 = 0.667 \text{ m}$$

满足要求。

所选基础底板尺寸为 $b \times l = 4$ m $\times 3$ m

②验算其他两组内力设计值作用下的基底应力

第一组的值与第三组的值相等,故只验算其中一组即可。

第一组：

$$P_{k\min}^{\max} = (F_k + G_k)/(bl) \pm M_k/W$$

$$= (\frac{997.93}{1.35} + 372)/(4 \times 3) \pm \frac{352.16}{1.35 \times 8}$$

$$= 92.60 \pm 32.61$$

$$P_{kmax} = 125.21 < 1.2f = 1.2 \times 150 = 180 \text{ kN/m}^2$$

$$P_{kmin} = 59.99 > 0$$

$$\frac{P_{kmax} + P_{kmin}}{2} = 92.60 < f_a = 150 \text{ kN/m}^2$$

最后确定基底尺寸为3 m×4 m,如图 2-130 所示。

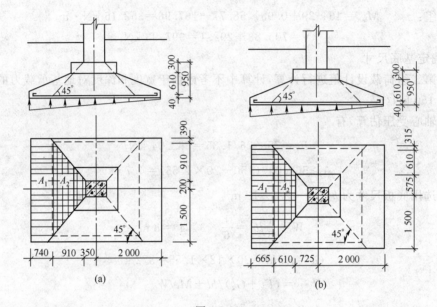

图 2-130

此题如修正基础的宽度和深度,则

$$f_a = f_{ak} + \eta_d \gamma_m (d - 0.5) \text{(仅考虑深度修正)}$$
$$= 150 + 1.1 \times 18 \times (1.55 - 0.5)$$
$$= 170.79 \text{ kN/m}^2$$

则基底尺寸

$$A = F_k/(f - \gamma_0 d) = 562.04/(170.79 - 20 \times 1.55) = 4.02 \text{ m}^2$$

选用 $b \times L = 4 \text{ m} \times 2.5 \text{ m}$

$$W = \frac{1}{6} lb^2 = \frac{1}{6} \times 4 \times 2.5^2 = 6.667 \text{ m}^3$$

$$G_k = \gamma_0 bld = 20 \times 4 \times 2.5 \times 1.55 = 310 \text{ kN}$$

$$P_{k_{min}^{max}} = (\frac{758.76}{1.35} + 310)/(4 \times 2.5) \pm 564.01/(1.35 \times 6.667)$$

$$= 87.21 \pm 62.66$$

$$P_{kmax} = 149.87 < 1.2f_a = 1.2 \times 170.79 = 205 \text{ kN/m}^2$$

$$P_{kmin} = 24.55 > 0$$

$$\frac{P_{kmax} + P_{kmin}}{2} = \frac{149.87 + 24.55}{2} = 87.21 < f_a$$

满足要求。

再用第一、三组荷载计算时

$$P_{kmax} = 150.25 \text{ kN/m}^2 < 1.2 f_a = 205 \text{ kN/m}^2$$

$$P_{kmin} = 71.95 > 0$$

$$\frac{P_{kmax} + P_{kmin}}{2} = 111.12 \text{ kN/m}^2 < f_a = 170.79 \text{ kN/m}^2$$

亦满足要求。

则如考虑修正基础深度与宽度时,基底尺寸选 $b \times l = 4 \text{ m} \times 2.5 \text{ m}$ 可满足要求。

对本题选用 $b \times l = 4 \text{ m} \times 3 \text{ m}$ 基底尺寸,更偏向于安全。但费材料较多,不够经济。

(3)基础高度验算

前面已初步假定基础的高度为 0.95 m,取杯壁高度 $h_2 = 300 \text{ mm} < $ 壁厚 $t = 375 \text{ mm}$,说明冲切线落在冲切破坏角锥体外,故需对台阶上、下进行冲切验算。

①验算柱边处冲切〔图 2-130(a)〕

$$h_c = 0.7 \text{ m}, b_c = 0.4 \text{ m}, h_0 = 0.95 - 0.04 = 0.91 \text{ m}, L = 3 \text{ m} > b_c + 2h_0 = 2.22 \text{ m}$$

$$A_1 = \left(\frac{b}{2} - \frac{h_c}{2} - h_0\right)l - \left(\frac{l}{2} - \frac{b_c}{2} - h_0\right)^2$$

$$= \left(\frac{4}{2} - \frac{0.70}{2} - 0.91\right) \times 3 - \left(\frac{3}{2} - \frac{0.4}{2} - 0.91\right)^2$$

$$= 2.07 \text{ m}^2$$

$$A_2 = b_m h_0 = (b_c + h_0)h_0 = (0.4 + 0.91) \times 0.91 = 1.19 \text{ m}^2$$

取第二组净反力 $P_{n,max} = 164.73 - 20 \times 1.55 = 133.73 \text{ kN/m}^2$

$F_l = P_{n,max} A_1 = 133.73 \times 2.07 = 276.82 \text{ kN} < [F]$ 满足

(其中 $[F] = 0.7\beta_h f_t b_m h_0 = 0.7 \times 1.0 \times 1.1 \times 10^3 \times 1.19 = 916.30 \text{ kN}$)

②验算变阶处冲切〔图 2-132(b)〕

$$h'_0 = 0.650 - 0.04 = 0.61 \text{ m}, h'_c = 1.45 \text{ m}, b'_c = 1.15 \text{ m}$$

$$A_1 = (b/2 - h'_0/2 - h')l - (l/2 - b'_c/2 - h_0)^2$$

$$= (4/2 - 1.45/2 - 0.61) \times 3 - (3/2 - 1.15/2 - 0.61)^2$$

$$= 1.896 \text{ m}^2$$

$$A_2 = b_m h_0 = (b'_c + h'_0)h'_0 = (2 \times 0.575 + 0.61) \times 0.61 = 1.074 \text{ m}^2$$

$$F_l = P_{n,max} A_1 = 133.73 \times 1.896 = 253.55 \text{ kN}$$

$$[F_l] = 0.7\beta_h f_t b_m h_0 = 0.7 \times 1.0 \times 1.10 \times 1.074 \times 10^3 = 826.98 \text{ kN}$$

$F_l < [F_l]$,满足抗冲切要求。

(4)基底配筋计算

包括沿长边和短边两个方向的配筋计算。沿长边方向的用钢量应按第二组荷载设计值作用下的基底净反力计算。沿短边为轴心受压,其钢筋用量按第一组荷载设计值作用下的平均净反力计算(图 2-131)。

①沿长边方向的配筋计算

$$P_{n,max} = 133.73 \text{ kN/m}^2, P_{n,min} = -7.27 \text{ kN/m}^2$$

对柱边截面 I—I 处:

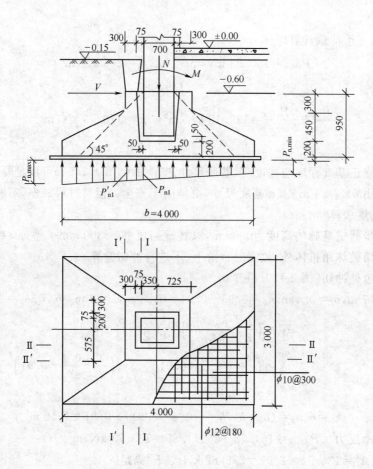

图 2-131

$$P_{n,I} = 75.57 \text{ kN/m}^2$$

$$M_I = \frac{1}{48}(b-h_c)^2(2L+b_c)(P_{n,max}+P_{n,I})$$

$$= \frac{1}{48}(4-0.7)^2(2\times3+0.4)(133.73+75.57)$$

$$= 303.90 \text{ kN·m}$$

$$A_{s1} = M_I/(0.9f_y h_0) = 303.90\times10^6/(0.9\times270\times910)$$

$$= 1374.30 \text{ mm}^2$$

选 $\phi12@190$，$A_s = 595 \text{ mm}^2/\text{m}\times3 = 1785 \text{ mm}^2$

对变阶处截面 I—I'处：

$$P'_{n,I} = 88.78 \text{ kN/m}^2$$

$$M'_I = \frac{(4-1.45)^2}{48}(2\times3+1.15)(133.73+88.78) = 215.52 \text{ kN·m}$$

$$A_{s I'} = M'_I/(0.9f_y h_0) = 215.52\times10^6/(0.9\times270\times610) = 1453.96 \text{ mm}^2$$

沿长边方向按 I—I 截面配筋，选 $\phi12@180$，$A_s = 628\times3 = 1884 \text{ mm}^2$

②沿短边方向配筋计算（按第一组荷载计算）

$$\frac{P_{n,max}}{P_{n,min}} = 705.83/12 \pm 464.29/8 = 58.82 \pm 58.03$$

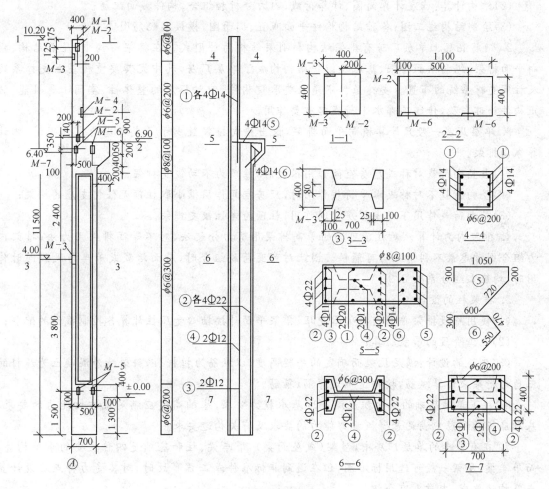

图 2-132 A 轴柱配筋图

$$P_{n,max} = 116.86 \text{ kN/m}^2$$

$$P_{n,min} = 0.79 \text{ kN/m}^2$$

$$M_{\text{II}} = \frac{1}{48}(3-0.4)^2(2\times4+0.7)(116.86+0.79) = 144.15 \text{ kN·m}$$

按 $A_{s\text{II}} = M_{\text{II}}/[0.9f_y(h_0-d)] = 144.15\times10^6/[0.9\times210\times(910-10)] = 659.12 \text{ mm}^2$

选 $\phi10@300$，$A_s = 262\times4 = 1\,048 \text{ mm}^2$

对变阶处：

$$M'_{\text{II}} = \frac{(3-1.15)^2}{48}(2\times4+1.45)\times(116.86+0.79) = 79.27 \text{ kN·m}$$

$$A_{s\text{II}'} = M'_{\text{II}}/[0.9f_y(h_0-d)] = 79.27\times10^6/[0.9\times210\times(610-10)] = 543.69 \text{ mm}^2$$

故沿矩边方向应按 II—II 截面配筋，选 $\phi10@300$。基础配筋图如图 2-131 所示。

小　　结

1. 单层厂房施工图阶段结构设计步骤。

(1) 结构选型和布置；

(2)结构计算:确定计算简图、计算荷载、内力分析和组合、构件截面配筋;

(3)绘制结构施工图:各种结构构件平面布置、剖面图,模板及配筋图。

2. 钢筋混凝土单层厂房有排架结构和刚架结构两种型式。在排架结构中,屋盖结构、横向平面排架、纵向平面排架、基础及维护结构构成了单层厂房,其中尤其要重视屋面支撑系统及柱间支撑系统的布置。支撑虽然不是主要承重构件,但对厂房的整体性、空间工作性能、防止构件局部失稳,传递局部水平荷载起重要作用。

3. 单层厂房一般只计算横向平面排架,仅当横向排架数少于7或考虑地震作用时,才计算纵向排架。

(1)当竖向荷载对称或厂房空间作用很大时,柱顶为不动铰支排架;

(2)竖向荷载不对称或水平荷载作用时,厂房空间作用很小取柱顶无任何支座的排架;

(3)局部荷载作用下考虑厂房空间作用,柱顶为弹性铰支排架。

4. 排架内力计算。对柱顶可动的等高排架用剪力分配法,对不等高排架用力法;排架内力组合则考虑最不利情况与可能性。因此对可变荷载组合时,屋面活载或吊车与风载同时作用时,均应乘组合系数0.9。

5. 排架柱的设计。

(1)使用阶段排架平面内按偏心受压、排架平面外按轴心受压柱计算各控制截面的配筋;

(2)施工阶段的吊装验算;

(3)牛腿的设计:满足抗裂而确定的牛腿高度;以纵筋为拉杆、以斜裂缝外混凝土为压杆的三角形桁架来计算纵筋,按构造确定弯筋、箍筋。

6. 柱下单独基础的底面积应满足地基承载力要求,基础高度应满足抗冲切能力的要求,基础底板的配筋应满足悬臂板抗弯能力的要求及有关构造要求。

7. 在有吊车的单层厂房中,屋架(或屋面梁)、吊车梁、柱和基础是四种主要的承重构件,而吊车梁、屋架一般可选用标准图,但在遇到非标准件或工程事故时,对其受力特点及设计要点及构造要求,本章也有介绍。

思 考 题

1. 单层厂房由哪些主要承重构件组成?各有什么作用?

2. 单层厂房中有哪些支撑?它们的作用如何?

3. 排架的计算简图有何基本假定?在什么情况下基本假定不适用?

4. 排架上承受哪些荷载?作用在排架上的吊车竖向荷载 D_{max}、D_{min} 及横向水平荷载 T_{max} 是如何计算的?风荷载柱顶以上及柱顶以下是怎样计算的?

5. 画出恒载、屋面活荷载、吊车垂直荷载 D_{max} 及 D_{min},吊车水平荷载 T_{max} 以及风荷载的计算简图。

6. 什么是单层厂房的整体空间作用?单层厂房整体空间作用的程度和哪些因素有关?何种条件时按整体空间作用计算?

7. 什么叫长牛腿、短牛腿?牛腿的计算简图如何取?牛腿设计有什么构造要求?

8. 柱下单独基础设计有哪些主要内容?在确定偏心受压基础底面尺寸时应满足哪些要求?

9. 基础高度是如何确定的?基础底板配筋的计算简图如何确定?

10. 为什么在确定基础底板尺寸时要采用全部土壤反力？而在确定基础高度和底板配筋时又用土壤净反力？

习　题

2-1　某双跨等高厂房，每跨各设两台软钩桥式吊车，起重量(30/5)t，求边柱承受的吊车最大垂直荷载和水平荷载的标准值。吊车数据如下：

起重量(t)	跨度(m)	最大轮压(kN)	小车重(kN)	总重(kN)	轮距(mm)	吊车宽(mm)
30/5	22.5	297	107.6	370	5 000	6 260

2-2　已知某单层厂房柱距为 6 m，基本风压 $W_0 = 0.7$ kN/m²。其体型系数和外形尺寸如图 2-133 所示，求作用在排架上的风载，并画出计算简图。B 类，基础顶面高程▽−0.6 m；柱顶高程▽10.2 m。

2-3　某两跨等高排架，跨度 18 m，温度区段长 60 m，一端有山墙，一端无山墙，每跨内有 20/5 t 桥式吊车各两台，在 A、B 柱牛腿顶面力矩 $M_{max} = 202.1$ kN·m，$M_{min} = 88.6$ kN·m，$I_1 = 2.13 \times 10^9$ mm⁴，$I_2 = 14.52 \times 10^9$ mm⁴，$I_3 = 5.21 \times 10^9$ mm⁴，$I_4 = 17.76 \times 10^9$ mm⁴，上柱高 $H_1 = 3.9$ m，柱全高 $H = 13.10$ m，求排架内力(用剪力分配法)，画出 M、N、V 图(图 2-134)。

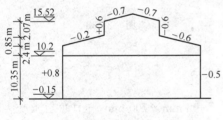

图 2-133

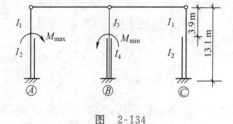

图 2-134

2-4　某两跨等高排架，条件同 2-3，作用风载 $q_1 = 3.06$ kN/m，$q_2 = 1.9$ kN/m，$F_w = 29.3$ kN，用剪力分配法求排架内力，画出 M、V 图(图 2-135)。

2-5　某单跨厂房跨度 24 m，长度 72 m，采用大型屋面板屋盖体系，两端有山墙，内设两台 $Q = 20/5$ t 的软钩桥式吊车，已算出 $D_{max} = 603.5$ kN，$D_{min} = 179.3$ kN，对下柱的偏心距 $e = 0.35$ m，$T_{max} − 19.85$ kN，T_{max} 距牛腿顶面距离 1.2 m(吊车梁高 1.2 m)，$H_1 = 3.9$ m，

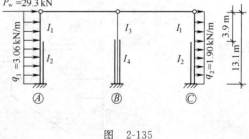

图 2-135

$H = 13.1$ m，$I_1 = 2.13 \times 10^9$ mm⁴，$I_2 = 14.52 \times 10^9$ mm⁴。试求考虑厂房整体空间作用时排架柱的内力，画出 M、N、V 图(图 2-136)。

2-6　某柱牛腿尺寸如图 2-137 所示，$h_1 = 350$ mm，$h = 950$ mm，$a = 350$ mm，$b = 400$ mm，$\beta = 45°$，吊车梁及轨道自重 32.4 kN，吊车最大压力 $D_{max} = 1\ 023.2$ kN(以上均为标准值)，重级工作制，混凝土 C30，纵筋 HRB400 级钢筋，箍筋 HPB300 级钢筋，试确定牛腿尺寸及配筋。

2-7　某柱截面尺寸如图 2-138 所示，混凝土采用 C30，HRB300 级钢筋，柱的计算长度 $l_0 = 7.4$ m，承受下列两组荷载：

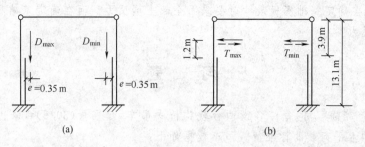

图 2-136

第一组 $M=244.2\ kN\cdot m, N=824.2\ kN$；

第二组 $M=348.8\ kN\cdot m, N=613.6\ kN$。

对称配筋，求 $A_s=A'_s$，并画出配筋图。

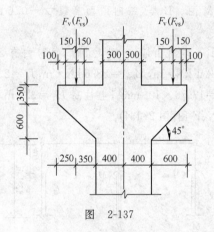

图 2-137

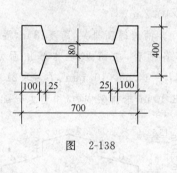

图 2-138

2-8 某单层厂房柱，扩展式单独基础，柱截面尺寸 400 mm×700 mm，杯口顶面承受内力设计值 $N=1\ 054.6\ kN, M=154.86\ kN\cdot m, V=5.5\ kN$，地基承载力设计值 $f=150\ kN/m^2$，基础剖面尺寸初步拟定如图 2-139 所示，混凝土强度 C20，HRB335 级钢筋，C10 混凝土垫层，设计基础及配筋，画出相应的平、剖面及配筋图。

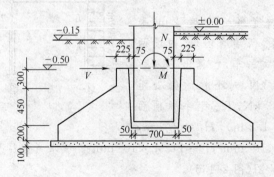

图 2-139

第三章　多层框架结构

第一节　概　　述

关于多层建筑的划分各国不一致,我国按建筑高度与层数来划分。多层建筑一般是指10层以下或建筑总高度低于28 m的住宅房屋;我国现行 JGJ3—2010《高层建筑混凝土结构技术规程》的规定,10层及10层以上或建筑总高度超过28 m的住宅房屋和房屋高度大于 24 m 的其他民用建筑则划分为高层建筑;而1~3层的住宅为低层建筑。

由于多层房屋与低层房屋相比具有节约用地、节省市政工程费和拆近费用等优点,目前多层建筑形式被广泛采用,如工业建筑中的电子、仪表、轻工等工业的厂房以及各类仓库,由于生产工艺流程的要求和便于管理,常采用多层厂房;民用及公共建筑中的住宅、饭店、办公楼等也多采用多层建筑形式。

作用于房屋上的荷载可归纳为竖向荷载和水平荷载两种,随着房屋高度的增加,它们对房屋的影响程度不同,竖向荷载及其引起的内力随着高度增加按线性比例增加,而水平荷载沿高度不是均匀分布的,越高荷载越大,由此引起的结构内力则与高度的平方成比例。多层房屋与低层房屋相比,随着房屋高度的增加水平荷载的影响将增长,以致成为与竖向荷载一起共同控制结构设计,这就需要房屋有足够的抗侧力能力以满足强度和刚度两方面的要求。

多层房屋中常用的结构形式有混合结构与框架结构。所谓框架结构是指主要由梁和柱连接构成的一种空间结构体系,目前多层框架的建造以钢筋混凝土材料为主。钢筋混凝土多层框架与多层混合结构相比,强度高,结构自重轻,可以承受较大的楼面荷载,在水平荷载作用下具有较大的延性。此外,框架结构还具有平面布置灵活,可形成较大的建筑空间,容易满足生产工艺和使用要求。建筑方面处理比较方便,工业化程度较高等优点。其主要不足是侧向刚度较小,当层数较多时,侧移量较大,易引起非结构构件损坏,从而限制了框架结构的建筑高度。

钢筋混凝土多层框架结构形式可分为整体现浇式、装配式及装配整体式3种(图3-1)。本章着重讨论非地震区现浇钢筋混凝土多层框架结构的设计。

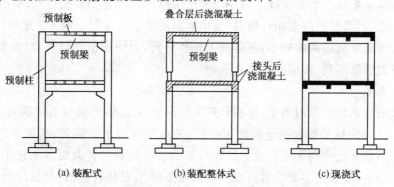

图 3-1　框架结构的形式

第二节　多层框架体系的结构布置

多层框架结构布置应在满足建筑功能、工艺和生产使用要求的同时,力求平面和竖向形状简单、整齐,柱网对称,荷载分布均匀,结构传力简捷,构件受力明确,刚度适当,避免刚度突变,并应重视选择建筑模数,以利于最大限度地采用标准构、配件。

一、跨度、柱距和层高

框架结构的柱网尺寸及层高一般需根据使用要求全面考虑建筑、结构、施工等各方面因素来确定,并符合一定建筑模数要求。

多层工业厂房的平面组合应力求简单。柱网形式有等跨式和内廊式,为了减少构件类型宜尽量采用等跨式柱网。

通常等跨式多层厂房的跨度(进深)按 1 500 mm 进级,宜采用 6.0、7.5、9.0、10.5 和 12.0 m。内廊式厂房的跨度按 600 mm 进级,宜采用 6.0、6.6 和 7.2 m,走廊式跨度按 300 m 进级,宜采用 2.4、2.7 和 3.0 m。

厂房的柱距(开间)应按 600 mm 进级,宜采用 6.0、6.6 和 7.2 m。

厂房的层高与厂房内有无吊车以及工艺设备管道布置和空中传递设备等有关,同时还与跨度、采光、通风等因素有关。厂房各层层高一般按 300 mm 进级,当层高在 4.8 m 以上宜按 600 mm 进级,常用层高为 3.9、4.2、5.4、6.0 和 7.2 m,为了减少构件类型,除地下室外一幢厂房的层高不宜超过两种。

多层民用建筑种类较多,功能要求各有不同,其跨度、柱距及层高变化较大,与工业厂房比较,其荷载、尺寸较小,通常柱网尺寸及层高按 300 mm 进级,并根据实际要求进行设计。

二、主要承重框架的布置

框架结构体系是由若干平面框架通过连系梁连接而形成的空间结构体系,在这个体系中,平面框架是基本的承重结构,根据承重框架布置方向的不同,有 3 种结构布置方案。

(一)横向布置

框架主梁沿建筑物的横向布置,楼板和连系梁沿纵向布置,形成以横向框架为主要承重框架〔图 3-2(a)〕,横向框架既承受全部楼面荷载,又承受横向水平荷载,纵向连系梁与纵向柱列组成的纵向框架承受纵向水平荷载。由于一般房屋纵向尺寸比横向尺寸长,其强度与刚度都比横向易于保证,而房屋横向则相对较弱,采用横向框架承重有利于增加房屋横向刚度。这种布置由于纵向连系梁截面高度较小,在建筑上有利采光,但横梁截面较高,对有集中通风要求的多层厂房设置管道不利,楼层净高受到限制。

(二)纵向布置

框架主梁沿建筑物的纵向布置,楼板和连系梁沿横向布置,形成以纵向框架为主要承重框架〔图 3-2(b)〕。纵向框架既承受全部楼面荷载,又承受纵向水平荷载,横向连系梁与横向柱列组成的横向框架承受横向水平荷载。这种布置由于横向只设置截面高度较小的连系梁,可充分利用楼层净高,设置较多架空管道,此外,房屋的使用划分较灵活,但横向刚度较差,故一般只适用于层数不多的房屋。

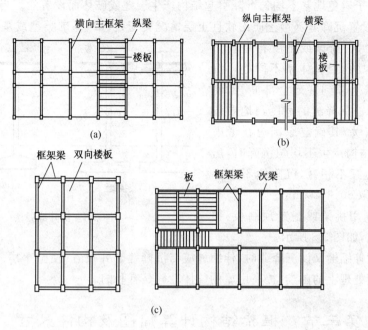

图 3-2　结构布置平面

（三）纵、横双向布置

当房屋采用〔图 3-2(c)〕所示的布置时,纵、横双向都布置主要承重框架,此时双向框架均承受楼面荷载和水平荷载。这种布置常用于工艺比较复杂,楼板有较重的设备,开洞较多的厂房,以及柱网平面为正方形或接近正方形的房屋。

三、伸缩缝与沉降缝的设置

1. 伸缩缝

当房屋的长度较长时,混凝土的收缩和温度的影响将有可能使结构产生裂缝。伸缩缝就是为了避免由于温度应力和混凝土收缩应力引起结构产生裂缝与破坏而设置的。《混凝土结构设计规范》(GB 50010—2010)规定框架结构的最大伸缩间距见表 3-1。

表 3-1　钢筋混凝土结构伸缩缝最大间距(m)

施 工 方 法	室内或土中	露 天
装配式框架结构	75	50
现浇式框架结构	55	35

当房屋超过此规定长度时,除基础以外上部结构可用伸缩缝断开,划分为几个独立结构单元。伸缩缝的宽度不宜小于 30 mm,一般可采用 70 mm。但是对层数较多的房屋,设置伸缩缝不仅会给建筑设计及构造处理带来许多困难,而且多用材料,施工也复杂,因此,在设计中宜调整建筑平面形状和尺寸,采取构造和施工措施,减小混凝土收缩应力和温度应力,尽可能不设置伸缩缝。例如可通过调整建筑平面,使房屋总长控制在最大伸缩缝间距内,并在屋顶采用有效的保温隔热措施,减少温度变化对屋面结构的影响;或采取构造和施工措施,沿结构平面长向每隔 30~40 m 间距留出施工后浇带,以减少混凝土收缩应力;或在温度应力较大和对温度应力敏感的部位多加一些钢筋以加强结构。

2. 沉降缝

沉降缝是为了避免地基不均匀沉降引起结构产生裂缝或破坏而设置的。当具备下列情况之一者,应考虑设置沉降缝:(1)土质松软且土层情况突变处;(2)基础类型或基础高程相差较大处;(3)房屋层数、荷载或刚度相差较大处;(4)上部结构的类型、体系不同处。沉降缝应将房屋从上部到基础全部断开,使各部分自由沉降。沉降缝的宽度与地质条件和房屋高度有关,其确定原则应在考虑施工偏差后,当结构产生不均匀沉降时,房屋各独立单元应互不相碰,沉降缝不宜小于 50 mm,一般取 60~120 mm。

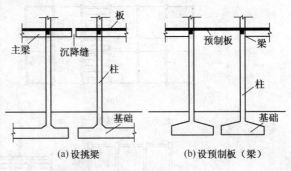

图 3-3　沉降缝做法

沉降缝可利用挑梁或搁置预制板、预制梁的办法做成,如图 3-3 所示。

当需要既设伸缩缝又设沉降缝时,伸缩缝应与沉降缝合并设置,使整个房屋缝数减少,这对减少建筑立面处理上的困难,提高房屋的整体性等是有利的。

第三节　框架结构计算简图及构件尺寸

一、框架结构计算简图

1. 计算单元

多层框架结构是由纵、横向框架组成的空间结构体系。一般情况下,纵、横向框架都是等间距布置,它们各自的刚度基本相同。在竖向荷载作用下,各个框架之间的受力影响很小,可以不考虑空间刚度对它们的受力的影响。在水平荷载作用下,这一空间刚度将导致各种框架共同工作,但多层框架房屋所受水平荷载多是均匀的,各个框架相互之间并不产生多大的约束力。为简化计算,通常不考虑房屋的空间作用,可按纵、横两个方向的平面框架进行计算,每个框架按其负荷面积单独承担外载。通常选取各个框架中的一个或几个在结构上和所受荷载上具有代表性的计算单元进行内力分析和结构设计(图 3-4)。

2. 计算简图

现浇多层框架结构计算模型是以梁、柱截面几何轴线来确定的,并认为框架柱在基础顶面处为固接,框架各节点纵、横向均为刚接。一般情况下,取框架梁、柱截面几何轴线之间的距离作为框架的跨度和柱高度,底层柱高取基础顶面至二层楼面梁几何轴线间的距离,柱高也可偏安全地取层高,底层则取基础顶面至二屋楼面梁顶面,计算模型如图 3-5 所示。

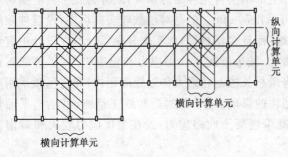

图 3-4　计算单元的划分

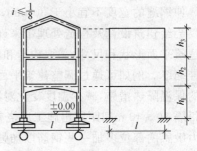

图 3-5　框架结构计算模型

在实际工程计算中,确定计算简图还要适当考虑内力计算方便,在保证必要计算精度的情况下,下列各项计算模型和荷载图式的简化常常被采用。

(1)当上、下层柱截面尺寸不同时,往往取顶层柱的形心作为柱子的轴线。

(2)当框架梁为坡度 $i \leqslant 1/8$ 的折梁时,可简化为直杆。

(3)当框架各跨跨度相差不大于 10% 时,可简化为等跨框架,跨度取原跨度的平均值。

(4)当框架梁为有加腋的变截面梁,且 $\frac{I_端}{I_中} < 4$ 或 $\frac{h_端}{h_中} < 16$,可按等截面梁进行内力计算($I_端$、$h_端$ 与 $I_中$、$h_中$ 分别为加肋端最高截面和跨中截面的惯性矩和梁高)。

(5)计算次梁传给框架主梁的荷载时,不考虑次梁的连续性,按次梁简支于主梁上计算。

(6)作用于框架上的三角形、梯形等荷载图式可按支座弯矩等效的原则折算成等效均布荷载。

二、梁、柱截面尺寸及惯性矩

1. 截面尺寸

多层框架是超静定结构,在计算内力之前必须先确定杆件的截面形状、尺寸和惯性矩。

框架梁及连系梁截面形状较多,一般采用矩形、T 形、花篮形、十字形及倒 T 形等,见图 3-6 所示。柱的截面形状一般为正方形或矩形。

梁、柱的截面尺寸的选定,可参考相同类型房屋的已有设计资料或按下述近似方法估算,并满足强度和刚度要求。

梁的截面尺寸可按弯矩 $M = (0.6 \sim 0.8)$ M_0 估算,M_0 为简支梁时的跨中最大弯矩,也可参考高跨比要求取梁的截面高 $h = (1/10 \sim$

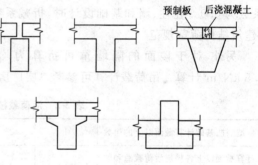

图 3-6 框架梁截面形式

$1/18)l$,其中 l 为梁的跨度。梁的截面宽度 $b = (1/2 \sim 1/3)h$,且不宜小于 200 mm,一般梁的截面高度和宽度取50 mm的倍数。

柱的截面尺寸可将轴力增大 20% ~ 40%,按轴心受压柱进行估算。一般柱的截面高度 $h = (1/6 \sim 1/15)H$,不宜小于 400 mm,式中 H 为层高。柱截面宽度 $b = (1 \sim 2/3)h$,不宜小于 250 mm,一般柱的截面高度应取100 mm的倍数,柱的截面宽度应取50 mm的倍数。

在多层框架结构中,为了减少构件类型,各层梁、柱截面的形状和尺寸往往相同,而仅在设计时对截面配筋加以改变。

2. 梁、柱截面惯性矩

在框架结构内力与位移计算中,现浇楼面可以作为框架梁的有效翼缘,每一侧翼缘的有效宽度可以取至板厚的 6 倍;装配整体式楼面视其整体性可取等于或小于板厚的 6 倍。无现浇面层的装配式楼面,楼面的作用不予考虑。

在设计中可采用下列方法计算框架梁的惯性距:

现浇式楼盖的框架:边框架梁 $I = 1.5I_r$,中框架梁 $I = 2I_r$;

装配整体式楼盖的框架:边框架梁 $I = 1.2I_r$,中框架梁 $I = 1.5I_r$;

装配式楼盖的框架：框架梁 $I=I_r$。

I_r 为框架梁矩形部分的惯性距，框架柱的惯性距按实际截面尺寸计算。

第四节 荷 载

作用于框架结构上的荷载，按其对框架受力性质的影响可分为竖向荷载和水平荷载。竖向荷载包括恒载、使用的活荷载、雪荷载、屋面积灰荷载和施工检修荷载等。水平荷载在非地震区仅为风荷载。此外，对某些多层厂房还有吊车荷载。

一、竖向荷载

恒载的计算可按结构构件的设计尺寸与材料单位体积的自重计算确定。楼面、屋面活载的计算，可根据不同房屋类别和使用要求由《建筑结构荷载规范》（GB 50009—2001）查得，但应注意该规范关于使用活荷载折减的规定。该规定要求对民用建筑的楼面梁、柱、墙及基础设计时，作用于楼面均布活荷载可根据楼面梁从属面积、层数、房屋类别乘以不同的折减系数，以考虑使用活荷载在所有各层不可能同时满载的实际情况。例如在设计多层住宅、宿舍、旅馆等房屋楼面梁时，若楼面梁从属面积超过 25 m² ，则楼面活荷载标准值的折减系数为 0.9。在柱、墙和基础设计时，折减系数按表 3-2 取值。其他类别房屋的折减系数见《建筑结构荷载规范》。

另外，对于楼面的隔墙重可折算为均布活载 1.25 kN/m²，对楼面上管道重可按 0.5 kN/m² 计算。吊荷载计算可参考单层厂房中的计算进行。

表 3-2 活荷载按楼层数的折减系数

墙、柱、基础计算截面以上的层数	1	2～3	4～5	6～8	9～20	＞20
计算截面以上各楼层活荷载总和的折减系数	1.00(0.9)	0.85	0.70	0.65	0.6	0.55

注：当楼面梁的从属面积超过 25 m² 时，采用括号内的系数。

二、风 荷 载

风荷载的大小主要与建筑物体型和高度以及所在地区地形地貌有关。作用于多层框架房屋外墙的风荷载标准值按公式(2-7)计算。

第五节 竖向荷载作用下框架内力近似计算

框架是典型的杆件体系，《结构力学》中已介绍过超静定刚架（框架）内力和位移的多种计算方法，这些方法计算比较精确，但对计算多跨多层框架却十分烦琐，计算工作量大，而有一些用于手算的近似方法，如分层法、力矩分配法、叠代法等，由于计算简便，易于掌握，其计算结果一般能满足多层框架设计精度的要求。因此在实际工程中，特别是在初步设计时常常被采用，下面仅讨论竖向荷载作用下框架内力近似计算方法之一——分层法。

由力法和位移法精确计算可知，多层多跨框架在竖向荷载作用下，侧移较小，并且每层梁

上的荷载只对本层梁、柱产生影响,而对其他层杆件内力影响不大,为了简化计算,可作如下假定:

(1)在竖向荷载作用下,框架的侧移忽略不计;

(2)每层梁上荷载对其他层杆件内力的影响忽略不计。

这样在此假定的前提下,可将多层框架简化为单层框架,分层作力矩分配计算,即计算时可将各层梁及上、下柱所组成的框架作为一个独立的计算单元分层计算。分层计算得到的梁弯矩即为其最后弯矩。由于每一根柱都同时属于上、下两层,故柱的最后弯矩由上、下相邻两层计算得到的弯矩值叠加而成,如图3-7所示。

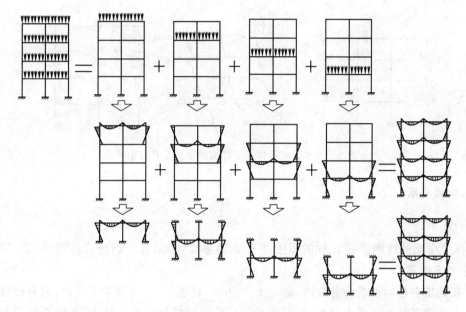

图 3-7 分层法计算过程

《结构力学》中用力矩分配法计算时首先要确定各杆件的转动刚度 S:远端固定时,$S=4i$;远端铰支时,$S=3i$;远端为滑动时 $S=i$。其中 i 为线刚度。

然后再确定每个节点各杆的弯矩分配系数 μ_{jk},即

$$\mu_{jk}=\frac{S_{jk}}{\sum S_{jk}}, \sum S_{jk}=1 \tag{3-1}$$

每一杆件由近端至远端的弯矩传递系数 C 取值为

远端固定 $C=1/2$; 远端铰支 $C=0$; 远端滑动 $C=-1$

将力矩分矩法运用到分层法计算中必须注意:在框架分层计算时,除底层柱下端支座与原结构下端支座相同外,其他各柱的柱端实际上有转角不是固定端,而是介于固定与铰支之间的弹性固定支座。为了修正在分层计算简图中假定上、下柱的远端为固定端所引起的误差,应将除底层柱外的其他各柱的线刚度乘以折减系数0.9,并取其传递系数 C 为1/3。

分层计算结果叠加后,框架节点上的弯矩可能不平衡,但通常不平衡力矩不会很大,如果不平衡力矩较大计算精度不足,可对这些节点的不平衡力矩再做一次分配。

分层法一般用于结构与荷载沿高度分布比较均匀的多层框架的内力计算,对于侧移较大或不规则的多层框架则不宜采用。

第六节　水平荷载作用下框架内力近似计算

多层框架承受水平荷载作用一般可简化为受节点水平力的作用,其变位图和弯矩图如图 3-8 所示,各梁、柱弯矩图都是直线形,并且每根杆件都有一个反弯点,但位置不一定相同。如果能够求出各柱的剪力 V_{ij} 及反弯点位置 yh,则柱和梁的弯矩都可以求得。因此,对水平荷载作用下的框架内力近似计算,就是要根据不同情况进行必要的简化,确定各柱间剪力分配和各柱反弯点位置,本节讨论反弯点法和 D 值法两种近似计算方法。

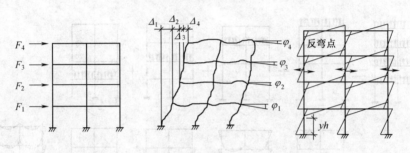

图 3-8　水平荷载作用下框架的变位图和弯矩图

一、反弯点法

(一)基本假定

当框架横梁的线刚度 i_b 比柱的线刚度 i_c 大得多时,框架各节点角位移很小,为了方便计算,可作如下假定:

1. 在确定各柱间的剪力分配时,假定 $i_b/i_c=\infty$,即各柱上、下两端无转角,只有侧移。

2. 在确定各柱的反弯点位置时,假定受力后除底层柱外的各层柱上、下两端转角相同,即除底层柱外各层柱反弯点位置均在柱高度中央。

3. 忽略轴力引起的各杆件的变形,即在同一横梁高程处各柱端产生一个相同的水平位移。

(二)计算要点

1. 柱的侧移刚度

根据假定 1,各柱端转角为零,并由《结构力学》杆件转角位移方程求得

$$d=12i_c/h^2 \tag{3-2}$$

式中　h——柱高;

　　　i_c——柱的线性刚度,$i_c=EI_c/h$。

2. 各柱反弯点位置

由假定 2 知,除底层柱外上层各柱反弯点的位置均在柱高中点。底层柱下端为固定端,上端为弹性固定,其反弯点位置应偏于上端,可取距柱底 2/3 柱高处。

3. 各柱剪力的计算

以图 3-8 顶层为例,从顶层各柱的反弯点处切开,取上部分为隔离体(图 3-9)由平衡条件得

$$F_4 = V_{41} + V_{42} + V_{43}$$

由基本假定可知 $\Delta_{41} = \Delta_{42} = \Delta_{43} = \Delta_4$

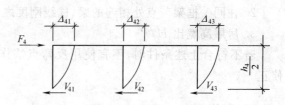

图 3-9 顶层隔离体

则 $\quad V_{41} = d_{41}\Delta_4$

$\quad V_{42} = d_{42}\Delta_4$

$\quad V_{43} = d_{43}\Delta_4$

式中,d_{41}、d_{42}、d_{43} 为各柱侧移刚度。

将 Δ_{41}、Δ_{42}、Δ_{43} 代入平衡方程式,整理得

$$\Delta_4 = \frac{F_4}{d_{41} + d_{42} + d_{43}} = \frac{F_4}{\sum d_{4j}}$$

其中 $\sum d_{4j}$ 为顶层各柱侧移刚度之和,所以顶层各柱剪力为

$$V_{41} = \frac{d_{41}}{\sum d_{4j}}F_4, \quad V_{42} = \frac{d_{42}}{\sum d_{4j}}F_4, \quad V_{43} = \frac{d_{43}}{\sum d_{4j}}F_4$$

依次将各层柱从反弯点处切开,即可算出各柱剪力。

综上所述,每一层各柱剪力之和等于该层以上水平荷载之和,而每一根柱分配到的剪力与该柱侧移刚度成正比,即各柱剪力为

$$V_{ij} = \frac{d_{ij}}{\sum d_{ij}}\sum F \tag{3-3}$$

式中　V_{ij}——第 i 层第 j 柱承受的剪力;

$\quad d_{ij}$——第 i 层第 j 柱的侧移刚度;

$\quad \sum d_{ij}$——第 i 层各柱侧移刚度之和;

$\quad \sum F$——第 i 层以上水平荷载之和。

4. 各柱端弯矩计算

求出各柱承受的剪力和反弯点的位置后,即可求出各柱端弯矩。

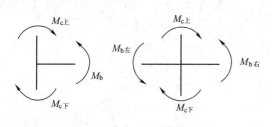

图　3-10

底层柱上端弯矩　　　$M_{1j上} = V_{1j}h_1/3 \tag{3-4}$

底层柱下端弯矩　　　$M_{1j下} = 2V_{1j}h_1/3$

$$\tag{3-5}$$

其他各层柱上、下端弯矩

$$M_{ij上} = M_{ij下} = V_{ij}h_i/2 \tag{3-6}$$

5. 梁端弯矩计算

梁端弯矩可由节点平衡条件求出,并按同一节点上各梁的线刚度大小分配,如图 3-10 所示。

边柱节点　　$M_b = M_{c上} + M_{c下} \tag{3-7}$

中柱节点　　$M_{b左} = \dfrac{i_{b左}}{i_{b左} + i_{b右}}(M_{c上} + M_{c下}) \tag{3-8}$

$$M_{b右} = \dfrac{i_{b右}}{i_{b左} + i_{b右}}(M_{c上} + M_{c下}) \tag{3-9}$$

(三)反弯点法的适用条件

1. 适用于规则框架或近似于规则框架(即各层层高、跨度、梁、柱线刚度变化不大);

2. 在同一框架节点处相连的梁、柱线刚度之比 $i_b/i_c \geqslant 3$;

3. 房屋高宽比 $H/B < 4$。

若不符合上述条件时,不宜使用反弯点法作近似计算(只能用作估算),需对此作进一步修正。

二、D 值 法

反弯点法是梁柱线刚度比大于 3 时,在前面基本假定的简化下的一种近似计算方法。当上、下层层高发生变化,柱截面较大,梁柱线刚度比较小时,用反弯点法计算内力误差较大。这是由于:(1)框架柱上、下端转角不可能相同,即反弯点位置不一定都在柱高中点;(2)横梁的刚度也不可能无限大,柱的侧移刚度不完全仅取决于柱本身($d = 12i_c/h^2$),它还与梁的刚度有关。因而应该用调整反弯点位置和修正柱的侧移刚度的方法来计算水平荷载作用下框架的内力,修正后的柱侧移刚度用 D 表示,故称为 D 值法,该方法当确定了柱修正后的反弯点位置和侧移刚度之后,其内力计算与反弯点法相同,故又称改进反弯点法。现在的问题就是如何确定柱子修正后的侧移刚度 D 值和调整后反弯点位置 yh。

(一)基本假定

1. 在确定柱侧移刚度 D 值时,假定该柱以及与该柱相连的各杆杆端转角均为 θ,并且该柱与上、下相邻两柱的弦转角均为 φ,柱的线刚度均为 i_c。

2. 在确定各柱反弯点位置时,假定同层各节点的转角相等,即各层横梁的反弯点在梁跨度中央且无竖向位移。

3. 忽略各杆轴向变形。

(二)柱侧移刚度 D 值

当梁、柱线刚度比不大时,在水平荷载作用下,框架不仅有侧移,而且各节点有转角(见图 3-8 所示)。若柱端相对侧移为 Δ,两端转角为 θ_1 及 θ_2,如图 3-11 所示,则由转角位移方程有

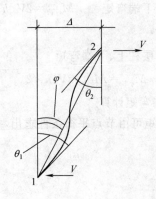

图 3-11

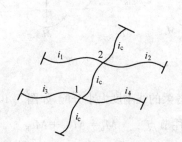

图 3-12

$$V = \frac{12i_c}{h^2}\Delta - \frac{6i_c}{h}(\theta_1 + \theta_2) \tag{3-10}$$

产生单位侧移所需的剪力即侧移刚度为

$$D = \frac{V}{\Delta} = \frac{12i_c}{h^2}\left[1 - \frac{\theta_1 + \theta_2}{2\Delta} \cdot h\right]$$

令
$$\alpha_c = 1 - \frac{(\theta_1 + \theta_2)}{2\Delta} \cdot h \qquad (3\text{-}11)$$

则
$$D = \alpha_c \cdot \frac{12i_c}{h^2} \qquad (3\text{-}12)$$

式中 α_c 为柱侧移刚度修正系数，它反应了梁柱线刚度比对柱侧移刚度的影响，下面就来讨论一下。

从图 3-8 中间取出一部分，如图 3-12 所示，由基本假设，并假设各层层高相等，则梁柱节点转角相等，均为 $\theta_1 = \theta_2 = \theta$，各层层间位移相等均为 Δ。分别取节点 1、2 为隔离体，由平衡条件 $\sum M = 0$，可得

$$4(i_3 + i_4 + i_c + i_c)\theta + 2(i_3 + i_4 + i_c + i_c)\theta - 6(i_c + i_c)\Delta/h = 0$$
$$4(i_1 + i_2 + i_c + i_c)\theta + 2(i_1 + i_2 + i_c + i_c)\theta - 6(i_c + i_c)\Delta/h = 0$$

将上两式相加整理得

$$\theta = \frac{2}{2 + \dfrac{\sum i}{2i_c}} \cdot \frac{\Delta}{h} = \frac{2}{2 + K} \cdot \frac{\Delta}{h} \qquad (3\text{-}13)$$

式中，$\sum i = i_1 + i_2 + i_3 + i_4$，$K = (i_1 + i_2 + i_3 + i_4)/2i_c$。

将 $\theta_1 = \theta_2 = \theta$ 以及式(3-13)代入式(3-11)中，则得

$$\alpha_c = \frac{K}{2 + K} \qquad (3\text{-}14)$$

对于框架的底层柱，由于底端为固定端，无转角，可用类似方法得出底层柱的 K 值及 α_c 值。表 3-3 给出了框架中常用情况的梁柱线刚度比 K 值与 α_c 值。

表 3-3　常用情况 K 值与 α_c 值

楼　层	简　图	K	α_c
一般层柱	i_2　i_1　i_2 i_c　　i_c i_4　i_3　i_4	$K = \dfrac{i_1 + i_2 + i_3 + i_4}{2i_c}$	$\alpha_c = \dfrac{K}{2 + K}$
底层柱	i_2　i_1　i_2 i_c　　i_c	$K = \dfrac{i_1 + i_2}{i_c}$	$\alpha_c = \dfrac{0.5 + K}{2 + K}$

注：当为边柱时，取式中 $i_1 = i_3 = 0$。

（三）反弯点位置

各层柱的反弯点位置随柱两端的相对约束程度而变化，即与该柱上、下端转角大小有关。若柱上、下端的转角相同，反弯点就在柱高中点；若柱上端转角大于柱下端转角，则反弯点移向柱上端。影响柱两端约束程度的因素有：(1)框架总层数 n 以及计算柱所在楼层数 i；(2)所受水平荷载形式；(3)梁、柱线刚度比 K；(4)计算柱上、下层梁线刚度比；(5)上、下层层高的变化。具体确定反弯点位置时，可根据假定先按标准规则框架（各层柱高，跨度梁、柱线刚度均相

同)求出各层柱的反弯点位置,并称这种标准框架柱的反弯点为标准反弯点,然后分别针对上、下梁线刚度比和上、下层柱高变化对标准反弯点位置作出进一步修正,最终结果即为修正后反弯点的位置。于是,框架各层柱经过修正后的反弯点的高度可用下式计算:

$$Y = yh = (y_0 + y_1 + y_2 + y_3)h \tag{3-15}$$

式中　Y——反弯点高度,即反弯点到柱下端的距离;

　　　y——反弯点高度比,即反弯点高度与柱高的比值;

　　　h——计算层柱高;

　　　y_0——标准反弯点高度比;

　　　y_1——上下梁线刚度变化时反弯点高度比修正值;

　y_2、y_3——上下层柱高变化时反弯点高度比修正值。

下面对 y_0、y_1、y_2、y_3 取值作一简单说明。

1. 标准反弯点高度比 y_0:根据框架总层数 n,计算柱所在层数 m,梁柱线刚度比 K 以及水平荷载形式由附表 9、附表 10 查得的,若框架层数越多,梁柱线刚度比较大,则反弯点位置就越接近柱高中点,若计算层越接近顶层,则柱反弯点的位置越低。

2. 上下梁线刚度变化时修正值 y_1:根据上下横梁线刚度比 α_1 及 K 由附表 11 查得,对底层柱不考虑 y_1 修正值。若计算柱上层横梁线刚度大于下层横梁线刚度,则反弯点位置向上移。

3. 上层柱高变化时修正值 y_2:根据上层柱高与计算层柱高之比 $\alpha_2 = h_上/h$ 及 K 由附表 12 查得,对顶层柱不考虑此项修正。若上层柱较高则反弯点位置向上移。

4. 下层柱高变化时修正值 y_3:根据下层柱高与计算层柱高之比 $\alpha_3 = h_下/h$ 及 K 由附表 12 查得,对底层柱不考虑此项修正。若下层柱较高则反弯点位置向下移。

当各层框架侧移刚度 D 值和柱反弯点位置 yh 确定后,与反弯点法一样,可求出各柱在反弯点处的剪力值及各杆弯矩,即可按反弯点法相同步骤进行框架内力分析。

第七节　水平荷载作用下框架侧移近似计算

多层框架结构的侧移主要是水平荷载引起。在水平荷载作用下的框架侧移,可以近似地认为是由梁柱弯曲变形和柱的轴向变形所引起的侧向位移的叠加。由于层间剪力一般越靠下层越大,故由梁柱弯曲变形(梁柱本身剪切变形甚微,工程上可以忽略)所引起的框架层间侧移具有越靠底层越大的特点,其侧移曲线与悬臂柱剪切变形曲线相似,故称框架这种变形为剪切型变形曲线(图 3-13)。而由柱的轴向变形所引起的框架侧移曲线与一悬臂柱弯曲变形的侧移曲线相似,故称框架这种变形为弯曲型变形曲线(图 3-14)。

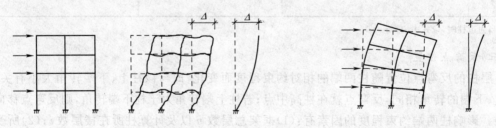

图 3-13　剪切型变形曲线　　　　　　　　图 3-14　弯曲型变形曲线

对于层数不多的多层框架结构，一般柱轴向变形引起的侧移很小，可以忽略不计，在近似计算中，只需计算梁柱弯曲引起的侧移，即剪切型变形。

梁柱弯曲变形引起的侧移可用 D 值法近似计算。由式（3-12）可求得框架各柱的侧移刚度 D 值，则第 i 层各柱（共 m 个）侧移刚度之和为 $\sum\limits_{j=1}^{m} D_{ij}$，根据层间侧移刚度的物理意义（即产生单位层间侧移所需的层间剪力）可得近似计算层间侧移 Δu_i 的公式如下：

$$\Delta u_i = \sum V_{ij} / \sum D_{ij} \tag{3-16}$$

由 $\sum F = \sum V_{ij}$，有

$$\Delta u_i = \sum F / \sum D_{ij} \tag{3-17}$$

式中　$\sum V_{ij}$——层间剪力，即第 i 层各柱由水平荷载引起的剪力之和；

　　　$\sum F$——第 i 层以上所有水平荷载之和。

框架顶点的侧移即为所有层（共 n 层）层间侧移之和，即

$$u = \sum_{i=1}^{n} \Delta u_i \tag{3-18}$$

在正常使用条件下，多层框架结构应处于弹性状态，并且有足够的刚度，避免产生过大的位移而影响结构的承载力、稳定性和使用。若框架顶点侧移过大将不仅影响正常使用，还可能使结构出现过大裂缝甚至破坏；若层间侧移过大，将会使填充墙和建筑装饰损坏，因此必须对它们加以限制。

框架层间位移应满足：$\dfrac{\Delta u_i}{h} \leqslant \dfrac{1}{550}$

式中，h 为层高。

第八节　框架的内力组合

通过前面内力计算可求得多层框架在各种荷载作用下的内力值。为了进行框架梁柱截面设计，还必须求出构件的最不利内力。例如，为了计算框架梁某截面下部配筋时，必须找出此截面的最大正弯矩；确定截面上部配筋时，必须找出该截面的最大负弯矩。一般说来，并非所有荷载同时作用时截面的弯矩为最大值，而是某些荷载组合作用下得到该截面的弯矩最大值。对于框架柱也是如此，在某些荷载作用下，截面可能属于大偏心受压，而在另一些荷载作用下，可能属于小偏心受压。因此，在框架梁、柱设计前，必须确定构件控制截面（能对构件配筋起控制作用的截面），并求出其最不利内力，作为梁、柱以及基础的设计的依据。

一、控制截面的选择

框架在荷载作用下，内力一般沿杆件长度变化。为了便于施工，构件的配筋通常不完全与内一样变化，而是分段配筋的，设计时可根据内力变化情况选取几个控制截面的内力作配筋计算。对于框架柱，由于弯矩最大值在柱的两端，剪力和轴力在同一层内变化不大，因此，一般选择柱上、下端两个截面作为控制截面。对于框架横梁，至少选择两端及跨中三个截面作为控制截面。在横梁两端支座截面处，一般负弯矩及剪力最大，但也有可能由于水平荷载作用出现正弯矩，而导致在支座截面处最终组合为正弯矩，在横梁跨中截面一般正弯矩最大，但也要注意最终组合可能出现负弯矩。

由于框架内力计算所得的内力是轴线处的内力，而梁两端控制截面应是柱边处截面，因此

应根据柱轴线处的梁弯矩、剪力,换算出柱边截面梁的弯矩和剪力(图 3-15)。为简化计算,可按下列近似公式计算:

$$M_b = M - \frac{V_b}{2} \qquad (3-19)$$

$$V_b = V - \frac{(g+q)b}{2} \qquad (3-20)$$

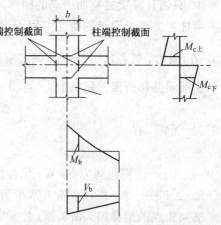

图 3-15 梁柱端部控制截面

式中　M_b、V_b——柱边处梁控制截面的弯矩和剪力;

　　　M、V——框架柱轴线处梁的弯矩和剪力;

　　　b——柱宽度;

　　　g、q——梁上的恒载和活载。

框架柱两端控制截面应是梁边处截面,根据梁轴线处柱的弯矩可换算出梁边处柱的弯矩,但一般近似地取轴线处的内力作为柱控制截面的内力。

二、框架梁、柱内力组合

对于框架梁,一般只组合支座截面的$-M_{max}$、V_{max}以及跨中截面$+M_{max}$三项内力。对于框架柱,一般采用对称配筋,需进行下列几项不利内力组合:

(1)M_{max}及相应的 N、V;

(2)N_{max}及相应 M、V;

(3)N_{min}及相应 M、V。

通常框架柱按上述内力组合已能满足工程上的要求,但在某些情况下,它可能都不是最不利的,例如,对大偏心受压构件,偏心距越大(即弯矩 M 越大,轴力 N 越小)时,截面配筋量往往越多,因此应注意有时弯矩虽然不是最大值而比最大值略小,但它对应的轴力却减小很多,按这组内力组合所求出的截面配筋量反而会更大一些。

三、竖向活载的最不利布置

竖向活荷载是可变荷载,它可以单独作用在某层的某一跨或某几跨,也可能同时作用在整个结构上,对于构件的不同截面或同一截面的不同种类的最不利内力,往往有各不相同的活荷载最不利布置。因此,活荷载的最不利布置需要根据截面的位置,最不利内力的种类来确定。活荷载最不利布置可有以下几种:

1. 逐跨施荷法

将活荷载逐层逐跨单独地作用于结构上(图 3-16),分别计算出框架的内力,然后叠加求

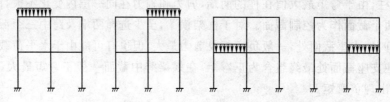

图 3-16 逐跨施荷法

出各控制截面可能出现的几组最不利内力。采用这种方法,各种荷载情况的框架内力计算简单、清楚。但计算工作量大,故多用于计算机求解框架内力。

2. 分跨施荷法

当活荷载不是太大时,可将活荷载分跨布置(图 3-17),并求出内力,然后叠加求出控制截面的不利内力。这种方法与逐跨施荷法相比,计算工作量大大减少,但此法求出的内力组合值并非最不利内力。因此,采用此法计算时可不考虑活荷载的折减。

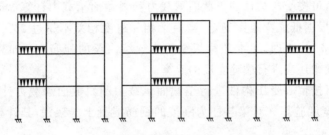

图 3-17　分跨施荷法

3. 最不利荷载位置法

这个方法是先确定对某一控制截面产生最不利内力的活荷载位置,然后在这些位置上布置活荷载,进行框架内力分析,所求得的该截面的内力即为最不利内力。在采用分层法近似计算时,实际上还可进一步简化。

对于框架横梁可仅考虑本层活荷载的影响,其控制截面活荷载最不利布置与连续梁相同。对于框架柱的最大弯矩,考虑该柱上、下相邻两层活荷载的不利布置,将上、下二层该柱一侧的两跨布置活载,然后隔跨布置活载,图 3-18(a)表示柱 B_1、B_2 右侧受拉时弯矩最大的活载布置。对于柱的轴力,则应考虑将该柱以上各层的轴力传至该柱,如图 3-18(b)表示柱 B_1、B_2 轴力最大,同时弯矩也较大时活荷载的布置。

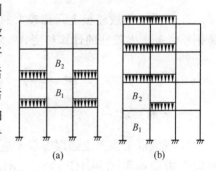

(a)　　　　(b)

图 3-18　最不利荷载布置法

4. 满布荷载法

以上 3 种方法都需要考虑多种荷载情况才能求出控制截面的最不利内力,计算量较大。一般情况下,在多层框架结构中,楼面活荷载较小。为了减少计算工作量,可将竖向活荷载同时作用所有框架的梁上,即不考虑活荷载的不利布置,而与恒载一样按满跨布置。这样求得的支座弯矩足够准确,但跨中弯矩偏低,因而,此法算得的跨中弯矩宜乘以 1.1~1.2 的增大系数。此法对楼面荷载很大(大于 $5.0\ kN/m^2$)的多层工业厂房或公共建筑不宜采用。

四、框架梁端的弯矩调幅

为了避免框架支座截面负弯矩钢筋过多而难以布置,并考虑到框架在设计时假设各节点为刚性节点,但一般达不到绝对刚性的要求。因此,在竖向荷载作用下,考虑梁端塑性变形的内力重分布可对梁端负弯矩进行调幅。通常是将梁端负弯矩乘以调幅系数,降低支座处的负弯矩。

对装配式框架,梁端负弯矩调幅系数可为 0.7~0.8,对现浇框架,调幅系数可为 0.8~

0.9。梁端负弯矩减小后,应按平衡条件计算调幅后跨中弯矩。弯矩调幅只对竖向荷载作用下的内力进行,竖向荷载产生的梁的弯矩应先调幅,再与水平荷载产生的弯矩进行组合。

第九节 框架梁、柱截面配筋计算

在框架内力分析和内力组合完成后,应对每一梁柱进行截面计算,配置钢筋。

对于现浇框架,可按受弯构件的正截面承载力和斜截面承载力计算纵筋和腹筋。纵筋的弯起与切断位置可根据抵抗弯矩图确定,当横梁相邻跨度相差不超过 20%,且梁上均布恒载与活载设计值之比 $q/g \leqslant 3$ 时,可参照梁板结构中连续次梁的配筋构造布置纵筋的弯起与切断。此外,对框架横梁还应进行裂缝宽度的验算。

对于框架柱,可按偏心受压构件进行正截面承载力和斜截面承载力计算,当偏心距较大时,尚应进行裂缝宽度验算。对梁与柱为刚接的钢筋混凝土框架柱,其计算长度按下列规定取用。

1. 一般多层房屋的钢筋混凝土框架柱

现 浇 楼 盖:底层柱 $l_0 = 1.0H(H$ 为柱高)

           其余各层柱 $l_0 = 1.25H$

装配式楼盖:底层柱 $l_0 = 1.25H$

           其余各层柱 $l_0 = 1.5H$

2. 不设楼板或楼板上开孔较大的多层钢筋混凝土框架柱以及无抗侧向力刚性墙体的单跨钢筋混凝土框架柱的计算长度,应根据可靠设计经验或计算确定。

第十节 现浇框架的构造要求

一、一般要求

1. 现浇框架混凝土强度等级不应低于 C20,梁、柱混凝土强度等级相差不宜大于 5 MPa。纵向受力钢筋可采用 HPB300、HRB335、HRB400 级钢筋,箍筋采用 HPB300、HRB335 级钢筋。

2. 框架柱宜采用对称配筋,纵向受力钢筋的直径不宜小于 12 mm。全部纵向受力钢筋的配筋率不宜超过 3%、不应大于 5%,也不应小于 0.6%,且一侧配筋率不应小于 0.2%,纵向受力钢筋的间距不应大于 350 mm,净距也不应小于 50 mm。

3. 当偏心受压柱的截面高度 $h \geqslant 600$ mm 时,在柱的侧面上应设置直径为 10~16 mm 的纵向构造钢筋,并相应放置复合箍筋或拉筋。

4. 柱的箍筋应做成封闭式。间距不应大于柱截面短边尺寸、不大于 400 mm 以及不大于 $15d,d$ 为纵筋直径。柱的纵向钢筋每边 4 根及 4 根以上时,应设置复合箍筋。

5. 框架梁纵向受拉钢筋的最小配筋率支座不应小于 0.25% 和 $55f_t/f_y$ 中的较大值,跨中不应小于 0.2% 和 $45f_t/f_y$ 中的较大值,在梁的跨中上部,至少应配置 $2\phi12$ 钢筋与梁支座的负钢筋搭接。

6. 框架梁支座截面下部至少应有两根纵筋伸入柱中,如需向上弯时,则钢筋自柱边到上弯点水平长度不应小于 $10d$。

7. 框架梁的纵筋不应与箍筋、拉筋及预埋件等焊接。

8. 框架的填充墙或隔墙应优先选用预制轻质墙板,并必须与框架牢固地连接。

二、节点构造

1. 框架梁上部纵向钢筋伸入中间层端节点的锚固长度,当采用直线锚固形式时,不应小于 l_{ab},且伸过柱中心线不宜小于 $5d$,d 为梁上部纵向钢筋的直径。当柱截面尺寸不足时,梁上部纵向钢筋应伸至节点对边并向下弯折,其包含弯弧段在内的水平投影长度不应小于 $0.4l_{ab}$,包含弯弧段在内的竖直投影长度应取为 $15d$,如图 3-19 所示。

2. 框架梁的上部纵向钢筋应贯穿中间节点,框架梁梁下部纵向钢筋在节点处应满足锚固要求,如图 3-20 所示。

3. 框架柱的纵向钢筋应贯穿中间层中间节点和中间层端节点,柱纵向钢筋接头应设在节点区以外。

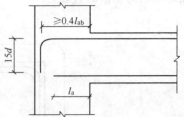

图 3-19 梁上部纵向
钢筋在框架中间层
端节点内的锚固
(l_{ab} 为锚固基本长度)

顶层中间节点的柱纵向钢筋及顶层端节点的内侧柱纵向钢筋可用直线方式锚入顶层节点,其自梁底高程算起的锚固长度不应小于锚固长度 l_{ab},且柱纵向钢筋必须伸至柱顶。当顶层节点处梁截面高度不足时,柱纵向钢筋应伸至柱顶并向节点内水平弯折。当充分利用柱纵向钢筋的抗拉强度时,柱纵向钢筋锚固段弯折前的竖直投影长度不应小于 $0.5l_{ab}$,弯折后的水平投影长度不宜小于 $12d$。当柱顶有现浇板且板厚不小于 $100\ mm$、混凝土强度等级不低于 C20 时,柱纵向钢筋也可向外弯折,弯折后的水平投影长度不宜小于 $12d$。此处,d 为纵向钢筋的直径。

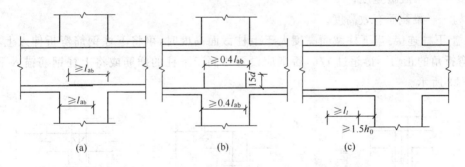

图 3-20 梁下部纵向钢筋在节点范围的锚固与搭接

框架顶层端节点处,可将柱外侧纵向钢筋的相应部分弯入梁内作梁上部纵向钢筋使用,也可将梁上部纵向钢筋与柱外侧纵向钢筋在顶层端节点及其附近部位搭接。搭接可采用下列方式:

(1)搭接接头可沿顶层端节点外侧及梁端顶部布置〔图 3-21(a)〕,搭接长度不应小于1.5 l_{ab},其中,伸入梁内的外侧柱纵向钢筋截面面积不宜小于外侧柱纵向钢筋全部截面面积的65%;梁宽范围以外的外侧柱纵向钢筋宜沿节点顶部伸至柱内边,当柱纵向钢筋位于柱顶第一层时,至柱内边后宜向下弯折不小于 $8d$ 后截断;当柱纵向钢筋位于柱顶第二层时,可不向下弯折。当有现浇板且板厚不小于100 mm、混凝土强度等级不低于 C20 时,梁宽范围以外的外侧柱纵向钢筋可伸入现浇板内,其长度与伸入梁内的柱纵向钢筋相同。当外侧柱纵向钢筋配筋率大于 1.2%时,伸入梁内的柱纵向钢筋应满足以上规定,且宜分两批截断,其截断点之间

的距离不宜小于 $20d$。梁上部纵向钢筋应伸至节点外侧并向下弯至梁下边缘高度后截断。此处,d 为柱外侧纵向钢筋的直径。

(2)搭接接头也可沿柱顶外侧布置〔图 3-21(b)〕,此时,搭接长度竖直段不应小于 $1.7l_{ab}$,当梁上部纵向钢筋的配筋率大于 1.2% 时,弯入柱外侧的梁上部纵向钢筋应满足以上规定的搭接长度,且宜分两批截断,其截断点之间的距离不宜小于 $20d$,d 为梁上部纵向钢筋的直径。柱外侧纵向钢筋伸至桩顶后宜向节点内水平弯折,弯折段的水平投影长度不宜小于 $12d$,d 为柱外侧纵向钢筋的直径。

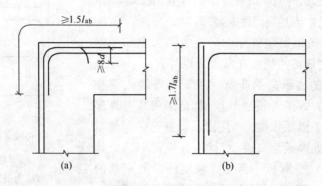

图 3-21 顶层端节点纵向钢筋的搭接

4. 框架顶层端节点处梁上部纵向钢筋的截面面积 A_s,应符合下列规定:

$$A_s \leqslant \frac{0.35\beta_c f_c b_b h_0}{f_y}$$

式中 b_b——梁腹板宽度;

h_0——梁截面有效高度。

5. 上下柱连接:当下柱截面高度大于上柱截面高度时,可将下柱钢筋弯折伸入上柱后搭接,其弯折角的正切不得超过 $1/6$,否则应设置锚固于下柱的插筋或将上柱钢筋锚入下柱内,如图 3-22 所示。

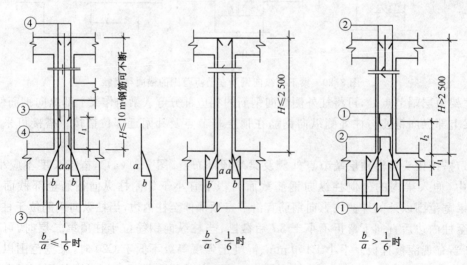

图 3-22 上、下柱连接节点

第十一节 多层框架结构的基础

一、基础的类型及其选择

多层框架结构房屋的基础,一般可做成柱下独立基础、柱下条形基础、十字形基础、片筏基础和桩基础等(图 3-23)。

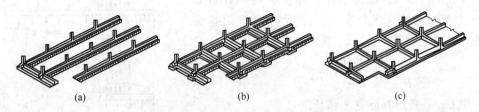

图 3-23 基础形式
(a)条形基础;(b)十字形基础;(c)片筏基础

柱下独立基础与单层厂房柱下独立基础相同,多为现浇式。用于层数不多,地基条件较好且柱距较大的框架结构。

柱下条形基础是将纵向柱基础连接成单向条形,其上部各片框架结构由条形基础连成整体。它可用于地基承载力不足,需加大基础底面面积,而配置柱下独立基础又在平面尺寸上受到限制的情况。当柱荷载或地基压缩性分布不均匀,且建筑物对不均匀沉降敏感时采用柱下条形基础能收到一定效果。

十字形基础是将纵横向的柱基础都连接成条形,从而使上部结构在纵横向都有联系。

片筏基础是将十字形基础底面扩大成片,使底板覆盖房屋底层面积而形成的满堂基础。此基础具有足够刚度和稳定性。它适用在软土地基上,以满足较弱地基承载力的要求,减少地基的附加应力和不均匀沉降。

当上部结构的荷载较大且浅层地基土又软弱时,采用片筏基础也不能满足建筑物对地基承载力和变形的要求时,可考虑深基础方案,常采用桩基础。

基础类型的选择,不仅取决于工程地质与水文地质条件,而且还必须考虑房屋的使用要求、上部结构对地基土不均匀沉降及倾斜的敏感程度以及施工条件等诸多因素。由于采用浅基础,其埋置深度不大,地基不作处理即可建造房屋,用料较省,造价低、工期短,并且无需复杂的施工设备,为此选择基础方案时通常优先考虑浅基础。

下面仅讨论柱下条形基础的计算与构造。

二、柱下条形基础的内力计算

在计算柱下条形基础内力之前,应先按常规方法选定基础底面的长度 L 和宽度 B。基础长度可按主要荷载合力作用点与基底形心尽可能靠近的原则,并结合端部伸出边柱以外的长度 l_0 确定,基础宽度可按下式确定:

$$A = B \times L \geqslant \frac{F_k}{f_a - \gamma_0 d} \tag{3-21}$$

柱下条形基础一方面承受上部结构所传来的荷载,另一方面又承受基底反力的作用,只要确定基底反力的分布规律及大小,条形基础的内力便可算出。

（一）按基底反力直线分布假定计算

此假定是将基础视为绝对刚性，在外荷载作用下，基础只发生刚体运动而不产生相对变形，因此基础下的土反力按线性分布。实践中按线性分布假定常采用以下两种简化的内力计算方法，即静定分析法和倒梁法。

静定分析法是一种沿用很久的简化方法，如图3-24所示，先将柱脚视为固端，经上部结构分析得到固端荷载 $P_1 \sim P_4$、M_3、M_4，基础梁上可能还受有局部分布荷载，假定基底反力按直线分布，通过静力平衡求出基底反力最大值 P_{max} 和最小值 P_{min}，即

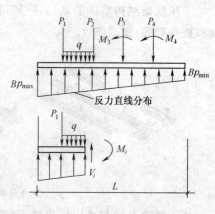

图 3-24　静定分析法

$$\left.\begin{array}{c} P_{max} \\ P_{min} \end{array}\right\} = \frac{\sum P}{BL} \pm \frac{6\sum M}{BL^2} \qquad (3-22)$$

式中　B、L——条形基础宽度和长度；

$\sum P$、$\sum M$——分别为荷载（不含梁自重和覆土重）的合力和合力矩。

然后将外荷载和基底反力视为已知荷载，在逐个控制截面处截取隔离体按静力平衡求出基础内力 M_i、V_i。

倒梁法基底反力的求法与静定分析法不同之处在于：分析基础梁内力时，将柱脚视为铰支，以基底反力和扣除柱脚的竖向集中力后所余下的各种作用为已知荷载，按倒置的普通连续梁（采用弯矩分配法或弯矩系数法）计算基础内力（图3-25）。

倒梁法所得的支座反力一般不等于原柱脚荷载，对此可采用"基底反力局部调整法"加以弥补。

上述静定分析法和倒梁法没有考虑基础与地基之间的共同作用，未能反映地基土的物理力学性能对

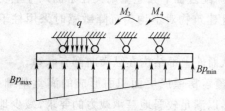

图 3-25　倒梁法

土反力的影响，计算结果有时误差较大。但由于计算简捷，在估算基础截面尺寸或柱距小且基础刚度大的房屋条形基础时常被采用。

（二）按地基上梁的理论方法计算

地基上梁的地基计算模型和分析方法有多种，在此仅介绍基床系数法。

1. 基本假定

此方法将条形基础看作承受外荷载并支承在弹性地基上的梁，假定基础上任一点基底反力 p 与该点的地基沉降量 y 成正比，即

$$p = ky \qquad (3-23)$$

式中，k 为基床系数，它取决于地基土层的分布情况及其压缩性、基底面积大小和形状以及与基础荷载和刚度有关的地基中的应力等因素。一般由建筑现场荷载试验确定。

2. 地基上的无限长梁的计算

地基上等截面梁在位于梁主平面内的外荷载作用下的挠曲曲线，如图3-26（a）所示，从宽

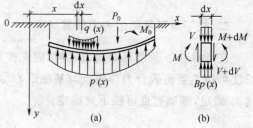

图 3-26　地基上梁的计算图式

度为 B 的梁上取长度为 $\mathrm{d}x$ 的微段,如图 3-26(b)所示。由静力平衡并根据材料力学可得梁的挠曲微分方程为

$$EI\frac{\mathrm{d}y^4}{\mathrm{d}x^4}=q(x)-Bp(x) \tag{3-24}$$

式中　E、I——分别为条形基础材料的弹性模量和截面惯性矩;

　　　$q(x)$——上部结构传来的荷载;

　　　$p(x)$——作用于条形基础上的地基反力。

此四阶微分方程的解为

$$y=\mathrm{e}^{\lambda x}(A_1\cos\lambda x+B_1\sin\lambda x)+\mathrm{e}^{-\lambda x}(C_1\cos\lambda x+D_1\sin\lambda x)+\frac{q(x)}{kB} \tag{3-25}$$

式中,$\lambda=\sqrt[4]{\dfrac{kB}{4EI}}$ 为弹性地基梁的柔度系数,A_1、B_1、C_1、D_1 都是积分常数。

若一竖向集中力 P_0 作用在无限长梁上,由于梁为无限长,不论 P_0 作用在梁的哪一部位,取 P_0 的作用点为坐标原点,此梁总是对称的。下面讨论坐标原点的右边的梁,如图 3-27(a)所示。

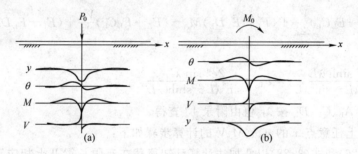

图 3-27　无限长梁的竖向变位 y、转角 θ、弯矩 M、剪力 V 分布图

(a)竖向集中力作用下;(b)集中力偶作用下

利用式(3-25)及边界条件,梁的竖向变位 y、转角 θ、弯矩 M 及剪力 V 都可相应求出,所得公式为

$$y=\frac{P_0\lambda}{2k}A_x,\ \theta=-\frac{P_0\lambda^2}{k}B_x,\ M=\frac{P_0}{4\lambda}C_x,\ V=-\frac{P_0}{2}D_x \tag{3-26}$$

式中　$\left.\begin{array}{l}A_x=\mathrm{e}^{-\lambda x}(\cos\lambda x+\sin\lambda x),\ B_x=\mathrm{e}^{-\lambda x}\sin\lambda x\\ C_x=\mathrm{e}^{-\lambda x}(\cos\lambda x-\sin\lambda x),\ D_x=\mathrm{e}^{-\lambda x}\cos\lambda x\end{array}\right\} \tag{3-27}$

A_x、B_x、C_x、D_x 都是 λx 的函数,其值由附录 13 查得。式(3-26)是对梁的右半部($x>0$)导出的。对 P_0 左边的截面,x 取距离的绝对值,y 和 M 的正负号与式(3-26)相同。但 θ 与 V 则取相反符号。集中力作用下无限长梁的 y、θ、M、V 分布如图 3-27(a)所示。

若有一个顺时针方向力偶 M_0 作用于无限长梁上,取 M_0 作用在坐标原点,与前面类似,讨论坐标原点的右边的梁,可得如下公式:

$$y=\frac{M_0\lambda^2}{2k}B_x,\ \theta=\frac{M_0\lambda^3}{k}C_x,\ M=\frac{M_0}{2}D_x,\ V=-\frac{M_0\lambda}{2}A_x \tag{3-28}$$

式中,系数 A_x、B_x、C_x、D_x 与式(3-27)相同。对梁的左半部($x<0$),式(3-28)中 x 取绝对值,y 和 M 应取与其相反的符号。力偶作用下无限长梁的 y、θ、M、V 分布如图 3-27(b)所示。

3. 地基上有限长梁的计算

实际上地基上梁大多不能看成是无限长的。对有限长梁可利用上面导出的无限长梁的计

算公式,利用叠加原理来得到满足有限长梁两自由端边界条件的解答。

如图 3-28,若欲计算有限长梁Ⅰ的内力,设想梁Ⅰ两端都无限延伸,成为无限长梁Ⅱ,则在相应于梁Ⅰ两端 A、B 处必然产生原梁Ⅰ并不存在的内力 M_A、V_A 和 M_B、V_B,要使梁Ⅱ的 AB 段等效于原梁Ⅰ的状态,就必须在梁Ⅱ紧靠 AB 段两端的外侧分别施加上一对集中荷载 P_A、M_A 和 P_B、M_B,并要求这两对附加荷载在 A、B 两截面中产生的弯矩和剪力分别等于 $-M_A$、$-V_A$ 和 $-M_B$、$-V_B$,以满足原来梁Ⅰ两端 A、B 处无内力的边界条件。利用这个条件可求得梁端边界条件力 P_A、M_A、P_B、M_B 计算公式。

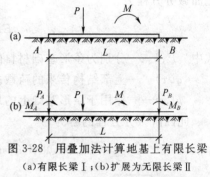

图 3-28　用叠加法计算地基上有限长梁
(a)有限长梁Ⅰ;(b)扩展为无限长梁Ⅱ

$$P_A=(E_L+F_LD_L)V_A+\lambda(E_L-F_LA_L)M_A-(F_L+E_LD_L)V_B+\lambda(F_L-E_LA_L)M_B$$
$$M_A=-(E_L+F_LC_L)\frac{V_A}{2\lambda}-(E_L-F_LD_L)M_A+(F_L+E_LC_L)\frac{V_B}{2\lambda}-(F_L-E_LD_L)M_B$$
$$P_B=(F_L+E_LD_L)V_A+\lambda(F_L-E_LA_L)M_A-(E_L+F_LD_L)V_B+\lambda(E_L-F_LA_L)M_B$$
$$M_B=(F_L+E_LC_L)\frac{V_A}{2\lambda}+(F_L-E_LD_L)M_A-(E_L+F_LC_L)\frac{V_B}{2\lambda}+(E_L-F_LD_L)M_B$$

$$(3-29)$$

式中,$E_L=\dfrac{2e^{\lambda L}\sinh\lambda L}{\sinh^2\lambda L-\sin^2\lambda L}$,　$F_L=\dfrac{2e^{\lambda L}\sin\lambda L}{\sin^2\lambda L-\sinh^2\lambda L}$。

E_L、F_L 以及 A_L、C_L、D_L 按 λ_L 值由附录 13 查得。

有限长梁Ⅰ上任意点 x 的 y、θ、M、V 的计算步骤如下:

(1)按式(3-26)和式(3-28)以叠加法计算已知荷载在有限长梁Ⅱ上相应于有限长梁Ⅰ两端 A、B 截面引起的弯矩和剪力 M_A、V_A、M_B、V_B;

(2)按式(3-29)计算梁端边界条件力 P_A、M_A、P_B、M_B;

(3)再按式(3-26)和式(3-28)以叠加法计算在已知荷载和边界条件力的共同作用下梁Ⅱ上相应于梁Ⅰ的 x 点处 y、θ、M、V 值,即得梁Ⅰ所要求的结果。

三、柱下条形基础的构造要求

柱下条形基础一般为倒 T 形,基础高度宜为柱距的 $1/4\sim1/8$,翼板厚度不宜小于 200 mm。当翼板厚度为 $200\sim250$ mm 时,宜用等厚翼板,当翼板厚度大于250 mm时,宜用变厚翼板,其坡度小于或等于 $1:3$。

一般情况下,条形基础的端部宜向外伸出,其长度宜为边跨距的 0.25 倍。

基础梁肋宽 b 应稍大于柱宽,现浇柱与条形基础梁的交接处,其平面尺寸应不小于图3-29所示规定。

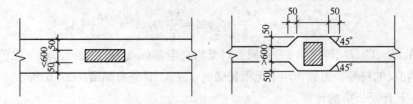

图 3-29　现浇柱与条形基础尺度构造

条形基础混凝土强度等级不应低于 C20,素混凝土垫层厚度不宜小于 70 mm,宜为 C10。

条形基础梁顶面和底面的纵向受力钢筋,除满足计算要求外,顶部钢筋按计算配筋全部贯通,底部通长钢筋不应少于底部受力钢筋截面总面积的 1/3。

梁肋箍筋直径不小于 $\phi 8$,当梁宽 $b \leqslant 350$ mm 时,用双肢箍;350 mm$<b \leqslant 800$ mm 时,用 4 肢箍;$b>800$ mm 时,用 6 肢箍,箍筋应做成封闭式,在距支座(0.25~0.3)跨度范围内箍筋应加密配置。

基础梁高超过 700 mm 时,应在基础梁的两侧沿高度加设直径 $\geqslant \phi 10$ 的构造钢筋(腰筋)(图 3-30)。

翼板中受力筋直径不小于 $\phi 10$,间距 100~200 mm,当翼板的悬臂长度 $l_f>750$ mm 时,翼缘受力筋的一半可在距翼板边 $0.5 l_f - 20d$ 处截断(d 为钢筋直径)。分布筋直径不小于 $\phi 6$,间距 $\leqslant 300$ mm。

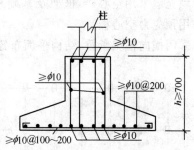

图 3-30 基础截面配筋构造

第十二节 多层框架结构设计例题

本设计为 4 层钢筋混凝土框架结构库房。

一、基本资料

(一)建筑部分

1. 建筑层高

一层 5.5 m,二至四层 5.0 m。

2. 屋面做法(自上而下)

(1)495×495×35 钢筋混凝土预制块。

(2)240×120×180 砖墩@500 双向。

(3)二毡三油防水层。

(4)20 厚水泥砂浆找平层。

(5)平均 100 厚 1:8 水泥炉渣找坡层。

(6)120 厚预应力空心板。

(7)20 厚板底粉刷。

3. 楼面做法(自上而下)

(1)水磨石楼面。

(2)预应力空心板。

(3)20 厚板底粉刷。

(二)结构部分

1. 自然条件

(1)雪荷载:标准值 $S_0 = 0.35$ kN/m²

(2)风荷载:常年主导风向东北风,夏季主导风向西北风,基本风压 $w_0 = 0.4$ kN/m²,非地震区,本工程不考虑抗震设防,楼面活荷载为 4.0 kN/m²。

2. 地质条件

拟建场地地势平坦,表土为厚0.8 m~1.4 m填土,以下为一般黏土,其地基承载力特征值 $f=160\ \text{kN/m}^2$。

(三)材料选用

填充墙采用空心砖,框架及基础采用 C25 混凝土,HPB300、HRB335 级钢筋,屋面、楼面板采用预应力空心板。

采用横向框架承重,结构平面布置及结构尺寸如图 3-31 所示。

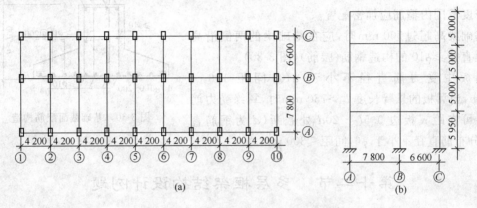

(a)　　　　　　　　　　　　　　(b)

图 3-31　结构平面布置及结构尺寸

二、初估构件截面尺寸及线刚度

(一)梁截面尺寸

框架梁跨度 $l_{AB}=7\ 800\ \text{mm}$,$l_{BC}=6\ 600\ \text{mm}$

梁截面高 $h_b=(1/8\sim1/12)l=(1/8\sim1/12)\times7\ 800=975\sim650\ \text{mm}$,取 $h=750\ \text{mm}$

梁截面宽 $b_b=(1/2\sim1/3)h=0.85=(1/2\sim1/3)\times750=375\sim250\ \text{mm}$,取 $b=300\ \text{mm}$

取框架梁截尺寸均为 $b\times h=300\ \text{mm}\times750\ \text{mm}$

(二)柱截面尺寸

底层柱高 $H=5\ 950\ \text{mm}$

柱截面高 $h_c=(1/6\sim1/15)H=(1/6\sim1/15)\times5\ 950=990\sim400\ \text{mm}$,取 $h_c=500\ \text{mm}$

柱截面宽 $b_c=(1\sim2/3)h_c=(1\sim2/3)\times500=500\sim335\ \text{mm}$,取 $b_c=400\ \text{mm}$

取框架柱截面尺寸均为 $b_c\times h_c=400\ \text{mm}\times500\ \text{mm}$

(三)框架梁、柱线刚度($i=EI/l$)

$$I_b=\frac{1}{12}b_bh_b^3=\frac{1}{12}\times300\times750^3=10.547\times10^9\ \text{mm}^4$$

$$i_{bAB}=\frac{10.547\times10^9E}{7\ 800}=1.352\times10^6E$$

$$i_{bBC}=\frac{10.547\times10^9E}{6\ 600}=1.598\times10^6E$$

$$I_c=\frac{1}{12}b_ch_c^3=\frac{1}{12}\times400\times500^3=4.167\times10^9\ \text{mm}^4$$

一层柱　　　　$i_{c1}=4.167\times10^9E/5\ 950=0.7\times10^6E$

二至四层柱　　$i_{c2\sim4}=4.167\times10^9E/5\ 000=0.833\times10^6E$

相对线刚度:取 i_{c1} 值为基准值 1,即 $i_{c1}=1$,则 $i_{c2\sim4}=1.19$,$i_{bAB}=1.931$,$i_{bBC}=2.283$

三、荷载标准值的计算

(一)竖向荷载

屋面恒载:495×495×35 预制块	0.9 kN/m²
砖墩 240×120×180	0.4 kN/m²
二毡三油防水层上撒绿豆砂	0.35 kN/m²
20 厚水泥砂浆找平层	0.4 kN/m²
1:8 水泥矿渣找坡层	1.65 kN/m²
预应力空心板自重及灌缝重	1.90 kN/m²
板底粉刷	0.35 kN/m²

共计	5.95 kN/m²
屋面活载:取屋面均布活载与雪载较大者	0.70 kN/m²
楼面恒载:水磨石面层	0.65 kN/m²
预应力空心板自重及灌缝	1.90 kN/m²
板底粉刷	0.35 kN/m²

共计	2.90 kN/m²
楼面活载:	4.00 kN/m²

框架横梁自重:$25×0.3×0.75=5.63$ kN/m

柱自重: $25×0.4×0.5+0.7=5.7$ kN/m

作用于横向框架梁上荷载标准值

屋面梁:恒载 $5.95×4.2+5.63=30.62$ kN/m

活载 $0.7×4.2=2.94$ kN/m

楼面梁:恒载 $2.90×4.2+5.63=17.81$ kN/m

活载 $4.0×4.2=16.8$ kN/m

(二)水平荷载——风荷载

基本风压:$w_0=0.4$ kN/m²

风振系数:由于结构高度 <30 m,高宽比 $=20.95/14.4=1.46<1.5$,$\beta_z=1.0$

风载体型系数:$\mu_s=0.8-(-0.5)=1.3$

风压高度变化系数:μ_z(地面粗糙度按 B 类)见表 3-4。

表 3-4 地面上风压高度变化系数 μ_z

离地面高度(m)	<5	8.20	13.2	18.2	20.7
μ_z	0.8	0.93	1.09	1.21	1.26

按下式可折算出作用于各节点处集中风载标准值 F_{wki},即

$$F_{wki}=\beta_z\mu_s\mu_z w_0 HB$$

四层:$F_{wk1}=1.0×1.3×(1.26+1.21)/2×0.4×(5/2)×4.2=6.74$ kN

三层:$F_{wk2}=1.0×1.3×(1.21+1.09)/2×0.4×5.0×4.2=12.56$ kN

二层:$F_{wk3}=1.0×1.3×(1.09+0.93)/2×0.4×5.0×4.2=11.03$ kN

一层：$F_{wk4} = 1.0 \times 1.3 \times (0.93+0.8)/2 \times 0.4 \times 5.4 \times 4.2 = 10.20$ kN

四、框架内力计算

所有荷载值采用标准值计算，竖向荷载作用下内力计算采用分层法，水平荷载作用下内力计算采用 D 值法。

（一）竖向荷载作用下内力计算

1. 恒载作用下的内力

计算简图如图 3-32 所示。按顶层、中间层及底层弯矩计算。分别见图 3-33(a)、(b)、(c)所示。

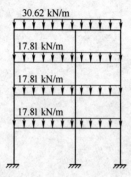

图 3-32 竖向荷载作用
下计算简图

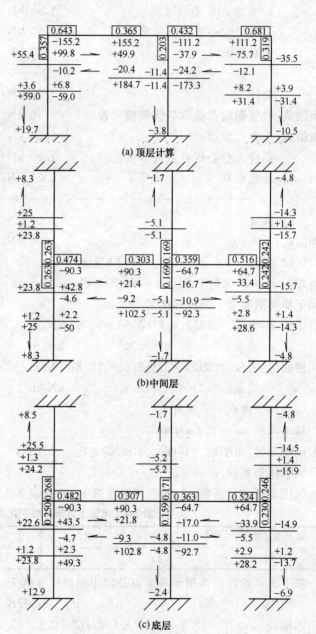

图 3-33 恒载作用下分层法计算

计算时注意：除底层柱外，其他各层柱线刚度应先乘以0.9，并取其传递系数为1/3（梁和底层柱的传递系数为1/2）。

将图3-33(a)、(b)、(c)结果叠加可得框架弯矩图（图3-34），可以看出，节点存在不平衡弯矩。

对于节点不平衡弯矩较大时，再进行一次分配，得出最后弯矩图〔图3-35(a)〕。根据弯矩与剪力的关系，可算出各杆件剪力，剪力图如图3-35(b)所示。横梁作用于柱子轴力值即为梁端剪力值，再加上纵梁传来的轴力值及柱自重，可算出各柱轴力〔图3-35(c)〕。

2. 活载作用下的内力

考虑活荷载不利布置，本例将活载作用下内力按 AB 跨布置活载和 BC 跨布置活载分别计算，它们的弯矩图、剪力图以及轴力值如图3-36、图3-37所示。

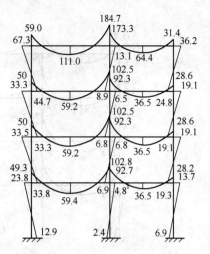

图 3-34　叠加后弯矩图（kN·m）

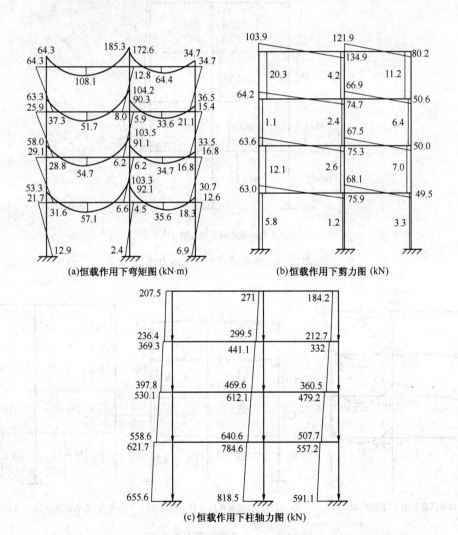

(a)恒载作用下弯矩图 (kN·m)

(b)恒载作用下剪力图 (kN)

(c)恒载作用下柱轴力图 (kN)

图 3-35　恒载作用下框架内力图

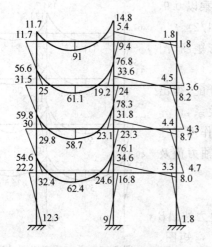

(a)左布活载作用下弯矩图 (kN·m)

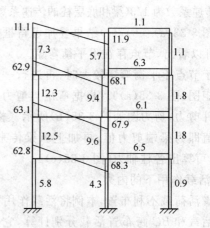

(b) 左布活载作用下剪力图 (kN)

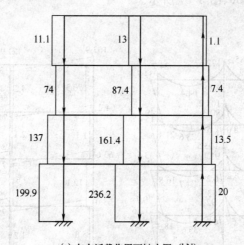

(c) 左布活载作用下轴力图 (kN)

图 3-36　左布活载作用下内力图

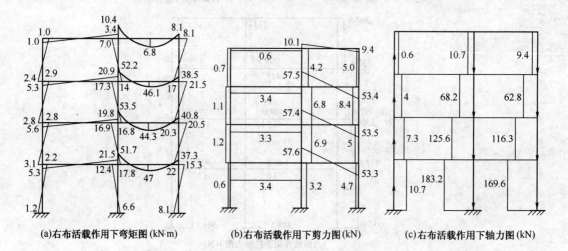

(a)右布活载作用下弯矩图 (kN·m)　　(b)右布活载作用下剪力图 (kN)　　(c)右布活载作用下轴力图 (kN)

图 3-37　右布活载作用下内力图

（二）水平荷载作用下内力计算

1. D 值计算及各柱剪力分配（表 3-5）

$$D = \alpha_c \frac{12i_c}{h^2}$$

$$V_{ij} = \frac{D_{ij}}{\sum D_{ij}} \sum F_{whi}$$

（i——层数，j——A、B 轴柱）

表 3-5　D 值计算及剪力分配

层数	A柱			B柱			C柱			$\sum D$	$\sum F_{whi}$ (kN)	柱剪力（kN）		
	K	α_c	D	K	α_c	D	K	α_c	D			V_A	V_B	V_C
四	1.622	0.45	5.04	3.541	0.64	7.17	1.918	0.49	5.49	17.1	6.07	1.7	2.5	1.9
三	1.622	0.45	5.04	3.541	0.64	7.17	1.918	0.49	5.49	17.1	17.37	4.9	7.0	5.4
二	1.622	0.45	5.04	3.541	0.64	7.17	1.918	0.49	5.49	17.1	27.3	7.8	11.1	8.5
一	1.913	0.62	4.16	4.214	0.76	5.05	2.283	0.65	4.32	13.4	35.8	10.9	13.4	11.5

注：表中 D 值单位为 10^3 N/mm。

2. 反弯点高度比 y（表 3-6）

$y = y_0 + y_1 + y_2 + y_3$，反弯点距柱下端高度为 yh。

表 3-6　反弯点高度计算

柱号	层数	y_0	α_1	y_1	α_2	y_2	α_3	y_3	y	yh
柱 A	四	0.38	1	0	1	0	1	0	0.38	1.9
	三	0.45	1	0	1	0	1	0	0.45	2.25
	二	0.48	1	0	1	0	1.19	0	0.48	2.4
	一	0.55	/	0	0.84	0	/	0	0.55	3.27
柱 B	四	0.45	1	0	1	0	1	0	0.45	2.25
	三	0.5	1	0	1	0	1	0	0.5	2.5
	二	0.5	1	0	1	0	1.19	0	0.5	2.5
	一	0.55	/	0	0.84	0	/	0	0.55	3.27
柱 C	四	0.4	1	0	1	0	1	0	0.4	2.0
	三	0.45	1	0	1	0	1	0	0.45	2.25
	二	0.45	1	0	1	0	1.19	0	0.45	2.25
	一	0.50	/	0	0.84	0	/	0	0.55	3.27

3. 左风作用下内力

由表 3-5 柱剪力值和表 3-6 反弯点高度，可求出柱端弯矩值 $M_{上} = (1-y)hV_{ij}$，$M_{下} = yhV_{ij}$。利用节点内力平衡条件，按梁线刚度比例可求出梁端弯矩值。左风作用下框架内力图如图 3-38 所示，与该图相反取值即为右风作用下内力值。

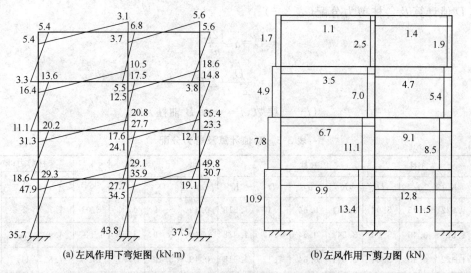

(a) 左风作用下弯矩图 (kN·m) (b) 左风作用下剪力图 (kN)

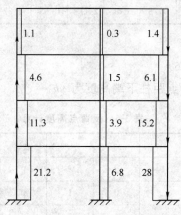

(c) 左风作用下轴力图 (kN)

图 3-38　左风作用下内力图

五、风荷载作用下的侧移验算

计算侧移时,风荷载取标准值。由于房屋层数不多,总高度不高,故可忽略柱轴向弯形引起的侧移,只考虑柱弯曲引起的剪切型侧移。由式(3-17)可计算出框架层间侧移 Δu_i,具体计算见表 3-7。层间侧移满足要求。

表 3-7　水平荷载作用下的侧移验算

位　置	$\sum F_{whi}$ (kN)	$\sum D_{ij}$ (N/mm)	$\Delta u_i = \dfrac{\sum F_{whi}}{\sum D_{ij}}$ (mm)	$\Delta u_i / h$	限　值
4	6.07	17.7×10³	0.34	1/1 470	
3	17.37	17.7×10³	0.98	1/5 100	$\dfrac{1}{550}$
2	27.3	17.7×10³	1.54	1/3 250	
1	35.8	13.49×10³	2.65	1/2 250	

六、荷载组合和内力组合

进行承载力计算时,采用荷载设计值及相应的内力设计值。荷载设计值=分项系数×内力标准值。本例中分项系数为:恒载 $\gamma_G=1.2$,屋面活载及风载 $\gamma_Q=1.4$,楼面活载 $\gamma_Q=1.3$。

荷载组合考虑以下 3 种:①恒载+活载;②恒载+风载;③恒载+0.9(活载+风载)。

(一)框架梁内力组合

每跨框架梁弯矩组合考虑两端支座截面及跨中截面共 3 个截面,每跨框架梁剪力组合考虑两端支座截面。

横梁内力组合值见表 3-8、表 3-9。

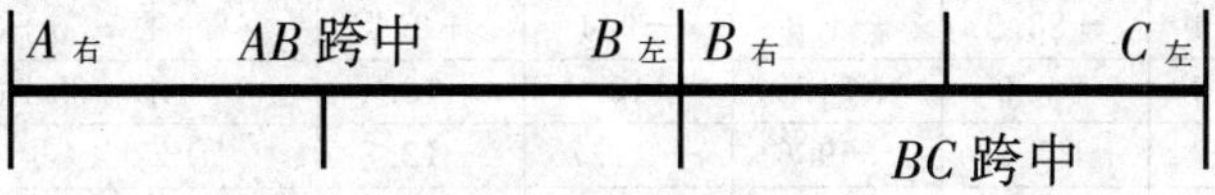

表 3-8 框架梁弯矩设计值组合表

层数	截 面	内力设计值					组 合 项	组合值(kN·m)
		①恒载	②左活	③右活	④左风	⑤右风		
四	$A_{右}$	−76.2	−16.4	+1.4	+7.6	−7.6	①+0.9(②+⑤)	−97.8
	AB 跨中	+128	+12.7	−1.7	+1.6	−1.6	①+②	+140.7
	$B_{左}$	−219.6	−20.7	−4.8	−4.3	+4.3	①+②+③	−245.1
	$B_{右}$	−204.5	−7.6	−14.6	+5.2	−5.2	①+0.9(②+③+⑤)	−229.2
	BC 跨中	+74.8	−2.5	+9.5	−1.3	+1.3	①+③	+84.3
	$C_{左}$	−41.3	+2.5	−11.3	−7.8	+7.8	①+0.9(③+④)	−58.5
三	$A_{右}$	−76.0	−73.6	+6.9	+23.7	−23.7	①+0.9(②+⑤)	−163.6
	AB 跨中	+62.0	+79.4	−10.1	+4.4	−4.4	①+②	+141.4
	$B_{左}$	−125.0	−99.8	−27.2	−14.8	+14.8	①+②+③	−252
	$B_{右}$	−108.4	−43.7	−67.9	+17.5	−17.5	①+②+③	−220
	BC 跨中	+40.3	−16.5	+59.9	−4.3	+4.3	①+③	+100.2
	$C_{左}$	−43.8	+10.7	−50.1	−26.0	+26.0	①+0.9(③+④)	−112.3
二	$A_{右}$	−69.6	−77.7	+7.3	+43.8	−43.8	①+0.9(②+⑤)	−179.0
	AB 跨中	+65.6	+76.3	−7.1	+7.4	−7.4	①+②	+141.9
	$B_{左}$	−124.2	−101.8	−25.7	−29.1	+29.1	①+0.9(②+③+④)	−265.1
	$B_{右}$	−109.3	−41.3	−69.6	+34.3	−34.3	①+0.9(②+③+⑤)	−240.0
	BC 跨中	+41.6	11.6	657.6	−7.6	+7.6	①+③	+99.2
	$C_{左}$	−40.2	+11.3	−53.0	−49.6	+49.6	①+0.9(③+④)	−132.5
一	$A_{右}$	−64.0	−71.0	+6.9	+67.1	−67.1	①+0.9(②+⑤)	−188.3
	AB 跨中	+68.5	+81.1	−8.1	+13.2	−13.2	①+②	+149.6
	$B_{左}$	−124.0	−98.9	−28.0	−40.7	+40.7	①+0.9(②+③+④)	−274.8
	$B_{右}$	−110.5	−45.0	−67.2	+48.3	−48.3	①+0.9(②+③+⑤)	−255.0
	BC 跨中	+42.7	−13.3	+61.1	−10.7	+10.7	①+③	+103.8
	$C_{左}$	−36.8	+10.4	−48.5	−69.7	+69.7	①+0.9(③+④)	−143.2

表 3-9　框架梁剪力设计值组合表

层数	截面	内力设计值					组合项	组合值(kN·m)
		①恒载	②左活	③右活	④左风	⑤右风		
四	$A_右$	+124.7	+14.4	-0.8	-1.5	+1.5	①+②	+139.1
	$B_左$	+161.9	-5.5	-0.8	-1.5	+1.5	①+②+③	-178.2
	$B_右$	+146.3	+1.4	+13.1	-2.0	-2.0	①+②+③	+160.8
	$C_左$	-96.2	+1.4	-12.2	-2.0	+2.0	①+③	-180.4
三	$A_右$	+77.0	+81.8	-4.4	-4.9	+4.9	①+②	+158.8
	$B_左$	-89.6	-88.5	-4.4	-4.9	+4.9	①+②+③	-182.5
	$B_右$	+80.3	+8.2	+74.8	-6.6	+6.6	①+②+③	+163.3
	$C_左$	-60.7	+8.2	-69.4	-6.6	+6.6	①+③	-130.1
二	$A_右$	+76.3	+82.0	-4.3	-9.4	+9.4	①+②	+158.3
	$B_左$	-90.4	-88.3	-4.3	-9.4	+9.4	①+②+③	-183.0
	$B_右$	+81.0	+7.9	+74.6	-12.7	+12.4	①+②+③	+163.5
	$C_左$	-60.7	+7.9	-69.6	-12.7	+12.7	①+0.9(③+④)	-134.8
一	$A_右$	+75.6	+81.6	-4.4	-13.9	+13.9	①+②	+157.2
	$B_左$	-91.1	-88.8	-4.4	-13.9	+13.9	①+②+③	-184.3
	$B_右$	+81.7	+8.5	+74.9	-17.9	+17.9	①+0.9(②+③+⑤)	+172.9
	$C_左$	-59.4	+8.5	-69.3	-17.9	+17.9	①+0.9(③+④)	-137.9

(二)框架柱内力组合

从图 3-34～图 3-38 中剪力图不难看出,各柱中剪力最大处为 A 柱四层柱段。其剪力设计值为 $V_{max}=1.2\times20.3+0.9(1.3\times7.3+1.4\times1.7)=34.5$ kN,而柱最小抗剪承载力为

$$\frac{1.7}{\lambda+1}f_tbh_0=\frac{1.7}{3+1.0}\times1.27\times400\times460=84.52 \text{ kN},$$

所以柱斜截面抗剪均按构造配筋。在下面的内力组合表中主要考虑轴力和弯矩。柱内力组合表见表 3-10。

表 3-10　框架柱内力组合表

柱号	层数	截面	内力	内力设计值					M_{max}及相应N		N_{max}及相应M		N_{min}及相应M	
				①恒载	②左活	③右活	④左风	⑤右风	组合项	组合值	组合项	组合值	组合项	组合值
A 柱	四	上端	M	+77.20	+15.2	-1.3	-7.6	+7.6		+97.7		+92.4		+69.2
			N	+249.5	+14.4	-0.8	-1.5	+1.5		+263.8		+263.9		+247.4
		下端	M	-44.8	-32.5	+3.1	+4.6	-4.6		-78.2		-77.3		-37.9
			N	+283.7	+14.4	-0.8	-1.5	+1.5		+298.0		+298.1		+281.6
	三	上端	M	+31.1	+41.0	-3.8	-19.0	+19.0		+851		+72.1		+10.6
			N	+443.2	+96.2	-5.2	-6.4	+6.4		+535.5	①+②	+539.4	①+0.9(③+④)	+432.8
		下端	M	-34.7	-38.7	+3.6	+15.5	-15.5		-83.5		-73.4		-17.5
			N	+477.4	+96.2	-5.2	-6.4	+6.4		+569.7		+573.6		+467.0
	二	上端	M	+34.9	+39	-3.6	-28.3	+28.3		+95.5		+73.9		+6.2
			N	+636.1	+178.1	-9.5	-15.8	+15.8	①+0.9(②+⑤)	+810.6		+814.2		+613.3
		下端	M	-37.9	-42.1	+4.0	+26.0	-26.0		-99.2		-80		-10.9
			N	+670.3	+178.1	-9.5	-15.8	+15.8		+844.8		+848.4		+647.5
	一	上端	M	+26.0	+29.0	-2.9	-41.0	+41.0		+89.0		+89		-13.5
			N	+746.0	+259.9	-13.9	-29.7	+29.7		+1 006.6		+1 006.6		+706.8
		下端	M	-15.8	-16.0	+1.6	+50	-50	①+0.9(②+⑤)	-75.2		-75.2		+30.6
			N	786.7	+259.9	-13.9	29.7	+29.7		+1 047.3		+1 047.3		+747.5
			V	-7.0	-7.5	+0.8	+15.3	-15.3		-27.5		-27.5		+7.5

续上表

柱号	层数	截面	内力	内力设计值 ①恒载	②左活	③右活	④左风	⑤右风	M_{max}及相应N 组合项	组合值	N_{max}及相应M 组合项	组合值	N_{min}及相应M 组合项	组合值
B柱	四	上端	M	−15.4	−7.0	+9.1	−9.5	+9.5		−30.3		−13.3		−24.9
			N	+325.2	+16.9	+13.9	−0.4	+0.4		+340.1		+356		+324.8
		下端	M	+9.6	+25	−18.2	+7.7	−7.7		+39.0		+16.4		+17.3
			N	+359.4	+16.9	+13.9	−0.4	+0.4		+374.3		+390.2		+359
	三	上端	M	−7.1	−31.2	+22.5	−24.6	+24.6		−57.3		−15.8		−31.7
			N	+529.3	+113.6	+88.7	−2.1	+2.1		+629.7		+731.6		+527.2
		下端	M	+7.4	+30	−21.8	+24.6	−24.6		+56.54		+15.6		+32
			N	+563.5	+113.6	+88.7	−2.1	+2.1	①+0.9 (②+④)	+663.9	①+② +③	+765.8	①+④	+561.4
	二	上端	M	−7.4	−30.3	+22	−38.8	+38.8		−69.6		−15.7		−46.2
			N	+734.5	+209.8	+163.3	−5.5	+5.5		+918.4		+1 107.6		+729
		下端	M	+7.9	+32.0	+32	+38.8	−38.8		+71.6		+16.8		+46.7
			N	+768.7	+209.8	+163.3	−5.5	+5.5		+952.6		+1 141.8		+763.2
	一	上端	M	−5.4	−21.8	+16.1	−50.3	+50.3		−70.3		−11.1		−55.7
			N	+941.5	+307.1	+238.2	−9.5	+9.3		+1 209.3		+1 486.8		+932
		下端	M	+2.9	+11.7	−8.6	+61.3	−61.3		+68.6		+6		+64.2
			N	+982.2	+307.1	+238.2	−9.5	+9.5		+1 250.0		+1 527.5		+972.7
			V	+1.4	+5.6	−4.2	+18.8	−18.8		+23.4		+2.8		+20.2
C柱	四	上端	M	−41.6	+2.3	−10.5	−7.8	+7.8		−58.1		−58.1		−32.5
			N	+221.0	−1.4	+12.2	+2	−2		+233.8		+233.8		+217.9
		下端	M	+25.3	+4.7	+22.1	+5.3	−5.3		+50		+50		+24.8
			N	+255.2	−1.4	+12.2	+2	−2		+268.0		+268.0		252.1
	三	上端	M	−18.5	+5.9	−28	−20.7	+20.7		−62.3		−62.3		+5.4
			N	+398.4	−9.6	+81.6	+8.5	−8.5		+479.5		+479.5		+382.1
		下端	M	+20.2	−5.6	+26.4	+17	−17		+59.3		+59.3		−0.1
			N	+432.6	−9.6	+81.6	+8.5	−8.5	①+0.9 (③+④)	+513.7	①+0.9 (③+④)	+513.7	①+0.9 (②+⑤)	+416.3
	二	上端	M	−20.2	+5.7	−26.7	−32.6	+32.6		−73.6		−73.6		+14.3
			N	+575.0	−17.6	+151.2	+21.3	−21.3		+730.3		+730.3		+540.0
		下端	M	+21.7	−6.1	+28.6	+26.7	−26.7		+71.5		+71.5		−7.8
			N	+609.2	−17.6	+151.2	+21.3	−21.3		+764.5		+764.5		+574.2
	一	上端	M	−15.1	+4.3	−19.9	−43	+43		−71.7		−71.7		+27.5
			N	+668.6	−26	+220.5	+39.2	−39.2		+901.9		+901.9		+610.0
		下端	M	+8.3	−2.3	+10.8	+52.5	−52.5		+65.3		+65.3		−41.0
			N	+709.3	−26	+220.5	+39.2	−39.2		+943.0		+943.0		+650.6
			V	+4	−1.2	+6.1	+16.1	−16.1		+24.0		+24.0		−11.6

七、框架梁柱截面设计

（一）框架梁配筋计算

由表 3-8、表 3-9 可看出，一、二、三层各层梁内力相差不大。其中一层梁内力值相对较大，四层梁在 A、C 支座处与其他层相差较大。为了方便施工，顶层梁采用一种配筋，其他层框架梁采用另一种配筋（即按底层梁内力配筋）。各配筋控制截面内力及配筋计算见表 3-11、表 3-12。其中支座截面内力设计值考虑支座宽度影响，$M = M_j - b(g+q)/2$，$V = V_j - b(g+q)/2$。

表 3-11　框架梁正截面配筋计算

截　面	A 支座		AB 跨中		B 左支座		B 右支座		BC 跨中		C 支座	
	顶层	其他层	顶层	其他层	顶层	其他层	顶层	其他层	顶层	其他层	顶层	其他层
$M_j(\mathrm{kN \cdot m})$	−97.8	−188.3	+140.7	+149.6	−245.1	−266.5	−229.2	−255.0	+84.3	+103.8	−58.5	−143.2
$V_j(\mathrm{kN})$	+138.2	+156.8	/	/	−178.2	−182.1	+160.3	+172.9	/	/	−108.3	−137.9
$M_j - \dfrac{V_j b}{2}(\mathrm{kN \cdot m})$	−63.3	−149.1	+140.7	+149.6	−200.6	−221.0	−189.1	−211.8	+84.3	+103.8	−31.4	−108.7
$\xi = 1 - \sqrt{1 - \dfrac{2M}{\alpha_1 f_c b h_0^2}}$	0.036	0.087	0.082	0.087	0.118	0.131	0.111	0.126	0.048	0.060	0.018	0.061
$A_s = \dfrac{\alpha_1 f_c b h_0 \xi}{f_y}$	302	730	688	734	996	1 107	938	1 064	406	504	149	523
选配钢筋	2 ⌀ 18	3 ⌀ 18	3 ⌀ 18	3 ⌀ 18	4 ⌀ 18	5 ⌀ 18	4 ⌀ 18	5 ⌀ 18	2 ⌀ 18	2 ⌀ 18	2 ⌀ 18	2 ⌀ 18
实配钢筋面积	509	763	763	763	1 017	1 272	1 017	1 272	509	509	509	509

表 3-12　框架梁斜截面配筋计算

截　面	A 支座		B 左支座		B 右支座		C 支座	
	顶层	其他层	顶层	其他层	顶层	其他层	顶层	其他层
$V_j(\mathrm{kN})$	139.1	157.2	178.2	184.3	160.8	172.9	108.4	137.9
$V = V_j - (g+q)b/2$ (kN)	128.8	146.4	168	173.5	150.6	162.1	98.2	127.1
$0.7 f_t b h_0$	188.0 kN＞V							
构造配筋	⌀8 @200							
$\rho_{sv} = n A_{sv1}/bs$	0.17%＞$\rho_{sv,min} = 0.113\%$							

1. 正截面承载力计算

按单筋矩形截面计算 $b \times h = 300\ \mathrm{mm} \times 750\ \mathrm{mm}$，$a_s = 45\ \mathrm{mm}$，采用 C25 混凝土，$\alpha_1 = 1.0$，$f_c = 11.9\ \mathrm{N/mm^2}$，$f_t = 1.27\ \mathrm{N/mm^2}$，HRB335 级钢筋 $f_y = 300\ \mathrm{N/mm^2}$，$h_0 = 750 - 45 = 705\ \mathrm{mm}$，$\xi_b = 0.55$，$A_{smin} = 0.2\% bh = 450\ \mathrm{mm^2}$。

2. 斜截面承载力计算

最小配箍率 $\rho_{sv,min} = 0.24 f_t/f_{yv} = 0.24 \times 1.27/270 = 0.113\%$，此时，斜截面承载力为 $0.7 f_t b h_0 = 0.7 \times 1.27 \times 300 \times 705 = 188.0\ \mathrm{kN}$。

3. 框架梁裂缝宽度验算

与梁正截面配筋计算一样，梁的裂缝宽度验算也只需考虑顶层梁和底层梁。其内力组合项同梁配筋计算时组合项，但是内力组合值采用荷载的标准效应组合（即采用荷载标准值作用下弯矩值参与组合）。

最大裂缝宽度验算公式为 $w_{max} = 1.9\psi \dfrac{\sigma_{sq}}{E_s}\left(1.9C_s + 0.08\dfrac{d_{eq}}{\rho_{te}}\right) \leqslant w_{lim}$，其中 $w_{lim} = 0.3\ \text{mm}$，$C_s = 25\ \text{mm}$，$E_s = 2.0 \times 10^5\ \text{N/mm}^2$，$f_{tk} = 1.78\ \text{N/mm}^2$。具体计算见表 3-13。

表 3-13　框架梁最大裂缝宽度

截　面		A 支座		AB 跨中		B 左支座		B 右支座		BC 跨中		C 支座	
		顶层	其他层	顶层	其他层	顶层	其他层	顶层	其他层	顶层	其他层	顶层	其他层
弯矩标准值 kN·m	①恒载	−64.3	−53.3	+108.1	+57.1	−185.3	−103.3	−172.6	−92.1	+64.4	+35.6	−34.7	−30.7
	②左布活	−11.7	−54.6	+9.1	+62.4	−14.8	−76.1	−5.4	−34.6	−1.8	−13.3	+1.8	+8
	③右布活	+1.0	+5.3	−1.2	−6.1	−3.4	−21.5	−10.4	−51.7	+6.8	+47	−8.1	−37.3
	④左风	+5.4	+47.9	+1.2	+9.4	−3.1	−29.1	+3.7	+34.5	−1.0	−7.7	−5.6	−49.8
	⑤右风	−5.4	−47.9	−1.2	−9.4	+3.1	+29.1	−3.7	−34.5	+1.0	+7.7	+5.6	+49.8
组合值 M_{qj}		−79.8	−141.4	+118.0	+126.1	−204.7	−214.8	−189.3	−192.2	+71.9	+88.0	−46.7	−106.6
V_{qj}		+118.8	92.3	/	/	−145.1	−126.2	+131.8	+139.2	/	/	−85.7	−99.6
$M_q = M_{qj} - V_{qj}b/2$		−50.1	−118.3	+118.0	+119.5	−168.4	−183.3	−156.4	−157.4	+71.9	+88.0	−25.3	−81.7
配　筋		2 Φ 18	3 Φ 18	3 Φ 18	3 Φ 18	4 Φ 18 (5 Φ 18)	5 Φ 18	4 Φ 18	5 Φ 18	2 Φ 18	2 Φ 18 (3 Φ 18)	2 Φ 18	2 Φ 18
$A_s(\text{mm}^2)$		509	763	763	763	1 017 (1 272)	1 272	1 017	1 272	509	509 (763)	509	509
$\sigma_{sq} = \dfrac{M_q}{0.87 h_0 A_s}$		159	250	250	254	268 (214)	234	249	200	229	280	81	259
$\rho_{te} = \dfrac{A_s}{0.5bh}$		0.01	0.01	0.01	0.01	0.01 (0.011)	0.011	0.01	0.011	0.01	0.01 (0.01)	0.01	0.01
$\psi = 1.1 - \dfrac{0.65 f_{tk}}{\rho_{te}\sigma_{sq}}$		0.37	0.638	0.638	0.644	0.668 (0.608)	0.649	0.634	0.528	0.594	0.687 (0.349)	0.200	0.653
w_{max}		0.107	0.290	0.290	0.297	0.33 (0.267)	0.275	0.286	0.191	0.247	0.349 (0.21)	0.029	0.30

表 3-13 中括号内数字为对不满足裂缝宽度验算要求的截面进行加大钢筋面积调整后的修改计算，以使各截面均满足 $w_{max} \leqslant w_{lim}$。框架梁的最终配筋按调整后的钢筋配置。

（二）框架柱配筋计算

1. 框架柱正截面承载力计算

由表 3-10 中柱的内力组合值可计算出每种组合下的钢筋用量。在实际工程中为了减少计算工作量，便于施工，往往是相邻几层柱采用同一配筋量。显然，对同一配筋的柱段，表 3-10

中有些组合并非最不利内力组合值。根据偏心受压构件 M 与 N 的相关关系，当 M 相近时，大偏心受压构件的配筋随 N 的增大而减小，小偏心受压构件的配筋随 N 的增大而增大；当 N 相近时，大小偏心受压构件的配筋都随 M 的增大而增大，一般来说中柱的配筋是由小偏心受压条件确定；对小偏心受压构件 $N \leqslant N_b(N_b = \alpha_1 f_c bh_0 \xi_b)$ 时，截面为构造配筋。这样，在初步判定大小偏心受压前提下，按上述原则就可从表 3-10 中找出不多的几组可能的最不利内力组合值进行配筋计算。本例中按一、二层柱采用同一种配筋，三、四层柱采用另一种配筋来考虑。各柱所确定的最不利组合及相应的配筋计算见表 3-14。

表 3-14 柱配筋计算

柱号	A 柱				B 柱				C 柱			
层数	三、四层		一、二层		三、四层		一、二层		三、四层		一、二层	
$M(\text{kN} \cdot \text{m})$	97.7	83.5	99.2	-75.2	57.3	6.0	68.6		59.3	58.1	-73.6	65.3
$N(\text{kN})$	263.8	569.7	844.8	1 047.5	629.7	1 527.5	1 250.0		513.7	233.8	730.3	943.0
$A'_s = A_s(\text{mm}^2)$	444	81	69	<0	<0	<0	<0		<0	185	<0	<0
选配钢筋	每侧 3 Φ 18($A_s = 763 \text{ mm}$)$> \rho_{\min}bh = 0.2\% \times 400 \times 500 = 400 \text{ mm}^2$											

2. 框架柱斜截面承载力计算

由框架柱内力组合分析，本例框架柱均可按构造配箍筋。

3. 框架柱裂缝验算（略）。

八、基础设计

限于篇幅，本例只对 B 轴柱下基础进行设计，基础型式选用柱下条形基础。

框架柱传到基础上的 M、V、N，取底层柱下端的设计值，中间一榀框架中柱 $N = 1\,527.5 \text{ kN}$，$M = 6 \text{ kN} \cdot \text{m}$，$V = 2.8 \text{ kN}$，边榀框架中柱 $N = 1\,135 \text{ kN}$，$M = 4.2 \text{ kN} \cdot \text{m}$，$V = 1.7 \text{ kN}$。

(一)基础尺寸

基础外挑长度 $= \left(\dfrac{1}{4} \sim \dfrac{1}{3}\right)l = \left(\dfrac{1}{4} \sim \dfrac{1}{3}\right) \times 4\,200 = 1\,050 \sim 1\,400 \text{ mm}$，取 $1\,200 \text{ mm}$

基础长 $L = 37.8 + 1.2 \times 2 = 40.2 \text{ m}$

基础梁肋高 $h = \left(\dfrac{1}{8} \sim \dfrac{1}{4}\right)l = \left(\dfrac{1}{8} \sim \dfrac{1}{4}\right) \times 4\,200 = 525 \sim 1\,050 \text{ mm}$，取 $h = 800 \text{ mm}$

肋宽 $b \geqslant h_{柱} + 2 \times 50 = 500 + 2 \times 50 = 600$，取 $b = 600 \text{mm}$

基础埋置深度 $D = 1.55 \text{ m}$，暂取 $f_a = 160 \text{ kPa}$

$$\sum N_{柱} = 1\,135 \times 2 + 1\,527.5 \times 8 = 14\,490 \text{ kN}$$

底板面积 $A \geqslant \dfrac{F_k}{f_a - \gamma_0 D} = \dfrac{14\,490}{1.35(160 - 20 \times 1.55)} = 83.21 \text{ m}^2$

底板宽 $B = A/L \geqslant 83.21/40.2 = 2.07 \text{ m}$，取 $B = 3.0 \text{ m}$

基础剖面见图 3-39，不难求出其截面惯性矩 $I = 0.049 \text{ m}^4$

(二)内力计算

本例分别采用倒梁法和基床系数法分别计算，在计算基础梁的内力时，由于梁的自重和梁上的土重，将与其产生的地基反力抵消，不会引起基础梁的内力，因此，只需考虑由柱传来的荷载。

1. 用倒梁法计算内力

均匀分布的单位长度地基净反力为

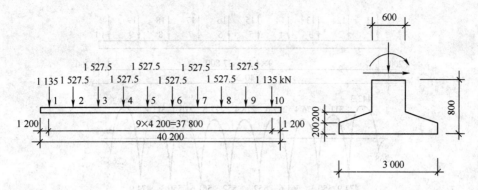

图 3-39 基础计算简图及基础剖面图

$$p = \frac{\sum N_i}{L} = \frac{14\ 490}{40.2} = 360.5\ \text{kN/m}$$

　　基础梁可看成在均布地基反力 P 作用下以柱作为支座的九跨连续梁,其内力可按等跨连续梁计算,为方便起见将均布荷载分为图 3-40(a)和图 3-40(b)两部分,分别按力矩分配法和五跨等跨连续梁计算,梁中剪力由逐段平衡求出,最终结果见图 3-40(c)。

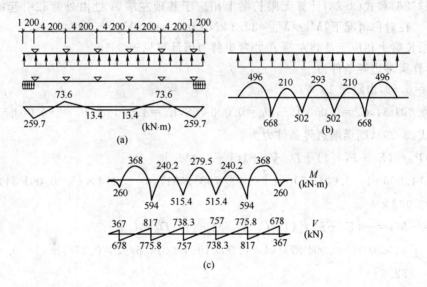

图 3-40 用倒梁法计算内力

2. 用基床系数法计算内力

(1)基床系数和柔度指数的确定

根据土层分布与压缩性指标可按 $k = p_0 / S_m$ 计算基床系数 $k = 1\ 510\ \text{kN/m}^3$。

计算柔度指数 λ,梁截面惯性矩 $I = 0.049\ \text{m}^4$,$E_c = 2.8 \times 10^7\ \text{kPa}$,考虑到梁弯曲时可能会出现裂缝,实际取 $E_c = 2.52 \times 10^7\ \text{kPa}$,由此得

$$\lambda = \sqrt[4]{\frac{KB}{4E_h I}} = \sqrt[4]{\frac{1\ 510 \times 3.0}{4 \times 2.52 \times 10^7 \times 0.049}} = 0.174\ \text{m}^{-1}$$

$\lambda L = 0.174 \times 40.2 = 6.99$,属长梁。

荷载如图 3-41 所示。

(2)按无限长梁公式计算基础梁左端 A 处

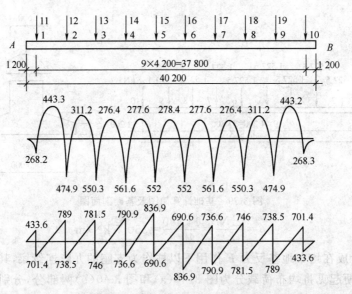

图 3-41 用基床系数法计算内力

按式(3-26)和式(3-28)计算无限长梁上相应于基础左端 A 处由外荷载引起的弯矩 M_A 和剪力 V_B。在对称情况下，$M_A = M_B = 32.3 \text{ kN} \cdot \text{m}$，$V_B = -V_A = -517.6 \text{ kN}$。

按无限长梁上相应于基础左端 A 处弯矩剪力值计算见表 3-15。

(3)计算梁端边界条件力

按 $\lambda L = 6.69$，由附录 13 查得

$A_L = 0.001\ 34, C_L = 0.000\ 195, D_L = 0.000\ 768, E_L = 4.000\ 01, F_L = -0.004\ 57$

代入式(3-29)，则梁端边界条件力为

$$P_A = P_B = (E_L + F_L)[(1 + D_L)V_A + \lambda(1 - A_L)M_A]$$
$$= (4.000\ 01 - 0.004\ 57)[(1 + 0.000\ 768) \times 517.6 + 0.174 \times (1 - 0.001\ 34) \times 32.3]$$
$$= 2\ 092 \text{ kN}$$

$$M_A = -M_B = -(E_L + F_L)[(1 + C_L)V_A/2\lambda + (1 - D_L)M_A]$$
$$= -(4.000\ 01 - 0.004\ 57)[(1 + 0.000\ 195) \times 517.6/(2 \times 0.174) + (1 - 0.000\ 768) \times 32.3]$$
$$= -6\ 072.8 \text{ kN} \cdot \text{m}$$

(4)计算支座(柱位处)、跨中处各点内力

计算外荷载与梁端边界条件力同时作用于无限长梁时相应于基础上各计算点的弯矩和剪力。列表计算见表 3-16。由于对称性，只要计算左半部分各计算点内力值，即可求出作用在整个基础上的弯矩图和剪力图，见图 3-41。比较图 3-41 与图 3-40(c)可知，两计算方法结果相近。

(三)基础配筋计算

1. 基础梁翼板部分计算

由上部结构分析得知，作用在一个柱间(4.2 m)范围内梁顶的最不利内力组合 $N = 1\ 527.5 \text{ kN}$，$M = 6 \text{ kN} \cdot \text{m}$，$V = 28 \text{ kN}$，上部结构传来的 M、V 很小，在分析基础梁时可不予考虑，但在分析翼板底反力时则应考虑。折算到基底处的弯矩为 $M = 6 + 2.8 \times 0.8 = 8.24 \text{ kN} \cdot \text{m}$，$\sum N = 14\ 490 \text{ kN}$。

表 3-15 按无限长梁上相应于 *A* 端弯矩、剪力计算

外荷载(kN)	1 135	1 527.5	1 527.5	1 527.5	1 527.5	1 527.5	1 527.5	1 527.5	1 527.5	1 527.5	总计
距 *A* 点(m)	1.2	5.4	9.6	13.8	18	22.2	26.4	30.6	34.8	39	
M(kN·m)	1 017.4	−186.1	−451.9	−281.4	−96.8	−7.5	19.3	14.7	3.5	1.1	32.3
V(kN)	450	176	−14.1	−51.1	−33.4	−12.2	−1.0	1.9	0.7	0.8	517.6

表 3-16 弯矩和剪力计算

位置	荷载	N_1	N_2	N_3	N_4	N_5	N_6	N_7	N_8	N_9	N_{10}	P_A	M_A	P_B	M_B	合计
		1 135	1 527.5	1 527.5	1 527.5	1 527.5	1 527.5	1 527.7	1 527.5	1 527.5	1 135	2 092	−6 072.8	2 092	6 073	
1 点	距 1 点(m)	0	4.2	8.4	12.6	16.8	21	25.2	29.4	33.6	37.8	1.2	1.2	39	39	
	M(kN·m)	1630.7	83.6	−449.9	−342.5	−141.6	−22.6	16.9	16.9	8.6	1.6	1875.3	−2407.3	1.5	−3.0	268.2
	V(kN)	−567.5	274.4	19.7	−49.6	−40.2	−17.4	−3.1	1.6	0.9	0.7	−829.3	−508.1	1.1	−0.8	−701.4
2 点	距 2 点(m)	4.2	0	4.2	8.4	12.6	16.8	21	25.2	29.4	33.6	5.4	5.4	34.8	34.8	
	M(kN·m)	62.1	2194.7	83.6	−449.9	−342.8	−141.6	−22.6	16.9	16.9	6.4	−254.9	−699.9	8.4	−2.7	474.9
	V(kN)	−203.8	−763.8	274.4	19.7	−49.6	−40.2	−17.4	−3.1	1.6	0.7	−241.1	288.4	0.9	−5.2	−738.5
3 点	距 3 点(m)	8.4	4.2	0	4.2	8.4	12.6	16.8	21	25.2	29.4	9.6	9.6	30.6	30.6	
	M(kN·m)	−334.3	83.6	2194.3	83.6	−449.9	−342.5	−141.6	−22.6	16.9	12.6	−618.9	56.2	20.1	−7.6	550.3
	V(kN)	−14.6	−274.4	−763.8	274.4	19.7	−49.6	−40.2	−17.4	−3.1	1.2	19.4	89.2	2.6	+10.6	−746
4 点	距 4 点(m)	12.6	8.4	4.2	0	4.2	8.4	12.6	16.8	21	25.2	13.8	13.8	26.4	26.4	
	M(kN·m)	−254.6	−449.9	83.6	2194.7	83.6	−449.9	−342.5	−141.6	−22.6	12.6	−385.3	203.1	26.5	+3.9	561.6
	V(kN)	36.8	−19.7	−274.4	−763.8	274.4	19.7	−49.6	−40.2	−17.4	−2.3	70.0	−3.0	−1.4	+34.3	−736.6
5 点	距 5 点(m)	16.8	12.6	8.4	4.2	0	4.2	8.4	12.6	16.8	21	18	18	22.2	22.2	
	M(kN·m)	−105.2	−342.5	−449.9	83.6	2194.7	83.6	−449.9	−342.5	−141.6	−16.8	−132.6	132.7	−10.2	+48.6	552
	V(kN)	29.9	49.6	−19.7	−274.4	−763.8	274.4	19.7	−49.6	−40.2	−12.9	45.7	−22.8	−16.7	−90.2	−690
11 点	距 11 点(m)	2.1	2.1	6.3	10.5	14.7	18.9	23.1	27.3	31.5	35.7	3.3	3.3	36.9	36.9	
	M(kN·m)	643.7	866.2	−319.8	−430.4	−235.1	−69.8	−2.4	19.5	12.9	3.6	515.2	−1446	4.2	−4.9	−443.3
12 点	距 12 点(m)	6.3	2.1	2.1	6.3	10.5	14.7	18.9	23.1	27.3	31.5	7.5	7.5	32.7	32.7	
	M(kN·m)	−237.6	866.2	866.2	−319.8	−430.4	−235.1	−69.8	−2.4	19.5	9.6	−574	−211.6	14.1	−6.1	−311.2
13 点	距 13 点(m)	10.5	6.3	2.1	2.1	6.3	10.5	14.7	18.9	23.1	27.3	11.7	11.7	28.5	28.5	
	M(kN·m)	−319.8	−319.8	866.2	866.2	−319.8	−430.4	−235.1	−69.8	−2.4	14.5	−525	178.5	25.5	−5.2	−276.4
14 点	距 14 点(m)	14.7	10.5	6.3	2.1	2.1	6.3	10.5	14.7	18.9	23.1	15.9	15.9	24.3	24.3	
	M(kN·m)	−174.7	−430.4	−319.8	866.2	866.2	−319.8	−430.4	−235.1	−69.8	−1.8	−244.1	177.3	18.0	20.6	−277.6
15 点	距 15 点(m)	18.9	14.7	10.5	6.3	2.1	2.1	6.3	10.5	14.7	18.9	20.1	20.1	20.1	20.1	
	M(kN·m)	−51.9	−235.1	−430.4	−319.8	866.2	866.2	−319.8	−430.4	−235.1	−51.9	−544	86.2	−54.4	86.2	−278.4

$$p=\frac{14\ 490}{40.2\times3.0}\pm\frac{8.24\times10}{\frac{1}{6}\times40.2\times3.0^2}=\begin{cases}121.5\\118.8\end{cases}\text{kPa}$$

翼板悬臂根部处弯矩 $M_1=(121.5\times1.2^2)/2=87.48\ \text{kN}\cdot\text{m}$

剪力 $V_1=121.5\times1.2=145.8\ \text{kN}$

验算翼板高度：由 $V\leqslant0.7f_tbh_0$，有

$$h_0\geqslant\frac{V}{0.7f_tb}=\frac{145.8\times10^3}{0.7\times1.27\times1\ 000}=164\ \text{mm}<400\ \text{mm}$$

故 $h=164+35=199\ \text{mm}<400\ \text{mm}$，根部取 $h=400\ \text{mm}$，满足构造要求。

通过正截面抗弯计算，翼板受力钢筋面积计算值为 $883\ \text{mm}^2/\text{m}$。

实际选用 $\Phi\ 12/14@150(A_s=890\ \text{mm}^2>883\ \text{mm}^2)$。

2. 基础梁配筋计算

基础梁配筋取基床系数法算出的内力值。由图 3-41 弯距图看出③～⑧轴间各跨弯距相近，可采用同一配筋。其他各跨分别采用不同配筋，各控制截面内力及正截面配筋见表 3-17，其支座截面按 $b\times h=600\ \text{mm}\times800\ \text{mm}$ 矩形截面计算，跨中按 T 形截面计算，其 $b'_f=1\ 400\ \text{mm}(b'_f=l/3=4\ 200/3=1\ 400\ \text{mm})$，$f_y=300\ \text{N/mm}^2$，$f_t=1.27\ \text{N/mm}^2$，$f_c=11.9\ \text{N/mm}^2$，$A_{s\min}=0.2\%bh=960\ \text{mm}^2$。

表 3-17　正截面承载力计算

截面位置	①、⑩轴支座	①至②、⑨至⑩轴跨中	②、⑨轴支座	②至③、⑧至⑨轴跨中	中间各跨支座	中间各跨跨中
$M(\text{kN}\cdot\text{m})$	268.2	−443.3	474.9	−311.2	561.6	−278.4
$A_s(\text{mm}^2)$	1 181	2 004	2 229	1 349	2 668	1 205
选配钢筋	6Φ20	6Φ20+3Φ18	6Φ20+3Φ18	6Φ20	6Φ20+4Φ22	6Φ20
实配 A_s	1 884	2 647	2 647	1 884	3 404	1 884

由图 3-41 中剪力图看出①～⑩轴线间基础梁各跨最大剪力值相近。可采用同一配筋。两伸臂段采用另一种配筋，斜截面承载力计算见表 3-18，$\rho_{sv\min}=0.24\frac{f_t}{f_{yv}}=0.113\%$，选用 4 肢箍。

表 3-18　斜截面承载力计算

截面位置	$V(\text{kN})$	$0.7f_tbh_0$	A_{sv}/S	选配箍筋	实配 A_{sv}/S
伸臂段	433.6	396.4	0.156	4 肢 $\phi8@300$	0.67
①至⑩轴间	836.9	383.3	1.973	4 肢 $\phi10@150$	2.09

框架配筋图与基础配筋图见图 3-42 和图 3-43。

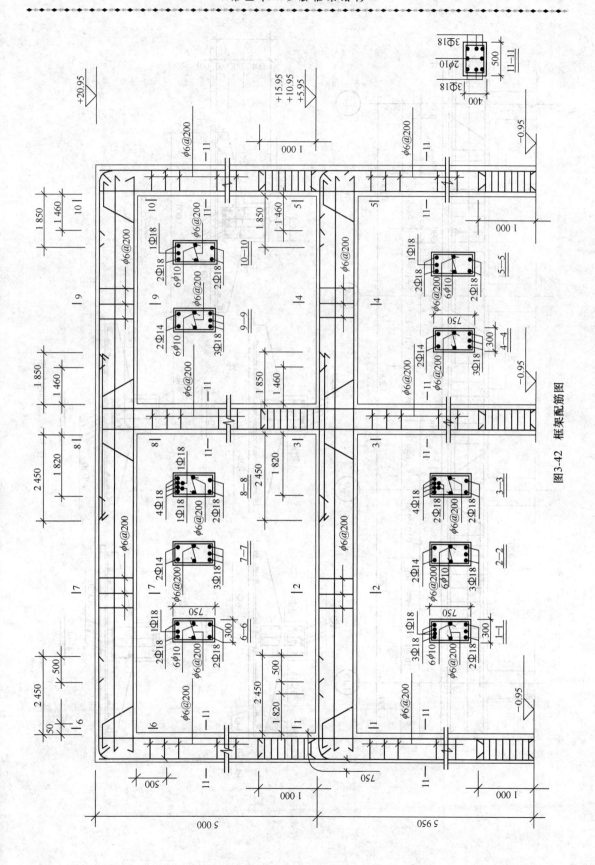

图3-42 框架配筋图

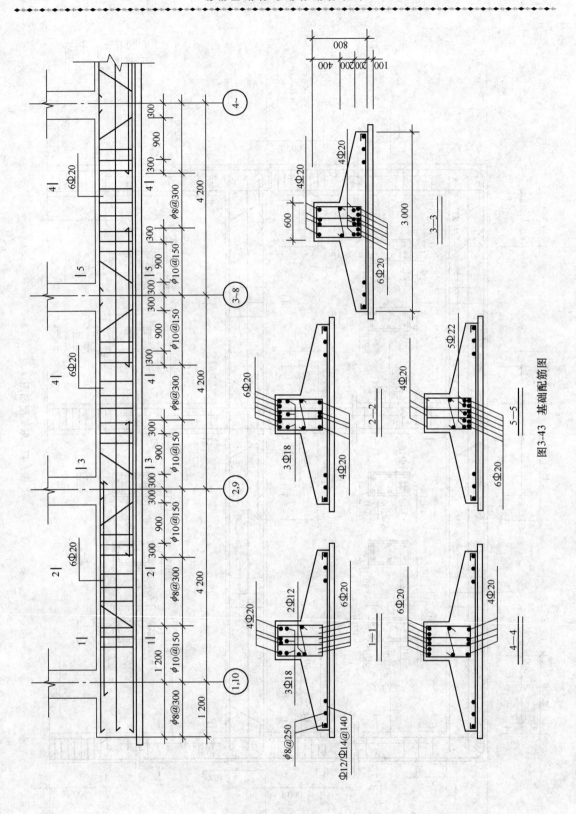

图3-43　基础配筋图

小　结

1. 多层建筑一般是指10层以下或建筑高度低于28 m的房屋,其常用结构形式有混合结构与框架结构。

2. 多层框架结构设计内容和步骤是:(1)结构选型和结构平面布置;(2)确定计算简图;(3)荷载计算;(4)内力计算与组合;(5)截面配筋计算;(6)柱下基础设计;(7)侧移验算;(8)绘制施工图。

3. 在竖向荷载作用下,框架内力近似计算法有分层法、叠代法。在采用分层法时,应注意除底层柱外,柱线刚度和传递系数要折减。

4. 在水平荷载作用下,框架内力和侧移近似计算法有反弯点法、D值法。这两种方法只要确定柱侧移刚度,反弯点位置就不难求解。

5. 框架内力组合首先应考虑荷载组合,当活荷载不太大时,可采用满布荷载法。

6. 框架梁柱设计除应满足计算要求外,还应满足构造要求。

7. 多层框架结构柱下基础有单独基础、柱下条形基础、片筏基础以及桩基础等多种形式。设计时应视上部荷载的大小以及地基条件选用。

思　考　题

1. 现浇钢筋混凝土框架结构设计的主要内容和步骤是什么?

2. 多层框架结构的平面布置原则是什么?

3. 在多层框架结构中如何处理伸缩缝和沉降缝?

4. 如何选取框架结构的计算单元?计算简图如何确定?

5. 多层框架结构主要受哪些荷载作用?它们各自如何取值?

6. 分别画出一个三跨三层框架在各跨满布竖向力和水平节点力作用下的弯矩、剪力、轴力图。

7. 为什么说分层法、反弯点法、D值法是近似计算法?它们各在什么情况下采用?

8. 采用分层法计算内力时应注意什么?最终弯矩如何叠加?

9. 反弯点法中d值与D值法中的D值有何不同?

10. 水平荷载作用下,框架柱中反弯点位置与哪些因素有关?D值法是如何考虑这些因素的?

11. 如何计算水平荷载作用下框架的侧移?

12. 框架梁、柱内力组合原则是什么?如何确定梁柱控制截面的最不利内力组合?

13. 框架结构中,活载荷如何布置?怎样考虑梁端调幅?

14. 如何处理框架梁与柱的节点构造?

15. 多层框架常用基础形式有哪几种,柱下条形基础如何计算?

习　题

3-1　试用分层法计算图3-44所示框架弯矩图、剪力图。括号内数字为梁柱相对线刚度,

各层竖向荷载均为 $30\ kN/m^2$。

3-2 试分别用反弯点法、D值法计算图 3-45 框架，绘出弯矩图，并比较计算结果。括号内数字为梁柱相对线刚度。

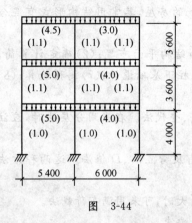

图 3-44

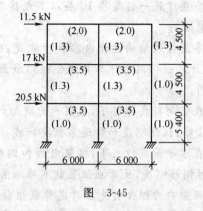

图 3-45

3-3 框架的轴线尺寸及荷载如图 3-46 所示，梁的截面为 $250\ mm\times800\ mm$，柱的截面为 $450\ mm\times450\ mm$，梁柱混凝土弹性模量 $E_c=2.55\times10^5\ N/mm^2$，绘出已知水平荷载作用下框架的弯矩图，并计算框架层间侧移和顶点位移。

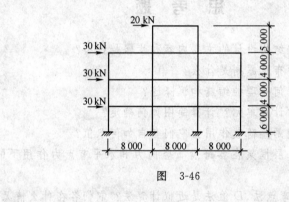

图 3-46

第四章 砌体结构

砌体结构是指块体通过砂浆铺缝砌筑而成的结构,是砖砌体、砌块砌体、石砌体结构的统称。墙、柱是砌体结构建筑物的主要受力构件。古代的砌体结构主要用于城墙、拱桥、寺院和佛塔。

据统计,在我国城乡建筑中,砌体作为墙体材料至今仍占全部墙体材料的95%以上,即使是在当代发达国家,如英国、德国,其砌体结构在墙体中占的比重也不低于50%,砌体结构得到如此广泛的应用,是与这种建筑材料所具有的下列优点分不开的:

(1)可就地取材,因地制宜。如黏土、砂、石材料几乎各地都有,来源极广。对于粉煤灰砖等还具有利用工业废料的优点。

(2)具有良好的耐火、保温、隔声、抗腐蚀性能和具有较好的大气稳定性。

(3)与其他结构相比,砌体具有承重和围护的双重功能,施工也比较简便,节约木材、钢材和水泥。

同时,砌体结构也存在以下缺点。

(1)由于砌体强度较低,作为承重结构势必截面尺寸较大,这样自重也大,显得比较笨重,由于重量大,对抗震也不利。

(2)块体和灰浆间的粘结力较小,因此反映在砌体抗拉,抗弯和抗剪强度方面也比较低。

砌体结构抗压承载力较高。因此,它最适用于受压构件,如混合结构中的竖向承重构件(墙和柱)。目前,5层以内的办公楼、教学楼、试验楼,7层以内的住宅、旅馆采用砌体作竖向承重结构已很普遍,高强轻质砖可建成砌体结构高层建筑。

砌体结构抗弯、抗拉性能较差,一般不宜作为受拉或受弯构件,因此房屋的楼盖结构,屋盖结构则通常采用钢筋混凝土结构、钢结构和木结构。我们把这种由砌体和其他结构材料组成的结构称为混合结构。

第一节 块体、砂浆、砌体的物理力学性能

一、块 体

块体是砌体的主要组成部分,占砌体总体积的78%以上,块体分为实体砖、空心砖、砌块和石材等。

《砌体结构设计规范》(以下简称《规范》)对承重结构和自承重墙的块体分别规定如下。

1. 承重结构

(1)烧结普通砖、烧结多孔砖的强度等级:MU30、MU25、MU20、MU15和MU10。

(2)蒸压灰砂普通砖、蒸压粉煤灰普通砖的强度等级:MU25、MU20和MU15。

(3)混凝土普通砖、混凝土多孔砖的强度等级:MU30、MU25、MU20和MU15。

（4）混凝土砌块、轻集料混凝土砌块的强度等级：MU20、MU15、MU10、MU7.5 和 MU5。

（5）石材的强度等级：MU100、MU80、MU60、MU50、MU40、MU30 和 MU20。

2. 自承重墙

（1）空心砖的强度等级：MU10、MU7.5、MU5 和 MU3.5。

（2）轻集料混凝土砌块的强度等级：MU10、MU7.5、MU5 和 MU3.5。

（一）砖

砖是我国砌体结构中应用最为广泛的一种块材,常用的有如下几种：

1. 烧结普通砖

以煤矸石、页岩、粉煤灰或黏土为主要原料,经过焙烧而成的实心砖称为烧结普通砖,包括烧结煤矸石砖、烧结页岩砖、烧结粉煤灰砖、烧结黏土砖等。根据我国《烧结普通砖》GB 5101—2003 标准的规定,烧结普通砖的外形为直角六面体,标准砖尺寸为 240 mm×115 mm×53 mm。用这种砖砌成的一砖厚墙又叫 24 墙,砌成半砖厚的叫 12 墙,如图 4-1 所示。

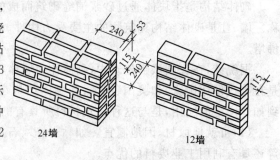

图 4-1 烧结普通砖

2. 烧结多孔砖

以煤矸石、页岩、粉煤灰或黏土为主要原料,经过焙烧而成、空洞率小于 35%,孔的尺寸小而数量多,主要应用于承重部位的砖。根据我国《烧结多孔砖和多孔砌块》GB 13544—2011 标准的规定,多孔砖的外型为直角六面体,砖的长、宽、高规格尺寸（mm）为 290、240、190、180、140、115、90,在砖中设置矩形条孔或矩形孔,规格大的砖要设置手抓孔,孔洞率小于 33%,也不小于 28%,如图 4-2 所示。砖的密度等级分为 1 000、1 100、1 200、1 300 四个等级。烧结多孔砖的强度等级与实心砖相同,其强度等级是根据用规定的试验方法得到的破坏压力折算到受压毛面积上的抗压强度来划分的。因此在进行设计计算时就不需要再考虑孔洞率的影响。

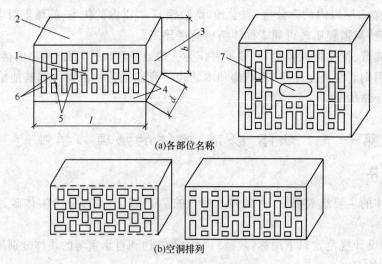

(a)各部位名称

(b)空洞排列

图 4-2 烧结多孔砖

l—长度；*b*—高度；*d*—宽度

1—大面(坐浆面)；2—条面；3—顶面；4—外壁；5—肋；6—孔洞；7—手抓孔

3. 烧结空心砖

以煤矸石、页岩、粉煤灰或黏土为主要原料,经过焙烧而成,空洞率不小于40%,主要应用于非承重部位的空心砖。根据我国《烧孔空心砖和空心砌块》(GB 13545—2003)的规定,空心砖的外型为直角六面体,砖的长、宽、高规格尺寸(mm)为390、290、240、190、180(175)、140、115、90,在砖中设置矩形条孔或矩形孔,如图4-3所示。砖的密度等级分为800、900、1000、1100四个等级。

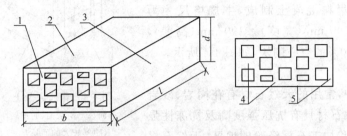

图 4-3　烧结空心砖

l—长度;b—宽度;d—高度

1—顶面;2—大面;3—条面;4—肋;5—壁

4. 蒸压硅酸盐砖

以硅质材料和石灰为主要原料压制成坯并经高压釜蒸汽养生而成的实心砖统称硅酸盐砖。常用的有蒸压灰砂砖、蒸压粉煤灰砖、炉渣砖、矿渣砖等。其规格尺寸与烧结普通砖相同。

蒸压灰砂普通砖是以石英砂和石灰为主要原料,也可加入着色剂或掺合料,经坯料制备,压制成型,蒸压养护而成的。用料中石英砂约占80%~90%,石灰约占10%~20%。色泽一般为灰白色。这种砖不能用于温度长期超过200℃、受急冷急热或有酸性介质侵蚀的部位。

蒸压粉煤灰普通砖又称烟灰砖,是以粉煤灰为主要原料,掺配一定比例的石灰、石膏或其他碱性激发剂,再加入一定量的炉渣或水淬矿渣作骨料,经加水搅拌、消化、轮碾、压制成型、高压蒸汽养护而成的实心砖。这种砖的抗冻性,长期强度稳定性以及防水性能等均不及烧结普通砖,可用于一般建筑。

炉渣砖又称煤渣砖,是以炉渣为主要原料,掺配适量的石灰、石膏或其他碱性激发剂,经加水搅拌、消化、轮碾和蒸压养护而成。这种砖的耐热温度可达300℃,能基本满足一般建筑的使用要求。

矿渣砖是以未经水淬处理的高炉矿渣为主要原料,掺配一定比例的石灰、粉煤灰或煤渣,经过原料制备、搅拌、消化、轮碾、半干压成型以及蒸汽养护等工序制成的。

以上各种硅酸盐砖均不需焙烧,这类砖不宜用于砌筑炉壁、烟囱之类承受高温的砌体。另外,当采用粉煤灰、炉渣、矿渣等工业废料制砖时应注意符合有关材料检验标准,以免造成环境污染。

5. 混凝土砖

以水泥为胶结材料,以砂、石等为主要集料,加水搅拌、成型、养护制成的一种多孔的混凝土半盲孔砖或实心砖。混凝土砖的外型为直角六面体,多孔砖的主规格尺寸为 240 mm×115 mm×90 mm、240 mm×190 mm×90 mm、190 mm×190 mm×90 mm 等;实心砖的主规格尺寸为 240 mm×115 mm×53 mm、240 mm×115 mm×90 mm 等。

(二)砌　　块

当块材尺寸较大,一般谓之砌块,砌块一般用混凝土浇制或粉煤灰蒸压养护。前者谓之混凝土砌块,后者谓之硅酸盐砌块;此外,如用加气混凝土烧制就成为加气混凝土砌块,虽具有良好的保温性能,但强度较低。

一般将高度在 180～350 mm 的砌块称为小型砌块,高度在 360～900 mm 的砌块称为中型砌块,高度大于 900 mm 的砌块称为大型砌块。我国常用的砌块有混凝土中、小型空心砌块、粉煤灰小型空心砌块、蒸压加气混凝土砌块。混凝土小型空心砌块,由普通混凝土或轻集料混凝土制成,主规格尺寸为 390 mm(长度)×190 mm(宽度)×190 mm(高度),空心率为 25%～50% 的空心砌块,如图 4-4 所示。

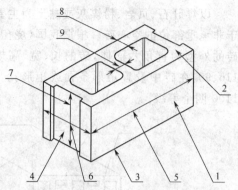

图 4-4 普通混凝土小型空心砌块
1—条面;2—坐浆面(肋厚较小的面);3—铺浆面
(肋厚较大的面);4—顶面;5—长度;
6—宽度;7—高度;8—壁;9—肋

(三)石　　材

在砌体结构中,常用的天然石材有花岗岩、砂岩和石灰石等。天然石材具有抗压强度高及抗冻性强的优点,在有开采和加工石材经验的地区,天然石材是砌筑带形基础、挡土墙等的理想材料,在石材产地也可用于砌筑承重墙体。但天然石材传热性较高,不宜用作寒冷地区的墙体。

天然石材可分为料石和毛石两种。毛石系指形状不规则、中部厚度不小于 200 mm 的块石。料石按其加工后外形的规则程度又分为细料石、粗料石和毛料石。

1. 细料石

通过细加工,外形规则,叠砌面凹入深度不大于 10 mm。截面的宽度、高度不小于 200 mm,且不小于长度的 1/4。

2. 粗料石

规格尺寸同细料石,叠砌面凹入深度不大于 20 mm。

3. 毛料石

外形大致方正,一般不加工或稍加工修整,高度不小于 200 mm,叠砌面凹入深度不大于 25 mm 的石材。

二、砂　　浆

(一)砂浆的种类

砂浆在砌体中所占体积(灰缝)虽大大小于块体,但它能将砌体中的块体联结成整体,从而改善了块体在砌体中的受力状态,提高了防水、隔热的能力。

为适应不同块体的砌筑需要,砂浆分为普通砂浆、专用砂浆、灌孔混凝土。

1. 普通砂浆

适用于烧结普通砖、烧结多孔砖、蒸压灰砂普通砖、蒸压粉煤灰普通砖和石砌体的砂浆统称为普通砂浆,其强度等级用 M 表示。可分为水泥砂浆、石灰砂浆、石灰水泥砂浆(又叫混合砂浆)和黏土石灰砂浆。在上述块体形成的砌体结构中,多采用第 1 和第 3 两种,为了节省水泥,第 2、第 4 两种用于多层房屋的勒脚线以上。

2. 混凝土砌块(砖)专用砂浆

由水泥、砂、水以及根据需要掺入的掺和料和外加剂等组分,按一定比例,采用机械拌和制成,专门用于砌筑混凝土砌块(砖)的砌筑砂浆,其强度等级用 Mb 表示。

3. 蒸压灰砂普通砖、蒸压粉煤灰普通砖专用砂浆由水泥、砂、水以及根据需要掺入的掺和料和外加剂等组分,按一定比例,采用机械拌和制成,专门用于砌筑蒸压灰砂砖或蒸压粉煤灰砖砌体,且砌体抗剪强度不低于烧结普通砖砌体的取值的砂浆,其强度等级用 Ms 表示。

(二)砂浆的强度等级

砂浆的强度等级是采用边长为 70.7 mm 的立方体标准试块,在温度为(20±3)℃环境下,水泥砂浆在湿度为 90%以上,水泥石灰砂浆在湿度为 60%～80%条件下养护 28d,进行抗压强度试验按计算规则得出的以 MPa 表示的试件砂浆强度值划分的。规范有以下规定。

1. 普通砂浆强度等级:M15、M10、M7.5、M5、M2.5;

2. 混凝土砌块(砖)专用砂浆:Mb20、Mb15、Mb10、Mb7.5、Mb5;

3. 蒸压灰砂普通砖、蒸压粉煤灰普通砖专用砂浆专用砂浆:Ms15、Ms10、Ms7.5、Ms5。

常用的普通砂浆强度等级为 M2.5～M5,潮湿环境下的砌体应采用不低于 M5 的水泥砂浆。

(三)砂浆的设计要求

砂浆的设计有以下要求。

1. 砂浆应具有足够的强度;

2. 砂浆应具有一定的可塑性,即和易性,以便于砌筑,提高工效,保证质量和提高砌体强度,但砂浆的可塑性亦不宜过大;

3. 砂浆应具有适当的保水性,以保证砂浆硬化所需要的水分。

三、灌孔混凝土

由水泥、集料、水以及根据需要掺入的掺和料和外加剂等组分,按一定比例,采用机械拌后,用于浇筑混凝土砌块芯柱或其他需要填实部位孔洞的混凝土,其强度等级用 Cb 表示。灌孔混凝土强度指标取同强度等级的混凝土强度指标。混凝土砌块砌体的灌孔混凝土强度等级不应低于 1.5 倍的块体强度等级。

四、砌 体

(一)砌体的种类

砌体按其作用分为承重的和非承重的,按其配筋与否分为无筋砌体和配筋砌体两大类。

仅由块体和砂浆组成的砌体称为无筋砌体。无筋砌体包括砖砌体、砌块砌体和石砌体。无筋砌体应用广泛,但抗震性能差。

配筋砌体是在砌体中设置了钢筋或钢筋混凝土材料的砌体。配筋砌体的抗压、抗剪和抗弯承载力远大于无筋砌体,并有良好的抗震性能。

1. 无筋砌体

(1)砖砌体

在一般单层及多层房屋中,砖砌体多用作内外墙、柱及基础等承重结构,围护墙及隔断墙等非承重结构。承重墙一般多做成实心的。

当砖砌体为实心墙时,常采用一顺一丁、梅花丁和三顺一丁的砌筑方法,如图 4-5 所示。试验表明,采用同强度等级的材料,按上述 3 种方法砌筑的砌体,其抗压强度相差都不大。

当采用标准实心砖或空心砖砌筑砖砌体时,墙厚及柱的边长等设计尺寸均应符合砖的模数,如设计成 120(半砖)、240(1 砖)、370(1 1/2 砖)、490(2 砖)、620(2 1/2 砖)及 740(3 砖)……等尺寸。有时为了节约材料,实心砖墙体厚度也可按 1/4 砖长的倍数设计,采用 180、300 及 420……

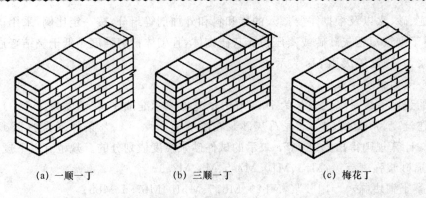

|(a) 一顺一丁|(b) 三顺一丁|(c) 梅花丁|

图 4-5 砖的砌筑方法

等尺寸。空心砖也可砌成 90、180、190、240、290 及 390 厚度的墙体。

(2)石砌体

石砌体有料石砌体、毛石砌体及毛石混凝土砌体。料石的外形加工要求较为精细,故一般多采用毛石砌体。这种砌体可建造 5 层及 5 层以下房屋的墙体。

毛石混凝土砌体为在模板内交替浇筑不规则的毛石层及混凝土层而成。后者的混凝土应具有较高的含砂量,每层厚约为 120～150 mm。

石砌体自重大,隔热性能差。但在产石地区及附近地带,特别是在基础和挡土墙工程中应用仍较为广泛。

(3)砌块砌体

砌块墙体一般由单排砌块砌筑,即墙体厚度等于砌块宽度。目前,我国应用较多的砌块砌体主要是混凝土小型空心砌块砌体。和砖砌体一样,砌块砌体也应分皮错缝搭砌。小型砌块上、下皮搭砌长度不得小于 90 mm。砌筑空心砌块时,应对孔,不得错孔砌筑,使上、下皮砌块的肋对齐以利于传力。

2. 配筋砌体

(1)网状配筋砖砌体

网状配筋砖砌体是指在砖砌体的水平灰缝内配置钢筋或水平钢筋的砌体,如图 4-6 所示。这种砌体主要应用于轴心受压和偏心距较小的偏心受压构件。

当砖砌体构件截面较大,需要减小其截面尺寸,提高砌体的强度时,可采用网状配筋砖砌体,即在砖砌体的墙和柱内,每隔数层砖配置钢筋网,以限制构件在压力作用下的横向变形,从而提高构件抗压承载力。

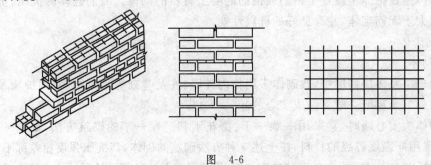

图 4-6

(2)组合砖砌体

在砖砌体墙或柱外表面或内部配有钢筋混凝土或钢筋砂浆的砖砌体称为组合砖砌体,目前在我国应用较多的有以下两种：

①砖砌体和钢筋混凝土面层或钢筋砂浆面层的组合砌体

指在砖砌体墙或柱外侧配置一定厚度的钢筋混凝土面层或钢筋砂浆面层，以提高砌体的抗压、抗拉、抗弯、抗剪能力，如图4-7所示。

②砖砌体和钢筋混凝土构造柱组合墙

如图4-8所示，砖砌体和钢筋混凝土构造柱组合墙是一种常用的内嵌式组合砖砌体。

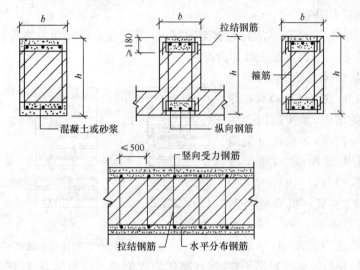

图 4-7　钢筋混凝土面层或钢筋砂浆面层的组合砖砌体

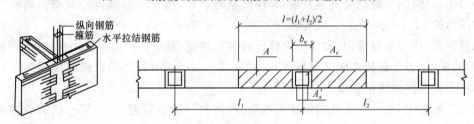

图 4-8　砖砌体和钢筋混凝土构造柱组合墙

工程实践证明，在砌体墙的纵横向交接处及大洞口边缘设置钢筋混凝土构造柱不但可以提高砌体的承载力，同时构造柱与房屋圈梁连接组成钢筋混凝土空间骨架，对增强房屋的变形能力和抗倒塌能力十分明显。这种墙体施工要求必须先砌墙后浇筑钢筋混凝土构造柱。砌体与构造柱连接处应按构造要求砌成马牙槎，以保证两者共同工作。

（3）配筋砌块砌体

配筋砌块砌体结构通常将混凝土小型空心砌块用砂浆先砌筑成墙体，在砌筑中，上下孔洞对齐，同时设置好水平钢筋和预留水平条带凹槽，再在竖向孔洞

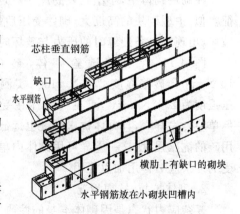

图 4-9　配筋砌块砌体

内配置竖向钢筋，最后以砌块为模板，采用灌芯混凝土将竖向孔洞和水平凹槽内全部灌实，形成装配整体式钢筋混凝土墙，如图4-9所示。该墙体具有砌体的特征，同时又将砌体作为浇筑

混凝土的模板使用,墙体内由水平和竖向钢筋组成单排钢筋网片。配筋砌块砌体自重轻、地震作用小,既保留了传统材料砖结构取材广泛、施工方便、造价低廉的特点,又具有强度高延性好的钢筋混凝土结构的特性。

(二)砌体的强度

砌体主要作为墙、柱等受压构件,但有时也作为受拉、受弯或受剪构件,故重点介绍无筋砌体抗压强度,此外,扼要介绍无筋砌体抗拉、抗剪强度。

1. 砌体受压破坏特征

根据试验,砌体轴心受压时从开始直至破坏,按照裂缝的出现和发展等特点,可划分为3个受力阶段。图 4-10 为砌体受压破坏情况。

第一阶段:从砌体开始受压,到出现第一条(批)裂缝〔图 4-10(a)〕,在此阶段,随着压力的增大,单块砖内产生细小裂缝,对砌体而言,多数情况裂缝约有数条。如不再增加压力,单块砖内裂缝亦不发展。根据国内外的试验结果,砖砌体内产生第一批裂缝时的压力约为破坏压力的 50%~70%。

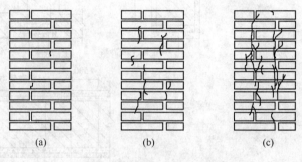

图 4-10 砖砌体受压破坏情况

第二阶段:随压力的增加,单块砖内裂缝不断发展,并沿竖向通过若干皮砖,在砌体内逐渐成一段段的裂缝〔图 4-10(b)〕,此时,即使压力不再增加,裂缝仍会继续发展,砌体已临近破坏,处于十分危险的状态。其压力约为破坏时压力的 80%~90%。

第三阶段:压力继续增加,砌体中裂缝迅速加长加宽,最后使砌体形成小柱体(个别砖可能被压碎)而失稳,整个砌体亦随之破坏〔图 4-10(c)〕。以破坏时压力除以砌体横截面面积所得的应力称为该砌体的极限强度。

在毛石砌体中,毛石和灰缝的形状不规则,砌体的匀质性较差,出现第一批裂缝时压力的相对比值更小,它约为破坏时压力的 30%,且砌体内产生的裂缝不如砖砌体那样分布有规律。

在砌块砌体中,小型砌块的尺寸与砖的尺寸相近,砌体的破坏特征与砖砌体的受压破坏特征类似,中型砌块的高度大,砌体受压后裂缝出现较晚,但一旦开裂便形成一条主裂缝,呈劈裂破坏,出现第一条裂缝时的压力与破坏时的压力很接近。

图 4-11 所示的试验砌体,砖的强度 10 N/mm²,砂浆强度 2.8 N/mm²,实测砌体抗压强度为 2.4 N/mm²,可见砖砌体在受压时不但单块砖先开裂,且砌体抗压强度也远低于它所用砖的抗压强度,这一差异可用砌体内单块砖所受的复杂应力作用加以说明。

2. 砌体抗拉、抗剪情况

复杂应力状态是因砌体本身的性质所决定,由于砌体内不但灰缝厚度不一,且砂浆也不一定饱和均匀密实,砖的表面又不完全平整和规则,故砌体受压时砖并非均匀受压,而是处于受弯和

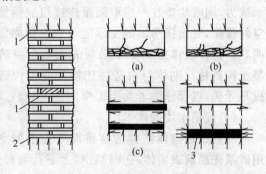

图 4-11 砌体中砖和砂浆的受力状态
(a)砖不规整;(b)砂浆不平;(c)砂浆变形
1—单砖;2—压板;3—砂浆

受剪状态(图 4-11)。砌体内的砖可视为弹性地基(水平灰缝的砂浆)上的梁,若砂浆的弹性模量愈小,则砖的变形愈大,砖内产生的弯、剪应力也愈高。由于砖和砂浆在弹性模量及变形上的差异,尤其当强度低时,其横向变形大于砖的横向变形,故使砖处于受拉状态。此外,砌体内的垂直灰缝往往不能填实,砖在垂直灰缝处易产生应力集中现象。上述种种原因均导致砌体内的砖受到较大的弯曲、剪切和拉应力的共同作用。由于砖是一种脆性材料,它的抗弯、抗剪和抗拉强度很低,因而砌体受压时,首先是单块砖在复杂应力作用下开裂,在破坏时砌体内砖的抗压强度得不到充分发挥。因此,砖砌体的抗压强度远低于砖的抗压强度。而砂浆则因处于三向受压,其抗压强度有所提高。所以,当砂浆强度等级较低时,砌体的抗压强度又往往高于砂浆的抗压强度。

(三)影响砌体抗压强度的因素

以上对砖砌体在荷载作用下的受力分析和试验结果表明,影响砌体抗压强度的主要因素,是块体和砂浆的强度、变形模量,块体的外形尺寸、灰缝厚度,以及砌体砌筑质量,现分析如下:

1. 块体的强度、外形及厚度的影响

块体的抗压强度显然直接影响到砌体的抗压强度,然而,即使块体具有相同的抗压强度,砌体抗压强度亦不尽相同,因为砌体抗压强度还受砌体内单个块体的外形与厚度的影响。如果单个块体的外形规则平整,则可减少块体的受弯受剪作用;如果块体的厚度较大,则可提高块体的抗弯抗剪能力。这样,可推迟单个砖块内竖向裂缝出现,亦可延缓砌体因竖向裂缝的贯通而导致形成若干小柱压碎或失稳的破坏。因此,采用抗压强度高、外形规则平整、厚度大的块体,其砌体的抗压强度就比较高。

2. 砂浆的强度、可塑性及弹性模量的影响

砂浆的抗压强度同样直接影响到砌体的抗压强度,而砂浆的可塑性(即和易性)、弹性模量对砌体亦有较大的影响。砂浆可塑性好,使其在砌筑时易于铺平,保证水平灰缝的均匀性,减少单个块体在砌体中受弯受剪。但砂浆的可塑性过大,或强度过低、弹性模量过小都要增大砂浆受压时的横向变形,对单个块体产生不利的拉应力。因此,砂浆抗压强度高、可塑性适当、弹性模量大,则砌体的抗压强度较高。

3. 砌体砌筑质量的影响

砌体砌筑质量的优劣,主要表现在砌体水平灰缝的饱满度、密实性、均匀性和合适的厚度上,砌筑时,要求饱满度达到 $75\% \sim 80\%$,灰缝厚度要薄而匀,一般以 $10 \sim 12$ mm 为宜。同时,在保证质量的前提下,快速砌筑,能使砌体在砂浆硬化前受压,增加水平灰缝的密实性。这些都有利于提高砌体的抗压强度。

(四)各类砌体的抗压强度

近年来,我国对各类砌体抗压强度试验研究表明,各类砌体轴心抗压强度平均值,主要取决于块体的抗压强度平均值 f_1,其次才是砂浆的抗压强度平均值 f_2,可用下列通式表示:

$$f_m = k_1 f_1^a (1 + 0.07 f_2) k_2 \tag{4-1}$$

式中,k_1 及 α 是反映各类砌体的块体形状、尺寸及砌筑方法等因素的影响系数,k_2 为低强度砂浆对砌体强度的调整系数,使上述通式与试验结果相符。k_1、α、k_2 可由表 4-1 查得。

【例 4-1】　已知烧结普通砖的抗压强度平均值 $f_1 = 10$ N/mm²,混合砂浆的抗压强度平均值 $f_2 = 1.0$ N/mm²。试求砌体抗压强度平均值 f_m。

【解】　$f_1 = 10$ N/mm²,$f_2 = 1.0$ N/mm²,由表 4-1 查得 $k_1 = 0.78$,$\alpha = 0.5$,$k_2 = 1$,代入式(4-1)得

$$f_{\mathrm{m}} = k_1 f_1^{\alpha}(1+0.07f_2)k_2$$
$$= 0.78 \times (10)^{0.5}(1+0.07 \times 1.0) \times 1$$
$$= 2.64 \ \mathrm{N/mm^2}$$

表 4-1 轴心抗压强度平均值 f_{m}（MPa）

砌 体 种 类	$f_{\mathrm{m}} = k_1 f_1^{\alpha}(1+0.07f_2)k_2$		
	k_1	α	k_2
烧结普通砖、烧结多孔砖、蒸压灰砂普通砖、蒸压粉煤灰普通砖、混凝土普通砖、混凝土多孔砖	0.78	0.5	当 $f_2<1$ 时，$k_2=0.6+0.4f_2$
混凝土砌块、轻集料混凝土砌块	0.46	0.9	当 $f_2=0$ 时，$k_2=0.8$
毛料石	0.79	0.5	当 $f_2<1$ 时，$k_2=0.6+0.4f_2$
毛 石	0.22	0.5	当 $f_2<2.5$ 时，$k_2=0.4+0.24f_2$

注：1. k_2 在表列条件以外时均等于1。

2. 式中 f_1 为块体（砖、石、砌块）的强度等级值；f_2 为砂浆抗压强度平均值。单位均以 MPa 计。

3. 混凝土砌块砌体的轴心抗压强度平均值：当 $f_2>10$ MPa 时，应乘系数 $1.1-0.01f_2$，MU20 的砌体应乘系数 0.95，且满足 $f_1 \geqslant f_2$，$f_1 \leqslant 20$ MPa。

（五）砌体的轴心抗拉、弯曲抗拉和抗剪强度

在实际工作中，砌体有时也用来承受轴心拉力、弯矩和剪力。

1. 各种砌体的轴心抗拉强度

在砌体结构中常遇到的轴心受拉构件有如圆形水泥的池壁等。图 4-12 为一圆形水池，在静力压力作用下，池壁承受轴心拉力 N_{t}。

砌体在轴心拉力作用下，一般沿齿缝（灰缝）截面（即图 4-12 的Ⅰ—Ⅰ截面）破坏，这时，砌体抗拉强度取决于块体与砂浆连接面粘结强度，并与齿缝破坏面水平灰缝的总面积有关。

当块体强度等级较低，而砂浆强度等级又较高时，砌体则可能沿竖缝与块体截面（图 4-12 中的Ⅱ—Ⅱ截面）破坏，由于竖缝中砂浆的饱满度与密实性均较差，而且垂直于灰缝面的粘结强度很小，故可不考虑其影响。因此，这种破坏的抗拉强度只取决于块体强度等级。由于规范规定了块材的最低强度等级，一般不会发生沿块体和竖向通缝的破坏。

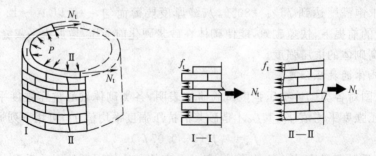

图 4-12　砌体轴心受拉的破坏特征

Ⅰ—Ⅰ—沿齿缝破坏；Ⅱ—Ⅱ—沿块体截面破坏

2. 各种砌体的弯曲抗拉强度

在砌体结构中常遇到受弯及大偏心受压构件，如带支墩（扶壁柱）的挡土墙墙壁，房屋墙体及地下室墙体等。

图 4-13 为一挡土墙,在土压力作用下,墙壁犹如以支墩为支座的水平受弯构件,砌体将视块体与砂浆相对强度的高低,如砂浆强度较低时,可能沿齿缝(灰缝)截面破坏,如图 4-13 中的 Ⅰ—Ⅰ 截面,如砂浆强度较高时,也可能沿竖缝与块体截面破坏,如图 4-13 中的 Ⅱ—Ⅱ 截面,但由于规范规定了块材的最低强度,一般不会发生沿块体和竖向通缝的破坏。

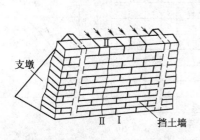  

图 4-13　砌体受弯的破坏特征　　　　　图 4-14　砌体偏心受压的破坏特征

对于砌体房屋结构的墙体,地下室墙体等偏心受压构件,如图 4-14 所示。当弯矩较大时,砌体将在最大弯矩截面的水平灰缝发生沿通缝的弯曲受拉破坏,沿齿缝和沿通缝破坏的砌体弯曲抗拉强度只与砂浆的强度等级有关。

3. 各种砌体的抗剪强度

在砌体结构中常遇到的受剪构件有门窗砖过梁、拱过梁支座及墙体的挑檐等,如图 4-15 所示,它们可能沿阶梯形截面受剪破坏〔图 4-15(a)〕,沿通缝截面受剪破坏〔图 4-15(b)〕,或沿灰缝及块体截面受剪破坏〔图 4-15(c)〕等。

砌体抗剪强度是指砌体破坏时所能承受的最大剪应力。影响它的主要因素有砂浆与块体之间的粘结强度,砌体所受垂直压应力及其摩擦系数。

试验表明,砂浆与块体的法向粘结强度很低,在实际工程中砌体竖向灰缝内的砂浆往往又不饱满。因此,砌体受剪不区分沿齿缝截面或沿通缝截面的抗剪强度。

当砌体截面上同时作用剪力和垂直压力时,应考虑后者对抗剪强度的有利影响,如砌体的摩擦系数为 μ,垂直压应力为 σ_y,《规范》规定其抗剪强度设计值为 $f_v + \mu\sigma_y$。

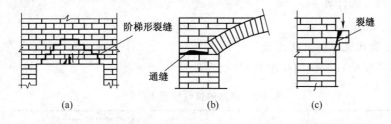

图 4-15　砌体的受剪破坏特征
(a)砖过梁;(b)拱过梁;(c)挑檐

五、砌体的弹性模量、剪变模量、线膨胀系数和摩擦系数

(一)砌体的弹性模量和剪变模量

1. 砌体受压的应力—应变曲线

砌体是弹塑性材料,从受压一开始,其应力与应变间的关系就呈现出非线性特点。砌体的应力与应变间的曲线关系,主要与砂浆有关。图 4-16 表示国内实测黏土砖砌体的应力—应变曲线。从图中可以看出,当应力较小时,可以近似认为砌体具有弹性性质,随着应力增大,其应变增长速度将逐渐加快,具有明显的非线性性质,在接近破坏时,荷载增加很少,变形却急剧增长。

根据试验结果分析,砖砌体轴心受压时的变形大体由三部分组成:① 砖的变形;② 砂浆的变形;③ 砂浆和砖之间空隙的压实变形。对于砂浆强度等级高的砌体变形,①、②是次要的,③是主要的;对于砂浆强度等级低的砌体,②、③两部分变形是主要的。这个分析说明砌体变形主要和砂浆的强度等级有关。

根据国内外资料,砌体的应力—应变关系,可按下列对数式表示:

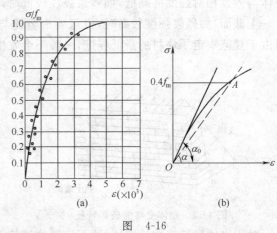

图 4-16

$$\varepsilon = -\frac{n}{\xi}\ln\left(1 - \frac{\sigma}{nf_m}\right) \qquad (4\text{-}2)$$

式中　ξ——砌体变形的弹性特征值,主要与砂浆强度等级有关;

　　　f_m——砌体抗压强度平均值;

　　　n——常数,取为 1 或略大于 1。

2. 砌体的弹性模量和剪变模量

与混凝土类似,我们也用过原点对应应力—应变曲线所作切线的正切来表示砌体的初始弹性模量 E_0,并用曲线上某点与坐标原点连成的割线的正切来表示与该点受力状态相对应的割线模量 E 或称变形模量〔图 4-16(b)〕,即

$$E_0 = \tan\alpha_0$$

$$E = \tan\alpha$$

可以看出,变形模量 E 不是一个常量,是随着应力的增大而减小。工程上实际用的砌体弹性模量,是取应力—应变曲线上 $\sigma \approx 0.43f_m$ 点的割线模量,作为弹性模量的取值,用符号 E 表示。砌体弹性模量 E 可由表 4-2 中查得。单排灌孔且对孔砌筑的混凝土砌块灌孔砌体的弹性模量应按下列公式计算:

$$E = 2\,000f_g \qquad (4\text{-}3)$$

式中　f_g——灌孔砌体的抗压强度设计值。

砌体的剪变模量 G 一般可近似取 $G = 0.4E$。

表 4-2　砌体的弹性模量 E(MPa)

砌体种类	砂浆强度等级			
	≥M10	M7.5	M5	M2.5
烧结普通砖、烧结多孔砖砌体	$1\,600f$	$1\,600f$	$1\,600f$	$1\,390f$
混凝土普通砖、混凝土多孔砖砌体	$1\,600f$	$1\,600f$	$1\,600f$	—
蒸压灰砂普通砖、蒸压粉煤灰普通砖砌体	$1\,060f$	$1\,060f$	$1\,060f$	—
非灌孔混凝土砌块砌体	$1\,700f$	$1\,600f$	$1\,500f$	—
粗料石、毛料石、毛石砌体	—	$5\,650$	$4\,000$	$2\,250$
细料石砌体	—	$17\,000$	$12\,000$	$6\,750$

（二）砌体的线膨胀系数和摩擦系数

砌体线膨胀系数 α_T 和收缩率，可按表 4-3 采用。砌体和常用材料间的摩擦系数 μ 可按表 4-4 采用。

表 4-3 砌体的线膨胀系数 α_T 和收缩率

砌 体 类 别	线膨胀系数 $(10^{-6}/℃)$	收缩率 (mm/m)
烧结普通砖、烧结多孔砖砌体	5	-0.1
蒸压灰砂普通砖、蒸压粉煤灰普通砖砌体	8	-0.2
混凝土普通砖、混凝土多孔砖、混凝土砌块砌体	10	-0.2
轻集料混凝土砌块砌体	10	-0.3
料石和毛石砌体	8	—

表 4-4 摩擦系数

材 料 类 别	摩擦面情况	
	干 燥	潮 湿
砌体沿砌体或混凝土滑动	0.70	0.60
砌体沿木材滑动	0.60	0.50
砌体沿钢滑动	0.45	0.35
砌体沿砂或卵石滑动	0.60	0.50
砌体沿粉土滑动	0.55	0.40
砌体沿黏性土滑动	0.50	0.30

第二节 砌体结构的基本设计原则

一、砌体结构承载能力极限状态的设计表达式

与钢筋混凝土结构一样，砌体结构也采用以概率理论为基础的极限状态设计方法。

砌体结构正常使用极限状态的要求，一般由相应的构造措施来保证。因此，通常仅需对砌体结构的承载能力极限状态进行验算。

砌体结构按承载能力极限状态设计时，应按下列公式中最不利组合进行计算：

$$\gamma_0(1.2S_{Gk} + 1.4\gamma_L S_{Q1k} + \gamma_L \sum_{i=2}^{n} \gamma_{Qi}\psi_{Ci}S_{Qik}) \leqslant R(f, a_k \cdots) \tag{4-4}$$

$$\gamma_0(1.35S_{Gk} + 1.4\gamma_L \sum_{i=1}^{n} \psi_{Ci}S_{Qik}) \leqslant R(f, a_k \cdots) \tag{4-5}$$

式中　　γ_0 ——结构重要性系数，对安全等级为一级或设计使用年限为 50 年以上的结构构件，不应小于 1.1，对安全等级为二级或设计使用年限为 50 年的结构构件，不应小于 1.0，对安全等级为三级或设计使用年限为 1～5 年的结构构件，不应小于 0.9；

γ_L ——结构构件的抗力模型不定性系数，对静力设计，考虑结构使用年限的荷载调整系数，设计使用年限为 50 年的，取 1.0，设计使用年限为 100 年的，取 1.1；

S_{Gk} ——永久荷载标准值的效应；

S_{Q1k} ——在基本组合中起控制作用的一个可变荷载标准值的效应；

$R(\cdot)$ ——结构构件的抗力函数；

γ_{Qi} ——第 i 个可变荷载的分项系数，一般情况下取 1.4，对工业建筑楼面荷载标准值大于 4 kN/m² 时取 1.3；

ψ_{Ci} ——第 i 个可变荷载的组合值系数，一般情况下可取 0.7，对书库、档案库、储藏室或通风机房、电梯机房应取 0.9；

f ——砌体的强度设计值，$f = f_k/\gamma_f$；

f_k ——砌体的强度标准值，$f_k = f_m - 1.645\sigma_f$；

γ_f ——砌体结构的材料性能分项系数，一般情况下，宜按施工控制等级为 B 级考虑，取

$\gamma_f = 1.6$,当为 C 级时,取 $\gamma_f = 1.8$,当为 A 级时,取 $\gamma_f = 1.5$;

f_m ——砌体的强度平均值,按规范规定确定;

σ_f ——砌体的强度标准差;

a_k ——几何参数标准值。

当砌体结构作为一个刚体,需验算其整体稳定时,应按下列公式中最不利组合进行计算:

$$\gamma_0(1.2S_{G2k} + 1.4\gamma_L S_{Q1k} + \gamma_L \sum_{i=2}^n S_{Qik}) \leqslant 0.8S_{G1k} \tag{4-6}$$

$$\gamma_0(1.35S_{G2k} + 1.4\gamma_L \sum_{i=1}^n \psi_{Ci}S_{Qik}) \leqslant 0.8S_{G1k} \tag{4-7}$$

式中 S_{G1k} ——起有利作用的永久荷载标准值的效应;

     S_{G2k} ——起不利作用的永久荷载标准值的效应。

二、砌体强度标准值和设计值

《统一标准》规定,各类砌体强度标准值 f_k 统一取强度平均值 f_m 概率密度分布函数的 0.05 分位值,即砌体强度的保证率为 95%,所以 $f_k = f_m(1 - 1.645\delta_f)$,$\delta_f$ 为砌体强度的变异系数,各类砌体(毛石砌体除外)抗压强度的 δ_f 为 0.17,抗拉、抗弯和抗剪强度的 δ_f 为 0.20,毛石砌体各类强度的 δ_f 为 0.26。

砌体强度设计值 f 等于砌体强度标准值 f_k 除以材料分项系数 γ_f,即 $f = f_k/\gamma_f$,γ_f 取 1.6。除单排孔混凝土砌块对孔砌筑砌体外,各类砌体的抗压强度设计值列于表 4-5~表 4-11 中,砌体轴心抗拉强度、弯曲抗拉强度和抗剪强度列于表 4-12 中,可直接查用。

单排孔混凝土砌块对孔砌筑时,灌孔混凝土砌体的抗压强度设计值 f_g 按下列公式计算:

$$f_g = f + 0.6\alpha f_c \tag{4-8}$$

$$\alpha = \delta\rho \tag{4-9}$$

式中 f_g ——灌孔砌体的抗压强度设计值,该值不应大于未灌孔砌体抗压强度设计值的 2 倍;

     f ——未灌孔混凝土砌体的抗压强度设计值,应按表 4-8 采用;

     f_c ——灌孔混凝土的轴心抗压强度设计值;

     α ——混凝土砌体砌体中灌孔混凝土面积与砌体毛面积的比值;

     δ ——混凝土砌体的空洞率;

     ρ ——混凝土砌体砌体的灌孔率,系截面灌孔混凝土面积与截面孔洞面积的比值,灌孔率应根据受力或施工条件确定,且不应小于 33%。

单排孔混凝土砌块对孔砌筑时,灌孔混凝土砌体的抗剪强度设计值 f_{vg} 按下列公式计算:

$$f_{vg} = 0.2f_g^{0.55} \tag{4-10}$$

式中 f_g ——灌孔砌体的抗压强度设计值(MPa)。

当进行施工阶段承载力的验算时,对于砂浆尚未硬化的新砌砌体,其强度设计值可按表 4-5~表 4-11 中砂浆强度为零的情况确定。

【例 4-2】 已知条件与例 4-1 相同,试确定砌体强度标准值与设计值。

【解】 例 4-1 已求得砌体抗压强度平均值 $f_m = 2.68 \text{ N/mm}^2$,烧结普通砖的变异系数 $\delta_f = 0.17$,有

砌体抗压强度标准值

$$f_k = f_m(1 - 1.645\delta_f)$$
$$= f_m(1 - 1.645 \times 0.17)$$
$$= 0.72 f_m$$
$$= 0.72 \times 2.68$$
$$= 1.93 \text{ N/mm}^2$$

砌体抗压强度设计值

$$f = f_k/\gamma_f$$
$$= 1.93/1.6$$
$$= 1.21 \text{ N/mm}^2$$

表 4-5　烧结普通砖和烧结多孔砖砌体的抗压强度设计值(MPa)

砖强度等级	砂　浆　强　度　等　级					砂浆强度
	M15	M10	M7.5	M5	M2.5	0
MU30	3.94	3.27	2.93	2.59	2.26	1.15
MU25	3.60	2.98	2.68	2.37	2.06	1.05
MU20	3.22	2.67	2.39	2.12	1.84	0.94
MU15	2.79	2.31	2.07	1.83	1.60	0.82
MU10	—	1.89	1.69	1.50	1.30	0.67

注:当烧结多孔砖的孔洞率大于30%时,表中数值应乘以0.9。

表 4-6　混凝土普通砖和混凝土多孔砖砌体的抗压强度设计值(MPa)

砖强度等级	砂　浆　强　度　等　级					砂浆强度
	Mb20	Mb15	Mb10	Mb7.5	Mb5	0
MU30	4.61	3.94	3.27	2.93	2.59	1.15
MU25	4.21	3.60	2.98	2.68	2.37	1.05
MU20	3.77	3.22	2.67	2.39	2.12	0.94
MU15	—	2.79	2.31	2.07	1.83	0.82

表 4-7　蒸压灰砂普通砖和蒸压粉煤灰普通砖砌体的抗压强度设计值(MPa)

砖强度等级	砂　浆　强　度　等　级				砂浆强度
	M15	M10	M7.5	M5	0
MU25	3.60	2.98	2.68	2.37	1.05
MU20	3.22	2.67	2.39	2.12	0.94
MU15	2.79	2.31	2.07	1.83	0.82

注:当采用专用砂浆砌筑时,其抗压强度设计值按表中数值采用。

表 4-8 单排孔混凝土砌块和轻集料混凝土砌块对孔砌筑砌体的抗压强度设计值(MPa)

砌块强度等级	砂浆强度等级					砂浆强度
	Mb20	Mb15	Mb10	Mb7.5	Mb5	0
MU20	6.30	5.68	4.95	4.44	3.94	2.33
MU15	—	4.61	4.02	3.61	3.20	1.89
MU10	—	—	2.79	2.50	2.22	1.31
MU7.5	—	—	—	1.93	1.71	1.01
MU5	—	—	—	—	1.19	0.70

注:1. 对独立柱或厚度为双排组砌的砌块砌体,应按表中数值乘以 0.7;

2. 对 T 形截面墙体、柱,应按表中数值乘以 0.85。

表 4-9 双排孔或多排孔轻集料混凝土砌块砌体的抗压强度设计值(MPa)

砌块强度等级	砂浆强度等级			砂浆强度
	Mb10	Mb7.5	Mb5	0
MU10	3.08	2.76	2.45	1.44
MU7.5	—	2.13	1.88	1.12
MU5	—	—	1.31	0.78
MU3.5	—	—	0.95	0.56

注:1. 表中的砌块为火山渣、浮石和陶粒轻集料混凝土砌块;

2. 对厚度方向为双排组砌的轻集料混凝土砌块砌体的抗压强度设计值,应按表中数值乘以 0.8。

表 4-10 毛料石砌体的抗压强度设计值(MPa)

毛料石强度等级	砂浆强度等级			砂浆强度
	M7.5	M5	M2.5	0
MU100	5.42	4.80	4.18	2.13
MU80	4.85	4.29	3.73	1.91
MU60	4.20	3.71	3.23	1.65
MU50	3.83	3.39	2.95	1.51
MU40	3.43	3.04	2.64	1.35
MU30	2.97	2.63	2.29	1.17
MU20	2.42	2.15	1.87	0.95

注:对细料石砌体、粗料石砌体和干砌勾缝石砌体,表中数值应分别乘以调整系数 1.4、1.2 和 0.8。

表 4-11 毛石砌体的抗压强度设计值(MPa)

毛石强度等级	砂浆强度等级			砂浆强度
	M7.5	M5	M2.5	0
MU100	1.27	1.12	0.98	0.34
MU80	1.13	1.00	0.87	0.30
MU60	0.98	0.87	0.76	0.26
MU50	0.90	0.80	0.69	0.23
MU40	0.80	0.71	0.62	0.21
MU30	0.69	0.61	0.53	0.18
MU20	0.56	0.51	0.44	0.15

表 4-12　沿砌体灰缝截面破坏时砌体的轴心抗拉强度设计值、
弯曲抗拉强度设计值和抗剪强度设计值（MPa）

强度类别	破坏特征及砌体种类		砂浆强度等级			
			≥M10	M7.5	M5	M2.5
轴心抗拉	沿齿缝	烧结普通砖、烧结多孔砖	0.19	0.16	0.13	0.09
		混凝土普通砖、混凝土多孔砖	0.19	0.16	0.13	—
		蒸压灰砂普通砖、蒸压粉煤灰普通砖	0.12	0.10	0.08	—
		混凝土和轻集料混凝土砌块	0.09	0.08	0.07	—
		毛石	—	0.07	0.06	0.04
弯曲抗拉	沿齿缝	烧结普通砖、烧结多孔砖	0.33	0.29	0.23	0.17
		混凝土普通砖、混凝土多孔砖	0.33	0.29	0.23	—
		蒸压灰砂普通砖、蒸压粉煤灰普通砖	0.24	0.20	0.16	—
		混凝土和轻集料混凝土砌块	0.11	0.09	0.08	—
		毛石	—	0.11	0.09	0.07
	沿通缝	烧结普通砖、烧结多孔砖	0.17	0.14	0.11	0.08
		混凝土普通砖、混凝土多孔砖	0.17	0.14	0.11	—
		蒸压灰砂普通砖、蒸压粉煤灰普通砖	0.12	0.10	0.08	—
		混凝土和轻集料混凝土砌块	0.08	0.06	0.05	—
抗剪	烧结普通砖、烧结多孔砖		0.17	0.14	0.11	0.08
	混凝土普通砖、混凝土多孔砖		0.17	0.14	0.11	—
	蒸压灰砂普通砖、蒸压粉煤灰普通砖		0.12	0.10	0.08	—
	混凝土和轻集料混凝土砌块		0.09	0.08	0.06	—
	毛石		—	0.19	0.16	0.11

注：1. 对于用形状规则的块体砌筑的砌体，当搭接长度与块体高度的比值小于1时，其轴心抗拉强度设计值 f_t 和弯曲抗拉强度设计值 f_{tm} 应按表中数值乘以搭接长度与块体高度比值后采用；

2. 表中数值是依据普通砂浆砌筑的砌体确定，采用经研究性试验且通过技术鉴定的专用砂浆砌筑的蒸压灰砂普通砖、蒸压粉煤灰普通砖砌体，其抗剪强度设计值按相应普通砂浆强度等级砌筑的烧结普通砖砌体采用；

3. 对混凝土普通砖、混凝土多孔砖、混凝土和轻集料混凝土砌块砌体，表中的砂浆强度等级分别为：≥Mb10、Mb7.5 及 Mb5。

三、各类砌体强度设计值的调整

根据过去工程实践的经验，并参考国外规范的规定，对各类砌休强度设计值应按下列情况进行调整，其砌体强度设计值应乘以调整系数 γ_a。

1. 对无筋砌体砌体构件，其截面面积小于 0.3 m² 时，$\gamma_a = A + 0.7$，对配筋砌体砌体构件，其截面面积小于 0.2 m² 时，$\gamma_a = A + 0.8$，构件截面面积以 m² 计；

2. 当砌体用强度等级小于 M5.0 的水泥砂浆砌筑时，对表 4-5～表 4-11 中的各类砌体抗压强度设计值，$\gamma_a = 0.9$，对表 4-12 表中的各类砌体的轴心抗拉强度设计值、弯曲抗拉强度设计值和轴心抗拉强度设计值，$\gamma_a = 0.8$；

3. 当验算施工中房屋的构件时，$\gamma_a = 1.1$。

第三节　砌体构件承载力计算

一、受压构件

（一）概　　述

在砌体结构中，受压构件（如墙和柱）是一种广泛采用的承重构件。根据轴向力作用的位置，分为轴心受压和偏心受压构件。在实际工程中，理想的轴心受压是不存在的。只有当偏心距 $e = M/N$ 很小时，可近似作为轴心受压。根据受压构件的高厚比 $\beta = H_0/h$（H_0 为构件的计算高度，h 为墙厚或矩形截面柱的短边），又可分为短柱和长柱。这样，受压构件可能出现 4 种情况：轴心受压短柱；轴心受压长柱；偏心受压短柱；偏心受压长柱。

1. 轴心受压短柱

轴心受压短柱是指高厚比 $\beta \leqslant 3$ 的轴心受压构件，这种构件的破坏特征和承载力与前述砌体抗压强度试件相同。因此，其承载力为

$$N_u = fA \tag{4-11}$$

式中　A——构件截面面积；

　　　f——砌体的抗压强度设计值。

2. 偏心受压短柱

偏心受压短柱是指 $\beta \leqslant 3$ 的偏心受压构件，理论及试验表明，其承载力将低于轴心受压短柱的，因此

$$N_u = \varphi_e fA \tag{4-12}$$

式中　φ_e——偏心受压短柱的承载力偏心影响系数。

3. 轴心受压长柱

轴心受压长柱是指 $\beta > 3$ 的轴心受压构件，理论及试验表明，其承载力将低于轴心受压短柱的承载力，即

$$N_u = \varphi_0 fA \tag{4-13}$$

式中　φ_0——轴心受压长柱的稳定系数，$\varphi_0 < 1.0$。

4. 偏心受压长柱

偏心受压长柱是指 $\beta > 3$ 的偏心受压构件，由于高厚比 β 和偏心距 e 的共同影响，其承载力将更低于偏心受压短柱，即

$$N_u = \varphi fA \tag{4-14}$$

式中　φ——偏心受压长柱的承载力影响系数，$\varphi < \varphi_e$（或 φ_0）。

综上所述，受压构件承载力的影响系数，除构件截面尺寸和砌体抗压强度外，主要取决于高厚比 β 和偏心距 e，因此，受压构件承载力的计算，可归结为如何确定与 β、e 有关的承载力降低系数 φ_0、φ_e 和 φ。

5. 短柱的承载力偏心影响系数 φ_e

根据国内用矩形、T 形、十字形和环形截面短柱所做的试验，得出破坏压力随偏心距 e 增大而降低的规律（图 4-17）。其降低程度用偏心影响系数 φ_e 来表示，φ_e 与 e/i 的关系，可按下列回归的经验公式计算：

$$\varphi_e = \frac{1}{1 + \left(\dfrac{e}{i}\right)^2} \tag{4-15}$$

对矩形截面构件为

$$\varphi_e = \frac{1}{1 + 12\left(\dfrac{e}{h}\right)^2} \qquad (4\text{-}16)$$

对 T 形截面构件为

$$\varphi_e = \frac{1}{1 + 12\left(\dfrac{e}{h_T}\right)^2} \qquad (4\text{-}17)$$

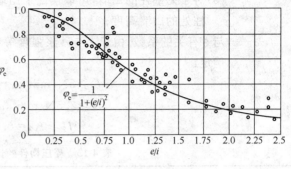

图　4-17

式中　e——轴向力偏心距;

　　　i——截面回转半径,$i = \sqrt{\dfrac{I}{A}}$,I

　　　　　为截面惯性矩,A 为截面面积;

　　　h——矩形截面轴向力偏心方向的边长;

　　　h_T——T 形截面的折算厚度,可近似取 $h_T = 3.5i$。

6. 轴心受压的稳定系数 φ_0

细长构件在承受轴心压力时,往往由于截面材料不均匀,轴线弯曲以及轴力作用点偏离重心等原因而产生纵向弯曲。因而在承载力计算中要考虑稳定系数的影响。根据材料力学中的欧拉公式,破坏临界应力 σ_c 为

$$\sigma_c = \pi^2 E'\left(\frac{i}{H}\right)^2$$

$$\varphi_0 = \frac{\sigma_c A}{fA} = \frac{\sigma_c}{f} = \frac{\pi^2 E'}{f}\left(\frac{i}{H}\right)^2 \qquad (4\text{-}18)$$

由试验可知,其 $\sigma\varepsilon$ 曲线上任一点的切线变形模量 E' 为

$$E' = \xi f(1 - \sigma/f) \qquad (4\text{-}19)$$

式中　ξ——弹性系数。

将上式代入式(4-18)并注意 $\dfrac{\sigma_c}{f} = \varphi_0$,令 $\lambda = \dfrac{H}{i}$(λ 为构件长细比),可得

$$\varphi_0 = \frac{1}{1 + \dfrac{1}{\pi^2 \xi}\lambda^2} \qquad (4\text{-}20)$$

当为矩形截面时,因 $\lambda^2 = 12\beta^2$,故

$$\varphi_0 = \frac{1}{1 + \dfrac{12}{\pi^2 \xi}\beta^2} = \frac{1}{1 + \alpha\beta^2} \qquad (4\text{-}21)$$

$$\alpha = 12/(\pi^2 \xi) \qquad (4\text{-}22)$$

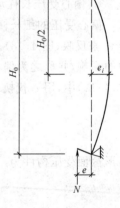

图　4-18

式中　β——构件高厚比,对矩形截面 $\beta = H_0/h$,对 T 形或十字形截面
　　　　　$\beta = H_0/h_T$;

　　　H_0——受压构件计算高度,各类受压构件的计算高度可按表 4-13 采用,表中的构件高度
　　　　　H,应按下列规定采用:

　　　　　(1)在房屋底层,为楼板顶面到构件下端支点的距离,下端支点的位置,可取在基
　　　　　　　础顶面,当埋深较深且有刚性地坪时,可取室外地面下 500 mm 处;

　　　　　(2)在房屋其他层,为楼板或其他水平支点间的距离;

(3)对于无壁柱的山墙,可取层高加山墙尖高度的 1/2,对于带壁柱的山墙可取壁柱处的山墙高度;

α——与 ξ 有关的系数,由于 ξ 与砂浆强度等级有关,故系数 α 可根据砂浆强度等级 f_2 确定:

$$f_2 \geqslant 5N/mm^2, \alpha = 0.001\ 5$$
$$f_2 \geqslant 2.5N/mm^2, \alpha = 0.002$$
$$f_2 \geqslant 0, \alpha = 0.009$$

表 4-13　受压构件的计算高度 H_0

房 屋 类 别			柱		带壁柱墙或周边拉接的墙		
			排架方向	垂直排架方向	$s > 2H$	$2H \geqslant s > H$	$s \leqslant H$
有吊车的单层房屋	变截面柱上段	弹性方案	$2.5H_u$	$1.25H_u$	$2.5H_u$		
		刚性、刚弹性方案	$2.0H_u$	$1.25H_u$	$2.0H_u$		
	变截面柱下段		$1.0H_i$	$0.8H_i$	$1.0H_i$		
无吊车的单层和多层房屋	单跨	弹性方案	$1.5H$	$1.0H$	$1.5H$		
		刚弹性方案	$1.2H$	$1.0H$	$1.2H$		
	多跨	弹性方案	$1.25H$	$1.0H$	$1.25H$		
		刚弹性方案	$1.10H$	$1.0H$	$1.1H$		
	刚性方案		$1.0H$	$1.0H$	$1.0H$	$0.4s+0.2H$	$0.6s$

注:1. 表中 H_u 为变截面柱的上段高度,H_i 为变截面柱的下段高度;

　2. 对于上端为自由端的构件,$H_0 = 2H$;

　3. 独立砖柱,当无柱间支撑时,柱在垂直排架方向的 H_0 应按表中数值乘以 1.25 后采用;

　4. s 为房屋横墙间距;

　5. 自承重墙的计算高度应根据周边支承或拉接条件确定。

7. 偏心受压长柱承载力影响系数 φ

偏心受压的细长杆件,因纵向弯曲而产生侧向变形(挠度),此影响可以用轴向力附加偏心距 e_i 来反映(图 4-18)。《规范》以系数 φ 来综合考虑轴向力偏心距和附加偏心距对截面承载力的影响,并称之为偏心受压长柱承载力影响系数 φ,细长柱的总偏心距 $e' = e + e_i$,将 e' 代入式(4-12)中,用 φ 代换 φ_e,得

$$\varphi = \frac{1}{1 + \left(\dfrac{e + e_i}{i}\right)^2} \tag{4-23}$$

矩形截面受压构件为

$$\varphi = \frac{1}{1 + 12\left(\dfrac{e + e_i}{h}\right)^2} \tag{4-24}$$

考虑到 $e = 0$ 时,按公式(4-23)计算的 φ 与按公式(4-21)计算的 φ_0 应相等,可得

$$\varphi|_{e=0} = \frac{1}{1 + \left(\dfrac{e_i}{i}\right)^2} = \varphi_0$$

解上式,得

$$e_i = i\sqrt{1/\varphi_0 - 1} \tag{4-25}$$

将式(4-25)代入式(4-23),得

$$\varphi = \frac{1}{1 + \dfrac{\left(e + i\sqrt{1/\varphi_0 - 1}\,\right)^2}{i^2}} \tag{4-26}$$

对于矩形截面,有

$$i = \frac{h}{\sqrt{12}} \tag{4-27}$$

代入式(4-25),得

$$e_i = \frac{h}{\sqrt{12}}\sqrt{\frac{1}{\varphi_0} - 1} \tag{4-28}$$

将式(4-27)、式(4-28)代入式(4-23)得

$$\varphi = \frac{1}{1 + 12\left[\dfrac{e}{h} + \dfrac{1}{\sqrt{12}}\sqrt{\dfrac{1}{\varphi_0} - 1}\right]^2} \tag{4-29}$$

对于 T 形、环形、十字形截面仍可按公式(4-29)计算,但式中的 h 用折算厚度 h_T 代换。

由于影响系数 φ 的表达式过于繁琐,为方便使用已制成表格。设计时可按表 4-14～表 4-16查用。

(二)受压构件承载力计算

1. 基本公式

对轴压和偏压、短柱和长柱的承载力均可按以下统一的公式计算:

$$N \leqslant \varphi f A \tag{4-30}$$

式中　N——轴向力设计值;

　　　φ——高厚比 β 和轴向力偏心距 e 对矩形截面受压构件承载力影响系数,按式(4-29)
　　　　　计算,或查表 4-14～表 4-16;

　　　A——构件截面面积,对各类砌体均按毛截面计算;

　　　f——砌体抗压强度设计值,按表 4-5～表 4-11 采用,并应考虑强度设计值的调整系
　　　　　数 γ_a。

2. 计算中的几个规定

在应用公式(4-30)计算时,需注意下列规定:

(1)对矩形截面构件,当轴向力偏心方向的截面边长大于另一方向的边长时,有可能 $\varphi_0 <$ φ,因此除按偏心受压计算外,还应对截面较小边方向按轴心受压进行验算。影响系数可按表 4-14～表 4-16 中 e/h(或 e/h_T)等于零的栏内查出。

(2)影响 φ 值的不仅有砌体弹性模量,更主要的还有砌体的强度和变形性能,因此在确定值时应先将各类砌体的构件高厚比 β 乘以表 4-17 的高厚比修正系数 γ_β。

(3)计算高厚比

对矩形截面为

$$\beta = \frac{H_0}{h} \tag{4-31a}$$

对 T 形截面为

$$\beta = \frac{H_0}{h_T} \tag{4-31b}$$

式中　　h——矩形截面轴向力偏心方向的边长,当轴心受压时为截面较小边长;

　　　　h_T——T形截面折算厚度可近似取 $h_T=3.5i$;

　　　　H_0——受压构件的计算高度,可按表4-13采用。

(4)轴向力偏心距 e 按荷载设计值计算,并不宜超过 $0.6y$(y 为截面重心到轴向力所在偏心方向截面边缘的距离)。当 $e>0.6y$ 时,构件承载力明显下降,从经济和合理性角度看都不宜采用,应采取增大截面或减小 e 的措施。

表4-14　影响系数 φ(砂浆强度等级≥M5)

β	e/h 或 e/h_T												
	0	0.025	0.05	0.075	0.1	0.125	0.15	0.175	0.2	0.225	0.25	0.275	0.3
≤3	1	0.99	0.97	0.94	0.89	0.84	0.79	0.73	0.68	0.62	0.57	0.52	0.48
4	0.98	0.95	0.90	0.85	0.80	0.74	0.69	0.64	0.58	0.53	0.49	0.45	0.41
6	0.95	0.91	0.86	0.81	0.75	0.69	0.64	0.59	0.54	0.49	0.45	0.42	0.38
8	0.91	0.86	0.81	0.76	0.70	0.64	0.59	0.54	0.50	0.46	0.42	0.39	0.36
10	0.87	0.82	0.76	0.71	0.65	0.60	0.55	0.50	0.46	0.42	0.39	0.36	0.33
12	0.82	0.77	0.71	0.66	0.60	0.55	0.51	0.47	0.43	0.39	0.36	0.33	0.31
14	0.77	0.72	0.66	0.61	0.56	0.51	0.47	0.43	0.40	0.36	0.34	0.31	0.29
16	0.72	0.67	0.61	0.56	0.52	0.47	0.44	0.40	0.37	0.34	0.31	0.29	0.27
18	0.67	0.62	0.57	0.52	0.48	0.44	0.40	0.37	0.34	0.31	0.29	0.27	0.25
20	0.62	0.57	0.53	0.48	0.44	0.40	0.37	0.34	0.32	0.29	0.27	0.25	0.23
22	0.58	0.53	0.49	0.45	0.41	0.38	0.35	0.32	0.30	0.27	0.25	0.24	0.22
24	0.54	0.49	0.45	0.41	0.38	0.35	0.32	0.30	0.28	0.26	0.24	0.22	0.21
26	0.50	0.46	0.42	0.38	0.35	0.33	0.30	0.28	0.26	0.24	0.22	0.21	0.19
28	0.46	0.42	0.39	0.36	0.33	0.30	0.28	0.26	0.24	0.22	0.21	0.19	0.18
30	0.42	0.39	0.36	0.33	0.31	0.28	0.26	0.24	0.22	0.21	0.20	0.18	0.17

表4-15　影响系数 φ(砂浆强度等级 M2.5)

β	e/h 或 e/h_T												
	0	0.025	0.05	0.075	0.1	0.125	0.15	0.175	0.2	0.225	0.25	0.275	0.3
≤3	1	0.99	0.97	0.94	0.89	0.84	0.79	0.73	0.68	0.62	0.57	0.52	0.48
4	0.97	0.94	0.89	0.84	0.78	0.73	0.67	0.62	0.57	0.52	0.48	0.44	0.40
6	0.93	0.89	0.84	0.78	0.73	0.67	0.62	0.57	0.52	0.48	0.44	0.40	0.37
8	0.89	0.84	0.78	0.72	0.67	0.62	0.57	0.52	0.48	0.44	0.40	0.37	0.34
10	0.83	0.78	0.72	0.67	0.61	0.56	0.52	0.47	0.43	0.40	0.37	0.34	0.31
12	0.78	0.72	0.67	0.61	0.56	0.52	0.47	0.43	0.40	0.37	0.34	0.31	0.29
14	0.72	0.66	0.61	0.56	0.51	0.47	0.43	0.40	0.36	0.34	0.31	0.29	0.27
16	0.66	0.61	0.56	0.51	0.47	0.43	0.40	0.36	0.34	0.31	0.29	0.26	0.25
18	0.61	0.56	0.51	0.47	0.43	0.40	0.36	0.33	0.31	0.29	0.26	0.24	0.23
20	0.56	0.51	0.47	0.43	0.39	0.36	0.33	0.31	0.28	0.26	0.24	0.23	0.21
22	0.51	0.47	0.43	0.39	0.36	0.33	0.31	0.28	0.26	0.24	0.23	0.21	0.20
24	0.46	0.43	0.39	0.36	0.33	0.31	0.28	0.26	0.24	0.23	0.21	0.20	0.18
26	0.42	0.39	0.36	0.33	0.31	0.28	0.26	0.24	0.22	0.21	0.20	0.18	0.17
28	0.39	0.36	0.33	0.30	0.28	0.26	0.24	0.22	0.21	0.20	0.18	0.17	0.16
30	0.36	0.33	0.30	0.28	0.26	0.24	0.22	0.21	0.20	0.18	0.17	0.16	0.15

表 4-16 影响系数 φ（砂浆强度 0）

β	e/h 或 e/h_T												
	0	0.025	0.05	0.075	0.1	0.125	0.15	0.175	0.2	0.225	0.25	0.275	0.3
≤3	1	0.99	0.97	0.94	0.89	0.84	0.79	0.73	0.68	0.62	0.57	0.52	0.48
4	0.87	0.82	0.77	0.71	0.66	0.60	0.55	0.51	0.46	0.43	0.39	0.36	0.33
6	0.76	0.70	0.65	0.59	0.54	0.50	0.46	0.42	0.39	0.36	0.33	0.30	0.28
8	0.63	0.58	0.54	0.49	0.45	0.41	0.38	0.35	0.32	0.30	0.28	0.25	0.24
10	0.53	0.48	0.44	0.41	0.37	0.34	0.31	0.29	0.27	0.25	0.23	0.22	0.20
12	0.44	0.40	0.37	0.34	0.31	0.29	0.27	0.25	0.23	0.21	0.20	0.19	0.17
14	0.36	0.33	0.31	0.28	0.26	0.24	0.23	0.21	0.20	0.18	0.17	0.16	0.15
16	0.30	0.28	0.26	0.24	0.22	0.21	0.19	0.18	0.17	0.16	0.15	0.14	0.13
18	0.26	0.24	0.22	0.21	0.19	0.18	0.17	0.16	0.15	0.14	0.13	0.12	0.12
20	0.22	0.20	0.19	0.18	0.17	0.16	0.15	0.14	0.13	0.12	0.12	0.11	0.10
22	0.19	0.18	0.16	0.15	0.14	0.14	0.13	0.12	0.12	0.11	0.10	0.10	0.09
24	0.16	0.15	0.14	0.13	0.12	0.12	0.11	0.11	0.10	0.10	0.09	0.09	0.08
26	0.14	0.13	0.13	0.12	0.11	0.11	0.10	0.10	0.09	0.09	0.08	0.08	0.07
28	0.12	0.12	0.11	0.11	0.10	0.10	0.09	0.09	0.08	0.08	0.08	0.07	0.07
30	0.11	0.10	0.10	0.09	0.09	0.09	0.08	0.08	0.07	0.07	0.07	0.07	0.06

表 4-17 高厚比修正系数 γ_β

砌 体 材 料 类 别	γ_β
烧结普通砖、烧结多孔砖	1.0
混凝土普通砖、混凝土多孔砖、混凝土及轻集料混凝土砌块	1.1
蒸压灰砂普通砖、蒸压粉煤灰普通砖、细料石	1.2
粗料石、毛石	1.5

注：对灌孔混凝土砌块砌体，γ_β 取 1.0。

【例 4-3】 截面为 490 mm×490 mm 的砖柱，采用强度等级为 MU10 的烧结普通砖及 M5 的混合砂浆砌筑，柱高 4.9 m，两端为不动铰支点，柱顶承受沿截面形心作用的轴向力设计值 $N=205$ kN，试验算该柱承载力是否足够？

【解】 考虑砖柱自重后，以砖柱底截面轴心压力为最大，故应对该截面进行验算，取砖砌体容重为 19 kN/m³，柱底截面的轴向压力设计值为

$$N=205+1.2\times19\times0.49\times0.49\times4.9=231.8 \text{ kN}$$

$$H_0=1.0H=4.9 \text{ m}$$

$$\beta=\frac{H_0}{h}=\frac{4\,900}{490}=10$$

砂浆为 M5 时，$\alpha=0.001\,5$，轴心受压，$e=0$，故

$$\varphi=\varphi_0=\frac{1}{1+\alpha\beta^2}=\frac{1}{1+0.001\,5\times10^2}=0.870$$

若查表求 φ，当 $e/h=0$，$\beta=10$ 时，从砂浆强度等级为 M5 的表 4-14 可查得 $\varphi=0.87$，与公式计算一致。

砂浆为 M5，砖为 MU10 时，由表 4-5 可查得砖砌体的抗压强度设计值为 1.50 N/mm²，由于柱截面面积 $A=0.49\times0.49=0.24$ m² <0.3 m²，表中强度设计值还应乘调整系数 γ_a，即

$$\gamma_a = 0.7 + A = 0.94$$

$$f = 0.94 \times 1.50 = 1.41 \text{ N/mm}^2$$

$$\varphi A f = 0.87 \times 490 \times 490 \times 1.41 = 294\ 408 \text{ N} = 294.4 \text{ kN} > N = 231.8 \text{ kN}$$

该柱承载力足够。

【例 4-4】 一截面尺寸为 490 mm×740 mm 的砖柱,采用 MU10 烧结普通砖和 M5 混合砂浆砌筑,柱的计算高度 $H_0 = 6$ m,该柱承受的轴向力及弯矩设计值为 $N = 50$ kN,$M = 10$ kN·m,试验算该柱的承载力。

【解】 $A = 490 \times 740 = 362\ 600 \text{ mm}^2 = 0.362\ 6 \text{ m}^2 > 0.3 \text{ m}^2$,$\gamma_a = 1.0$。

由表 4-5 查得,MU10 砖,M5 砂浆,则

$$f = 1.50 \text{ N/mm}^2$$

$$\beta = H_0/h = 6\ 000/740 = 8.1$$

$$e = M/N = 10/50 = 0.2 \text{ m} = 200 \text{ mm}$$

$$e/y = 200/370 = 0.541 < 0.6$$

偏心距满足要求。

$$\varphi_0 = \frac{1}{1 + \alpha\beta^2} = \frac{1}{1 + 0.001\ 5 \times 8.1^2} = 0.91$$

$$\frac{e}{h} = \frac{200}{740} = 0.27$$

$$\varphi = \frac{1}{1 + 12\left[\dfrac{e}{h} + \dfrac{1}{\sqrt{12}}\sqrt{\dfrac{1}{\varphi_0} - 1}\right]^2}$$

$$= \frac{1}{1 + 12\left[0.27 + \dfrac{1}{\sqrt{12}}\sqrt{\dfrac{1}{0.91} - 1}\right]^2}$$

$$= 0.39$$

$$\varphi A f = 0.39 \times 490 \times 740 \times 1.50 = 212\ 102.7 \text{ N} = 212.7 \text{ kN} > N = 50 \text{ kN}$$

弯矩作用平面内承载力满足要求。

对较小边长作轴心受压承载力验算,有

$$\beta = \frac{H_0}{b} = \frac{6\ 000}{490} = 12.2$$

$$\varphi = \varphi_0 = \frac{1}{1 + \alpha\beta^2} = \frac{1}{1 + 0.001\ 5 \times 12.2^2} = 0.817 > 0.39$$

故短边方向承载力也满足要求。

【例 4-5】 某单层单跨无吊车工业厂房,其窗间墙带壁柱的截面如图 4-19 所示,计算高度 $H_0 = 9.72$ m,用 MU10 砖及 M2.5 混合砂浆砌筑,若该柱柱底截面(设计控制截面)承受的轴向力为 $N = 332$ kN,弯矩为 39.44 kN·m(弯矩使截面翼缘一侧受压,即偏心压力偏向翼缘一侧),试验算该柱的承载力。

【解】 (1)计算截面几何特征值

截面面积 $A = 2\ 000 \times 240 + 490 \times 500 = 725\ 000 \text{ mm}^2$

$$y_1 = \frac{2\ 000 \times 240 \times 120 + 490 \times 500 \times 490}{725\ 000}$$

$$= 245 \text{ mm}$$

惯性矩 I 为

$$I = \frac{2\,000 \times 240^3}{12} + 2\,000 \times 240 \times 125^2 + \frac{490 \times 500^3}{12} + 490 \times 500 \times$$

$$(495 - 250)^2$$

$$= 296 \times 10^8 \text{ mm}^4$$

回转半径 r 为

$$r = \sqrt{\frac{296 \times 10^8}{725\,000}} = 202.1 \text{ mm}$$

折算厚度 h_T 为

$$h_T = 3.5r = 3.5 \times 202.1 = 707.4 \text{ mm}$$

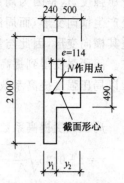

图 4-19　T 形截面尺寸
及截面形心位置

(2)承载力验算

荷载标准值产生的偏心距为

$$e = \frac{M}{N} = \frac{39.44}{332} = 0.119 \text{ m} = 119 \text{ mm}$$

$$e/y_1 = 119/245 = 0.486 < 0.6$$

$$e/h_T = 119/707.4 = 0.168$$

$$\beta = H_0/h_T = 9\,720/707.4 = 13.74$$

$$\alpha = 0.002$$

$$\varphi_0 = \frac{1}{1 + \alpha\beta^2} = \frac{1}{1 + 0.002 \times 13.74^2} = 0.726$$

$$\varphi = \frac{1}{1 + 12\left[\dfrac{e}{h} + \dfrac{1}{\sqrt{12}}\sqrt{\dfrac{1}{\varphi_0} - 1}\right]^2}$$

$$= \frac{1}{1 + 12\left[0.168 + \dfrac{1}{\sqrt{12}}\sqrt{\dfrac{1}{0.726} - 1}\right]^2}$$

$$= 0.411$$

$$A = 0.725 \text{ m}^2 > 0.3 \text{ m}^2, \gamma_a = 1.0$$

由表 4-5 查得，$f = 1.30 \text{ N/mm}^2$

$$\varphi A f = 0.411 \times 725\,000 \times 1.30$$

$$= 387\,676.7 \text{ N} = 387.7 \text{ kN} > N = 332 \text{ kN}$$

弯矩作用平面内承载力满足要求，T 形截面一般较小边长轴心受压承载力也会满足要求。

二、局部受压

在房屋建筑中，砌体通常用作竖向承重构件(墙、柱)，经常出现大梁或屋架等构件支承于砌体上的情况，使砌体在局部面积上承受较大的荷载。这种受力状态称作砌体的局部受压。按荷载作用性质和受压截面应力分布不同，砌体局部受压可分为两种不同的情况：①局部均匀受压；②局部非均匀受压。

(一)局部均匀受压承载力计算

当在砌体局部面积 A_l 上施加均匀压力时(图 4-20)，其局部抗压强度大于一般情况下的抗压强度,这是因为局部受压区的砌体在产生纵向变形的同时还产生横向变形,而周围未直接承受压力的部分象套筒一样阻止其横向变形,因此与垫板接触的砌体处于双向或三向受压状态。因而强度得到提高,局部抗压强度 f_l 等于砌体抗压强度 f 乘以局压强度提高系数 γ,即

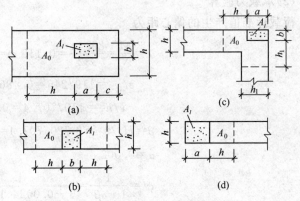

图 4-20

$$f_l = \gamma f$$

局压强度提高系数 γ 主要与 A_0/A_l 比值有关,按下式计算:

$$\gamma = 1 + 0.35\sqrt{\frac{A_0}{A_l} - 1} \tag{4-32}$$

式中,A_l 为局压面积,A_0 为影响局部抗压强度的计算面积,按图 4-21 确定,为了避免出现在 A_0/A_l 较大时的突然竖向劈裂性破坏,每种情况计算得出的 γ 值不得大于图中规定的 γ 限值,对多孔砖砌体孔洞难以灌实时,应取符合 $\gamma = 1.0$,对于要求灌孔的混凝土砌块砌体在图 4-21(a)、(b)情况下,尚应满足 $\gamma \leqslant 1.5$。未灌孔混凝土砌块砌体,$\gamma = 1.0$。

图 4-21 影响局部抗压强度的面积 A_0

(a)$A_0 = (a+c+h)h$,$\gamma \leqslant 2.5$;

(b)$A_0 = (b+2h)h$,$\gamma \leqslant 2.0$;

(c)$A_0 = (a+h)h + (b+h_1-h)h_1$,$\gamma \leqslant 1.5$;

(d)$A_0 = (a+h)h$,$\gamma \leqslant 1.25$

c 为局部受压面积 A_l 外边缘至构件截面边缘的最小距离

因此,局部均匀受压承载力计算公式为

$$N_l \leqslant \gamma f A_l \tag{4-33}$$

式中 N_l——局部受压面积上轴向力设计值。

【例 4-6】 有一网状配筋砖柱(图 4-22),截面尺寸为 490 mm×490 mm,承受轴向力设计值 $N = 388$ kN,柱下端砌筑在顶面尺寸为 620 mm×620 mm 的砖砌大放脚基础上,大放脚的砖和水泥砂浆分别为 MU10 和 M5,试验算基础顶面的局部受压承载力。

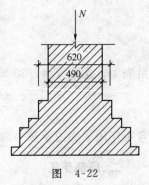

图 4-22

【解】 1. 局压提高系数 γ

$$A_l = 490 \times 490 = 240\ 100\ \text{mm}^2$$

$$A_0 = 620 \times 620 = 384\ 400\ \text{mm}^2$$

$$\gamma = 1 + 0.35\sqrt{\frac{A_0}{A_l} - 1} = 1 + 0.35\sqrt{\frac{384\ 400}{240\ 100} - 1} = 1.27 < 2.5$$

2. 验算

查得 $f = 1.50$ N/mm²,水泥砂浆应乘承载力调整系数

$$f = 0.9 \times 1.50 = 1.35\ \text{N/mm}^2$$

$$\gamma f A_l = 1.27 \times 240\ 100 \times 1.35 = 411\ 651\ \text{N}$$

$$= 411.6\ \text{kN} > N = 388\ \text{kN}$$

承载力满足要求。

（二）梁端支承处砌体的局部受压

在混合结构房屋中常遇到在承重纵墙上搁置屋架或大梁。梁（屋架）在墙（柱）上的接触面只是墙（柱）截面的一部分，从而形成梁端支承处的砌体局部受压，由于梁的挠曲变形和支承处砌体的压缩变形，梁端将产生转角，使支承处砌体局部受压面上呈现不均匀分布的压应力（图4-23）。

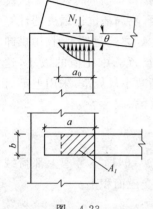

在实际工程中，梁端支承处砌体局部受压，可能出现以下两种情况：一种是梁支承在墙（柱）顶面，在该砌体局部受压面上，只作用有由梁端传来的轴向压力 N_l（梁端支承反力），另一种是梁支承在墙（柱）高度的中间部位，这时梁端支承面上的砌体除作用由梁传来的支承压力外，还有由上部屋盖、楼盖和砌体传来的轴向压力 N_0。

1. 梁端有效支承长度

当梁直接支承在砌体上时，梁端伸入砌体的支承长度 a，在荷载

图　4-23

作用下，由于梁的挠曲变形和支承处砌体压缩变形的影响，梁端头有局部脱开砌体的趋势，梁的有效支承长度 a_0 将小于搁置长度 a（图4-23），因此，砌体局部受压面积应为 $A_l=a_0 b$（b 为梁宽）。假定梁端砌体内的变形和压应力成正比关系，且梁端的转角为 θ，梁端支承处砌体的压缩刚度系数为 k，则砌体边缘处的位移

$$y_{\max}=a_0\tan\theta$$

相应的最大压应力为

$$\sigma_{\max}=ky_{\max}=ka_0\tan\theta \qquad (4\text{-}34)$$

根据竖向力的平衡条件，由荷载设计值产生的梁端支承反力为

$$N_l=\eta\sigma_{\max}a_0 b$$

将式（4-34）代入上式得

$$N_l=\eta kba_0^2\tan\theta \qquad (4\text{-}35)$$

式中，η 为压应力图形完整系数。

根据试验结果，可取 $\eta k/f=0.687$ 当 N_l 的单位用 kN，f 的单位用 N/mm^2 时，代入式（4-35），可得

$$a_0=\sqrt{\frac{1\,000\,N_l}{0.687\,bf\tan\theta}}=38\sqrt{\frac{N_l}{bf\tan\theta}} \qquad (4\text{-}36)$$

该式可进一步简化为

$$a_0=10\sqrt{\frac{h_c}{f}} \qquad (4\text{-}37)$$

式中　a_0——梁端有效支承长度（mm）；

h_c——梁截面高（mm）；

f——砌体抗压强度设计值（N/mm^2）。

根据压应力分布情况，《规范》规定，压应力合力作用点（即梁 N_l 的作用点）至墙内侧的距离，对屋盖梁取 $0.33\,a_0$，楼盖梁取 $0.4\,a_0$。

2. 上部荷载对局部抗压强度的影响

前已述及，作用在梁端砌体上的轴向力，除梁端支承压力 N_l 外，还有由上部荷载产生的轴向力 N_0，如图4-24（a）所示，当梁上荷载增加时，与梁端底部接触的砌体产生较大的压缩变形。此时如上部荷载产生的平均应力 σ_0 较小，梁端顶部与砌体的接触面将减小，甚至与砌体

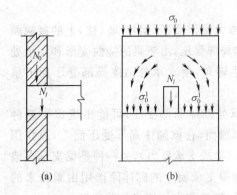

图 4-24 上部荷载对局部抗压强度的影响示意

脱开,试验时可观察到有水平缝出现,砌体形成内拱来传递上部荷载〔图 4-24(b)〕,引起内力重分布,σ_0 的存在和扩散对下部砌体有横向约束作用,使局部抗压强度略有提高。

试验表明,只要梁端影响局部抗压强度的计算面积 A_0 和局部受压面积 A_l 之比足够大时,内拱卸荷作用就可以形成。随着 A_0/A_l 比值的减小,这种内拱卸荷作用也将逐渐减小,《规范》采用上部荷载折减系数 ψ 来反映此影响,取

$$\psi = 1.5 - 0.5 \frac{A_0}{A_l} \tag{4-38}$$

当 $A_0/A_l \geqslant 3$ 时,取 $\psi = 0$,即不考虑上部荷载作用,当 $A_0/A_l = 1$ 时,$\psi = 1$,即上部压力 N_0 将全部作用在梁端局部受压面积上。

3. 梁端支承处砌体的局部受压承载力计算

由于梁端支承处砌体截面上的应力成曲线分布,故当其边缘的应力 $\sigma_{\max}$(图 4-25)不超过砌体的局部抗压强度 γf 时,梁端支承处砌体的局部受压是安全的,其表达式可写为

$$\sigma_{\max} \leqslant \gamma f$$

$$\sigma_{\max} = \sigma'_0 + \sigma_l = \sigma'_0 + \frac{N_l}{\eta A_l} \leqslant \gamma f$$

即

$$\eta \sigma'_0 A_l + N_l \leqslant \eta \gamma A_l f$$

式中,σ'_0 为由上部荷载实际产生的平均应力。现以上部荷载产生的计算平均应力 σ_0 来表示,并取 $\sigma'_0 = \psi \sigma_0$ 代入上式,可得

$$\psi \sigma_0 A_l + N_l \leqslant \eta \gamma A_l f$$

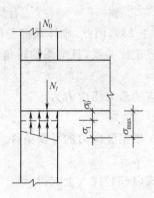

图 4-25 梁端支承处砌体的应力

由此得梁端支承处砌体的局部受压承载力计算公式为

$$\psi N_0 + N_l \leqslant \eta \gamma A_l f \tag{4-39}$$

式中　ψ——上部荷载的折减系数,按式(4-38)计算;

　　　η——梁端底面压应力图形的完整系数,一般取 0.7,对于过梁和墙梁,可取 1.0;

　　　A_l——局部受压面积,$A_l = a_0 b$;

　　　N_0——局部受压面积上由上部荷载设计值产生的轴向力,$N_0 = \sigma_0 A_l$,σ_0 为上部荷载设计值产生的平均应力。

4. 梁端下设置垫块时支承处砌体的局部受压承载力计算

梁端下设置垫块可使局部受压面积增大,是解决局部受压承载力不足的一个有效措施。通常采用预制刚性垫块,有时还将垫块与梁端现浇成整体。这两类垫块下砌体的局部受压性能不同,其承载力计算方法亦有区别。

(1)设置预制刚性垫块时

当垫块的高度 $t_b \geqslant 180\,mm$,且垫块挑出梁边的长度不大于垫块高度时,称为刚性垫块,它不但可增大局部受压面积,还使梁端压力能较好地传至砌体截面上。试验表明,垫块底面积以外的砌体对局部受压强度能产生有利影响,但考虑到垫块底面压应力分布不均匀,为了偏于

安全,取垫块外砌体面积的有利影响系数 γ_1 为局部抗压强度提高系数 γ 的 0.8 倍,即 $\gamma_1 = 0.8\gamma$。试验还表明,刚性垫块下砌体的局部受压可借用砌体偏心受压强度公式进行计算。因此在梁端下设有预制刚性垫块时(图 4-26),垫块下砌体的局部受压承载力应按下式计算:

$$N_0 + N_l \leqslant \varphi \gamma_1 A_b f \tag{4-40}$$

式中 N_0——垫块面积 A_b 由上部荷载设计值产生的轴向力,$N_0 = \sigma_0 A_b$;

　　φ——垫块上的 N_0 与 N_l 合力的影响系数,查表 4-14～表 4-16,或按式(4-26)确定($\beta \leqslant 3$);

　　N_l——梁端支承压力设计值,作用在靠内边缘 $0.4a_0$(楼层处)或 $0.33a_0$(屋面处);

　　a_0——梁端有刚性垫块时,梁端有效支承长度,$a_0 = \delta_1 \sqrt{\dfrac{h_c}{f}}$;

　　δ_1——刚性垫块的影响系数,按表 4-18 采用;

　　γ_1——垫块外砌体面积的有利影响系数,$\gamma_1 = 0.8\gamma$,但不小于 1.0。

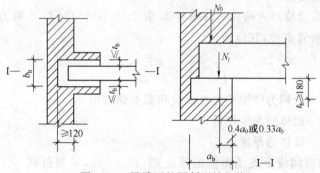

图 4-26　梁端下的预制刚性垫块

局部抗压强度提高系数 γ,按式(4-32)计算,但应以 A_b 代替 A_l,A_b 为垫块面积,$A_b = a_b b_b$,a_b 为垫块伸入墙内的长度,b_b 为垫块的宽度。

在带壁柱墙的壁柱内设置预制刚性垫块时(图 4-26),一般情况翼缘位于压应力较小处,对受力影响有限,故在计算 A_0 时只取壁柱截面而不计翼缘部分。但从构造上要求壁柱上垫块伸入墙内的长度不应小于 120 mm。

(2)设置与梁端现浇成整体的垫块时

垫块与梁端现浇成整体后(图 4-27),受力时,垫块将与梁端共同变形,故没有预制刚性垫块的受力特点,与梁端未设垫块时的受力情况相类似。因而砌体局部受压承载力仍应按式(4-39)计算。不同的是,应取 $A_l = a_0 b_b$,且

表 4-18　系数 δ_1 值表

σ_0 / f	0	0.2	0.4	0.6	0.8
δ_1	5.4	5.7	6.0	6.9	7.8

注:表中其间的数值可采用插入法求得。

$$a_0 = 10\sqrt{\dfrac{h_c}{f}}$$

5. 梁端下设有垫梁时支承处砌体的局部受压承载力计算

当梁或屋架端部支承处的砖墙上设有连续的钢筋混凝土梁(如圈梁)时,此时支承梁还起垫梁的作用,当垫梁长度大于 πh_0(图 4-28)时,垫梁下砌体的局部受压承载力可按下式计算:

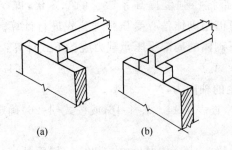

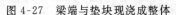

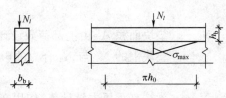

图 4-27 梁端与垫块现浇成整体　　　　图 4-28 垫梁局部受压示意图

$$N_0 + N_l \leqslant 2.4\delta_2 b_b h_0 f \qquad (4\text{-}41)$$

式中　N_0——垫梁 $\pi b_b h_0/2$ 范围内由上部荷载设计值产生的轴向力，$N_0 = \pi b_b h_0 \sigma_0/2$，$\sigma_0$ 为上部荷载设计值产生的平均压应力；

　　　　b_b——垫梁宽度；

　　　　δ_2——当荷载沿墙厚方向均匀分布时 δ_2 取 1.0，不均匀时 δ_2 可取为 0.8；

　　　　h_0——垫梁折算高度，其值为

$$h_0 = 2\sqrt[3]{\frac{E_b I_b}{Eh}} \qquad (4\text{-}42)$$

其中　E_b、I_b——分别为垫梁的弹性模量和截面惯性矩，

　　　　E——砌体的弹性模量，

　　　　h——墙体的厚度。

【例 4-7】　已知窗间墙上支承钢筋混凝土梁（图 4-29），梁端荷载设计值产生的支承压力为 45 kN，上部荷载设计值产生的轴向力为 160 kN，墙截面尺寸为 1 200 mm×240 mm，采用砖 MU10 和混合砂浆 M2.5（$f = 1.30$ N/mm^2）。试验算梁端支承处砌体的局部受压承载力。

【解】　按式（4-34）计算梁的有效支承长度 a_0 为

$$
\begin{aligned}
a_0 &= 10\sqrt{\frac{h_c}{f}} \\
&= 10\sqrt{\frac{550}{1.30}} \\
&= 205.7 \text{ mm} < a = 240 \text{ mm}
\end{aligned}
$$

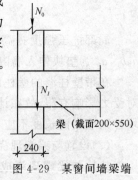

图 4-29　某窗间墙梁端下砌体局部受压

局部承压面积　$A_l = a_0 b = 0.205\ 7 \times 0.2 = 0.041$ m^2

局部抗压强度提高系数 γ 按图 4-21(b) 计算，则

$$
\begin{aligned}
A_0 &= (b + 2h)h = (0.2 + 2 \times 0.24) \times 0.24 \\
&= 0.163 \text{ m}^2
\end{aligned}
$$

$$\gamma = 1 + 0.35\sqrt{\frac{A_0}{A_l} - 1} = 1 + 0.35\sqrt{\frac{0.163}{0.041\ 14} - 1}$$

$$= 1.60 < 2.0，符合规定。$$

$\dfrac{A_0}{A_l} = 3.96 > 3$，此时，$\psi = 0$，可不考虑上部荷载的影响。

由式（4-36），并取 $\eta = 0.7$，得

$$\eta\gamma A_l f = 0.7 \times 1.60 \times 0.041\ 14 \times 1.30 \times 10^3$$
$$= 59.9\ \text{kN} > 45\ \text{kN}$$

局部受压承载力满足要求。

【例 4-8】 某窗间墙截面尺寸为 1 200 mm×240 mm,采用 MU10,混合砂浆 M5 砌筑($f=$ 1.50 N/mm²),墙上支承截面尺寸为 250 mm×600 mm 的钢筋混凝土梁,梁端荷载设计值产生的支承压力为 120 kN,上部荷载设计值产生的轴向力 60 kN。试验算梁端支承处砌体的局部承载力。

【解】 梁端有效支承长度

$$a_0 = 10\sqrt{\frac{h_c}{f}} = 10\sqrt{\frac{600}{1.50}}$$
$$= 200\ \text{mm} < a = 240\ \text{mm}$$

局部承压面积为

$$A_l = a_0 b = 0.2 \times 0.25 = 0.05\ \text{m}^2$$

局部抗压强度提高系数 γ 按图 4-21(b)计算,则

$$A_0 = (b + 2h)h = (0.25 + 2 \times 0.24) \times 0.24$$
$$= 0.175\ \text{m}^2$$

$$\gamma = 1 + 0.35\sqrt{\frac{A_0}{A_l} - 1} = 1 + 0.35\sqrt{\frac{0.175}{0.05} - 1}$$
$$= 1.55 < 2.0,符合规定。$$

$\dfrac{A_0}{A_l} = 3.5 > 3$,此时,$\psi = 0$,可不考虑上部荷载的影响。

由式(4-39),并取 $\eta = 0.7$,得

$$\eta\gamma A_l f = 0.7 \times 1.55 \times 50\ 000 \times 1.50 \times 10^3$$
$$= 81\ 375\ \text{N} = 81.4\ \text{kN} < \psi N_0 + N_l = 120\ \text{kN}$$

梁端支承处砌体局部承载力不够,故应加大局部受压面积,现设置 $a_b \times b_b = 240\ \text{mm} \times 180\ \text{mm}$,厚度为 $t_b = 300\ \text{mm}$ 的预制混凝土垫块,$t_b = 300\ \text{mm} > 180\ \text{mm}$,$(b_b - b)/2 = (800 - 250)/2 = 275\ \text{mm} < t_b$,符合刚性垫块的要求。

$$A_0 = (b + 2h)h = (0.8 + 2 \times 0.24) \times 0.24$$
$$= 0.307\ 2\ \text{m}^2$$

窗间墙面积 $A = 1.2 \times 0.24 = 0.288\ \text{m}^2 < A_0$,取 $A_0 = 0.288\ \text{m}^2$

$$A_b = a_b b = 0.24 \times 0.80 = 0.192\ \text{m}^2$$

$$\frac{A_0}{A_b} = \frac{0.288}{0.192} = 1.5 < 3$$

$$\sigma_0 = \frac{N_0}{1\ 200 \times 240} = \frac{60\ 000}{1\ 200 \times 240} = 0.208\ \text{N/mm}^2$$

垫块面积上由上部荷载设计值产生的轴向力为

$$N_0 = \sigma_0 A_b = 0.208 \times 0.192 \times 10^3 = 39.9\ \text{kN}$$
$$N_0 + N_l = 39.9 + 120 = 159.9\ \text{kN}$$

$$\frac{\sigma_0}{f} = \frac{0.208}{1.50} = 0.137$$

查表 $\delta_1 = 5.61$。

刚性垫块的梁端有效支承长度为

$$a_0 = \delta_1 \sqrt{\frac{h_c}{f}}$$

$$= 5.61 \sqrt{\frac{600}{1.50}}$$

$$= 112.2 \text{ mm} < a = 240 \text{ mm}$$

取 N_l 作用点位于距墙内表面 $0.4\,a_0$ 处，N_0 与 N_l 合力的偏心距

$$e = \frac{N_l \left(\dfrac{a_b}{2} - 0.4 \times 0.112\,2 \right)}{N_l + N_0}$$

$$= \frac{120 \left(\dfrac{0.24}{2} - 0.4 \times 0.112\,2 \right)}{159.9}$$

$$= 0.056 \text{ m}$$

$$\frac{e}{h} = \frac{0.056}{0.24} = 0.235$$

取 $\beta \leqslant 3$，查表 4-14，得 $\varphi = 0.59$

$$\gamma = 1 + 0.35 \sqrt{\frac{A_0}{A_l} - 1} = 1 + 0.35 \sqrt{\frac{288\,000}{192\,000} - 1} = 1.247$$

$$\gamma_1 = 0.8\,\gamma = 0.8 \times 1.247 = 0.998 < 1，此时，\gamma_1 = 1$$

由式(4-40)得

$$\varphi \gamma_1 A_b f = 0.59 \times 1.0 \times 192\,000 \times 1.50 = 169\,920 \text{ N}$$

$$= 169.92 \text{ kN} > N_0 + N_l = 159.9 \text{ kN}$$

设置预制刚性垫块后，局部承载力满足要求。

如设置钢筋混凝土垫梁，取垫梁截面尺寸为 240 mm×180 mm 与砖墙同宽，混凝土为 C20，$E_b = 25.5$ kN/mm²，砌体弹性模量 $E = 1\,600\,f = 1\,600 \times 1.50 = 2.40$ kN/mm²。

由式(4-42)，得

$$h_0 = 2 \sqrt[3]{\frac{E_b I_b}{Eh}} = 2 \sqrt[3]{\frac{25.5 \times \dfrac{240 \times 180^3}{12}}{2.4 \times 180}} = 380.5 \text{ mm}$$

垫梁沿墙设置，长度大于 $\pi h_0 = 1.20$ m

$$N_0 = \frac{\pi b_b h_0 \sigma_0}{2} = \frac{\pi}{2} \times 0.24 \times 0.380\,5 \times 0.208 \times 1\,000 = 29.84 \text{ kN}$$

取 $\delta_2 = 0.8$ 由式(4-41)得

$$2.4 \delta_2 b_b h_0 f = 2.4 \times 0.8 \times 0.24 \times 0.380\,5 \times 1.50 \times 1\,000$$

$$= 263.0 \text{ kN} > N_0 + N_l = 149.84 \text{ kN}$$

垫梁下的砌体局压承载力满足要求。

三、轴心受拉、受弯和受剪构件

(一)轴心受拉构件

砌体的抗拉能力很低，工程上很少采用砌体轴心受拉构件。如容积较小的圆形水池或筒

仓,在液体或松散物料的侧压力作用下,壁内只产生环向拉力时,可采用砌体结构。

砌体轴心受拉构件的承载力应按下式计算:

$$N_t \leqslant A f_t \tag{4-43}$$

式中　N_t——荷载设计值产生的轴心拉力;

　　　f_t——砌体轴心抗拉强度设计值,按表 4-12 采用。

（二）受弯构件

图 4-30 所示为砖砌平拱过梁和挡墙,均属受弯构件。在弯矩作用下砌体可能沿齿缝截面〔图 4-30(b)〕或沿砖和竖向灰缝截面〔图 4-30(c)〕或沿通缝截面〔图 4-30(d)〕因弯曲受拉而破坏。此外,支座处还存在较大剪力,因此,除进行抗弯计算外,还应进行抗剪计算。

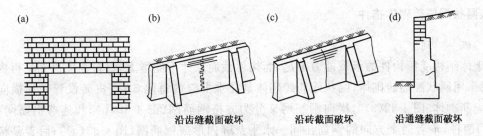

图 4-30　砌体构件受弯

1. 受弯承载力应按下式计算:

$$M \leqslant W f_{tm} \tag{4-44}$$

式中　M——荷载设计值产生的弯矩;

　　　W——截面抵抗矩;

　　　f_{tm}——砌体的弯曲抗拉强度设计值,按表 4-12 采用。

2. 受剪承载力应按下式计算:

$$V \leqslant b Z f_{v0} \tag{4-45}$$

式中　V——荷载设计值产生的剪力;

　　　b——截面宽度;

　　　Z——内力臂,$Z = \dfrac{I}{S}$,对于矩形截面 $Z = 2h/3$;

　　　I——截面惯性矩;

　　　S——截面面积矩;

　　　h——截面高度;

　　　f_{v0}——砌体的抗剪强度设计值,按表 4-12 采用。

（三）受剪构件

在无拉杆拱的支座处（图 4-31）,在拱的推力作用下,支座截面受剪。当拱支座采用砖和砌块砌体,可能产生沿水平通缝截面的受剪破坏,试验表明,砌体沿水平通缝或齿缝受剪承载力取决于砌体抗剪强度和作用在截面上的正应力所产生的摩擦力总和,因此,沿通缝受剪承载力按下式计算:

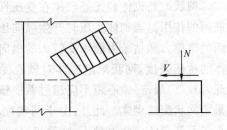

图 4-31　拱支座截面受剪

$$V \leqslant (f_{v0} + \alpha\mu\sigma_0)A \tag{4-46}$$

当 $\gamma_G = 1.2$ 时　　　　　　　　　　$\mu = 0.26 - 0.082\dfrac{\sigma_0}{f}$

当 $\gamma_G = 1.35$ 时　　　　　　　　　　$\mu = 0.23 - 0.065\dfrac{\sigma_0}{f}$

式中　σ_0——恒载设计值产生的水平截面平均压应力；

　　　α——修正系数，当 $\gamma_G = 1.2$ 时，对砖（含多孔砖）砌体取 0.6，对混凝土砌块砌体取 0.64，当 $\gamma_G = 1.35$ 时，对砖（含多孔砖）砌体取 0.64，对混凝土砌块砌体取 0.66；

　　　σ_0/f——轴压比，要求 $\leqslant 0.8$；

　　　μ——剪压复合受力影响系数。

四、网状配筋砖砌体构件

（一）概　　述

当砌体结构受压构件的承载能力不足，而构件截面尺寸不能增大，材料强度也无法再提高时，可以采用网状配筋砖砌体，网状配筋砖砌体是在水平缝内每隔 3～5 皮砖设置一层横向钢筋网〔图 4-32(a)〕，横向钢筋网又分为方格钢筋网〔图 4-32(b)〕和连弯钢筋网〔图 4-32(c)〕两种，前者两个方向的钢筋在同一水平灰缝内形成钢筋网〔图 4-32(a)〕；后者是将连弯钢筋交错置于两相邻灰缝内形成网状配筋。

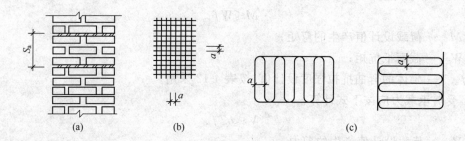

图 4-32　网状配筋砖砌体示意图

(a)网状配筋砖柱；(b)方格钢筋网；(c)连弯钢筋

（二）网状配筋砖砌体的受力分析

网状配筋砖砌体受压破坏时，竖向裂缝短而细，裂缝开展缓慢，没有形成砖砌体受压破坏时由于裂缝上下贯通将受压砖柱分成数个小柱而造成失稳破坏的现象。裂缝是由网片间隔内小段砖柱的砖块被压碎造成的，由于砖的抗压强度得到充分发挥，所以，网状配筋砌体的抗压承载力有较大提高。

网状配筋砌体和无筋砌体在受压性能上之所以有较大区别，主要是因为配置在砌体内钢筋网的作用。当砌体受压时产生纵向压缩变形，同时还产生横向变形，而钢筋网与灰缝砂浆之间的摩擦力和粘结力能承受较大的横向拉应力，从而约束了砌体的横向变形，间接地提高了砌体的抗压强度，网状配筋砌体对轴心受压构件效果最好，随着偏心距增大，效果逐渐降低，因此，《规范》规定：偏心距不应超过截面核心范围。对于矩形截面构件，即当 $e/h > 0.17$ 时不宜采用网状配筋砌体。此外，由于网状配筋砌体水平灰缝较厚，砂浆变形较大，其弹性模量 E_n 小于无筋砌体弹性模量 E，试验表明，网状配筋砌体纵向弯曲系数随网状钢筋的配筋率的增加而降低。所以，《规范》规定：偏心距虽未超过截面核心范围，但高厚比 $\beta > 16$ 或 $\lambda > 56$ 时，也不宜采用网状配筋砌体。

（三）网状配筋砖砌体受压构件承载力计算

网状配筋砖砌体受压构件承载力计算公式采用与无筋砌体类似的形式，即

$$N \leqslant \varphi_n f_n A \tag{4-47}$$

式中 N——轴向力设计值；

φ_n——高厚比 β，配筋率 ρ 以及轴向力偏心距 e 对网状配筋砖砌体受压构件承载力的影响系数，可由下式计算：

$$\varphi_n = \frac{1}{1 + 12\left(\dfrac{e}{h} + \dfrac{\beta}{\sqrt{12}}\sqrt{0.0015 + 0.45\rho}\right)^2} \tag{4-48}$$

其中 e——轴向力偏心距，按荷载设计值计算，

ρ——体积配筋率，$\rho = (V_s/V)100$（V_s 为网片钢筋的体积，V 为相应的砖砌体体积），当采用截面面积为 A_s 的钢筋组成的方格网，网格中钢筋间距为 a 和钢筋网的间距为 S_n 时，有

$$\rho = \left(\frac{2A_s}{aS_n}\right)100 \tag{4-49}$$

f_n——网状配筋砖砌体抗压强度设计值，按下式确定：

$$f_n = f + 2\left(1 - 2\frac{e}{y}\right)\frac{\rho}{100}f_y \tag{4-50}$$

其中 f_y——受拉钢筋的强度设计值，当 $f_y > 320 \text{ N/mm}^2$ 时，仍取 320 N/mm^2，

A——截面面积。

对矩形截面构件，当轴向力偏心方向的截面尺寸大于另一方向的边长时，除按偏心受压计算外，还应对另一方向按轴心受压进行验算。

（四）构造要求

为了使网状配筋砖砌体受压构件安全而可靠地工作，除需保证其承载力外，还应符合下列构造要求：

1. 网状配筋砌体中的配筋率 ρ 不应小于 0.1‰，也不应大于 1‰，钢筋网的间距，不应大于五皮砖并不应大于400 mm，因为配筋率过小，砌体强度提高有限，配筋率过大，砌体强度可能接近于砖的强度，再提高配筋率，对砌体承载力影响将很小，而钢筋强度不能得到充分利用。

2. 由于钢筋网砌筑在灰缝砂浆内，易于锈蚀，因此设置较粗的钢筋比较有利，但钢筋直径大，又将使灰缝加厚，对砌体受力不利，故网状钢筋的直径宜采用3~4 mm。

3. 为了避免钢筋的锈蚀和提高钢筋和砌体的黏结力，砂浆不应低于 M7.5，钢筋应设置在砌体的水平灰缝中，灰缝厚度应保证钢筋上下至少各有 2 mm 厚的砂浆层。

4. 钢筋网中钢筋的间距不应大于120 mm，也不应小于30 mm。

【例 4-9】 一网状配筋砖柱，截面尺寸为370 mm×490 mm，柱计算高度为4 m，承受内力为 $N = 160$ kN，$M = 9.76$ kN·m，网状配筋采用 $\phi^b 4$ 乙级冷拔低碳钢丝焊接网，$A_s = 12.6 \text{ mm}^2$，$f_y = 320 \text{ N/mm}^2$，钢丝间距为 50 mm，钢丝网间距为 260 mm（四皮砖），砖采用MU10，用混合砂浆 M5 砌筑（$f = 1.50 \text{ N/mm}^2$），试验算该柱的承载力。

【解】 配筋率 $\rho = \dfrac{2A_s}{aS_n} \times 100 = \dfrac{2 \times 12.6 \times 100}{50 \times 260} = 0.194$

偏心距
$$e=\frac{M}{N}=\frac{9.76}{160}=0.061 \text{ m}$$

$\dfrac{e}{h}=\dfrac{0.061}{0.49}=0.124<0.17$，可采用网状配筋砖柱。

抗压强度设计值为

$$f_{n}=f+2\left(1-2\,\frac{e}{y}\right)\frac{\rho}{100}f_{y}$$

$$=1.50+2\times\left(1-2\times\frac{61}{245}\right)\times0.001\,94\times320$$

$$=2.12\text{ N/mm}^2$$

高厚比
$$\beta=\frac{H_0}{h}=\frac{4.0}{0.49}=8.16$$

网状配筋砌体承载力影响系数为

$$\varphi_n=\frac{1}{1+12\left(\dfrac{e}{h}+\dfrac{\beta}{\sqrt{12}}\sqrt{0.001\,5+0.45\rho}\right)^2}$$

$$=\frac{1}{1+12\left(0.124+\dfrac{8.16}{\sqrt{12}}\sqrt{0.001\,5+0.45\times0.199}\right)^2}=0.593$$

$$N=160\,000\text{ N}<\varphi_n f_n A=0.593\times370\times490\times2.12=227\,923\text{ N}=227.9\text{ kN}$$

承载力足够。

第四节　混合结构房屋墙、柱设计

一、概　述

混合结构房屋是指竖向承重构件墙、柱和基础采用砌体结构，而水平承重构件屋盖、楼盖采用钢筋混凝土结构（或钢结构、木结构）所组成的房屋承重结构体系。墙体既是竖向承重构件，又起围护作用。这种结构节省钢材，造价较低，且可利用工业废料，所以应用范围较为广泛。一般民用建筑的住宅、宿舍、办公楼、学校、商店、食堂、仓库和工业建筑中的小型厂房，多采用混合结构。

墙、柱设计一般按以下步骤进行。

（1）根据房屋使用要求，地质条件和抗震要求，选择合理的墙体承重方案；

（2）确定结构静力计算方案，并进行内力分析；

（3）根据经验或已有设计，初步选择墙、柱截面尺寸、材料强度等级，然后，验算墙、柱稳定性及砌体承载力。

二、混合结构房屋墙体的布置和承重体系

墙体布置应满足结构和建筑两方面的要求。设计混合结构时，要根据建筑使用要求，合理地选择结构的承重体系。

按竖向荷载传递路径的不同，可以概括为以下四种不同类型。

1. 横墙承重体系

横墙承重体系是指楼（屋）盖上的竖向荷载通过板或梁传至横墙，并经横墙基础传至地基

的承重体系(图 4-33)。

横墙承重体系有以下一些特点。

(1)该体系横墙布置较密,间距较小(一般为 2.7～4.8 m),整体刚度大,抗震性能较好;

(2)楼盖结构简单,施工方便,因房屋开间较小,建筑使用受到一定限制,横墙砌体用料较多,但总的建筑造价比较经济;

(3)外纵墙不承重,便于设置大的门窗。

横墙承重体系适宜于小开间的住宅、宿舍、招待所、旅馆等民用房屋。

2.纵墙承重体系

纵墙承重体系是指楼(屋)盖上的竖向荷载通过板或梁传至纵墙,并经纵墙基础传至地基的承重体系(图 4-34)。

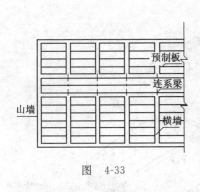

图 4-33

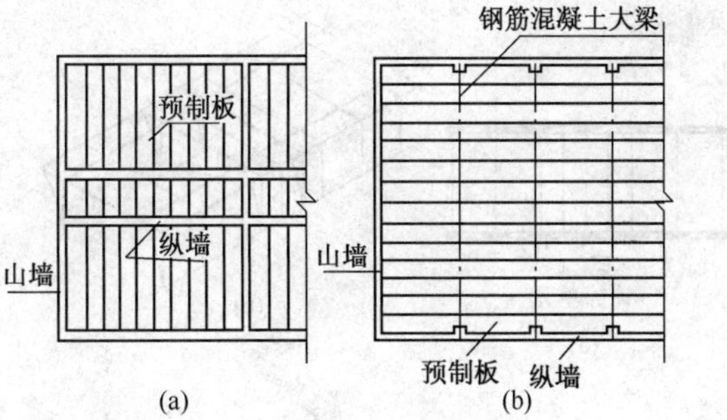

图 4-34

纵墙承重的体系具有下列特点:

(1)横墙是非承重墙,因而可以连续许多开间不设置,故房屋开间布置灵活,容易满足使用要求;

(2)房屋的横向刚度较差,不利于抵抗地震作用及调整地基不均匀沉降。

该体系适用于房屋开间大,横墙少,如办公室、医院、教学楼、食堂以及单层厂房等。

3.纵横墙混合承重体系

纵横墙混合承重体系是指楼(屋)盖上的竖向荷载通过板或梁既可传至纵墙上,又可传至横墙上,并经纵横墙基础传至地基的承重体系(图 4-35)。

纵横墙混合承重的体系具有下列特点:

(1)纵横墙均作为承重构件,使得结构受力较为均匀,可避免局部墙体承载较大;

(2)部分纵墙、横墙可以是非承重墙,故房屋开间布置更灵活,容易满足使用要求;

(3)房屋的纵、横向刚度均匀,房屋的空间刚度较大,结构整体性好。

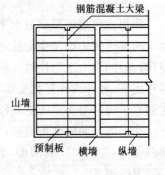

图 4-35

三、砌体房屋静力计算方案

砌体房屋的墙、柱设计,首先要确定它的计算简图,然后才能进行内力分析与截面选择。

混合结构房屋,由屋盖、楼盖、墙、柱和基础构成承重体系,承受作用在房屋上的全部荷载。

在垂直荷载作用下,屋盖、楼盖上的荷载通过墙和柱传到基础,再传到地基。此时,楼盖中的板及梁为受弯构件,墙和柱则为轴心或偏心受压构件。

在水平荷载或偏心垂直荷载作用下(图 4-36),当纵墙与屋盖和楼盖有牢固联结时,墙在联接处产生水平反力,在没有山墙、横墙时,这水平力由纵墙直接传到基础和地基,整栋房屋的侧移 u 与单元排架的侧移 u_p 是很接近的,此时不考虑厂房空间作用,这种传力路线称为平面传力系统〔图 4-36(a)、(b)、(c)、(d)〕,在两端设置山墙、横墙时,屋盖和楼盖就像支承在山墙(横墙)上的水平梁,纵墙也像嵌固在基础上的悬臂梁,此时,水平力传递途径分为二部分,一部分通过水平梁在平面内弯曲传给山(横)墙,传至基础,这样形成了空间传力系统,另一部分荷载则通过纵墙各计算单元的排架作用传至基础,属平面传力系统〔图 4-36(e)、(f)、(g)、(h)、(i)、(j)〕。

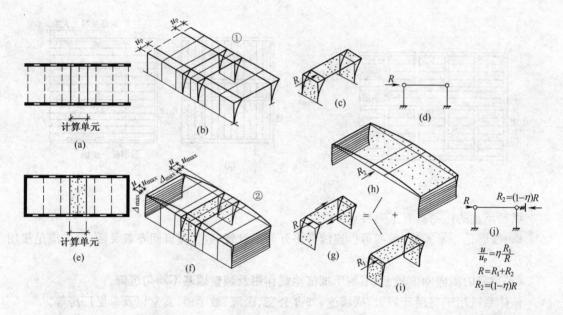

图　4-36

作用在屋盖的那部分水平力引起屋盖水平梁发生挠曲变形,在跨中产生水平位移为 u_{max},水平荷载也使山墙发生侧移,在其顶部产生水平位移 Δ_{max}(图 4-37),因此,中间排架顶部的屋盖(楼盖)的最大水平位移 u 将是二者之和,即 $u = u_{max} + \Delta_{max}$。所以,混合结构房屋在水平荷载作用下,各种构件互相支承,互相影响,处在同一种空间工作状况,房屋在水平荷载作用下产生的水平位移与房屋的空间刚度有关。

房屋的空间刚度指房屋产生单位侧移所需要的水平力,即房屋在水平荷载作用下抵抗侧移的能力,实测和计算表明,砌体结构房屋的空间刚度大小主要取决于横墙的间距 S 和楼(屋)盖的刚度。

房屋的静力计算方案就是通过对房屋空间刚度分析,确定墙(柱)计算时的计算简图,根据房屋不同的空间刚度,《规范》把房屋分成 3 种计算方案,即刚性、弹性和刚弹性。

1. 刚性方案

房屋横墙间距较小,楼(屋)盖刚度较大,房屋空间刚度也就较大,大部分水平荷载按空间传力系统通过楼(屋)盖与横墙的空间作用传至基础,在水平荷载作用下,纵墙顶点水平位移 $u \approx 0$ 而忽略不计,这种情况下,将楼(屋)盖视作墙(柱)的不动铰支承。墙(柱)静力计算简图,

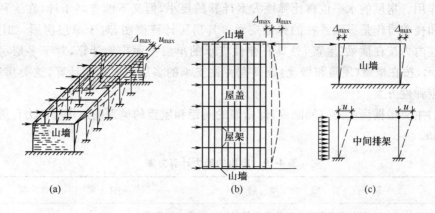

图　4-37

对单层房屋的墙（柱）视作上端为不动铰支承于屋盖，下端嵌固于基础的竖向构件（图 4-38）。对多层房屋，在竖向荷载作用下，墙（柱）在每层高度范围内，视作两端铰支的竖向构件，在水平荷载作用下，墙（柱）视作竖向连续梁（图 4-39），这类房屋的静力计算称为刚性方案。横墙承重体系的房屋一般是刚性方案房屋。

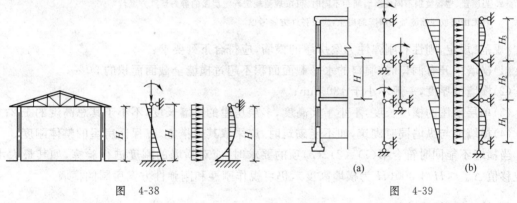

图　4-38　　　　　　　　　　　　　　　　　　　图　4-39

2. 弹性方案

房屋横墙间距较大，楼（屋）盖刚度较小，房屋空间刚度也就较小，在水平荷载作用下，房屋水平位移也就比较大，近似地等于不考虑空间作用的水平位移 u_p。在这种情况下，房屋的计算简图，对于单层房屋，如图 4-40（a）所示墙、柱内力按单层平面排架计算，对于多层房屋，如图 4-40（b）所示，墙、柱内力按多层平面排架计算，这类房屋的静力计算称弹性方案。

3. 刚弹性方案

介于刚性与弹性两种方案之间的房屋，称为刚弹性方案房屋，这类房屋的楼（屋）盖具有一定的水平刚度，横向间距不太大，能起一

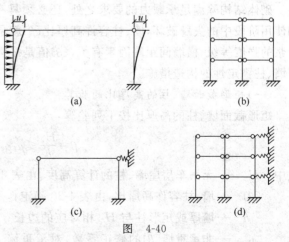

图　4-40

定的空间作用。房屋的水平位移比弹性方案计算的要小,但又不能忽略不计,在这种情况下,应将屋盖和楼盖看作是纵墙或柱的弹性支承。其房屋计算简图,对于单层房屋,如图4-39(c)所示,墙、柱内力按在横梁(屋盖)处具有弹性支承的单层平面排架计算,对于多层房屋,如图4-39(d)所示,按在横梁(屋盖和楼盖)处具有弹性支承的多层平面排架计算,这类房屋的静力计算称为刚弹性方案。

《规范》主要根据房屋的空间刚度,即横墙的间距和屋盖的类别确定房屋静力计算方案,具体见表4-19。

表 4-19　房屋的静力计算方案

屋 盖 或 楼 盖 类 别		刚性方案	刚弹性方案	弹性方案
1	整体式、装配整体和装配式无檩体系钢筋混凝土屋盖或钢筋混凝土楼盖	$s<32$	$32\leqslant s\leqslant72$	$s>72$
2	装配式有檩体系钢筋混凝土屋盖、轻钢屋盖和有密铺望板的木屋盖或木楼盖	$s<20$	$20\leqslant s\leqslant48$	$s>48$
3	瓦材屋面的木屋盖和轻钢屋盖	$s<16$	$16\leqslant s\leqslant36$	$s>36$

注:1. 表中 s 为房屋横墙间距,其长度单位为 m;

　　2. 当屋盖、楼盖类别不同或横墙间距不同时,可按规范规定确定房屋的静力计算方案;

　　3. 对无山墙或伸缩缝处无横墙的房屋,应按弹性方案考虑。

《规范》规定,刚性和刚弹性方案房屋的横墙,应符合下列要求:

(1)横墙中开有洞口时,洞口的水平截面面积不超过横墙全截面面积的50%;

(2)横墙的厚度,一般不小于 180 mm;

(3)单层房屋的横墙长度,不小于其高度,多层房屋的横墙长度,不小于其总高度的1/2;

(4)横墙应与纵墙同时砌筑,如不能砌筑时,应采取其他措施,以保证房屋的整体刚度。

当横墙不能同时符合第(1)、(2)、(3)项的要求时,应对横墙的刚度进行验算,如其最大水平位移值 $\Delta_{max}\leqslant H/4\,000$($H$ 为横墙高度),仍可视作刚性和刚弹性方案房屋的横墙。

四、墙、柱高厚比验算

砌体结构除满足承载力的要求之处,还必须具有足够的稳定性,以防止墙、柱在施工阶段和使用阶段中的失稳破坏,墙、柱容许高厚比〔β〕就是墙、柱高厚比的容许限值,它与砌体类别、砂浆的强度等级、横墙间距等因素有关,〔β〕值是按构造要求确定的。因此,高厚比的验算是保证墙、柱稳定性的构造措施。

(一)矩形截面墙、柱的高厚比的验算

矩形截面墙、柱的高厚比按下列验算:

$$\beta=\frac{H_0}{h}\leqslant\mu_1\mu_2〔\beta〕 \tag{4-51a}$$

式中　H_0——无吊车房屋墙、柱的计算高度,由表4-13确定;

　　　〔β〕——墙、柱容许高厚比,由表4-20确定;

　　　h——墙厚或矩形柱与 H_0 相对应的边长;

　　　μ_1——非承重墙〔β〕的修正系数,对承重墙 $\mu_1=1.0$,μ_1 值按非承重墙的厚度 h 规定如下:

(1)墙厚为 240 mm 时，$\mu_1 = 1.2$，墙厚为 90 mm 时，$\mu_1 = 1.5$，当墙厚小于 240 mm 且大于 90 mm 时，μ_1 按插入法取值；

(2)上端为自由端墙的允许高厚比，除按上述 1)规定提高外，尚可提高 30％；

(3)对厚度小于 90 mm 的墙，当双面采用不低于 M10 的水泥砂浆抹面，包括抹面层的墙厚不小于 90 mm 时，μ_1 可按墙厚等于 90 mm 验算高厚比；

μ_2——有门窗洞口墙〔β〕的修正系数，可按下式计算：

$$\mu_2 = 1 - 0.4\frac{b_0}{s} \tag{4-52}$$

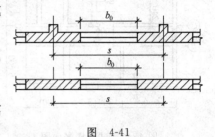

图 4-41

其中 b_0——在宽度 s 范围内的门窗洞口宽度；

s——相邻窗间墙之间或壁柱间的距离（图4-41）。

表 4-20　墙、柱的允许高厚比〔β〕值

砌体类型	砂浆强度等级	墙	柱
无筋砌体	M2.5	22	15
	M5.0 或 Mb5.0、Ms5.0	24	16
	≥M7.5 或 Mb7.5、Ms7.5	26	17
配筋砌块砌体	—	30	21

注：1. 毛石墙、柱的允许高厚比应按表中数值降低 20％；

　　2. 带有混凝土或砂浆面层的组合砖砌体构件的允许高厚比，可按表中数值提高 20％，但不得大于 28；

　　3. 验算施工阶段砂浆尚未硬化的新砌砌体构件高厚比时，允许高厚比对墙取 14，对柱取 11。

按式(4-52)算得 $\mu_2 < 0.7$ 时，取 $\mu_2 = 0.7$，此外，当洞口高度小于墙高的 1/5 时，取 $\mu_2 = 1$，当洞口高度大于或等于墙高的 4/5 时，可按独立墙段验算高厚比。

(二)带壁柱墙的高厚比验算

带壁柱墙要分别验算整片墙与壁柱间墙的高厚比。

1. 整片墙的高厚比的验算

带壁柱墙的截面为 T 形或十字形，此时，仍按式(4-51a)验算，仅将 h 改为 h_T，得

$$\beta = \frac{H_0}{h_T} \leqslant \mu_1\mu_2〔\beta〕 \tag{4-51b}$$

式中 h_T——带壁柱墙截面的折算厚度，$h_T = 3.5i$；

i——带壁柱墙截面的回转半径，其值为 $i = \sqrt{I/A}$；

其中 I、A——分别为带壁柱墙截面的惯性矩和面积。

当确定计算高度 H_0 时，墙长 s 取相邻横墙间的距离。在确定截面回转半径 i 时，对于多层房屋，当有门窗洞口时，可取窗间墙的宽度，当无门窗洞口时，每侧翼墙可取壁柱高度的1/3；对于单层房屋，可取壁柱宽加 2/3 墙高，但不大于相邻窗间墙的宽度或相邻壁柱间的距离。

2. 壁柱间墙高厚比验算

验算壁柱间墙的高厚比时，可将壁柱视为壁柱间墙的不动铰支点，按矩形截面墙的公式(4-51a)验算，计算 H_0 时，墙长 s 取壁柱间的距离。而且，不论带壁柱墙体的房屋静力计算采用何种计算方案，H_0 的值一律按刚性方案考虑。

带壁柱墙内设有钢筋混凝土圈梁时，当 $b/s \geqslant 1/30$ 时，圈梁可视作壁柱间墙的不动铰支点

（b 为圈梁宽度），若具体条件不允许增加圈梁宽度，可按等刚度原则（墙体平面外刚度相等）增加圈梁高度，以满足壁柱间墙不动铰支座的要求。

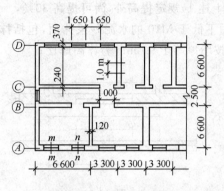

图 4-42　试验楼平面图

【例 4-10】　某试验楼西端底层平面如图 4-42 所示，采用预制钢筋混凝土空心楼板；外墙厚 370 mm，内纵墙及横墙厚 240 mm，底层墙高 4.8 m（从楼板至大放脚顶面）；隔墙厚 120 mm，高 3.6 m；砂浆为 M2.5，砖为 MU10；纵墙上窗宽 1 650 mm，门宽 1 000 mm，试验算各墙的高厚比。

【解】　（1）确定房屋的静力计算方案

最大横墙间距 $s=3.3\,m\times3=9.9\,m$，查表 4-19，$s<32\,m$，确定为刚性方案。

砂浆为 M2.5，由表 4-20，$[\beta]=22$，承重墙高 $H=4.8\,m$，$s>2H=9.6\,m$。

非承重墙 $H=3.60\,m$，$h=120\,mm$，$\mu_1[\beta]=1.44\times22=31.68$。

（2）纵墙高厚比验算

由于西北角房间的横墙间距较大，故取此处两道纵墙分别验算。

外纵墙长 $s=9.9\,m>2H$，查表 4-18，得，$H_0=1.0\ H=4.8\,m$，$\mu_2=1-0.4b_0/s=1-0.4\times1.65/3.3=0.8$。

由式（4-51a）得，纵墙高厚比为

$$\beta=H_0/h_T=4.8/0.37$$
$$=13<\mu_2[\beta]=0.8\times22=17.6$$

满足要求。

内纵墙上洞口宽度为 $b_0=1.0\,m$，$s=9.9\,m$，按整片墙求出 $\mu_2=1-0.4\times1/9.9=0.96$。

内纵墙高厚比为

$$\beta=H_0/h_T=4.8/0.24=20<\mu_2[\beta]=0.96\times22=21.12$$

满足要求。

3. 横墙高厚比验算

由于横墙厚度、砌筑砂浆、墙体高度均与内纵墙相同，且横墙上无洞口，计算高度也小故不必验算。

4. 隔墙高厚比验算

隔墙一般是后砌在地面垫层上，上端用斜放侧砖顶住楼面梁砌筑，故可简化为按不动铰支点考虑，因二侧与墙拉结不好，可按二侧无拉结墙计算。$H_0=3.6\,m$。

隔墙高厚比为

$$\beta=H_0/h_T=3.6/0.12=30<\mu_1[\beta]=31.68$$

满足要求。

【例 4-11】　某单层无吊车车间（图 4-43），全长 $6\times4=24\,m$，宽 15 m，层高 4.2 m，四周墙体用 MU10 砖和 M2.5 混合砂浆砌筑，屋面铺板采用预制钢筋混凝土大型屋面板，试验算带壁柱纵墙和山墙的高厚比。

【解】　1. 确定房屋的静力计算方案

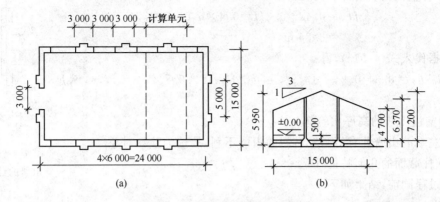

图 4-43 单层车间平面、侧立面图

本房屋的屋盖属 1 类屋盖,二端山墙(横墙)间的距离 $s=24$ m<32 m,按表 4-19,属刚性方案房屋。

2. 带壁柱纵墙的高厚比验算

(1)计算壁柱截面的几何特征(图 4-44)

截面面积 $\quad A=3\ 000\times240+370\times250$

$$=8.125\times10^5\ \text{mm}^2$$

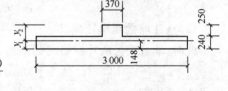

图 4-44 带壁柱墙截面

形心位置为

$$y_1=\frac{3\ 000\times240\times120+370\times250\times(240+250/2)}{812\ 500}$$

$$=148\ \text{mm}$$

$$y_2=240+250-148=342\ \text{mm}$$

对形心轴的惯性矩为

$$I=\frac{3\ 000\times148^3+370\times342^3+(3\ 000-370)(240-148)^3}{3}$$

$$=8.86\times10^9\ \text{mm}^4$$

回转半径 $\quad i=\sqrt{I/A}=\sqrt{8.86\times10^9/8.125\times10^5}=104\ \text{mm}$

折算厚度 $\quad h_\text{T}=3.5i=3.5\times104=364\ \text{mm}$

(2)确定壁柱计算高度 H_0。

壁柱下端嵌固在室内地面以下0.5 m处,柱高 $H=4.2+0.5=4.7$ m。

$s=24$ m$>2H=9.4$ m,查表 4-13,得

$$H_0=1.0\ H=4.7\ \text{m}$$

(3)整片墙的高厚比验算

查表 4-20,当砂浆为 M2.5 时,$[\beta]=22$,折减系数

$$\mu_2=1-0.4\times3/6=0.8$$

对于承重墙,$\mu_1=1.0$

将上列数据代入式(4-51b),得

$$\beta=H_0/h_\text{T}=4.7/0.364=12.9<\mu_1\mu_2[\beta]=1\times0.8\times22=17.6,满足要求。$$

(4)壁柱间墙高厚比的验算

此时,$H=4.7$ m$<s=6$ m$<2H=9.4$ m

查表 4-13 得壁柱间墙的计算高度为

$$H_0 = 0.4s + 0.2H = 0.4 \times 6.0 + 0.2 \times 4.7$$
$$= 3.34 \text{ m}$$

将上列数据代入式(4-51a),得

$$\beta = H_0/h_T = 3.34/0.24 = 13.9 < \mu_1\mu_2 [\beta] = 1 \times 0.8 \times 22 = 17.6,满足$$
要求。

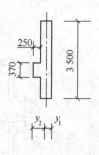

图 4-45 带壁柱
山墙的计算截面

3. 带壁柱山墙的高厚比验算

房屋左端的山墙开有门洞较右端的山墙不利,故选为验算对象。

(1)壁柱截面的几何特征(图 4-45)

计算过程同前,结果如下:

$$A = 9.325 \times 10^5 \text{ mm}^2$$
$$y_1 = 144 \text{ mm}$$
$$y_2 = 316 \text{ mm}$$
$$I = 9.503 \times 10^9 \text{ mm}^4$$
$$i = \sqrt{I/A} = 101 \text{ mm}$$
$$h_T = 3.5i = 354 \text{ mm}$$

(2)整片墙的高厚比验算

此时,墙长 s 为两片纵墙间的距离,$s = 15$ m,带壁柱墙高 H 从基础顶面算至柱顶处。

$$H = 4.7 + 5\tan18°26' = 4.7 + 5 \times 0.333 \approx 6.37 \text{ m}$$

由表 4-19 可知,$s = 15$ m < 32 m,属刚性方案。

由表 4-13 可知,$s > 2H = 12.7$ m,得

$$H_0 = 1.0H = 6.37 \text{ m}$$
$$\mu_1 = 1.0,\mu_2 = 1 - 0.4 \times 3/15 = 0.92$$

$[\beta] = 22$,代入式(4-51b),得

$$\beta = H_0/h_T = 6.37/0.354 = 18 < \mu_1\mu_2 [\beta] = 1 \times 0.92 \times 22 = 20.24,满足要求。$$

(3)壁柱间墙的高厚比验算

屋脊处墙高 $H = 7.2 - (7.2 - 6.37)/2 = 6.79$ m

此时,$s = 5$ m $< H$,由表 4-13,按刚性方案确定计算高度 H_0 为

$H_0 = 0.6s = 0.6 \times 5 = 3.0$ m,墙厚 $h = 240$ mm

$$\mu_1 = 1.0,\mu_2 = 1 - 0.4 \times 3/5 = 0.76$$

$$\beta = H_0/h_T = 3.1/0.24 = 12.5 < \mu_1\mu_2 [\beta] = 1 \times 0.76 \times 22 = 16.72,满足要求。$$

五、多层刚性方案房屋墙、柱的计算

在民用多层房屋中,如宿舍、住宅、办公楼及教学楼等,由于它们横墙间距较小,房屋的空间刚度较大,一段属于刚性方案房屋。根据上节分析,对多层刚性方案房屋的墙体的计算,按下列原则进行。

(一)墙体的计算简图

在竖向荷载作用下,墙在每层高度范围内,可视作二端不动铰支承的竖向构件〔图 4-39 (a)〕,在水平荷载作用下,视作竖向连续梁〔图 4-39(b)〕。

（二）墙的计算单元和控制截面

1．纵墙计算单元和控制截面

通常从纵墙中选取有代表性的一段作为计算单元，其范围：对有门窗的墙体，为一个开的窗间（门间）墙，如图 4-46 中 $m-n$，即为纵墙的计算单元，其宽度为 $(l_1+l_2)/2$，对于无门窗的墙体，可取支承在墙上的承重构件（如梁）下的一段墙体，如图 4-47 中 $m-n$ 作为计算单元。

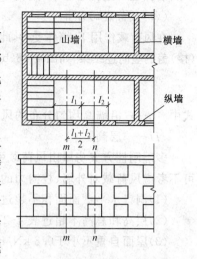

图 4-46　刚性方案多层房屋
纵墙的计算单元

计算控制截面，对于不计风载作用的各层纵墙可只取上、下两个控制截面进行验算，上截面取该层纵墙顶部即楼面梁底的Ⅰ—Ⅰ截面，此截面的弯矩最大，按偏心受压构件进行验算，还需对梁底砌体的局部受压承载力进行验算；下截面取该层纵墙底部（紧靠下层梁底）的Ⅱ—Ⅱ截面，此截面轴力最大，而弯矩为零，按轴心受压构件进行验算。对于底层，截面Ⅱ—Ⅱ位于基础顶面。

纵墙的计算截面面积，对于有窗（门）洞的纵墙取计算单元内窗（门）间墙的墙体截面面积，对于无洞口的纵墙按计算单元内的实际墙体面积取值。

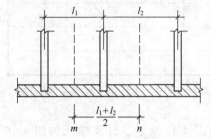

图 4-47　刚性方案房屋无门
窗纵墙的计算单元

若各层墙体截面面积、块体及砂浆的强度等级相同，则只需验算最下一层墙体即可。

2．承重横墙计算单元、控制截面

横墙的特点是：二侧的楼板直接支承在横墙上，因此，承重横墙上的荷载一般为均匀荷载，故可取 1 m 宽的墙体作为计算单元。构件高度等于层高，但当顶层为坡顶时，顶层层高算至山墙尖高的 1/2，而底层应算至基础顶面或等于一层层高加上 500 mm。

因为横墙一般为轴心受压构件，所以，对于承重横墙的控制截面，一般取该层墙体的底部截面，因为此处轴力最大，若左、右两开间不等或楼面荷载相差很大，还需验算顶部截面偏心受压承载力。如有支承梁时，还需验算梁底砌体局部受压承载力。

（三）竖向荷载作用下内力的计算

作用在墙、柱上的竖向荷载有梁、板传来的恒载、活载以及墙、柱自重。对于每一层墙、柱来说，上层传来的竖向荷载 N_0，可认为作用于上一楼层墙、柱的截面重心处〔图 4-48（a）〕，本层传来的竖向荷载 N_1 应考虑对墙、柱的偏心影响。当楼盖梁支承在墙、柱上时，对于楼盖梁，N_1 作用点的位置应距墙内边缘为 $e=0.4a_0$（a_0 为梁端的有效支承长度），对于屋盖梁，$e=0.33a_0$，它们对本层墙、柱所产生的弯矩（支座截面）为 $M_1=N_1e_1$，如上下层砌体厚度不相同时，上层砌体传来的竖向荷载，对

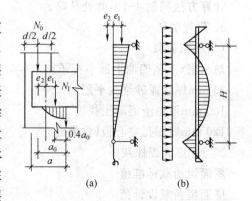

图 4-48　墙体在竖向荷载和水平
荷载作用下的内力分析

本层墙体也产生偏心影响,其偏心距为 $M_2 = N_0 e_2$,墙体上的弯矩图如图 4-48(a)所示。

(四)风荷载的计算

在风荷载作用下,墙体受弯,此时不能忽略墙体的连续性,这时应将墙体作为侧向支承于屋(楼)盖的竖向连续梁,如图 4-48(b)所示。由风荷载设计值 q 引起的弯矩可近似地按下式计算:

$$M = \frac{1}{12}qH^2 \tag{4-53}$$

式中　q——沿墙高均匀分布的风荷载设计值;

　　　H——层高。

多层刚性方案房屋由风荷载引起的弯曲应力均不大,《规范》规定,只要满足下列要求时,可不考虑风荷载对外墙、柱内力的影响:

(1)洞口水平截面面积不超过全载面面积的 2/3;

(2)层高和总高不超过表 4-21 所规定的数值;

(3)屋面自重不小于 $0.8\ kN/m^2$。

表 4-21　外墙不考虑风荷载影响时的最大高度

基本风压值(kN/m^2)	层　　高(m)	总　　高(m)
0.4	4.0	28
0.5	4.0	24
0.6	4.0	18
0.7	3.5	18

注:对于多层混凝土砌块房屋,当外墙厚度不小于 190 mm、层高不大于 2.8 m、总高不大于 19.6 m、基本风压不大于 0.7 kN/m^2 时,可不考虑风荷载的影响。

【例 4-12】　某四层试验楼(部分有地下室),平面图如图 4-42 所示。计算单元如图 4-46 所示。大梁截面尺寸为 250 mm×500 mm,采用钢筋混凝土空心楼板屋盖、楼盖。门窗布置、砌体材料同例 4-10。纵墙剖面如图 4-49 所示,试验算纵墙的承载力。

【解】　1. 确定静力计算方案

同例 4-10,属刚性方案。

2. 高厚比验算

计算方法同例 4-10,此处从略。

3. 荷载资料

(1)屋面荷载

防水层(三毡四油上铺小石子)　　　　　　　　　　　　　　　　　　　　$0.40\ kN/m^2$

20 mm厚水泥砂浆找平层　　　　　　　　　　　　　　　　　　　　　　$0.40\ kN/m^2$

100 mm厚焦渣混凝土找坡　　　　　　　　　　　　　　　　　　　　　　$1.40\ kN/m^2$

120 mm厚圆孔空心板(含灌缝)　　　　　　　　　　　　　　　　　　　　$2.20\ kN/m^2$

20 mm厚天棚抹灰　　　　　　　　　　　　　　　　　　　　　　　　　　$0.34\ kN/m^2$

屋面恒荷载标准值　　　　　　　　　　　　　　　　　　　　　　$g_{k1} = 4.74\ kN/m^2$

屋面恒荷载设计值　　　　　　　　　　　　　　　$g_1 = 1.2 \times 4.74 = 5.69\ kN/m^2$

屋面活荷载标准值　　　　　　　　　　　　　　　　　　　　　　$q_{k1} = 0.70\ kN/m^2$

屋面活荷载设计值　　　　　　　　　　　　　　　$q_1 = 1.4 \times 0.70 = 0.98\ kN/m^2$

（2）楼面荷载

30 mm厚细石混凝土面层	0.75 kN/m²
120 mm厚圆孔空心板（含灌缝）	2.20 kN/m²
20 mm厚天棚抹灰	0.34 kN/m²

楼面恒荷载标准值　　　　　$g_{k2}=3.29$ kN/m²

楼面恒荷载设计值　　$g_2=1.2\times3.29=3.95$ kN/m²

楼面活荷载标准值　　　　　$q_{k2}=2.0$ kN/m²

楼面活荷载设计值　　　$q_2=1.4\times2=2.8$ kN/m²

（3）构件自重

楼面梁自重（含15 mm厚粉面）：

标准值

$$25\times0.25\times0.5+20\times0.015\times(2\times0.5+0.25)$$
$$=3.5 \text{ kN/m}$$

设计值　　　　　　　　　　$1.2\times3.5=4.2$ kN/m

墙体自重

240 mm厚砖墙砌体（双面粉刷）自重（墙面计）：

标准值　　　　　　　　　　　5.24 kN/m²

设计值　　　　　　　　$1.2\times5.24=6.29$ kN/m²

370 mm厚砖墙砌体（双面粉刷）自重（按墙面计）：

标准值　　　　　　　　　　　7.62 kN/m²

设计值　　　　　　　　$1.2\times7.62=9.14$ kN/m²

钢框玻璃窗自重（按窗框面积计）：

标准值　　　　　　　　　　　0.45 kN/m²

设计值　　　　　　　$1.2\times0.45=0.54$ kN/m²

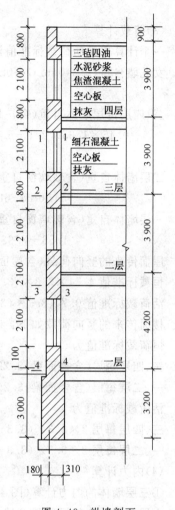

图 4-49　纵墙剖面

本例为试验楼，按荷载规范，在设计墙、柱和基础时，楼面荷载的折减系数与设计楼面梁时的折减系数相同，现因梁的从属面积为$6.6\times3.3=21.78$ m²<50 m²，故不折减。

依据表 4-21，本工程不必考虑风荷载的影响。

4. 纵墙承载力验算

（1）计算单元

取一个开间宽度的纵墙为计算单元，受荷范围为3.3 m×3.3 m＝10.89 m²，由于内纵墙的受力较外纵墙的受力有利，故只计算外纵墙的承载力。

（2）选择计算截面

三、四层为带壁柱墙，墙厚为240 mm，壁柱截面为490 mm×370 mm，一、二层墙体厚度为370 mm。在砌体材料相同，截面尺寸一样的条件下，以荷载最不利的截面为复核截面。所以选择第三层的1—1和2—2截面及第一层的3—3和4—4截面分别进行承载力验算（图4-49）。

第三层墙的计算截面面积（图4-50）为

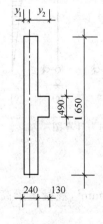

图 4-50　计算截面

$$A_3=1.65\times0.24+0.49\times0.13=0.46 \text{ m}^2$$

第一层墙的计算截面面积为

$$A_1 = 1.65 \times 0.37 = 0.61 \text{ m}^2$$

（3）荷载计算

一个计算单元的荷载标准值计算如下：

女儿墙自重（厚240 mm，高0.9 m，双面粉刷）

$$5.24 \times 0.9 \times 3.3 = 15.56 \text{ kN}$$

三、四层每层墙体自重（窗户尺寸1.65 m×2.1 m）（砌体重度以16 kN/m³计）为

$$0.45 \times 1.65 \times 2.1 + 5.24 \times (3.9 \times 3.3 - 1.65 \times 2.1) + 16 \times 0.13 \times 0.49 \times 3.9$$
$$= 1.56 + 49.2 + 3.9 = 54.7 \text{ kN}$$

二层墙体自重（含玻璃窗自重）为

$$1.56 + 7.62 \times (3.9 \times 3.3 - 1.65 \times 2.1) = 73.2 \text{ kN}$$

一层墙体自重（含玻璃窗自重）为

$$1.56 + 7.62 \times (4.2 \times 3.3 - 1.65 \times 2.1) = 80.76 \text{ kN}$$

屋面传来的竖向荷载（含屋面梁自重）为

恒载标准值 $4.74 \times 3.3 \times (3.3 - 0.12) + 3.5 \times 3.3 = 61.29$ kN

活荷载标准值 $0.7 \times 3.3 \times (3.3 - 0.12) = 7.35$ kN

楼面传来的竖向荷载如下：

恒荷载标准值为

三、四层每层（含楼面梁）$3.29 \times 3.3 \times (3.3 - 0.12) + 3.5 \times 3.3 = 46.0$ kN

一、二层每层（含楼面梁）$3.29 \times 3.3 \times (3.3 - 0.25) + 3.5 \times 3.3 = 44.66$ kN

活荷载标准值为

三、四层每层 $2 \times 3.3 \times (3.3 - 0.12) = 20.99$ kN

一、二层每层 $2 \times 3.3 \times (3.3 - 0.25) = 20.13$ kN

（4）内力计算

①三层墙体的内力计算（图4-51）

上层墙体传来的恒荷载设计值 N_u 为

$$N_u = 1.2 \times (15.56 + 54.7 + 61.29) + 7.35 \times 1.4$$
$$= 168.15 \text{ kN}$$

四层楼面梁传来的偏心荷载设计值 N_l 为

$$N_l = 1.2 \times 46 + 1.4 \times 20.99 = 84.586 \text{ kN}$$

三层墙体自重设计值为

$$G_3 = 1.2 \times 54.7 \text{ kN} = 65.64 \text{ kN}$$

图 4-51 内力计算图

形心位置（图4-51）为

$$y_1 = 146 \text{ mm}, y_2 = 224 \text{ mm}, h_T = 321 \text{ mm}$$

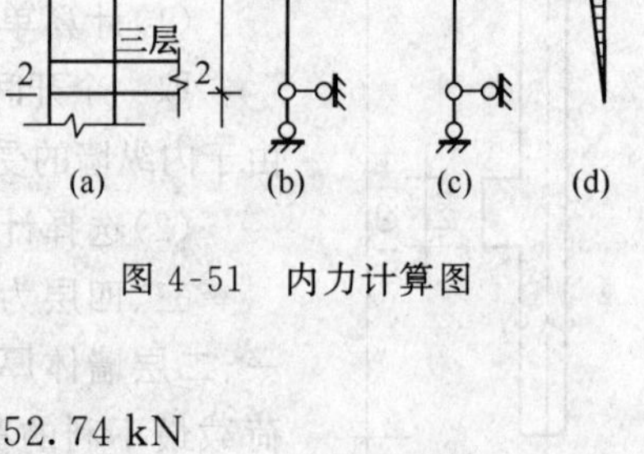

对1—1截面，有

$$N_1 = N_u + N_l = 168.15 + 84.586 = 252.74 \text{ kN}$$

MU10的砖和M2.5的混合砂浆砌筑的砌体，查表可得 $f = 1.30$ N/mm²，混凝土梁高 $h_c = 500$ mm，则梁的有效支承长度为

$$a_0 = 10\sqrt{\frac{h_c}{f}} = 10\sqrt{\frac{550}{1.30}} = 196 \text{ mm} < a = 370 \text{ mm}$$

N_l 对形心轴的偏心距为

$$e_l = y_2 - 0.4 a_0 = 224 - 0.4 \times 196 = 145.6 \text{ mm}$$

N_l 引起的偏心距 e_1 为

$$e_1 = \frac{N_l(y_2 - 0.4a_0)}{N_1} = \frac{84.586 \times 0.145\,6}{252.74} = 0.048 \text{ m}$$

对 2—2 截面,有

$$N_2 = N_1 + G_3 = 252.74 + 65.64 = 318.38 \text{ kN}$$

作用在截面形心处,所以

$$e_2 = 0$$

②一层墙体的内力计算

对 3—3 截面:

上层墙体传来的荷载标准值为

$N_u = 1.2 \times (15.56 + 54.7 \times 2 + 73.2 + 61.29 + 46.0 \times 2) + 1.4 \times (7.35 + 20.99 \times 2)$
$= 490.802 \text{ kN}$

二层楼面梁传来的偏心荷载的设计值为

$$N_l = 1.2 \times 44.66 + 1.4 \times 20.13 = 81.774 \text{ kN}$$

$$N_3 = N_u + N_l = 490.802 + 81.774 = 572.58 \text{ kN}$$

二层楼面荷载作用于墙体的偏心距为

$$e_l = \frac{370}{2} - 0.4\,a_0 = 185 - 0.4 \times 196 = 106.6 \text{ mm}$$

M_l 引起的弯矩为

$$M_l = N_l e_l = 81.774 \times 0.106\,6 = 8.717 \text{ kN} \cdot \text{m}$$

$$e_3 = M_l / N_3 = 8.717/572.58 = 0.015\,2 \text{ m}$$

对 4—4 截面:

$$N_4 = N_3 + G_1 = 572.58 + 12 \times 80.76 = 669.49 \text{ kN}$$

$$e_4 = 0$$

$$M_1 = N_1 e_1 = 252.74 \times 0.048 = 12.13 \text{ kN} \cdot \text{m}$$

$$M_2 = 0$$

$$M_3 = N_3 e_3 = 572.58 \times 0.015\,2 = 8.70 \text{ kN}$$

$$M_4 = 0$$

(5)验算截面承载力

计算结果列入表 4-22 中,纵墙的承载力均满足要求。

表 4-22 纵墙承载力验算表

项 目	截 面			
	1—1	2—2	3—3	4—4
$N(\text{kN})$	252.74	318.38	572.58	669.49
$e(\text{mm})$	48	0	15.2	0
$e/h,e/h_T$	48/321=0.15	0	15.2/370=0.041	0
$y_2(y)(\text{mm})$	224	224	185	185
$e/y_2(e/y)$	48/224=0.214	0	15.2/185=0.082	0

项　　目	截　　　　面			
	1—1	2—2	3—3	4—4
β	3.9/0.321＝12.15	12.15	4.2/0.37＝11.35	11.35
φ	0.477	0.775	0.717	0.796
$A\times10^5$	4.597	4.597	6.1	6.1
$f(\text{N/mm}^2)$	1.30	1.30	1.30	1.30
$\varphi Af(\text{kN})$	285.1	463.2	568.6	631.2
比　　较	252.74＜285.1	318.38＜463.2	572.58＞568.6	669.49＞631.2

（6）梁端支承处砌体局部受压承载力验算

梁端搁入墙体的长度为370 mm，由于1—1截面砌体强度低，而3—3截面由上部结构传来的荷载大，2—2和4—4截面处的支承面积分别比1—1和3—3的大，故验算1—1和3—3截面处砌体的局部受压承载力。1—1截面和3—3截面的砌体局部受压面积分别如图4-52和图4-53所示，验算过程略。

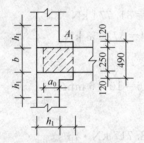

图 4-52　1—1截面的砌体
局部受压面积

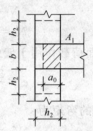

图 4-53　3—3截面的
砌体局部受压面积

六、单层房屋墙、柱承载力的验算

（一）单层刚性方案房屋

当静力计算为刚性方案时，以一开间为计算单元，计算简图为上端与屋架（或屋面梁）铰接，下端与基础固接，墙（柱）在顶端有水平不动支承的排架（图4-38）。排架高度 H，通常取柱顶至基础大放脚顶面之间的距离，当基础埋置较深时，排架的固端取至室外地面下500 mm。

作用在纵墙上的荷载有：屋面荷载（包括恒载与屋面活荷载）、风荷载、墙、柱自重，工业厂房可能有吊车荷载，排架的荷载计算，内力分析与组合等方法均与无侧移的钢筋混凝土排架的计算相同。

墙（柱）控制截面的位置，取柱顶和柱底截面，分别按偏心受压计算承载力，柱顶尚需验算局部受压承载力，变截面柱变阶处截面的承载力也应验算。

（二）单层弹性方案房屋

当静力计算为弹性方案时，计算单元、荷载、控制截面的选取同刚性方案，计算简图为墙（柱）上端与屋架（屋面梁）铰接，下端与基础固接的有侧移排架，具体计算方法与钢筋混凝土单层厂房相同。

（三）单层刚弹性方案房屋（图 4-37）

当静力计算为刚弹性方案时，房屋有一定的空间刚度，在水平荷载作用下，房屋产生的最大水平位移 u 比按平面排架计算的水平位移 u_p 要小得多，这是因为水平荷载的一部分，经过屋盖等水平构件传给刚性横墙，减少了排架的侧移，《规范》引进一个房屋空间性能影响系数 η（<1）来反映刚弹性方案房屋的空间工作的大小，即

$$\eta = \frac{u}{u_p} \tag{4-54}$$

η 值的大小，说明房屋的空间刚度的大小，从公式（4-54）可以看出，当 $\eta = 0$ 时，房屋的水平位移为零，则为刚性方案房屋，当 $\eta = 1$ 时，房屋的实际位移与按平面排架所计算得的位移相同，则房屋为弹性方案房屋，η 值的大小和房屋的横墙间距 s 以及屋盖的刚度有关，根据实测资料的统计分析，房屋各层空间性能影响系数 η_i 值，按表 4-23 采用。

刚弹性方案房屋的计算简图是在弹性方案房屋计算简图的基础上在柱顶加一弹性支座〔图 4-40(c)〕，以考虑房屋的空间工作。

表 4-23　房屋各层的空间性能影响系数 η_i

屋盖或楼盖类别	横　墙　间　距 s(m)														
	16	20	24	28	32	36	40	44	48	52	56	60	64	68	72
1	—	—	—	—	0.33	0.39	0.45	0.50	0.55	0.60	0.64	0.68	0.71	0.74	0.77
2	—	0.35	0.45	0.54	0.61	0.68	0.73	0.78	0.82						
3	0.37	0.49	0.60	0.68	0.75	0.81	—	—	—	—	—	—	—	—	—

注：i 取 $1 \sim n$，n 为房屋的层数。

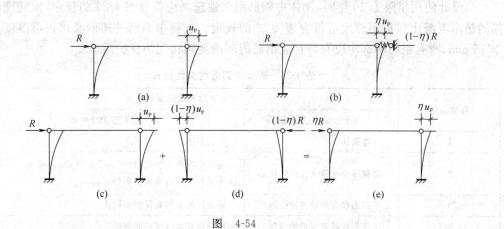

图　4-54

平面排架柱顶作用一集中力 R，相应的柱顶位移为 u_p〔图 4-54(a)〕，刚弹性方案房屋因弹性支座的影响，由公式（4-54）可知柱顶位移为 ηu_p〔图 4-54(b)〕，较平面排架柱减少了 $(1-\eta)u_p$，根据位移与力成正比的关系，得

$$u_p : (1-\eta)u_p = R : x$$

弹性支座反力 x 为

$$x = (1-\eta)R$$

这个力实际上是刚性横墙通过屋盖传来的反力。

因此，刚弹性方案静力计算简图，可进一步简化为柱顶集中力 R 与 $(1-\eta)R$ 共同作用下

的平面排架〔图 4-54(c)、(d)〕。

刚弹性方案房屋排架内力分析具体步骤如下:

(1)根据屋盖类别和横墙间距,由表 4-23 得出空间性能影响系数 η;

(2)假定排架在无侧移的情况下,求出已知荷载作用下柱顶不动铰支点的反力 R 和柱顶剪力;

(3)将 ηR 反向作用于排架上,根据各柱的刚度比例分配,求出各柱顶的剪力;

(4)叠加(2)和(3)两种情况下的柱顶剪力,得出柱顶最后剪力;

(5)根据步骤(4)所得的结果,求解排架的内力。

刚弹性方案房屋排架的计算单元,荷载计算,内力组合,截面验算与弹性方案房屋排架相同。

七、砌体结构的耐久性规定

砌体结构的耐久性应根据表 4-24 的环境类别和设计使用年限进行设计。

表 4-24 砌体结构的环境类别

环境类别	条 件
1	正常居住及办公建筑的内部干燥环境
2	潮湿的室内或室外环境,包括与无侵蚀性土和水接触的环境
3	严寒和使用化冰盐的潮湿环境(室内或室外)
4	与海水直接接触的环境,或处于滨海地区的盐饱和的气体环境
5	有化学侵蚀的气体、液体或固态形式的环境,包括有侵蚀性土壤的环境

当设计使用年限为 50 年时,砌体中钢筋耐久性选择应符合表 4-25 的规定,配筋砌体中钢筋的最小混凝土保护层厚度应符合表 4-26 的规定。灰缝中钢筋外露砂浆保护层厚度不应小于 15 mm,所有钢筋端部均应有与对应钢筋的环境类别相同的保护层厚度。

表 4-25 砌体中钢筋耐久性选择

环境类别	钢筋种类和最低保护要求	
	位于砂浆中的钢筋	位于灌孔混凝土中的钢筋
1	普通钢筋	普通钢筋
2	重镀锌或有等效保护的钢筋	当采用混凝土灌孔时,可为普通钢筋;当采用砂浆灌孔时应为重镀锌或有等效保护的钢筋
3	不锈钢或有等效保护的钢筋	重镀锌或有等效保护的钢筋
4 和 5	不锈钢或等效保护的钢筋	不锈钢或等效保护的钢筋

注:1. 对夹心墙的外叶墙,应采用重镀锌或有等效保护的钢筋;

    2. 表中的钢筋即为国家现行标准《混凝土结构设计规范》GB 50010 和《冷轧带肋钢筋混凝土结构技术规程》JGJ 95 等标准规定的普通钢筋或非预应力钢筋。

设计使用年限为 50 年时,砌体材料的耐久性应符合下列规定:

(1)地面以下或防潮层以下的砌体、潮湿房间的墙或环境类别 2 的砌体,所用材料的最低强度等级应符合表 4-27 的规定。

(2)处于环境类别 3~5 等有侵蚀性介质的砌体材料应符合下列规定:

①不应采用蒸压灰砂普通砖、蒸压粉煤灰普通砖;

②应采用实心砖,砖的强度等级不低于 MU20,水泥砂浆的强度等级不应低于 M10;

③混凝土砌块的强度等级不应低于 MU15,灌孔混凝土的强度等级不应低于 Cb30,砂浆的强度等级不应低于 Mb10;

④应根据环境条件对砌体材料的抗冻指标、耐酸、碱性能提出要求,或符号有关规范的规定。

表 4-26 钢筋的最小保护层厚度

环 境 类 别	混凝土强度等级			
	C20	C25	C30	C35
	最低水泥含量(kg/m³)			
	260	280	300	320
1	20	20	20	20
2	—	25	25	25
3	—	40	40	30
4	—	—	40	40
5	—	—	—	40

注:1. 材料中最大氯离子含量和最大碱含量应符合现行国家标准《混凝土结构设计规范》GB 50010 的规定;

2. 当采用防渗砌体块体和防渗砂浆时,可以考虑部分砌体(含抹灰层)的厚度作为保护层。但对环境类别 1、2、3,其混凝土保护层的厚度相应不应小于 10、15 和 20 mm;

3. 钢筋砂浆面层的组合砌体构件的钢筋保护层厚度宜比规定的混凝土保护层厚度数值增加 5～10 mm;

4. 对安全等级为一级或设计使用年限为 50 年以上的砌体结构,钢筋保护层的厚度应至少增加 10 mm。

表 4-27 地面以下或防潮层以下的砌体、潮湿房间的墙所用材料的最低强度等级

潮湿程度	烧结普通砖	混凝土普通砖、蒸压普通砖	混凝土砌块	石 材	水泥砂浆
稍潮湿的	MU15	MU20	MU7.5	MU30	M5
很潮湿的	MU20	MU20	MU10	MU30	M7.5
含水饱和的	MU20	MU25	MU15	MU40	M10

注:1. 在冻胀地区、地面以下或防潮层以下的砌体,不宜采用多孔砖,如采用时,其孔洞应用不低于 M10 的水泥砂浆预先灌实,当采用混凝土空心砌块时,其孔应采用强度等级不低于 Cb20 的混凝土预先灌实;

2. 对安全等级为一级或设计使用年限大于 50 年的房屋,表中材料强度等级应至少提高一级。

八、砌体结构的构造要求

在各种结构中,砌体结构受力最为复杂,有许多设计内容不是单靠计算就能满足的,构造要求是长期科学试验和工程实践经验的总结,是一种增加房屋整体性和刚度,控制裂缝,防患于未然的办法。

(一)一般构造要求

1. 墙、柱最小尺寸

对于承重独立砖柱,其截面尺寸不应小于 240 mm×370 mm,对于毛石墙,其厚度不宜小于 350 mm,对于毛料石柱截面较小边长,不宜小于 400 mm,当有振动荷载时,墙、柱不宜采用毛石砌体。

2. 壁柱设置

当大梁跨度大于或等于下列数值时,其支承处宜加设壁柱,或采取其他措施对墙体予以加强:对 240 mm 厚的砖墙为 6 m,对 180 mm 厚的砖墙为 4.8 m;对砌块和料石墙为 4.8 m。

山墙处的壁柱宜砌至山墙顶部,且屋面构件应与山墙可靠拉结。风压较大的地区,檩条应与山墙锚固,屋盖不宜挑出山墙。

(二)支承构造

预制钢筋混凝土梁在墙上的支承长度不宜小于 240 mm。预制钢筋混凝土板在混凝土圈梁上支承长度不应小于 80 mm,板端伸出的钢筋应与圈梁可靠连接,且同时浇筑;预制钢筋混凝土板在墙上支承长度不应小于 100 mm,并应按下列方法进行连接:

(1)板支承于内墙时,板端钢筋伸出长度不应小于 70 mm,且与支座处沿墙配置的纵筋绑扎,用强度等级不应低于 C25 的混凝土浇筑成板带;

(2)板支承于外墙时,板端钢筋伸出长度不应小于 100 mm,且与支座处沿墙配置的纵筋绑扎,用强度等级不应低于 C25 的混凝土浇筑成板带;

(3)预制钢筋混凝土板与现浇板对接时,预制板端钢筋应伸入现浇板中进行连接后,再浇筑现浇板。

支承在墙、柱上的吊车梁、屋架以及跨度大于或等于下列数值的预制梁的端部,应采用锚固体与墙、柱上的垫块锚固:对砖砌体为 9 m;对砌块和料石砌体为 7.2 m。

跨度大于 6 m 的屋架以及跨度大于下列数值的梁,其支承下面的砌体应设置混凝土或钢筋混凝土垫块(当墙中设置圈梁时,垫块与圈梁浇成整体):对砖砌体为 4.8 m;对砌块和料石砌体为 4.2 m;对毛石砌体为 3.9 m。

(三)砌体搭接和拉结

砌体的转角处、纵横墙的交接处,应沿竖向每隔 400～500 mm 设拉结钢筋,其数量为每 120 mm 墙厚不少于 1 根直径 6 mm 的钢筋;或采用焊接钢筋网片,埋入长度从墙的转角或交接处算起,对实心墙每边不少于 500 mm,对于多孔墙和砌块墙不少于 700 mm。砌体的转角处、纵横墙的交接处,应同时砌筑,如果不能同时砌筑,必须临时留斜搓间断,斜搓长度不应小于高度的 2/3,如果留斜搓有困难,也可做成直搓,但应加拉结筋,其数量每 1/2 砖厚,不得少于 1 根直径 6 mm 的钢筋,其间距沿墙高不超过 0.5 m。埋入长度,每边不少于 1 000 mm,其末端应弯成 90°钩。

非承重围护墙与填充墙应采取措施与承重骨架的柱和横梁拉结。一般是在钢筋混凝土结构中预埋拉结筋,在砌筑墙体时,将拉结筋砌入水平缝内。

(四)防止墙体开裂的主要措施

墙体之所以开裂,主要是因为砌体的抗裂性差,地基的不均匀沉降和温度变化所引起温度应力等因素造成的,防止墙体开裂的主要有如下措施:

(1)为了防止和减轻由于钢筋混凝土屋盖的温度变化和砌体干缩变形引起顶层墙体的裂缝(如"八字缝"、"水平缝"等)可在屋盖上设置保温层或隔热层,也可采用装配式有檩体系钢筋混凝土屋盖和瓦材屋盖等。

(2)为了防止房屋在正常使用条件下,由温差和墙体干缩引起的墙体竖向裂缝,应在墙体中设置伸缩缝。伸缩缝应设在因温度和收缩变形可能引起应力集中,砌体产生裂缝可能性最大的地方。温度伸缩缝的间距可通过计算确定,也可参照表 4-28 采用。

表 4-28　砌体房屋伸缩缝的最大间距（m）

屋盖或楼盖类别		间距
整体式或装配整体式钢筋混凝土结构	有保温层或隔热层的屋盖、楼盖	50
	无保温层或隔热层的屋盖	40
装配式无檩体系钢筋混凝土结构	有保温层或隔热层的屋盖、楼盖	60
	无保温层或隔热层的屋盖	50
装配式有檩体系钢筋混凝土结构	有保温层或隔热层的屋盖	75
	无保温层或隔热层的屋盖	60
瓦材屋盖、木屋盖或楼盖、轻钢屋盖		100

注：1. 对烧结普通砖、烧结多孔砖、配筋砌块砌体房屋，取表中数值；对石砌体、蒸压灰砂普通砖、蒸压粉煤灰普通砖、混凝土砌块、混凝土普通砖和混凝土多孔砖房屋，取表中数值乘以 0.8 的系数，当墙体有可靠外保温措施时，其间距可取表中数值。

2. 在钢筋混凝土屋面上挂瓦的屋盖应按钢筋混凝土屋盖采用。

3. 层高大于 5 m 的烧结普通砖、烧结多孔砖、配筋砌块砌体结构单层房屋，其伸缩缝间距可按表中数值乘以 1.3。

4. 温差较大且变化频繁地区和严寒地区不采暖的房屋及构筑物墙体的伸缩缝的最大间距，应按表中数值予以适当减小。

5. 墙体的伸缩缝应与结构的其他变形缝相重合，缝宽度应满足各种变形缝的变形要求；在进行立面处理时，必须保证缝隙的变形作用。

（3）在房屋适当部位设置沉降缝，以减少地基不均匀沉降对墙体产生开裂。具体部位有：建筑平面的转折部位，高度差异或荷载差异处，过长的砌体结构的适当部位，地基土的压缩性有显著差异处，建筑结构类型不同处，分期建造房屋的交界处。沉降缝应有足够的宽度，可按表 4-29 采用。

（4）加强上部结构的整体性，适当在墙体中设置圈梁也是提高墙体抗裂性能的主要措施。

（五）圈梁的设置

为了增强房屋的整体刚度，防止由于地基的不均匀沉降或较大振动荷载等对房屋引起的不利影响和提高房屋的抗震能力，在墙中设置钢筋混凝土圈梁或钢筋砖圈梁。

表 4-29　房屋沉降缝宽度

房屋层数	沉降缝宽度（mm）
二、三层	50～80
四、五层	80～120
五层以上	不小于 120

注：当沉降缝两侧房屋层数不同时，缝宽按层数多者取用。

在一般情况下工业与民用房屋可按以下原则设置圈梁。

（1）对比较空旷的单层房屋，如车间、仓库、食堂，当墙厚 $d \leqslant 240$ mm，砌体房屋檐口高程 5～8 m 时，应在檐口高程处设圈梁一道，当檐口高程大于 8 m 时，应增加设置数量；砌块和石砌体房屋檐口高程为 4～5 m 时，应在檐口高程处设置圈梁一道，檐口高程大于 5 m 时，应适当增设。

（2）对有电动桥式吊车或较大振动设备的单层工业房屋，除在檐口或窗顶设置钢筋混凝土圈梁外，尚应在吊车梁高程处或墙中适当位置增设圈梁。

（3）对多层砖砌体民用房屋，如宿舍、办公楼等，当墙厚 $d \leqslant 240$ mm 且层数为 3～4 层时，应在底层和檐口高程处设圈梁一道；当超过 4 层时，除应在底层和檐口高程处设圈梁一道外，至少应在所有纵横墙上隔层设置。

（4）对多层砖砌体工业房屋，宜每层设置钢筋混凝土圈梁。

（5）设置墙梁的多层砌体结构房屋，应在托梁、墙梁顶面和檐口高程处设置现浇钢筋混凝土圈梁。

(6)对建造在软弱地基或不均匀地基上的多层和单层砌体房屋,应在基础部位设置现浇钢筋混凝土圈梁一道。

圈梁应符合下列构造要求:

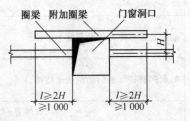

图 4-55　附加圈梁示意图

(1)圈梁宜尽可能连续地设在同一水平上,并形成封闭状,当圈梁被门窗洞切断时,应在洞口上部增设相同截面的附加圈梁。附加圈梁与圈梁的搭接长度 l 应大于 $2H$,且不小于 1.0 m,如图 4-55 所示。

(2)纵、横墙交接处的圈梁应可靠连接。刚弹性和弹性方案房屋,圈梁应与屋架、大梁等构件可靠连接。刚性方案房屋,圈梁应与横墙加以连接,其间距不宜大于表 4-19 规定的相应横墙间距。连接方式可将圈梁伸入横墙 1.5～2.0 m,或在该横墙上设置贯通圈梁。

(3)钢筋混凝土圈梁的宽度一般与墙厚相同,当墙厚 $h \geqslant 240$ mm 时,其宽度不宜小于 $2h/3$。圈梁高度不应小于 120 mm。纵向钢筋不应少于 4 根,直径不应少于 8 mm,采用绑扎接头的搭接长度按受拉钢筋考虑,箍筋间距不宜大于 300 mm。

(4)圈梁兼作过梁时,过梁部分的钢筋应按计算用量单独配置。圈梁在房屋转角处,丁字交叉处钢筋连接的构造见图 4-56。

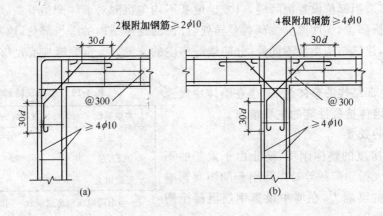

图 4-56　圈梁联结构造图
(a)转角处钢筋排列;(b)丁字交叉处钢筋排列

第五节　过梁、挑梁和墙梁的设计

一、过　梁

过梁是砌体结构墙体中门窗洞口上面常用的一种构件,其作用是承受洞口上部墙体自重及梁、板传来的荷载,并将这些荷载传到门(窗)间墙上。

过梁可设计成钢筋混凝土过梁,钢筋砖过梁以及砖砌弧拱或平拱过梁(图 4-57)。由于钢筋混凝土过梁有施工方便,抗震性能好,跨度较大等优点而被广泛采用,另外,几种过梁一般只用在跨度不大(钢筋砖过梁不宜大于 1.5 m,平拱过梁不宜大于 1.2 m,弧拱过梁根据矢高的大小可采用 2.5～4.0 m),没有较大振动和不均匀沉降的房屋中。在地震区应采用钢筋混凝土过梁。

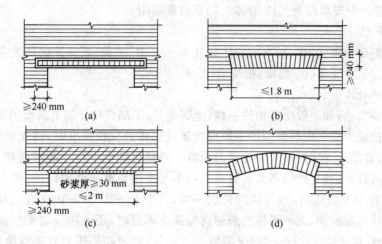

图　4-57

（一）过梁上的荷载

过梁上承受的荷载有两种情况：一种是只有墙体自重；另一种是除墙体自重外，还承受有计算高度范围内由梁、板传来的荷载。

试验表明，当砖砌过梁上部砌体砌筑高度达到过梁净跨度一半左右时，过梁跨中挠度增加已极小，新增加的砌体重量可通过砌体本身的内拱卸荷作用，直接传到两边窗间墙上而不加给过梁，这时砌体重量所产生的挠度值，约相当于过梁上取 $l_n/3$ 高度砌体自重作为过梁上的等效均布荷载所产生的挠度（l_n 为过梁的净跨长）。同样在过梁上砌体高度等于 $0.8l_n$ 处，施加外荷载（梁、板传来的荷载）时，过梁挠度变化极小。可以认为由于砌体的内拱卸荷作用，已将外荷载传给了过梁支座的墙体。因此，《规范》规定过梁上的荷载按下列规定采用。

1. 墙体荷载

（1）对砖砌体，当过梁上的墙体高度 $h_w < l_n/3$ 时，按全部墙体的均布自重采用。墙体高度 $h_w > l_n/3$ 时，则按高度为 $l_n/3$ 墙体的均布自重采用〔图 4-58(a)、(b)〕。

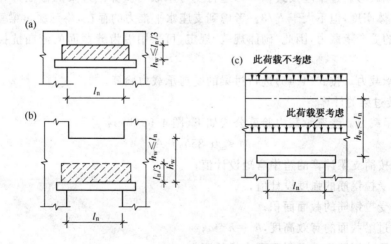

图　4-58

(a)、(b)墙体自重；(c)梁板荷载

（2）对混凝土砌块砌体，当过梁上的墙体高度 $h_w < l_n/2$ 时，按墙体的均布自重采用。墙体

高度 $h_w \geqslant l_n/2$ 时,则按高度为 $l_n/2$ 墙体的均布自重采用。

2. 梁、板荷载

对砖和小型砌块砌体,梁、板下的墙体高度 $h_w < l_n$ 时,按梁、板传来的荷载采用。梁、板下的墙体高度 $h_w \geqslant l_n$ 时,可不考虑梁、板荷载〔图 4-58(c)〕。

(二)过梁的计算

过梁受荷载以后,和一般受弯构件一样,上部受压,下部受拉。随着荷载的不断增大,当跨中垂直截面的拉应力或支座斜截面的主拉应力超过砌体的抗拉强度时,将先后在跨中受拉区出现垂直裂缝,在靠近支座处出现阶梯形斜裂缝。最终可能由于跨中截面受弯承载力不足而发生正截面受弯破坏,或支座斜截面抗剪承载力不足发生斜截面受剪破坏〔图 4-59(a)〕,当砖砌平拱过梁的跨中开裂以后,则与砖砌弧拱一样,产生水平推力,并由支座二端的墙体承受。当房屋端部墙体宽度较小,支承墙体的灰缝抗剪强度不足时,还可能导致支座滑动而破坏〔图 4-59(a)〕。因此,对过梁应进行受弯、受剪承载力验算,对砖砌平拱和砖砌弧拱还应按水平推力验算端部墙体的水平受剪承载力。

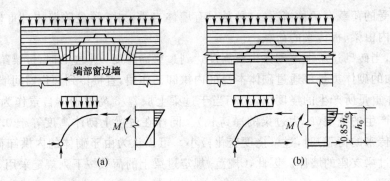

图 4-59

1. 砖砌平拱的计算

(1)受弯承载力。过梁应按式(4-44)进行受弯承载力验算。过梁的截面计算高度取过梁底面以上的墙体高度,但不大于 $l_n/3$。考虑到支座水平推力的存在,将延缓过梁垂直裂缝的发展,提高过梁的受弯承载力,因此《砌体规范》规定,可采用沿齿缝截面的弯曲抗拉强度设计值进行计算。

(2)受剪承载力。按式(4-45)进行过梁的受剪承载力验算。

2. 钢筋砖过梁的计算

(1)受弯承载力。受弯承载力验算公式如下〔图 4-59(b)〕:

$$M \leqslant 0.85h_0 f_y A_s \tag{4-55}$$

式中　M——按简支梁计算的跨中弯矩设计值;

　　　f_y——受拉钢筋的强度设计值;

　　　A_s——受拉钢筋的截面面积;

　　　h_0——过梁截面的有效高度,$h_0 = h - a$;

　　　a——受拉钢筋重心至截面下边缘的距离;

　　$0.85h_0$——内力臂,内力臂系数近似值取为 0.85;

　　　h——过梁的截面计算高度,取过梁底面以上的墙体高度,但不大于 $l_n/3$,当考虑梁、板荷载时,则按梁、板下的墙体高度取用。

(2)受剪承载力。按式(4-45)进行过梁受剪承载力验算。

3. 钢筋混凝土过梁的计算

按钢筋混凝土受弯构件计算,验算过梁下的砌体局部受压承载力时,可不考虑上部荷载 N_0 的影响。由于过梁与其上砌体共同工作,构成刚度极大的组合深梁,变形极小,故其有效支承长度可取过梁的实际支承长度,并取应力图形完整系数 $\eta=1$。

4. 过梁的构造要求

(1)砖砌过梁截面计算高度内的砖不应低于 MU10。对于钢筋砖过梁,砂浆不宜低于 M5(Mb5、Ms5)。

(2)砖砌平拱用竖砖砌筑部分的高度不应小于 240 mm,砖砌弧拱竖砖砌筑高度不小于 120 mm,砂浆不宜低于 M10。

(3)钢筋砖过梁底面砂浆层处的钢筋,其直径不应小于 5 mm,且不宜大于 8mm,根数不应少于 2 根,间距不宜大于 120 mm,钢筋伸入支座砌体内的长度不宜小于 240 mm。底面砂浆一般采用 1：3 水泥砂浆,砂浆层的厚度不宜小于 30 mm。

(4)钢筋混凝土过梁的支承长度不宜小于 240 mm。

二、挑　　梁

在混合结构房屋中常利用埋入墙体内一定长度的钢筋混凝土悬臂梁来承托外走廊、阳台或雨篷等构件,这个埋入砌体中的钢筋混凝土悬臂梁称为挑梁。

(一)受力特点和破坏形式

试验分析表明,当在挑梁端部施加集中荷载时(如图 4-60 所示),首先在挑梁的上界面(图中 A 点)出现水平裂缝。随着荷载的增加,水平裂缝不断发展,并在梁下边缘(图中 B 点)出现水平缝,挑梁下砌体受压区的长度逐渐减小,压应变值也逐渐增大。当荷载增大至倾覆破坏荷载的 80％左右时,在梁尾出现斜上方向的裂缝(图 4-60)。统计数字表明,此裂缝与垂直方向的夹角 α 平均为 57.1°。变异系数 $\delta=0.178$。

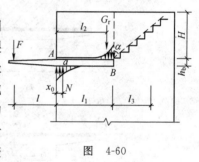

图　4-60

如果挑梁本身强度足够,此后荷载继续增加,挑梁及其周围砌体,可能出现下面两种破坏。

1. 挑梁悬臂端荷载较大,埋入端长度 l_1 较小,且埋入端砌体受压承载力足够。此时,阶梯形斜裂缝随外荷载的增加将会沿着砌体强度最弱处向右上方发展,直至斜裂缝贯通墙体,将砌体分割成两部分,则表明挑梁将发生倾覆破坏,或称失稳破坏。

2. 挑梁下砌体局压破坏

挑梁埋入段长度 l_1 较大,而砌体的抗压强度又较低时,在发生倾覆破坏之前,挑梁根部下面砌体边缘最大压应力值超过砌体的局部抗压强度,这时将在砌体中产生垂直裂缝而发生局部受压破坏。

因此,挑梁除应按钢筋混凝土受弯构件进行承载力计算外,还必须进行抗倾覆和局部承压两种验算。

(二)抗倾覆验算

抗倾覆验算,主要解决两个问题,一个是倾覆点的位置,另一个是抗倾覆荷载的取值。

1. 倾覆点位置

倾覆点位置过去往往是以墙边计算的,试验和理论分析表明,挑梁在倾覆时其倾覆点不是在墙边,而是在距墙边有一定距离处。挑梁的计算倾覆点距墙边缘的距离 x_0(图 4-61),可按下列规定采用:

(1)当 $l_1 \geqslant 2.2h_b$ 时,有

$$x_0 = 0.3h_b \leqslant 0.13l_1 \qquad (4\text{-}56)$$

(2)当 $l_1 < 2.2h_b$ 时,有

$$x_0 = 0.13l_1 \qquad (4\text{-}57)$$

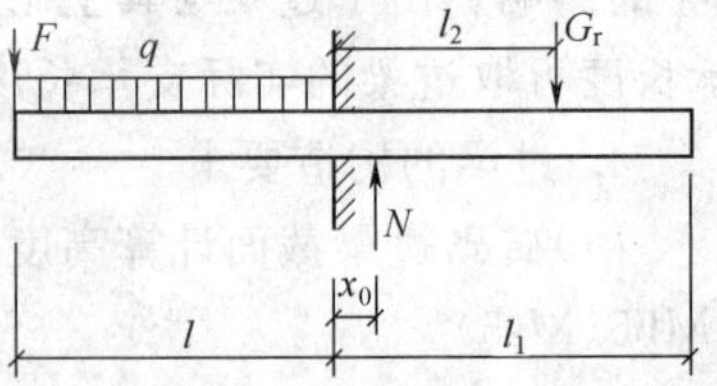

式中 l_1——挑梁埋入砌体的长度(mm);

  x_0——计算倾覆点至墙外边缘的距离(mm);

  h_b——挑梁的截面高度。

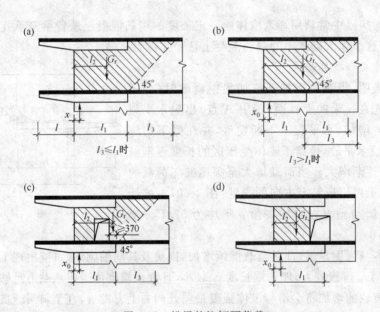

图 4-61

当挑梁下有构造柱时,x_0 可取 0.5 倍上述计算 x_0。

2. 抗倾覆荷载取值问题

抗倾覆荷载就是抵抗倾覆的墙及楼面重量。为了计算方便和偏于安全考虑,可按挑梁末端 45°以上范围内墙体重量作为抗倾覆荷载值。若此范围内有楼板等恒载,当然也应该计算在内,对于有洞口和无洞口的墙体,具体的抗倾覆荷载值 G_r 应按图 4-62 阴影部分所示采用。

图 4-62 挑梁的抗倾覆荷载

3. 抗倾覆验算计算公式

按照承载能力极限状态的基本要求,挑梁不发生倾覆破坏应满足下列条件:

$$M_{0v} \leqslant M_r \qquad (4\text{-}58)$$

式中 M_{0v}——挑梁的荷载设计值对计算倾覆点产生的倾覆力矩;

  M_r——挑梁抗倾覆力矩设计值,按下式计算:

$$M_r = 0.8G_r(l_2 - x_0) \qquad (4\text{-}59)$$

其中,0.8 是荷载分项系数,G_r 为抗倾覆荷载,l_2 为 G_r 作用点到墙外边缘的距离。

(三)局部受压承载力验算

《规范》规定的挑梁下砌体的局压承载力验算公式为

$$N_l \leqslant \eta \gamma A_l f \tag{4-60}$$

式中　N_l——挑梁下的支承压力，可近似取 $N_l = 2R$；

　　　R——挑梁由荷载设计值产生的支座竖向力，可近似取挑梁根部剪力；

　　　η——梁端底面压应力图形完整系数，$\eta = 0.7$；

　　　γ——砌体局压提高系数，对图 4-63(a) 仅挑梁平面有墙时取 $\gamma = 1.25$，对图 4-63(b) 挑梁下两个方向有墙时，取 $\gamma = 1.5$；

　　　A_l——挑梁下砌体局部受压面积，$A_l = 1.2bh_b$（b、h_b 为挑梁截面宽度、高度）。

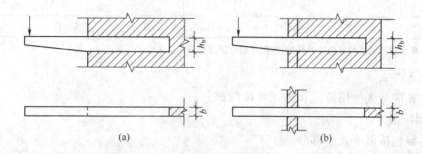

（a）　　　　　　　　　　　　　（b）

图 4-63　砌体局部抗压强度提高系数

挑梁的受力纵筋和箍筋均应满足承载力要求，按现行《混凝土结构设计规范》进行设计，其弯矩和剪力设计值取 M_{0v}、V_0；V_0 为挑梁上荷载设计值在挑梁墙外缘处产生的剪力。

挑梁的构造要求为：①挑梁埋入墙体内的长度 l_1 与挑出长度 l 之比宜大于 1.2；当挑梁上无砌体时，l_1/l 宜大于 2.0；②挑梁纵筋至少应有 1/2 钢筋面积伸入梁尾端，且不少于 $2\phi12$，其他钢筋伸入支座的长度不应小于 $2l_1/3$。

（四）雨篷等墙体平面外悬挑构件的设计

雨篷、悬挑踏步板、雨罩等悬挑构件是指垂直墙体方向挑出的钢筋混凝土板，挑出部分的各种荷载通过板自身受弯、受剪、受扭将内力传至墙体。通过挑板埋入墙内的上部墙体重量和挑板梁方向墙体重量保证挑板不致倾覆。所以，雨篷等悬挑构件的计算与挑梁计算基本相同，不同之处是：①计算倾覆点到墙外边缘的距离 $x_0 = 0.13l_1$（l_1 为挑板梁埋入墙体的长度），如图 4-64(b) 所示；②抗倾覆荷载 G_r 按图 4-64(a) 采用。G_r 的重心位于距墙外边缘 $l_2 = l_1/2$ 处，G_r 按 45°扩散角向上扩展的水平距离 $l_3 = l_n/2$（l_n 雨篷下门洞净宽）。

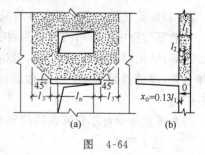

（a）　　　（b）

图 4-64

三、墙　梁

墙梁系指由支承墙体的钢筋混凝土托梁及其以上计算高度范围内的墙体所组成的组合构件，它广泛应用于工业建筑中的基础梁、连系梁以及民用建筑中的商店—住宅（下层为商店，上层住宅）、饭店—旅馆（下层为饭店，上层为旅馆）等多层混合结构。墙梁可划分承重墙梁和非承重墙梁。

（一）受力分析

墙梁作为一个组合深梁，影响墙梁破坏形成的因素较复杂，如砌体的高跨比 h_w/l_0、托梁的高跨比 h_b/l_0、砌体强度 f、混凝土强度 f_c、托梁配筋率、加荷方式、开洞情况等。由于这些因素的不同,墙梁的破坏形态主要有:①弯曲破坏;②剪切破坏(斜拉、斜压破坏);③局压破坏等。为了防止出现承载力较低的墙体斜拉破坏和托梁先于墙体进入承载力极限状态,《规范》规定了墙梁的尺寸要求,见表4-30和图4-65。

表 4-30 墙梁的一般规定

墙梁类别	墙体总高度 (m)	跨度 (m)	墙体高跨比 h_w/l_{0i}	托梁高跨比 h_b/l_{0i}	洞宽比 b_h/l_{0i}	洞高 h_h
承重墙梁	≤18	≤9	≥0.4	≥1/10	≤0.3	≤5h_w/6 且 h_w-h_h≥0.4 m
自承重墙梁	≤18	≤12	≥1/3	≥1/15	≤0.8	—

注:墙体总高度指托梁顶面到檐口的高度,带阁楼的坡屋面应算到山尖墙1/2高度处。

(二)计算要点

墙梁计算应分成使用阶段和施工阶段两部分。

1. 使用阶段

验算内容包括以下几个部分:

(1)墙梁正截面受弯承载力计算

计算截面,无洞口墙梁取跨中Ⅰ—Ⅰ截面,有洞口墙梁取洞口边缘Ⅱ—Ⅱ截面,并对Ⅰ—Ⅰ截面按无洞口墙梁进行验算。当托梁的内力确定后,可按钢筋混凝土偏心受拉构件设计配筋数量。

(2)墙体及托梁的斜截面承载力

墙体斜截面受剪承载力要考虑墙梁有洞、无洞、单层、多层和集中荷载作用的影响。托梁斜截面受剪承载力需要考虑梁端部位和洞边部位,前者按受弯构件计算,后者按偏心受拉构件计算。

非承重墙梁可不验算墙体抗剪承载力。

(3)验算托梁支座上部砌体的局部受压承载力

验算过程中所取用的荷载为:托梁顶面上的荷载 Q_1、F_1,包括托梁自重及本层楼盖的恒载和活载;墙梁顶面上的荷载 Q_2,包括托梁以上各层墙体自重,墙梁顶面及以上各层楼盖的恒载和活载见图4-65。

非承重墙梁可不验算砌体局部受压承载力。

2. 施工阶段

在施工阶段,由于托梁与墙体还没有形成一个组合深梁,不能按墙梁计算,只能考虑由托梁单独承受施工阶段的荷载,因此,托梁应按钢筋混凝土受弯构件进行正截面抗弯和斜截面抗剪承载力计算。

(三)构造要求

为了使托梁与墙体具有良好的共同工作性能,墙梁除需满足表4-30的一般规定和作承载力计算外,还应符合下列构造要求:

1. 托梁的混凝土强度等级不应低于C30,纵向钢

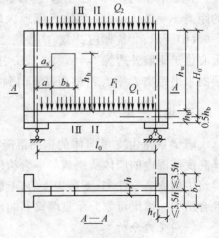

图 4-65

筋应通长设置,不应在跨中截断和弯起。当有接头时应采用机械连接或焊接。托梁纵筋配筋率不应低于 0.6%。托梁上部通长布置的钢筋用量不应少于跨中下部钢筋的 0.4,当托梁高度 $h_b \geqslant 450$ mm 时,应在梁的两侧设置通长水平腰筋,直径不应小于 12 mm,间距不应大于 200 mm。

2. 承重墙梁支承长度不应小于 350 mm,托梁纵筋应伸入支座,并应满足受拉钢筋的锚固要求。

3. 承重墙梁砌体的块体不应低于 MU10,用于承重墙梁计算高度范围内的砌体砂浆不应低于 M10(Mb10)。

4. 墙梁的计算高度范围内的墙体厚度,落地对砖砌体不应小于 240 mm,对混凝土小型砌块砌体不应小于 190 mm,承重墙梁两端应设置落地翼墙,翼缘厚度对砖砌体不应小于 240 mm,对混凝土砌块砌体不应小于 190 mm,翼墙宽度不应小于 3h,且墙梁与翼墙应同时砌筑,此外,多层房屋采用墙梁结构时,应满足刚性方案房屋的要求。

其他有关墙梁的构造要求,详见《规范》。

小　结

1. 砌体由块体用砂浆砌筑而成,砌体主要用于承受压力,砌体抗压强度主要与块体和砂浆等级有关,一般直接由表查得,砌体抗压强度高于轴心抗拉,弯曲抗拉和抗剪强度,但远低于块体的抗压强度。

2. 各类砌体的强度的平均值、标准值和设计值的大小顺序是:

$$f_m > f_k > f$$

各类砌体的抗压强度、轴心抗拉、弯曲抗拉和抗剪强度值的大小顺序是:

$$f > f_{tm} > f_t > f_v$$

3. 根据相对偏心距 e/h 和高厚比 β 不同受压构件可分为轴心受压短柱、轴心受压长柱、偏心受压短柱和偏心受压长柱。无论是轴心还是偏心,是短柱还是长柱,均可按统一的公式进行承载力计算。

4. 受压构件进行承载力计算时,轴向力偏心距 e(按荷载设计值计算),根据实践经验,一般应不超过偏心距限值 $0.6y$。

5. 局部受压分为局部均匀和局部不均匀受压两种,前者可见于柱下受压,后者常见于梁下局压,当砌体局部受压承载力不够时,一般采用设置垫块的方法来提高砌体受压的承载力,满足设计要求。

6. 混合结构房屋墙体设计的内容和步骤是:进行墙体布置,确定静力计算方案(计算简图)、验算高厚比以及计算墙体的内力并验算其承载力。

7. 墙体布置根据竖向荷载的传递方式一般有三种承重体系:横墙承重体系、纵墙承重体系、纵横墙混合承重体系。混合结构房屋根据抗侧移刚度的大小,分为 3 种静力计算方案:刚性方案、刚弹性方案和弹性方案。其划分的主要根据是刚性横墙的间距及屋盖、楼盖的类型(刚度)。

8. 墙、柱高厚比验算的目的是为了保证墙、柱在施工阶段和使用阶段的稳定性。对于带壁柱的墙,除进行整片墙高厚比验算之外,还应进行壁柱间墙高厚比的验算。

9. 过梁和墙梁上的一部分荷载可通过内拱卸荷作用传递到支座砌体上去,只有一部分作用在梁上。与普通钢筋混凝土梁相比,过梁和墙梁具有更大地承受竖向荷载和抵抗变形的能力。

10. 悬挑构件(挑梁、雨篷等)除进行正截面、斜截面承载力计算外,还要进行整体抗倾覆验算以及梁下砌体局部受压承载力验算。

思 考 题

1. 在砌体结构中块体与砂浆的作用如何?砖块体与砂浆常用的有哪些强度等级?

2. 砌体结构设计中对砖块体与砂浆有何基本要求?

3. 轴心受压砌体的破坏特征如何?影响砌体抗压强度的因素有哪些?

4. 什么叫零号强度砂浆?用此砂浆砌筑的砌体,砌体强度是否也为零?为什么?

5. 垂直压应力对砌体抗剪强度有何影响?

6. 影响无筋砌体受压构件承载力的主要因素有哪些?

7. 如何采用砌体强度设计值的调整系数?

8. 受压构件偏心距的限值是多少?设计中当偏心距超过该规定的限值时,应采取何种措施或方法?

9. 试述砌体局部抗压强度提高的原因?如何采用影响局部抗压强度的计算面积 A_0?在局部受压计算中,梁端有效支承长度 a_0 与哪些因素有关?

10. 试述网状配筋砌体抗压强度较无筋砌体抗压强度高的原因?

11. 混合结构房屋的承重体系有哪几种?它们各有何特点?

12. 混合结构房屋的静力计算方案可分为哪几类?确定静力计算方案的依据是什么?

13. 为什么要对墙、柱进行高厚比验算?怎样验算?

14. 怎样对刚性方案房屋的墙、柱进行计算?

15. 砖过梁有哪几种?过梁上的荷载是如何确定的?

16. 简述墙梁、挑梁的受力特点及构造要求。

习 题

4-1 某教学楼门厅砖柱,柱的计算高度为 5.4 m,柱顶处作用设计轴心压力 205 kN,砖柱采用烧结普通砖 MU10 混合砂浆 M5 砌筑,试设计该柱截面(考虑柱自重,柱的实际高度为5.4 m)。

4-2 某宿舍外廊砖柱,截面尺寸为 370 mm×490 mm,采用烧结普通砖 MU10,混合砂浆M2.5,承受轴向力设计值 $N=150$ kN,已知荷载标准值产生的沿柱长边方向的偏心距为65 mm,柱的计算长度为 5.1 m,试核算该柱的承载力。

4-3 某带壁柱窗间墙,截面如图 4-66 所示,采用烧结普通砖 MU10,混合砂浆 M5 砌筑,墙的计算高度为 5.2 m。计算当轴向力作用在该截面重心 O、A 点及 B 点的承载力,并对计算结果加以分析?

4-4 某窗间墙截面尺寸为 1 200 mm×370 mm,采用烧结普通砖 MU10,混合砂浆M2.5,墙上支承着截面尺寸为 250 mm×600 mm 的钢筋混凝土梁,梁伸入墙内的支承长度为370 mm,由荷载设计值产生的梁端支承压力为 130 kN(荷载标准值产生的支承压力为

100 kN),上部轴向力设计值为156 kN(上部轴向力标准值为130 kN)。试验算梁端支承处砌体的局部受压承载力。如不够则应采取什么措施加以解决?

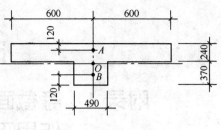

图 4-66

4-5 某房屋砖柱截面为490 mm×370 mm,采用烧结普通砖 MU10 和砂浆 M2.5 砌筑,层高4.5 m,假定为刚性方案,试验算该柱的高厚比。

4-6 某带壁柱墙,柱距5 m,窗宽2.5 m,横墙间距30 m,纵墙墙厚240 mm,包括纵墙在内的壁柱截面为370 mm×490 mm,砂浆为 M2.5,二类屋盖体系,试验算其高厚比。

4-7 若例 4-10(图 4-41)中房屋的层高第一层为3.9 m,第二层和第三、四层为3.6 m。房屋进深⑥、⑧轴线间的距离)为6.3 m。其他条件与例 4-10 和例 4-12 相同。试验算⑥轴外纵墙的高厚比及承载力。

附　　录

附录1　等截面等跨连续梁在常用荷载作用下的内力系数

1. 在均布及三角形荷载作用下：

$$M=\text{表中系数}\times ql^2$$
$$V=\text{表中系数}\times ql$$

2. 在集中荷载作用下：

$$M=\text{表中系数}\times Pl$$
$$V=\text{表中系数}\times P$$

3. 内力正负号规定：

M——使截面上部受压、下部受拉为正；

V——对邻近截面所产生的力矩沿顺时针方向者为正。

附表 1-1　两　跨　梁

荷　载　图	跨内最大弯矩		支座弯矩	剪　力		
	M_1	M_2	M_B	V_A	V_{Bl} V_{Br}	V_C
	0.070	0.070	−0.125	0.375	−0.625 0.625	−0.375
	0.096	—	−0.063	0.437	−0.563 0.063	0.063
	0.048	0.048	−0.078	0.172	−0.328 0.328	−0.172
	0.064	—	−0.039	0.211	−0.289 0.039	0.039
	0.156	0.156	−0.188	0.312	−0.688 0.688	−0.312
	0.203	—	−0.094	0.406	−0.594 0.094	0.094
	0.222	0.222	−0.333	0.667	−1.333 1.333	−0.667
	0.278	—	−0.167	0.833	−1.167 0.167	0.167

附表 1-2　三　跨　梁

荷　载　图	跨内最大弯矩		支座弯矩		剪　力			
	M_1	M_2	M_B	M_C	V_A	V_{Bl} V_{Br}	V_{Cl} V_{Cr}	V_D
	0.080	0.025	−0.100	−0.100	0.400	−0.600 0.500	−0.500 0.600	−0.400
	0.101	—	−0.050	−0.050	0.450	−0.550 0	0 0.550	−0.450
	—	0.075	−0.050	−0.050	−0.050	−0.050 0.500	−0.500 0.050	0.050
	0.073	0.054	−0.117	−0.033	0.383	−0.617 0.583	−0.417 0.033	0.033
	0.094	—	−0.067	0.017	0.433	−0.567 0.083	0.083 −0.017	−0.017
	0.054	0.021	−0.063	−0.063	0.183	−0.313 0.250	−0.250 0.313	−0.188
	0.068	—	−0.031	−0.031	0.219	−0.281 0	0 0.281	−0.219
	—	0.052	−0.031	−0.031	−0.031	−0.031 0.250	−0.250 0.031	0.031
	0.050	0.038	−0.073	−0.021	0.177	−0.323 0.302	−0.198 0.021	0.021
	0.063	—	−0.042	0.010	0.208	−0.292 0.052	0.052 −0.010	−0.010
	0.175	0.100	−0.150	−0.150	0.350	−0.650 0.500	−0.500 0.650	−0.350
	0.213	—	−0.075	−0.075	0.425	−0.575 0	0 0.575	−0.425
	—	0.175	−0.075	−0.075	−0.075	−0.075 0.500	−0.500 0.075	0.075
	0.162	0.137	−0.175	−0.050	0.325	−0.675 0.625	−0.375 0.050	0.050

荷载图	跨内最大弯矩		支座弯矩		剪力			
	M_1	M_2	M_B	M_C	V_A	V_{Bl} / V_{Br}	V_{Cl} / V_{Cr}	V_D
	0.200	—	−0.100	0.025	0.400	−0.600 / 0.125	0.125 / −0.025	−0.025
	0.244	0.067	−0.267	−0.267	0.733	−1.267 / 1.000	−1.000 / 1.267	−0.733
	0.289	—	−0.133	−0.133	0.866	−1.134 / 0.000	0.000 / 1.134	−0.866
	—	0.200	−0.133	−0.133	−0.133	0.133 / 1.000	−1.000 / 0.133	0.133
	0.229	0.170	−0.311	−0.089	0.689	−1.311 / 1.222	−0.778 / 0.089	0.089
	0.274	—	−0.178	0.044	0.822	−1.178 / 0.222	0.222 / −0.044	−0.044

附表1-3　四　跨　梁

荷载图	跨内最大弯矩				支座弯矩			剪力				
	M_1	M_2	M_3	M_4	M_B	M_C	M_D	V_A	V_{Bl} / V_{Br}	V_{Cl} / V_{Cr}	V_{Dl} / V_{Dr}	V_E
	0.077	0.036	0.036	0.077	−0.107	−0.071	−0.107	0.393	−0.607 / 0.536	−0.464 / 0.464	−0.536 / 0.607	−0.393
	0.100	—	0.081	—	−0.054	−0.036	−0.054	0.446	−0.554 / 0.018	0.018 / 0.482	−0.518 / 0.054	0.054
	0.072	0.061	—	0.098	−0.121	−0.018	−0.058	0.380	−0.620 / 0.603	−0.397 / −0.040	−0.040 / 0.558	−0.442
	—	0.056	0.056	—	−0.036	−0.107	−0.036	−0.036	−0.036 / 0.429	−0.571 / 0.571	−0.429 / 0.036	0.036
	0.094	—	—	—	−0.067	0.018	−0.004	0.443	−0.567 / 0.085	0.085 / −0.022	−0.022 / 0.004	0.004
	—	0.071	—	—	−0.049	−0.054	0.013	−0.049	−0.049 / 0.496	−0.504 / 0.067	0.067 / −0.013	−0.013
	0.052	0.028	0.028	0.052	−0.067	−0.045	−0.067	0.183	−0.317 / 0.272	−0.228 / 0.228	−0.272 / 0.317	−0.183

荷 载 图	跨内最大弯矩				支座弯矩			剪 力				
	M_1	M_2	M_3	M_4	M_B	M_C	M_D	V_A	V_{Bl} / V_{Br}	V_{Cl} / V_{Cr}	V_{Dl} / V_{Dr}	V_E
	0.067	—	0.055	—	−0.034	−0.022	−0.034	0.217	−0.284 / 0.011	0.011 / 0.239	−0.261 / 0.034	0.034
	0.049	0.042	—	0.066	−0.075	−0.011	−0.036	0.175	−0.325 / 0.314	−0.186 / −0.025	−0.025 / 0.286	−0.214
	—	0.040	0.040	—	−0.022	−0.067	−0.022	−0.022	−0.022 / 0.205	−0.295 / 0.295	−0.205 / 0.022	0.022
	0.063	—	—	—	−0.042	0.011	−0.003	0.208	−0.292 / 0.053	0.053 / −0.014	−0.014 / 0.003	0.003
	—	0.051	—	—	−0.031	−0.034	0.008	−0.031	−0.031 / 0.247	−0.253 / 0.042	0.042 / 0.008	−0.008
	0.169	0.116	0.116	0.169	−0.161	−0.107	−0.161	0.339	−0.661 / 0.554	−0.446 / 0.446	−0.554 / 0.661	−0.339
	0.210	—	0.183	—	−0.080	−0.054	−0.080	0.420	−0.580 / 0.027	0.027 / 0.473	−0.527 / 0.080	0.080
	0.159	0.146	—	0.206	−0.181	−0.027	−0.087	0.319	−0.681 / 0.654	−0.346 / −0.060	−0.060 / 0.587	−0.413
	—	0.142	0.142	—	−0.054	−0.161	−0.054	0.054	−0.054 / 0.393	−0.607 / 0.607	−0.393 / 0.054	0.054
	0.200	—	—	—	−0.100	0.027	−0.007	0.400	−0.600 / 0.127	0.127 / −0.033	−0.033 / 0.007	0.007
	—	0.173	—	—	−0.074	−0.080	0.020	−0.074	−0.074 / 0.493	−0.507 / 0.100	0.100 / −0.020	−0.020
	0.238	0.111	0.111	0.238	−0.286	−0.191	−0.286	0.714	−1.286 / 1.095	−0.905 / 0.905	−1.095 / 1.286	−0.714
	0.286	0.111	0.222	−0.048	−0.143	−0.095	−0.143	0.857	−1.143 / 0.048	0.048 / 0.952	−1.048 / 0.143	0.143
	0.226	0.194	—	0.282	−0.321	−0.048	−0.155	0.679	−1.321 / 1.274	−0.726 / −0.107	−0.107 / 1.155	−0.845
	—	0.175	0.175	—	−0.095	−0.286	−0.095	−0.095	−0.095 / 0.810	−1.190 / 1.190	−0.810 / 0.095	0.095
	0.274	—	—	—	−0.178	0.048	−0.012	−0.822	−1.178 / 0.226	0.226 / 0.060	−0.060 / 0.012	0.012
	—	0.198	—	—	−0.131	0.143	0.036	−0.131	−0.131 / 0.988	−1.012 / 0.178	0.178 / −0.036	−0.036

附表 1-4　五　跨　梁

荷载图	跨内最大弯矩 M_1	M_2	M_3	支座弯矩 M_B	M_C	M_D	M_E	剪力 V_A	V_{Bl}/V_{Br}	V_{Cl}/V_{Cr}	V_{Dl}/V_{Dr}	V_{El}/V_{Er}	V_F
	0.078	0.033	0.046	−0.105	−0.079	−0.079	−0.105	0.394	−0.606 / 0.526	−0.474 / 0.500	−0.500 / 0.474	−0.526 / 0.606	−0.394
	0.100	—	0.085	−0.053	−0.040	−0.040	−0.053	0.447	−0.553 / 0.013	0.013 / 0.500	−0.500 / −0.013	−0.013 / 0.553	−0.447
	—	0.079	—	−0.053	−0.040	−0.040	−0.053	−0.053	−0.053 / 0.513	−0.487 / 0	0 / 0.487	−0.513 / 0.053	0.053
	① —/0.098	② 0.059/0.078	—	−0.119	−0.022	−0.044	−0.051	0.380	−0.620 / 0.598	−0.402 / 0.023	−0.023 / 0.493	−0.507 / 0.052	0.052
	0.094	0.055	0.064	−0.035	−0.111	−0.020	−0.057	−0.035	−0.035 / 0.424	−0.576 / 0.591	−0.409 / 0.037	−0.037 / 0.557	−0.443
	—	—	—	−0.067	0.018	−0.005	0.001	0.433	−0.567 / 0.085	0.085 / −0.023	−0.023 / −0.006	0.006 / −0.001	−0.001
	—	0.074	0.072	−0.049	−0.054	0.014	−0.004	0.019	−0.049 / 0.495	−0.505 / 0.068	0.068 / −0.018	−0.018 / 0.004	0.004
	0.053	—	—	0.013	−0.053	−0.053	0.013	0.013	0.013 / −0.066	−0.066 / 0.500	−0.500 / 0.066	0.066 / −0.013	−0.013
	0.067	0.026	0.034	−0.066	−0.049	−0.049	−0.066	0.184	−0.316 / 0.266	−0.234 / 0.250	−0.250 / 0.234	−0.266 / 0.316	−0.184
	—	—	0.059	−0.033	−0.025	−0.025	−0.033	0.217	−0.283 / 0.008	0.008 / 0.250	−0.250 / −0.008	0.008 / 0.283	−0.217
	—	0.055	—	−0.033	−0.025	−0.025	−0.033	0.033	−0.033 / 0.258	−0.242 / 0	0 / 0.242	−0.258 / 0.033	0.033

续上表

荷载图	M_1	M_2	M_3	M_B	M_C	M_D	M_E	V_A	V_{Bl} / V_{Br}	V_{Cl} / V_{Cr}	V_{Dl} / V_{Dr}	V_{El} / V_{Er}	V_F
	0.049	②0.041 / 0.053	—	0.075	−0.014	−0.028	−0.032	0.175	0.325 / 0.311	−0.189 / −0.014	−0.014 / 0.246	−0.255 / 0.032	0.032
	①— / 0.066	0.039	0.044	−0.022	−0.070	−0.013	−0.036	−0.022	−0.022 / −0.202	−0.298 / 0.307	−0.193 / −0.023	−0.023 / 0.286	−0.214
	0.063	—	—	−0.042	0.011	−0.003	0.001	0.208	−0.292 / 0.053	0.053 / −0.014	−0.014 / 0.004	0.004 / −0.001	−0.001
	—	0.051	—	−0.031	−0.034	0.009	−0.002	−0.031	−0.031 / 0.247	−0.253 / 0.043	−0.043 / −0.011	−0.011 / 0.002	0.002
	—	—	0.050	0.008	−0.033	−0.033	0.008	0.008	0.008 / −0.041	−0.041 / 0.250	−0.250 / 0.041	0.041 / −0.008	−0.008
	0.171	0.112	0.132	−0.158	−0.118	−0.118	−0.158	0.342	−0.658 / 0.540	−0.460 / 0.500	−0.500 / 0.460	−0.540 / 0.658	−0.342
	0.211	—	0.191	−0.079	−0.059	−0.059	−0.079	0.421	−0.579 / 0.020	0.020 / 0.500	−0.500 / −0.020	−0.020 / 0.579	−0.421
	—	0.181	—	−0.079	−0.059	−0.059	−0.079	−0.079	−0.079 / 0.520	−0.480 / 0	0 / 0.480	−0.520 / 0.079	0.079
	0.160	②0.144 / 0.178	0.151	−0.179	−0.032	−0.066	−0.077	0.321	−0.679 / 0.647	−0.353 / −0.034	−0.034 / 0.489	−0.511 / 0.077	0.077
	①— / 0.207	0.140	—	−0.052	−0.167	−0.031	−0.086	−0.052	−0.052 / 0.385	−0.615 / 0.637	−0.363 / 0.056	−0.056 / 0.586	−0.414
	0.200	—	—	−0.100	0.027	−0.007	0.002	0.400	−0.600 / 0.127	0.127 / −0.031	−0.034 / 0.009	0.009 / −0.002	−0.002

续上表

荷载图	M_1	M_2	M_3	M_B	M_C	M_D	M_E	V_A	V_{Bl} / V_{Br}	V_{Cl} / V_{Cr}	V_{Dl} / V_{Dr}	V_{El} / V_{Er}	V_F
		0.173	—	−0.073	−0.081	0.022	−0.005	−0.073	−0.073 / 0.493	−0.507 / 0.102	0.102 / −0.027	−0.027 / 0.005	0.005
	—	—	0.171	0.020	−0.079	−0.079	0.020	0.020	0.020 / −0.099	−0.099 / 0.500	−0.500 / 0.099	0.099 / −0.020	−0.020
	0.240	0.100	0.122	−0.281	−0.211	−0.211	−0.281	0.719	−1.281 / 1.070	−0.930 / 1.00	−1.00 / 0.930	−1.070 / 1.281	−0.719
	0.287	—	0.228	−0.140	−0.105	−0.105	−0.140	0.860	−1.140 / 0.035	0.035 / 1.000	−1.000 / −0.035	−0.035 / 1.140	−0.860
	—	0.216	—	−0.140	−0.105	−0.105	−0.140	−0.140	−0.140 / 1.035	−0.965 / 0	0.000 / 0.965	−1.035 / 0.140	0.140
	0.227	②0.189 / 0.209	—	−0.319	−0.057	−0.118	−0.137	0.681	−1.319 / 1.262	−0.738 / −0.061	−0.061 / 0.981	−1.019 / 0.137	0.137
	①— / 0.282	0.172	0.198	−0.093	−0.297	−0.054	−0.153	−0.093	−0.093 / 0.796	−1.204 / 1.243	−0.757 / −0.099	−0.099 / 1.153	−0.847
	0.274	—	—	−0.179	0.048	−0.013	0.003	0.821	−1.179 / 0.227	0.227 / −0.061	−0.061 / 0.016	0.016 / −0.003	−0.003
	—	0.198	—	−0.131	−0.144	0.038	−0.010	−0.131	−0.131 / 0.987	−1.013 / 0.182	0.182 / −0.048	−0.048 / 0.010	0.010
	—	—	0.193	0.035	−0.140	−0.140	0.035	0.035	0.035 / −0.175	−0.175 / 1.000	−1.000 / 0.175	0.175 / −0.035	−0.035

注:①分子及分母分别为 M_1 及 M_5 的弯矩系数;
②分子及分母分别为 M_2 及 M_4 的弯矩系数。

附录2　双向板计算系数表

$$刚度 \qquad B_c = \frac{Eh^3}{12(1-v^2)}$$

式中　　　E——弹性模量；

　　　　　h——板厚；

　　　　　v——泊松比。

表中　w, w_{max}——分别为板中心点的挠度和最大挠度；

　　w_{ox}, w_{oy}——分别为平行于l_x和l_y方向自由边的中心挠度；

　m_x, m_{xmax}——分别为平行于l_x方向板中心点单位板宽内的弯矩和板跨内最大弯矩；

　m_y, m_{ymax}——分别为平行于l_y方向板中心点单位板宽内的弯矩和板跨内最大弯矩；

　　　　m'_x——固定边中点沿l_x方向单位板宽内的弯矩；

　　　　m'_y——固定边中点沿l_y方向单位板宽内的弯矩；

　　　m_{mz}——平行于l_x方向自由边上固定端单位板宽内的支座弯矩。

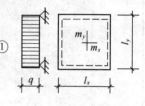

附图　2-1

　　　　　　代表自由边；--------代表简支边；‖‖‖代表固定边。

　　正负号的规定：

　　弯矩——使板的受荷面受压者为正；

　　挠度——变位方向与荷载方向相同者为正。

$$挠度 = 表中系数 \times \frac{ql^4}{B_c}$$

$v=0$，弯矩＝表中系数$\times ql^2$

式中l取用l_x和l_y中之较小者。

附表　2-1

l_x/l_y	w	m_x	m_y	l_x/l_y	w	m_x	m_y
0.50	0.010 13	0.096 5	0.017 4	0.80	0.006 03	0.056 1	0.033 4
0.55	0.009 40	0.089 2	0.021 0	0.85	0.005 47	0.050 6	0.034 8
0.60	0.008 67	0.082 0	0.024 2	0.90	0.004 96	0.045 6	0.035 8
0.65	0.007 96	0.075 0	0.027 1	0.95	0.004 49	0.041 0	0.036 4
0.70	0.007 27	0.068 3	0.029 6	1.00	0.004 05	0.036 8	0.036 8
0.75	0.006 63	0.062 0	0.031 7				

$$挠度 = 表中系数 \times \frac{ql^4}{B_c}$$

$v=0$，弯矩＝表中系数$\times ql^2$

式中l取用l_x和l_y中之较小者。

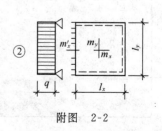

附图　2-2

附表 2-2

l_x/l_y	l_y/l_x	w	w_{max}	m_x	m_{xmax}	m_y	m_{ymax}	m'_x
0.50		0.004 88	0.005 04	0.058 3	0.064 6	0.006 0	0.006 3	−0.121 2
0.55		0.004 71	0.004 92	0.056 3	0.061 8	0.008 4	0.008 7	−0.118 7
0.60		0.004 53	0.004 72	0.053 9	0.058 9	0.010 4	0.011 1	−0.115 8
0.65		0.004 32	0.004 48	0.051 3	0.055 9	0.012 6	0.013 3	−0.112 4
0.70		0.001 40	0.004 22	0.048 5	0.052 9	0.014 8	0.015 4	−0.108 7
0.75		0.003 88	0.003 89	0.045 7	0.049 6	0.016 8	0.017 4	−0.104 8
0.80		0.003 65	0.003 76	0.042 8	0.046 8	0.018 7	0.019 3	−0.100 7
0.85		0.003 43	0.003 52	0.040 0	0.043 1	0.020 4	0.021 1	−0.096 5
0.90		0.003 21	0.003 29	0.037 2	0.040 0	0.021 9	0.022 6	−0.092 2
0.95		0.002 99	0.003 06	0.034 5	0.036 9	0.023 2	0.023 9	−0.088 0
1.00	1.00	0.002 79	0.002 85	0.031 9	0.034 0	0.024 3	0.024 9	−0.083 9
	0.95	0.003 16	0.003 24	0.032 4	0.034 5	0.028 0	0.028 7	−0.088 2
	0.90	0.003 60	0.003 68	0.032 8	0.034 7	0.032 2	0.033 0	−0.092 5
	0.85	0.004 09	0.004 17	0.032 9	0.034 5	0.037 0	0.037 3	−0.097 0
	0.80	0.004 64	0.004 73	0.032 6	0.034 3	0.042 4	0.043 3	−0.101 4
	0.75	0.005 26	0.005 36	0.031 9	0.033 5	0.048 5	0.049 4	−0.105 6
	0.70	0.005 95	0.006 05	0.030 8	0.032 3	0.055 3	0.056 2	−0.103 5
	0.65	0.006 70	0.006 30	0.029 1	0.030 6	0.062 7	0.083 7	−0.113 3
	0.60	0.007 52	0.007 52	0.026 3	0.028 9	0.707	0.071 7	−0.116 6
	0.55	0.008 38	0.008 43	0.023 9	0.027 1	0.079 2	0.080 1	−0.119 3
	0.50	0.009 27	0.009 35	0.020 5	0.024 9	0.088 0	0.088 8	−0.121 5

挠度＝表中系数$\times \frac{ql^4}{B_c}$

$\upsilon=0$，弯矩＝表中系数$\times ql^2$

式中 l 取用 l_x 和 l_y 中之较小者。

③

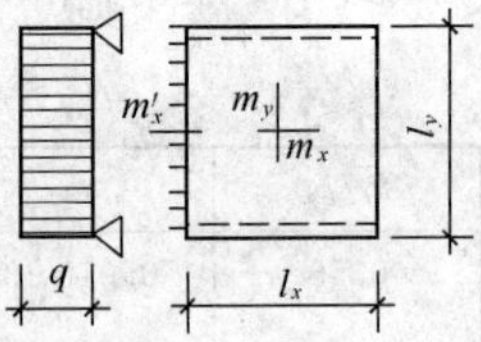

附图 2-3

附表 2-3

l_x/l_y	l_y/l_x	w	m_x	m_y	m'_x
0.50		0.002 61	0.041 6	0.001 7	−0.084 0
0.55		0.002 59	0.041 0	0.002 8	−0.084 0
0.60		0.002 55	0.040 2	0.004 2	−0.083 4
0.65		0.002 50	0.069 2	0.005 7	−0.082 6
0.70		0.002 43	0.037 9	0.007 2	−0.814
0.75		0.002 35	0.036 6	0.008 8	−0.079 9
0.80		0.002 28	0.035 1	0.010 3	−0.078 2
0.85		0.002 20	0.033 5	0.011 8	−0.076 3

续上表

l_x/l_y	l_y/l_x	w	m_x	m_y	m'_x
0.90		0.002 11	0.031 9	0.013 3	−0.074 3
0.95		0.002 01	0.030 2	0.014 6	−0.072 1
1.00	1.00	0.001 92	0.028 5	0.015 8	−0.069 8
	0.95	0.002 23	0.029 6	0.018 9	−0.074 6
	0.90	0.002 50	0.030 6	0.022 4	−0.079 7
	0.85	0.003 03	0.031 4	0.026 6	−0.085 0
	0.80	0.003 54	0.031 9	0.031 6	−0.090 4
	0.75	0.004 13	0.032 1	0.037 4	−0.095 9
	0.70	0.004 82	0.031 8	0.044 1	−0.101 3
	0.65	0.056 0	0.030 8	0.051 8	−0.106 6
	0.60	0.006 47	0.029 2	0.060 4	−0.111 4
	0.55	0.007 43	0.026 7	0.069 8	−0.115 6
	0.50	0.008 44	0.023 4	0.079 3	−0.119 1

挠度＝表中系数×$\dfrac{ql^4}{B_c}$

$\upsilon=0$，弯矩＝表中系数×ql^2

式中 l 取用 l_x 和 l_y 中之较小者。

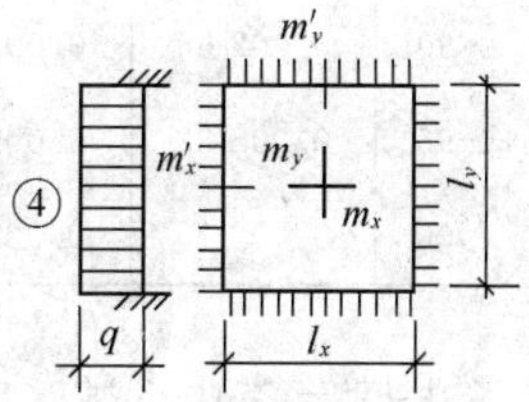

附图　2-4

附表　2-4

l_x/l_y	w	m_x	m_y	m'_x	m'_y
0.50	0.002 53	0.040 0	0.003 8	−0.082 9	−0.057 0
0.55	0.002 46	0.038 5	0.005 6	−0.081 4	−0.057 1
0.60	0.002 36	0.036 7	0.007 6	−0.079 3	−0.057 1
0.65	0.002 24	0.034 5	0.009 5	−0.076 6	−0.057 1
0.70	0.002 11	0.032 1	0.011 3	−0.073 5	−0.056 9
0.75	0.001 97	0.029 6	0.013 0	−0.070 1	−0.056 5
0.80	0.001 82	0.027 1	0.014 4	−0.066 4	−0.055 9
0.85	0.001 63	0.024 6	0.015 6	−0.062 6	−0.055 1
0.90	0.001 53	0.022 1	0.016 5	−0.058 8	−0.054 1
0.95	0.001 40	0.019 8	0.017 2	−0.055 0	−0.052 3
1.00	0.001 27	0.017 6	0.017 6	−0.051 3	−0.051 3

挠度＝表中系数$\times\dfrac{ql^4}{B_c}$

$v=0$，弯矩＝表中系数$\times ql^2$

式中l取用l_x和l_y中之较小者。

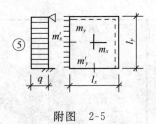

⑤

附图 2-5

附表 2-5

l_x/l_y	w	w_{max}	m_x	m_{xmax}	m_y	m_{ymax}	m'_x	m'_y
0.50	0.004 68	0.004 71	0.055 9	0.056 2	0.007 9	0.013 5	−0.117 9	−0.007 86
0.55	0.004 45	0.004 54	0.052 9	0.053 0	0.010 4	0.015 3	−0.114 0	−0.073 5
0.60	0.004 19	0.004 29	0.049 6	0.046 8	0.012 9	0.016 9	−0.109 5	−0.078 2
0.65	0.003 91	0.003 99	0.046 1	0.046 5	0.015 1	0.018 3	−0.104 5	−0.077 7
0.70	0.003 63	0.003 68	0.042 6	0.043 2	0.017 2	0.019 5	0.099 2	−0.077 0
0.75	0.003 35	0.003 40	0.039 0	0.039 6	0.013 9	0.020 6	−0.093 8	−0.076 0
0.80	0.003 08	0.003 13	0.035 6	0.036 1	0.020 4	0.021 8	−0.088 3	−0.074 3
0.85	0.002 81	0.002 36	0.032 2	0.032 8	0.021 5	0.022 9	−0.082 9	−0.073 3
0.90	0.002 56	0.002 61	0.029 1	0.029 7	0.022 4	0.023 8	−0.077 6	−0.071 6
0.95	0.002 32	0.002 37	0.026 1	0.026 7	0.023 0	0.024 4	−0.072 6	−0.069 8
1.00	0.002 10	0.002 15	0.023 4	0.024 0	0.023 4	0.024 9	−0.067 7	−0.067 7

挠度＝表中系数$\times\dfrac{ql^4}{B_c}$

$v=0$，弯矩＝表中系数$\times ql^2$

式中l取用l_x和l_y中之较小者。

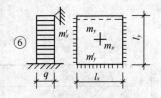

⑥

附图 2-6

附表 2-6

l_x/l_y	l_y/l_x	w	w_{max}	m_x	m_{xmax}	m_y	m_{ymax}	m'_x	m'_y
0.50		0.002 57	0.002 58	0.040 8	0.040 9	0.002 8	0.008 6	−0.083 6	−0.056 9
0.55		0.002 52	0.002 56	0.039 8	0.039 9	0.004 2	0.009 3	−0.082 7	−0.057 0
0.60		0.002 46	0.002 49	0.038 4	0.038 6	0.005 9	0.010 5	−0.081 4	−0.057 1
0.65		0.002 37	0.002 40	0.036 8	0.037 1	0.007 6	0.011 6	−0.079 6	−0.057 2
0.70		0.002 27	0.002 29	0.035 0	0.035 4	0.009 3	0.012 7	−0.077 4	−0.057 2
0.75		0.002 16	0.002 19	0.033 1	0.033 5	0.010 9	0.013 7	−0.075 0	−0.057 2
0.80		0.002 05	0.002 08	0.031 0	0.031 4	0.012 4	0.014 7	−0.072 2	−0.057 0
0.85		0.001 93	0.001 96	0.028 9	0.029 3	0.013 8	0.015 5	−0.069 3	−0.056 7
0.90		0.001 81	0.001 84	0.026 8	0.027 3	0.015 9	0.016 3	−0.066 3	−0.056 3
0.95		0.001 69	0.001 72	0.024 7	0.025 2	0.016 0	0.017 2	−0.063 1	−0.055 8

l_x/l_y	l_y/l_x	w	w_{max}	m_x	m_{xmax}	m_y	m_{ymax}	m'_x	m'_y
1.00	1.00	0.001 57	0.001 60	0.022 7	0.023 1	0.016 8	0.018 0	−0.060 0	−0.055 0
	0.95	0.001 78	0.001 82	0.022 0	0.023 4	0.019 4	0.020 7	−0.062 9	−0.059 9
	0.90	0.002 10	0.002 06	0.022 8	0.023 4	0.022 3	0.023 8	−0.065 6	−0.065 3
	0.85	0.002 27	0.002 33	0.022 5	0.023 1	0.025 5	0.027 3	−0.068 3	−0.071 1
	0.80	0.002 56	0.002 62	0.021 0	0.022 4	0.029 0	0.031 1	−0.070 7	−0.077 2
	0.75	0.002 86	0.002 94	0.020 8	0.021 4	0.032 0	0.035 4	−0.072 9	−0.083 7
	0.70	0.003 19	0.003 27	0.019 4	0.020 0	0.037 0	0.040 0	−0.074 8	−0.090 3
	0.65	0.003 52	0.003 65	0.017 5	0.018 2	0.041 2	0.044 6	−0.076 2	−0.097 0
	0.60	0.003 86	0.004 03	0.015 3	0.016 0	0.045 4	0.049 3	−0.077 3	−0.103 3
	0.55	0.004 19	0.004 37	0.012 7	0.013 3	0.049 6	0.054 1	−0.078 0	−0.109 3
	0.50	0.004 49	0.004 63	0.009 9	0.010 3	0.053 4	0.058 8	−0.078 4	−0.114 6

附录 3　等效均布荷载

附表 3　等效均布荷载 q

序　号	荷　载　草　图	q_1
1		$\dfrac{3}{2}\dfrac{p}{l}$
2		$\dfrac{8}{3}\dfrac{p}{l}$
3		$\dfrac{15}{4}\dfrac{p}{l}$
4		$\dfrac{24}{5}\dfrac{p}{l}$
5		$\dfrac{n^2-1}{n}\dfrac{p}{l}$
6		$\dfrac{9}{4}\dfrac{p}{l}$
7		$\dfrac{19}{6}\dfrac{p}{l}$

续上表

序 号	荷 载 草 图	q_1
8	P P P P $l/8$ $l/4$ $l/4$ $l/4$ $l/8$	$\dfrac{33}{8}\dfrac{p}{l}$
9	P P P P P a a a a a a $l=na$	$\dfrac{(2n^2+1)}{2n}\dfrac{p}{l}$
10	b a b $\quad a/l=\alpha$	$\dfrac{\alpha(3-\alpha^2)}{2}q$
11	q $l/4$ $l/2$ $l/4$	$\dfrac{11}{16}q$
12	a b a $\quad a/l=\alpha$ $b/l=\beta$	$\dfrac{2(2+\beta)\alpha^3}{l^2}q$
13	q q $l/3$ $l/3$ $l/3$	$\dfrac{14}{27}q$
14	P	$\dfrac{5}{8}p$
15	P P	$\dfrac{17}{32}p$
16	q a $\quad a/l=\alpha$	$\dfrac{\alpha}{3}\left(3-\dfrac{\alpha^2}{2}\right)q$
17	q a b a $\quad a/l=\alpha$	$(1-2\alpha^2+\alpha^3)q$
18	P a b $a/l=\alpha$ $b/l=\beta$	$q_{1左}=4\beta(1-\beta^2)\dfrac{P}{l}$ $q_{1右}=4\alpha(1-\alpha^2)\dfrac{P}{l}$

附录4　屋面积雪分布系数

附表4　屋面积雪分布系数 μ_r

项次	类别	屋面形式及积雪分布系数 μ_r	备注
1	单跨单坡屋面	 表： α：$\leqslant 25°$, $30°$, $35°$, $40°$, $45°$, $50°$, $55°$, $\geqslant 60°$ μ_r：1.0, 0.85, 0.7, 0.55, 0.4, 0.25, 0.1, 0	—
2	单跨双坡屋面	均匀分布的情况　　μ_r 不均匀分布的情况　　$0.75\mu_r$　　$1.25\mu_r$ 	μ_r 按第1项规定采用
3	拱形屋面	均匀分布的情况　　μ_r 不均匀分布的情况 $0.5\mu_{r,m}$　　$\mu_{r,m}$ $l_e/4$　$l_e/4$　$l_e/4$　$l_e/4$ l_e $\mu_r = l/(8f)$ $(0.4 \leqslant \mu_r \leqslant 1.0)$ $60°$　f　l $\mu_{r,m} = 0.2 + 10f/l\ (\mu_{r,m} \leqslant 2.0)$	—
4	带天窗的坡屋面	均匀分布的情况　　1.0 不均匀分布的情况　1.1　0.8　1.1 α	—

续上表

项 次	类 别	屋 面 形 式 及 积 雪 分 布 系 数 μ_r	备 注
5	带天窗有挡风板的坡屋面	均匀分布的情况 1.0 不均匀分布的情况 1.0 1.4 0.8 1.4 1.0	—
6	多跨单坡屋面（锯齿形屋面）	均匀分布的情况 1.0 不均匀分布的情况1 0.6 1.4 0.6 1.4 0.6 1.4 $l/2$ $l/2$ 不均匀分布的情况2 2.0μ_r 2.0μ_r 2.0μ_r $l/2$ $l/2$ l l	μ_r 按第 1 项规定采用
7	双跨双坡或拱形屋面	均匀分布的情况 1.0 不均匀分布的情况1 μ_r 1.4 μ_r 不均匀分布的情况2 μ_r 2.0 μ_r f l l	μ_r 按第 1 或 3 项规定采用
8	高低屋面	情况1: $\mu_{r,m}$ 1.0 1.0 a $\mu_{r,m}$ 1.0 a 情况2: 1.0 2.0 1.0 a 1.0 2.0 a h b_1 b_2 h b_1 $b_2 < a$ $a = 2h \, (4\mathrm{m} < a < 8\mathrm{m})$ $\mu_{r,m} = (b_1 + b_2)/2h \, (2.0 \leqslant \mu_{r,m} \leqslant 4.0)$	—

注：①第 2 项单跨双坡屋面仅当 $20° \leqslant \alpha \leqslant 30°$ 时，可考虑不均匀分布情况。

②第 4、5 项只适用于坡度 $\alpha \leqslant 25°$ 的一般工业厂房屋面。

③第 7 项双跨双坡或拱形屋面，当 $\alpha \leqslant 25°$ 或 $f/l \leqslant 0.1$ 时，只考虑均匀分布情况。

④多跨屋面的积雪分布系数，可参照第 7 项的规定采用。

附录 5　风荷载体型系数

附表 5　风荷载体型系数 μ_s

项次	类　别	体　型　及　体　型　系　数		
1	封闭式落地双坡屋面	μ_s　α　-0.5	<table><tr><td>α</td><td>0°</td><td>30°</td><td>≥60°</td></tr><tr><td>μ_s</td><td>0</td><td>+0.2</td><td>+0.8</td></tr></table> 中间值按插入法计算	
2	封闭式双坡屋面		α / μ_s：≤15° / −0.6；30° / 0；≥60° / +0.8　中间值按插入法计算	
3	封闭式落地拱形屋面		f/l / μ_s：0.1 / +0.1；0.2 / +0.2；0.5 / +0.6　中间值按插入法计算	
4	封闭式拱形屋面		f/l / μ_s：0.1 / −0.8；0.2 / 0；0.5 / +0.6　中间值按插入法计算	
5	封闭式单坡屋面	迎风坡面的 μ_s 按第 2 项采用		
6	封闭式高低双坡屋面	迎风坡面的 μ_s 按第 2 项采用		

项次	类　别	体　型　及　体　型　系　数
7	封闭式带天窗双坡屋面	带天窗的拱形屋面可按本图采用
8	封闭式双跨双坡屋面	迎风坡面的 μ_s 按第 2 项采用
9	封闭式不等高不等跨的双跨双坡屋面	迎风坡面的 μ_s 按第 2 项采用
10	封闭式不等高不等跨的三跨双坡屋面	迎风坡面的 μ_s 按第 2 项采用 中跨上部迎风墙面的 μ_{s1} 按下式采用： $\mu_{s1}=0.6(1-2h_1/h)$ 但当 $h_1>h$ 时，取 $\mu_{s1}=-0.6$
11	封闭式带天窗带坡的双坡屋面	
12	封闭式带天窗带双坡的双坡屋面	
13	封闭式不等高不等跨且中跨带天窗的三跨双坡屋面	迎风坡面的 μ_s 按第 2 项采用 中跨上部迎风墙面的 μ_{s1} 按下式采用： $\mu_{s1}=0.6(1-2h_1/h)$ 但当 $h_1>h$ 时，取 $\mu_{s1}=-0.6$

项次	类 别	体 型 及 体 型 系 数
14	封闭式带天窗的双跨双坡屋面	 迎风面第 2 跨的天窗面的 μ_s 按下列采用： 当 $a \leqslant 4h$ 时，取 $\mu_s = 0.2$ 当 $a > 4h$ 时，取 $\mu_s = 0.6$
15	封闭式带女儿墙的双坡屋面	 当女儿墙高度有限时，屋面上的 体型系数可按无女儿墙的屋面采用
16	封闭式带雨篷的双坡屋面	 迎风坡面的 μ_s 按第 2 项采用
17	封闭式对立两个带雨篷的双坡屋面	 本图适用于 s 为 8～20 m，迎风坡面的 μ_s 按第 2 项采用
18	封闭式带下沉天窗的双坡屋面或拱形屋面	
19	封闭式带下沉天窗的双跨双坡或拱形屋面	
20	封闭式带天窗挡风板的屋面	

项 次	类 别	体 型 及 体 型 系 数
21	封闭式带天窗挡风板的双跨屋面	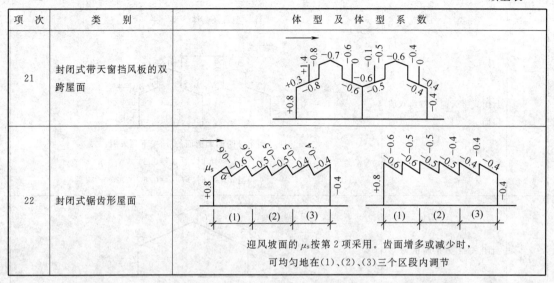
22	封闭式锯齿形屋面	迎风坡面的 μ_s 按第 2 项采用。齿面增多或减少时，可均匀地在(1)、(2)、(3)三个区段内调节

附录6 全国主要城市基本风压标准值

附表 6 全国主要城市基本风压标准值 w_0（kN/m^2）

城市名	w_0	城市名	w_0	城市名	w_0
哈尔滨	0.55	杭州	0.45	西安	0.35
齐齐哈尔	0.45	金华	0.35	延安	0.35
长春	0.65	嵊泗	0.30	宝鸡	0.35
四平	0.55	南京	0.40	兰州	0.30
吉林	0.50	徐州	0.35	天水	0.35
沈阳	0.55	合肥	0.35	银川	0.65
大连	0.65	蚌埠	0.35	西宁	0.35
包头	0.55	安庆	0.40	乌鲁木齐	0.60
呼和浩特	0.55	武汉	0.35	哈密	0.60
保定	0.40	宜昌	0.30	拉萨	0.30
石家庄	0.35	长沙	0.35	日喀则	0.30
烟台	0.55	岳阳	0.40	成都	0.30
济南	0.45	南昌	0.45	重庆	0.40
青岛	0.60	景德镇	0.35	贵阳	0.30
广州	0.50	郑州	0.45	昆明	0.30
深圳	0.75	洛阳	0.40	台北	0.70
南宁	0.35	开封	0.45	上海	0.55
柳州	0.30	太原	0.40	北京	0.45
福州	0.70	大同	0.55	天津	0.50
厦门	0.80	阳泉	0.40		

附录7　单层厂房排架柱柱顶反力与位移

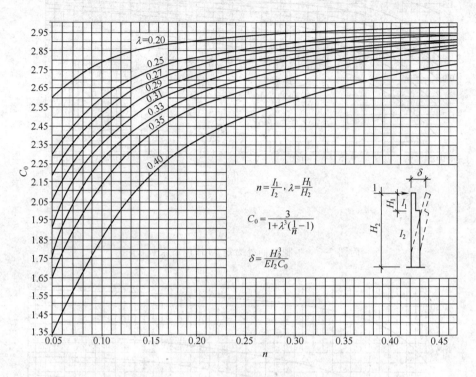

附图 7-1　柱顶单位集中荷载作用下系数 C_0

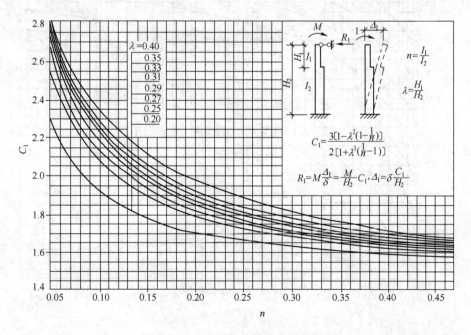

附图 7-2　柱顶力矩 M_1 作用下系数 C_1

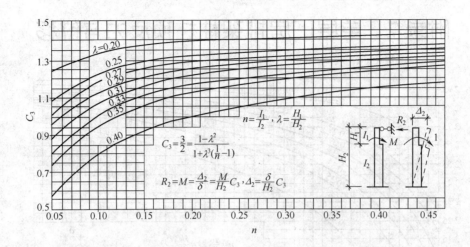

附图 7-3　牛腿顶面处力矩 M 作用下系数 C_3

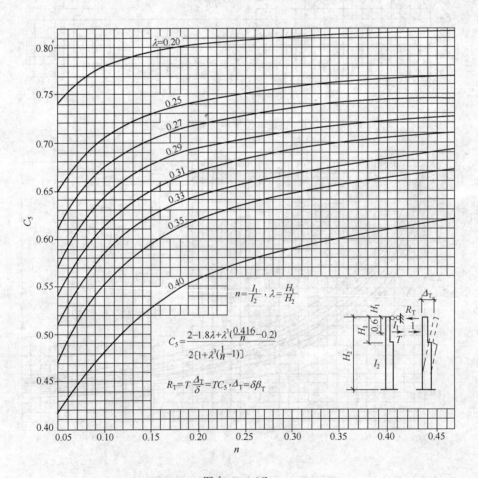

图中 $\Delta_{\mathrm{T}}=\delta C_5$

附图 7-4　水平集中力荷载 T 作用在上柱($Y=0.6H_1$)系数 C_5

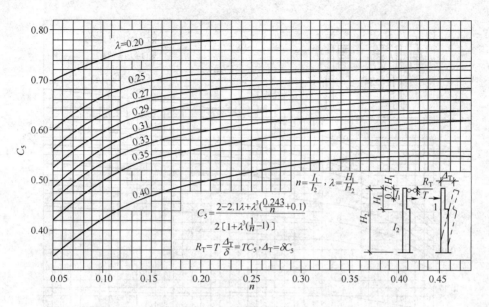

附图 7-5　水平集中力荷载 T 作用在上柱($Y=0.7H_1$)系数 C_5

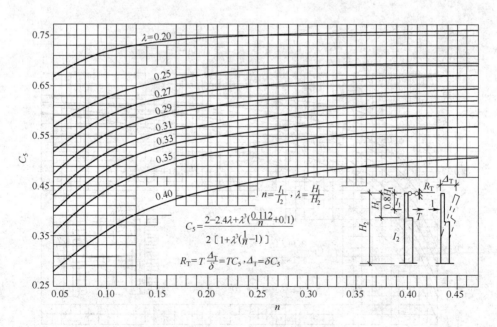

附图 7-6　水平集中力荷载 T 作用在上柱($Y=0.8H_2$)系数 C_5

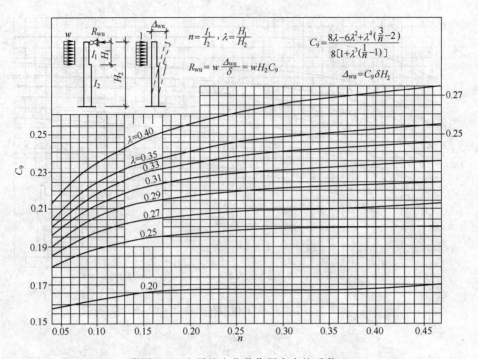

附图 7-7　水平均布荷载作用在全柱系数 C_9

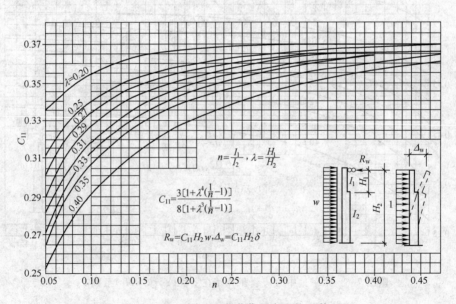

附图 7-8　水平均布荷载作用在上柱系数 C_{11}

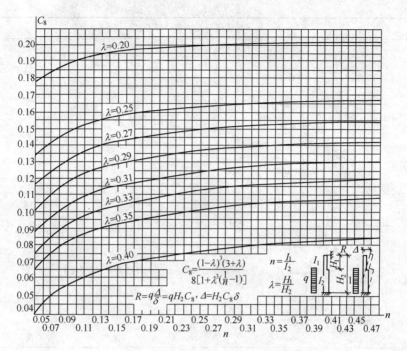

附图 7-9　均布荷载作用在整个下柱时系数 C_8

附录 8　单阶柱位移系数计算公式

附表 8　单阶柱位移系数计算公式

序号	荷载情况及位移计算公式
1	$\delta_{aa}=\dfrac{1}{3EI_2}\left[H_2^3+\left(\dfrac{I_2}{I_1}-1\right)H_1^3\right]$
2	$\delta_{ab}=\delta_{ba}=\dfrac{1}{2EI_2}\left[H_4^2\left(H_2-\dfrac{1}{3}H_4\right)+\left(\dfrac{I_2}{I_1}-1\right)H_3^2\left(H_1-\dfrac{1}{3}H_3\right)\right]$

序号	荷载情况及位移计算公式	
3		$\delta_{ac}=\delta_{ca}=\dfrac{1}{2EI_2}H_4^2\left(H_2-\dfrac{1}{3}H_4\right)$
4		$\delta_{ad}=\delta_{da}=\dfrac{1}{2EI_2}H_4^2\left(H_2-\dfrac{1}{3}H_4\right)$
5		$\delta_{bb}=\dfrac{1}{3EI_2}\left[H_4^3+\left(\dfrac{I_2}{I_1}-1\right)H_3^3\right]$
6		$\delta_{bc}=\delta_{cb}$ $=\dfrac{1}{2EI_2}\left\{H_6^2\left(H_4-\dfrac{1}{3}H_6\right)+\left(\dfrac{I_2}{I_1}-1\right)H_5^2\left(H_3-\dfrac{1}{3}H_5\right)\right\}$
7		$\delta_{bd}=\delta_{db}=\dfrac{1}{2EI_2}H_6^2\left(H_4-\dfrac{1}{3}H_6\right)$

序号	荷载情况及位移计算公式	
8		$\delta_{be} = \delta_{eb} = \dfrac{1}{2EI_2}H_6^2\left(H_4 - \dfrac{1}{3}H_6\right)$
9		$\delta_{dd} = \dfrac{H_4^3}{3EI_2}$
10		$\delta_{de} = \delta_{ed} = \dfrac{1}{2EI_2}H_6^2\left(H_4 - \dfrac{1}{3}H_6\right)$
11		$\delta_{ee} = \dfrac{H_4^3}{3EI_2}$
12		$\delta_{ef} = \delta_{fe} = \dfrac{1}{2EI_2}H_6^2\left(H_4 - \dfrac{1}{3}H_6\right)$

序号	荷载情况及位移计算公式
13	$$\Delta_{aa}=\frac{1}{2EI_2}\left[H_2^2+\left(\frac{I_2}{I_1}-1\right)H_1^2\right]$$
14	$$\Delta_{ba}=\frac{1}{2EI_2}\left[H_4^2+\left(\frac{I_2}{I_1}-1\right)H_3^2\right]$$ $$\Delta_{ba'}=\Delta_{bb}=\Delta_{ba}$$
15	$$\Delta_{da}=\frac{H_4^2}{2EI_2}$$ $$\Delta_{da'}=\Delta_{dd}=\Delta_{da}$$
16	$$\Delta_{ea}=\frac{H_4^2}{2EI_2}$$ $$\Delta_{eb}=\Delta_{ed}=\Delta_{ee}=\Delta_{ea}$$
17	$$\Delta_{ab}=\frac{1}{EI_2}\left[\left(H_2-\frac{H_4}{2}\right)H_4+\left(\frac{I_2}{I_1}-1\right)\left(H_1-\frac{H_3}{2}\right)H_3\right]$$ $$\Delta_{a'b}=\frac{1}{EI_2}\left[\left(H_6-\frac{H_4}{2}\right)H_4+\left(\frac{I_2}{I_1}-1\right)\left(H_5-\frac{H_3}{2}\right)H_3\right]$$

序号	荷载情况及位移计算公式
18	$\Delta_{ad}=\dfrac{1}{EI_2}\left(H_2-\dfrac{H_4}{2}\right)H_4$
19	$\Delta_{a'd}=\dfrac{1}{EI_2}\left(H_6-\dfrac{H_4}{2}\right)H_4$
20	$\Delta_{ae}=\dfrac{1}{EI_2}\left(H_2-\dfrac{H_4}{2}\right)H_4$
21	$\Delta_{a'e}=\dfrac{1}{EI_2}\left(H_6-\dfrac{H_4}{2}\right)H_4$
22	$\Delta_{de}=\dfrac{1}{EI_2}\left(H_6-\dfrac{H_4}{2}\right)H_4$

序号	荷载情况及位移计算公式
23	$\Delta_{d'e} = \dfrac{1}{EI_2}\left(H_6 - \dfrac{H_4}{2}\right)H_4$
24	$\Delta_{fe} = \dfrac{H_6^2}{2EI_2}$
25	$\Delta_{aq} = \dfrac{1}{8EI_2}\left[H_2^4 + \left(\dfrac{I_2}{I_1}-1\right)H_1^4\right] - \dfrac{1}{6EI_2}\left[H_3^3\left(H_2-\dfrac{1}{4}H_4\right) + \left(\dfrac{I_2}{I_1}-1\right)\left(H_1-\dfrac{1}{4}H_3\right)H_3^3\right]$ $\Delta_{bq} = \dfrac{(H_2-H_4)}{3EI_2}\left[H_3^3 + \left(\dfrac{I_2}{I_1}-1\right)H_3^3\right] + \dfrac{(H_2-H_4)^2}{4EI_2}\left[H_4^2 + \left(\dfrac{I_2}{I_1}-1\right)H_3^2\right]$
26	$\Delta_{aq} = \dfrac{1}{8EI_2}\left[H_2^4 + \left(\dfrac{I_2}{I_1}-1\right)H_1^4\right] - \dfrac{1}{6EI_2}\left(H_2-\dfrac{1}{4}H_4\right)H_4^3$ $\Delta_{dq} = \dfrac{1}{EI_2}\left(\dfrac{H_1 H_4^3}{3} + \dfrac{H_1^2 H_4^2}{4}\right)$
27	$\Delta_{aq} = \dfrac{1}{8EI_2}\left[H_2^4 + \left(\dfrac{I_2}{I_1}-1\right)H_1^4\right] - \dfrac{1}{6EI_2}\left(H_2-\dfrac{1}{4}H_4\right)H_4^3$ $\Delta_{eq} = \dfrac{1}{EI_2}\left[\dfrac{(H_2-H_4)H_4^3}{3} + \dfrac{(H_2-H_4)^2 H_4^2}{4}\right]$

附　录

续上表

序号	荷载情况及位移计算公式	
28		$\Delta_{aq}=\dfrac{1}{8EI_2}\left[H_2^4+\left(\dfrac{I_2}{I_1}-1\right)H_1^4\right]$
29		$\Delta_{aq}=\dfrac{H_4^3}{6EI_2}\left(H_2-\dfrac{1}{4}H_4\right)$ $\Delta_{eq}=\dfrac{H_4^4}{8EI_2}$
30		$\Delta_{aq}=\dfrac{H_4^3}{6EI_2}\left(H_2-\dfrac{1}{4}H_4\right)$ $\Delta_{dq}=\dfrac{H_4^4}{8EI_2}$

附录 9　均布水平荷载下各层柱标准反弯点高度比

附表 9　均布水平荷载下各层柱标准反弯点高度比 y_0

n	m \ K	0.1	0.2	0.3	0.4	0.5	0.6	0.7	0.8	0.9	1.0	2.0	3.0	4.0	5.0
1	1	0.80	0.75	0.70	0.65	0.65	0.60	0.60	0.60	0.60	0.55	0.55	0.55	0.55	0.55
2	2	0.45	0.40	0.35	0.35	0.35	0.35	0.40	0.40	0.40	0.40	0.45	0.45	0.45	0.45
	1	0.95	0.80	0.75	0.70	0.65	0.65	0.65	0.60	0.60	0.60	0.55	0.55	0.55	0.50
3	3	0.15	0.20	0.20	0.25	0.30	0.30	0.30	0.35	0.35	0.35	0.40	0.45	0.45	0.45
	2	0.55	0.50	0.45	0.45	0.45	0.45	0.45	0.45	0.45	0.45	0.50	0.50	0.50	0.50
	1	1.00	0.85	0.80	0.75	0.70	0.70	0.65	0.65	0.65	0.60	0.55	0.55	0.55	0.55
4	4	−0.05	0.05	0.15	0.20	0.25	0.30	0.30	0.35	0.35	0.35	0.40	0.45	0.45	0.45
	3	0.25	0.30	0.30	0.35	0.35	0.40	0.40	0.40	0.40	0.45	0.45	0.50	0.50	0.50
	2	0.65	0.55	0.50	0.50	0.45	0.45	0.45	0.45	0.45	0.45	0.50	0.50	0.50	0.50
	1	1.10	0.90	0.80	0.75	0.70	0.70	0.55	0.65	0.55	0.60	0.55	0.55	0.55	0.55

· 317 ·

n	m \ K	0.1	0.2	0.3	0.4	0.5	0.6	0.7	0.8	0.9	1.0	2.0	3.0	4.0	5.0
5	5	−0.20	0.00	0.15	0.20	0.25	0.30	0.30	0.30	0.35	0.35	0.40	0.45	0.45	0.45
	4	0.10	0.20	0.25	0.30	0.35	0.35	0.40	0.40	0.40	0.40	0.45	0.45	0.50	0.50
	3	0.40	0.40	0.40	0.40	0.40	0.45	0.45	0.45	0.45	0.50	0.50	0.50	0.50	0.50
	2	0.65	0.55	0.50	0.50	0.50	0.50	0.50	0.50	0.50	0.50	0.50	0.50	0.50	0.50
	1	1.20	0.95	0.80	0.75	0.75	0.70	0.70	0.65	0.65	0.65	0.55	0.55	0.55	0.55
6	6	−0.30	0.00	0.10	0.20	0.25	0.25	0.30	0.30	0.35	0.35	0.40	0.45	0.45	0.45
	5	0.00	0.20	0.25	0.30	0.35	0.35	0.40	0.40	0.40	0.40	0.45	0.45	0.50	0.50
	4	0.20	0.30	0.35	0.35	0.40	0.40	0.40	0.45	0.45	0.45	0.45	0.50	0.50	0.50
	3	0.40	0.40	0.40	0.45	0.45	0.45	0.45	0.45	0.45	0.45	0.50	0.50	0.50	0.50
	2	0.70	0.60	0.55	0.50	0.50	0.50	0.50	0.50	0.50	0.50	0.50	0.50	0.50	0.50
	1	1.20	0.95	0.85	0.80	0.75	0.70	0.70	0.65	0.65	0.65	0.55	0.55	0.55	0.55
7	7	−0.35	−0.05	0.10	0.20	0.20	0.25	0.30	0.30	0.35	0.35	0.40	0.45	0.45	0.45
	6	−0.10	0.15	0.25	0.30	0.35	0.35	0.35	0.40	0.40	0.40	0.45	0.45	0.50	0.50
	5	0.10	0.25	0.30	0.35	0.40	0.40	0.40	0.45	0.45	0.45	0.50	0.50	0.50	0.50
	4	0.30	0.35	0.40	0.40	0.40	0.45	0.45	0.45	0.45	0.45	0.55	0.50	0.50	0.50
	3	0.50	0.45	0.45	0.45	0.45	0.45	0.45	0.45	0.45	0.45	0.50	0.50	0.50	0.50
	2	0.75	0.60	0.55	0.50	0.50	0.50	0.50	0.50	0.50	0.50	0.50	0.50	0.50	0.50
	1	1.20	0.95	0.85	0.80	0.75	0.70	0.70	0.65	0.65	0.65	0.55	0.55	0.55	0.55
8	8	−0.35	−0.15	0.10	0.10	0.25	0.25	0.30	0.30	0.35	0.35	0.40	0.45	0.45	0.45
	7	−0.10	0.15	0.25	0.30	0.35	0.35	0.40	0.40	0.40	0.40	0.45	0.50	0.50	0.50
	6	0.05	0.25	0.30	0.35	0.40	0.40	0.45	0.45	0.45	0.45	0.45	0.50	0.50	0.50
	5	0.20	0.30	0.35	0.40	0.40	0.45	0.45	0.45	0.45	0.45	0.50	0.50	0.50	0.50
	4	0.35	0.40	0.40	0.45	0.45	0.45	0.45	0.45	0.45	0.45	0.50	0.50	0.50	0.50
	3	0.50	0.45	0.45	0.45	0.45	0.45	0.45	0.45	0.50	0.50	0.50	0.50	0.50	0.50
	2	0.75	0.60	0.55	0.55	0.50	0.50	0.50	0.50	0.50	0.50	0.50	0.50	0.50	0.50
	1	1.20	1.00	0.85	0.80	0.75	0.70	0.70	0.65	0.65	0.65	0.55	0.55	0.55	0.55
9	9	−0.40	−0.05	0.10	0.20	0.25	0.25	0.30	0.30	0.35	0.35	0.45	0.45	0.45	0.45
	8	−0.15	0.15	0.25	0.30	0.35	0.35	0.35	0.40	0.40	0.45	0.45	0.50	0.50	0.50
	7	0.05	0.25	0.30	0.35	0.40	0.40	0.40	0.45	0.45	0.45	0.45	0.50	0.50	0.50
	6	0.15	0.30	0.35	0.40	0.40	0.45	0.45	0.45	0.45	0.45	0.50	0.50	0.50	0.50
	5	0.25	0.35	0.40	0.40	0.45	0.45	0.45	0.45	0.45	0.45	0.50	0.50	0.50	0.50
	4	0.40	0.40	0.40	0.45	0.45	0.45	0.45	0.45	0.45	0.45	0.50	0.50	0.50	0.50
	3	0.55	0.45	0.45	0.45	0.45	0.45	0.45	0.45	0.50	0.50	0.50	0.50	0.50	0.50
	2	0.80	0.65	0.55	0.55	0.50	0.50	0.50	0.50	0.50	0.50	0.50	0.50	0.50	0.50
	1	1.20	1.00	0.85	0.80	0.75	0.70	0.70	0.65	0.65	0.65	0.55	0.55	0.55	0.55
10	10	−0.40	−0.05	0.10	0.20	0.25	0.30	0.30	0.30	0.30	0.35	0.40	0.45	0.45	0.45
	9	−0.15	0.15	0.25	0.30	0.35	0.35	0.40	0.40	0.40	0.40	0.45	0.45	0.50	0.50
	8	−0.00	0.25	0.30	0.35	0.40	0.40	0.40	0.45	0.45	0.45	0.45	0.50	0.50	0.50
	7	−0.10	0.30	0.35	0.40	0.40	0.40	0.45	0.45	0.45	0.45	0.50	0.50	0.50	0.50
	6	0.20	0.35	0.40	0.40	0.45	0.45	0.45	0.45	0.45	0.45	0.50	0.50	0.50	0.50
	5	0.30	0.40	0.40	0.45	0.45	0.45	0.45	0.45	0.45	0.50	0.50	0.50	0.50	0.50
	4	0.40	0.40	0.45	0.45	0.45	0.45	0.45	0.45	0.45	0.50	0.50	0.50	0.50	0.50
	3	0.55	0.50	0.45	0.45	0.45	0.50	0.50	0.50	0.50	0.50	0.50	0.50	0.50	0.50
	2	0.80	0.65	0.55	0.55	0.55	0.50	0.50	0.50	0.50	0.50	0.50	0.50	0.50	0.50
	1	1.30	1.00	0.85	0.80	0.75	0.70	0.70	0.65	0.65	0.65	0.60	0.55	0.55	0.55

n	m	0.1	0.2	0.3	0.4	0.5	0.6	0.7	0.8	0.9	1.0	2.0	3.0	4.0	5.0
											K				
11	11	−0.40	0.05	0.10	0.20	0.25	0.30	0.30	0.30	0.35	0.35	0.40	0.45	0.45	0.45
	10	−0.15	0.15	0.25	0.30	0.35	0.35	0.40	0.40	0.40	0.40	0.45	0.45	0.50	0.50
	9	0.00	0.25	0.30	0.35	0.40	0.40	0.40	0.45	0.45	0.45	0.45	0.50	0.50	0.50
	8	0.10	0.30	0.35	0.40	0.40	0.45	0.45	0.45	0.45	0.45	0.50	0.50	0.50	0.50
	7	0.20	0.35	0.40	0.45	0.45	0.45	0.45	0.45	0.45	0.45	0.50	0.50	0.50	0.50
	6	0.25	0.35	0.40	0.45	0.45	0.45	0.45	0.45	0.45	0.45	0.50	0.50	0.50	0.50
	5	0.35	0.40	0.40	0.45	0.45	0.45	0.45	0.45	0.45	0.45	0.50	0.50	0.50	0.50
	4	0.40	0.45	0.45	0.45	0.45	0.45	0.45	0.50	0.50	0.50	0.50	0.50	0.50	0.50
	3	0.55	0.50	0.50	0.50	0.50	0.50	0.50	0.50	0.50	0.50	0.50	0.50	0.50	0.50
	2	0.80	0.65	0.60	0.55	0.55	0.50	0.50	0.50	0.50	0.50	0.50	0.50	0.50	0.50
	1	1.30	1.00	0.85	0.80	0.75	0.70	0.70	0.65	0.65	0.65	0.60	0.55	0.55	0.55
12以上	自上1	−0.40	−0.05	0.10	0.20	0.25	0.30	0.30	0.30	0.35	0.35	0.40	0.45	0.45	0.45
	2	−0.15	0.15	0.25	0.30	0.35	0.35	0.40	0.40	0.40	0.40	0.45	0.45	0.50	0.50
	3	0.00	0.25	0.30	0.35	0.40	0.40	0.40	0.45	0.45	0.45	0.45	0.50	0.50	0.50
	4	0.10	0.30	0.35	0.40	0.40	0.45	0.45	0.45	0.45	0.45	0.50	0.50	0.50	0.50
	5	0.20	0.35	0.40	0.45	0.45	0.45	0.45	0.45	0.45	0.45	0.50	0.50	0.50	0.50
	6	0.25	0.35	0.40	0.45	0.45	0.45	0.45	0.45	0.45	0.45	0.50	0.50	0.50	0.50
	7	0.30	0.40	0.40	0.45	0.45	0.45	0.45	0.45	0.50	0.50	0.50	0.50	0.50	0.50
	8	0.35	0.40	0.45	0.45	0.45	0.45	0.45	0.50	0.50	0.50	0.50	0.50	0.50	0.50
	中间	0.40	0.40	0.45	0.45	0.45	0.45	0.50	0.50	0.50	0.50	0.50	0.50	0.50	0.50
	4	0.45	0.45	0.45	0.45	0.50	0.50	0.50	0.50	0.50	0.50	0.50	0.50	0.50	0.50
	3	0.60	0.50	0.50	0.50	0.50	0.50	0.50	0.50	0.50	0.50	0.50	0.50	0.50	0.50
	2	0.80	0.65	0.60	0.55	0.50	0.50	0.50	0.50	0.50	0.50	0.50	0.50	0.50	0.50
	自下1	1.30	1.00	0.85	0.80	0.75	0.70	0.70	0.65	0.65	0.55	0.55	0.55	0.55	0.55

附录10 倒三角形荷载下各层柱标准反弯点高度比

附表10 倒三角形荷载下各层柱标准反弯点高度比 y_0

n	m	0.1	0.2	0.3	0.4	0.5	0.6	0.7	0.8	0.9	1.0	2.0	3.0	4.0	5.0
											K				
1	1	0.80	0.75	0.70	0.65	0.65	0.60	0.60	0.60	0.60	0.55	0.55	0.55	0.55	0.55
2	2	0.50	0.45	0.40	0.40	0.40	0.40	0.40	0.40	0.40	0.45	0.45	0.45	0.45	0.50
	1	1.00	0.85	0.75	0.70	0.70	0.65	0.65	0.65	0.60	0.60	0.55	0.55	0.55	0.55
3	3	0.25	0.25	0.25	0.30	0.30	0.35	0.35	0.35	0.40	0.40	0.45	0.45	0.45	0.50
	2	0.60	0.50	0.50	0.50	0.50	0.45	0.45	0.45	0.45	0.45	0.50	0.50	0.55	0.50
	1	1.15	0.90	0.80	0.75	0.75	0.70	0.70	0.65	0.65	0.85	0.60	0.55	0.55	0.55
4	4	0.10	0.15	0.20	0.25	0.30	0.30	0.35	0.35	0.35	0.40	0.45	0.45	0.45	0.45
	3	0.35	0.35	0.35	0.40	0.40	0.40	0.40	0.45	0.45	0.45	0.50	0.50	0.50	0.50
	2	0.70	0.60	0.55	0.50	0.50	0.50	0.50	0.50	0.50	0.50	0.50	0.50	0.50	0.50
	1	1.20	0.95	0.85	0.80	0.75	0.70	0.70	0.70	0.65	0.65	0.55	0.55	0.55	0.50
5	5	−0.05	0.10	0.20	0.25	0.30	0.30	0.35	0.35	0.35	0.35	0.40	0.45	0.45	0.45
	4	0.20	0.25	0.35	0.35	0.40	0.40	0.40	0.40	0.40	0.45	0.45	0.50	0.50	0.50
	3	0.45	0.40	0.45	0.45	0.45	0.45	0.45	0.45	0.45	0.50	0.50	0.50	0.50	0.50
	2	0.75	0.60	0.55	0.55	0.50	0.50	0.50	0.60	0.50	0.50	0.50	0.50	0.50	0.50
	1	1.30	1.00	0.85	0.80	0.75	0.70	0.70	0.65	0.65	0.65	0.65	0.55	0.55	0.55

续上表

n	m	0.1	0.2	0.3	0.4	0.5	0.6	0.7	0.8	0.9	1.0	2.0	3.0	4.0	5.0
6	6	−0.15	0.05	0.15	0.20	0.25	0.30	0.30	0.35	0.35	0.35	0.40	0.45	0.45	0.45
	5	0.10	0.25	0.30	0.35	0.35	0.40	0.40	0.40	0.45	0.45	0.45	0.50	0.50	0.50
	4	0.30	0.35	0.40	0.40	0.45	0.45	0.45	0.45	0.45	0.45	0.50	0.50	0.50	0.50
	3	0.50	0.45	0.45	0.45	0.45	0.45	0.45	0.45	0.50	0.50	0.50	0.50	0.50	0.50
	2	0.80	0.65	0.55	0.55	0.55	0.55	0.50	0.50	0.50	0.50	0.50	0.50	0.50	0.50
	1	1.30	1.00	0.85	0.80	0.75	0.70	0.70	0.65	0.65	0.65	0.60	0.55	0.55	0.55
7	7	−0.20	0.05	0.15	0.20	0.25	0.30	0.30	0.35	0.35	0.35	0.45	0.45	0.45	0.45
	6	0.05	0.20	0.30	0.35	0.35	0.40	0.40	0.40	0.40	0.45	0.45	0.50	0.50	0.50
	5	0.20	0.30	0.35	0.40	0.40	0.45	0.45	0.45	0.45	0.45	0.45	0.50	0.50	0.50
	4	0.35	0.40	0.40	0.45	0.45	0.45	0.45	0.45	0.45	0.45	0.50	0.50	0.50	0.50
	3	0.55	0.50	0.50	0.50	0.50	0.50	0.50	0.50	0.50	0.50	0.50	0.50	0.50	0.50
	2	0.80	0.65	0.60	0.55	0.55	0.55	0.50	0.50	0.50	0.50	0.50	0.50	0.50	0.50
	1	1.30	1.00	0.90	0.80	0.75	0.70	0.70	0.70	0.65	0.65	0.60	0.55	0.55	0.55
8	8	−0.20	0.05	0.15	0.20	0.25	0.30	0.30	0.35	0.35	0.35	0.45	0.45	0.45	0.45
	7	0.00	0.20	0.30	0.35	0.35	0.40	0.40	0.40	0.40	0.45	0.45	0.50	0.50	0.50
	6	0.15	0.30	0.35	0.40	0.40	0.45	0.45	0.45	0.45	0.45	0.50	0.50	0.50	0.50
	5	0.30	0.45	0.40	0.45	0.45	0.45	0.45	0.45	0.45	0.45	0.50	0.50	0.50	0.50
	4	0.40	0.45	0.45	0.45	0.45	0.45	0.45	0.50	0.50	0.50	0.50	0.50	0.50	0.50
	3	0.60	0.50	0.50	0.50	0.50	0.50	0.50	0.50	0.50	0.50	0.50	0.50	0.50	0.50
	2	0.85	0.65	0.60	0.55	0.55	0.55	0.50	0.50	0.50	0.50	0.50	0.50	0.50	0.50
	1	1.30	1.00	0.90	0.80	0.75	0.70	0.70	0.70	0.65	0.65	0.60	0.55	0.55	0.55
9	9	−0.25	0.00	0.15	0.20	0.25	0.30	0.30	0.35	0.35	0.40	0.45	0.45	0.45	0.45
	8	−0.00	0.20	0.30	0.35	0.35	0.40	0.40	0.40	0.40	0.45	0.45	0.50	0.50	0.50
	7	0.15	0.30	0.35	0.40	0.40	0.45	0.45	0.45	0.45	0.45	0.50	0.50	0.50	0.50
	6	0.25	0.35	0.40	0.40	0.45	0.45	0.45	0.45	0.45	0.50	0.50	0.50	0.50	0.50
	5	0.35	0.40	0.45	0.45	0.45	0.45	0.45	0.45	0.50	0.50	0.50	0.50	0.50	0.50
	4	0.45	0.45	0.50	0.45	0.50	0.50	0.50	0.50	0.50	0.50	0.50	0.50	0.50	0.50
	3	0.65	0.50	0.50	0.50	0.50	0.50	0.50	0.50	0.50	0.50	0.50	0.50	0.50	0.50
	2	0.80	0.65	0.65	0.55	0.55	0.55	0.55	0.50	0.50	0.50	0.50	0.50	0.50	0.50
	1	1.35	1.00	1.00	0.80	0.75	0.75	0.70	0.70	0.65	0.65	0.60	0.55	0.55	0.55
10	10	−0.25	0.00	0.15	0.20	0.25	0.30	0.30	0.35	0.35	0.40	0.45	0.45	0.45	0.45
	9	−0.05	0.20	0.30	0.35	0.35	0.40	0.40	0.40	0.40	0.45	0.45	0.50	0.50	0.50
	8	0.10	0.30	0.35	0.40	0.40	0.40	0.45	0.45	0.45	0.45	0.50	0.50	0.50	0.50
	7	0.20	0.35	0.40	0.40	0.45	0.45	0.45	0.45	0.45	0.50	0.50	0.50	0.50	0.50
	6	0.30	0.40	0.40	0.45	0.45	0.45	0.45	0.45	0.45	0.50	0.50	0.50	0.50	0.50
	5	0.40	0.45	0.45	0.45	0.45	0.45	0.45	0.50	0.50	0.50	0.50	0.50	0.50	0.50
	4	0.50	0.45	0.45	0.45	0.50	0.50	0.50	0.50	0.50	0.50	0.50	0.50	0.50	0.50
	3	0.60	0.55	0.50	0.50	0.50	0.50	0.50	0.50	0.50	0.50	0.50	0.50	0.50	0.50
	2	0.85	0.65	0.60	0.55	0.55	0.55	0.55	0.50	0.50	0.50	0.50	0.50	0.50	0.50
	1	1.35	1.00	0.90	0.80	0.75	0.75	0.70	0.70	0.65	0.65	0.60	0.55	0.55	0.55

续上表

n	K / m	0.1	0.2	0.3	0.4	0.5	0.6	0.7	0.8	0.9	1.0	2.0	3.0	4.0	5.0
11	11	−0.25	0.00	0.15	0.20	0.25	0.30	0.30	0.30	0.35	0.35	0.45	0.45	0.45	0.45
	10	−0.05	0.20	0.25	0.30	0.35	0.40	0.40	0.40	0.40	0.45	0.45	0.50	0.50	0.50
	9	0.10	0.30	0.35	0.40	0.40	0.40	0.45	0.45	0.45	0.45	0.50	0.50	0.50	0.50
	8	0.20	0.35	0.40	0.40	0.45	0.45	0.45	0.45	0.45	0.45	0.50	0.50	0.50	0.50
	7	0.25	0.40	0.40	0.45	0.45	0.45	0.45	0.45	0.45	0.50	0.50	0.50	0.50	0.50
	6	0.35	0.40	0.45	0.45	0.45	0.45	0.45	0.50	0.50	0.50	0.50	0.50	0.50	0.50
	5	0.40	0.44	0.45	0.45	0.45	0.50	0.50	0.50	0.50	0.50	0.50	0.50	0.50	0.50
	4	0.50	0.50	0.50	0.50	0.50	0.50	0.50	0.50	0.50	0.50	0.50	0.50	0.50	0.50
	3	0.65	0.55	0.50	0.50	0.50	0.50	0.50	0.50	0.50	0.50	0.50	0.50	0.50	0.50
	2	0.85	0.65	0.60	0.55	0.55	0.55	0.55	0.50	0.50	0.50	0.50	0.50	0.50	0.50
	1	0.35	1.50	0.90	0.80	0.75	0.75	0.70	0.70	0.65	0.65	0.65	0.55	0.55	0.55
12以上	自上1	−0.30	0.00	0.15	0.20	0.25	0.30	0.30	0.30	0.35	0.35	0.40	0.45	0.45	0.45
	2	−0.10	0.20	0.25	0.30	0.35	0.40	0.40	0.40	0.40	0.40	0.45	0.45	0.45	0.50
	3	0.05	0.25	0.35	0.40	0.40	0.40	0.45	0.45	0.45	0.45	0.45	0.50	0.50	0.50
	4	0.15	0.30	0.40	0.40	0.45	0.45	0.45	0.45	0.45	0.45	0.45	0.50	0.50	0.50
	5	0.25	0.30	0.40	0.45	0.45	0.45	0.45	0.45	0.45	0.45	0.50	0.50	0.50	0.50
	6	0.30	0.40	0.40	0.45	0.45	0.45	0.45	0.50	0.50	0.50	0.50	0.50	0.50	0.50
	7	0.35	0.40	0.40	0.45	0.45	0.45	0.50	0.50	0.50	0.50	0.50	0.50	0.50	0.50
	8	0.35	0.45	0.45	0.45	0.50	0.50	0.50	0.50	0.50	0.50	0.50	0.50	0.50	0.50
	中间	0.45	0.45	0.50	0.45	0.50	0.50	0.50	0.50	0.50	0.50	0.50	0.50	0.50	0.50
	4	0.55	0.50	0.50	0.50	0.50	0.50	0.50	0.50	0.50	0.50	0.50	0.50	0.50	0.50
	3	0.65	0.55	0.50	0.50	0.50	0.50	0.50	0.50	0.50	0.50	0.50	0.50	0.50	0.50
	2	0.70	0.70	0.60	0.55	0.55	0.55	0.55	0.50	0.50	0.50	0.50	0.50	0.50	0.50
	自下1	1.35	1.05	0.70	0.80	0.75	0.70	0.70	0.70	0.65	0.65	0.60	0.55	0.55	0.55

附录 11　上下梁相对刚度变化时的修正值

附表 11　上下梁相对刚度变化时修正值 y_1

K / α_1	0.1	0.2	0.3	0.4	0.5	0.6	0.7	0.8	0.9	1.0	2.0	3.0	4.0	5.0
0.4	0.55	0.40	0.30	0.25	0.20	0.20	0.20	0.15	0.15	0.15	0.05	0.05	0.05	0.05
0.5	0.45	0.30	0.20	0.20	0.15	0.15	0.15	0.10	0.10	0.10	0.05	0.05	0.05	0.05
0.6	0.30	0.20	0.15	0.15	0.10	0.10	0.10	0.10	0.05	0.05	0.05	0.05	0.00	0.00
0.7	0.20	0.15	0.10	0.10	0.10	0.05	0.05	0.05	0.05	0.05	0.05	0.00	0.00	0.00
0.8	0.15	0.10	0.05	0.05	0.05	0.05	0.05	0.05	0.05	0.00	0.00	0.00	0.00	0.00
0.9	0.05	0.05	0.05	0.05	0.00	0.00	0.00	0.00	0.00	0.00	0.00	0.00	0.00	0.00

注

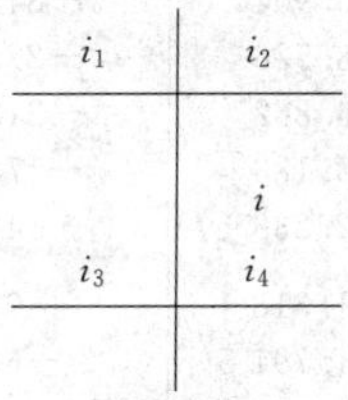

$\alpha_1=\dfrac{i_1+i_2}{i_3+i_4}$，当 $i_1+i_2>i_3+i_4$ 时，则 α_1 取倒数，即

$\alpha_1=\dfrac{i_3+i_4}{i_1+i_2}$，并且 y_1 值取负号。

底层柱不作此项修正。

附录 12　上下层柱高度变化时的修正值

附表 12　上下层柱高度变化时的修正值 y_2 和 y_3

α_2	α_3	K 0.1	0.2	0.3	0.4	0.5	0.6	0.7	0.8	0.9	1.0	2.0	3.0	4.0	5.0
2.0		0.25	0.15	0.15	0.10	0.10	0.10	0.10	0.10	0.05	0.05	0.05	0.05	0.0	0.0
1.8		0.20	0.15	0.10	0.10	0.10	0.05	0.05	0.05	0.05	0.05	0.05	0.0	0.0	0.0
1.6	0.4	0.15	0.10	0.10	0.05	0.05	0.05	0.05	0.05	0.05	0.05	0.05	0.0	0.0	0.0
1.4	0.6	0.10	0.05	0.05	0.05	0.05	0.05	0.05	0.05	0.0	0.0	0.0	0.0	0.0	0.0
1.2	0.8	0.05	0.05	0.05	0.05	0.0	0.0	0.0	0.0	0.0	0.0	0.0	0.0	0.0	0.0
1.0	1.0	0.0	0.0	0.0	0.0	0.0	0.0	0.0	0.0	0.0	0.0	0.0	0.0	0.0	0.0
0.8	1.2	−0.05	−0.05	−0.05	0.0	0.0	0.0	0.0	0.0	0.0	0.0	0.0	0.0	0.0	0.0
0.6	1.4	−0.10	−0.05	−0.05	−0.05	−0.05	−0.05	−0.05	−0.05	−0.05	−0.05	0.0	0.0	0.0	0.0
0.4	1.6	−0.15	−0.10	−0.10	−0.05	−0.05	−0.05	−0.05	−0.05	−0.05	−0.05	−0.05	0.0	0.0	0.0
	1.8	−0.20	−0.15	−0.10	−0.10	−0.10	−0.05	−0.05	−0.05	−0.05	−0.05	−0.05	0.0	0.0	0.0
	2.0	−0.25	−0.15	−0.15	−0.10	−0.10	−0.10	−0.10	−0.05	−0.05	−0.05	−0.05	−0.05	0.0	0.0

注：

$\alpha_2 h$
h
$\alpha_3 h$

y_2 按 K 及 α_2 查得，上层较高时为正值，但对于顶层柱不作 y_2 修正。

y_3 按 K 及 α_3 查得，对于底层柱不作 y_3 修正。

附录 13　A_x、B_x、C_x、D_x、E_x、F_x 函数表

附表 13　A_x、B_x、C_x、D_x、E_x、F_x 函数表

λx	A_x	B_x	C_x	D_x	E_x	F_x
0	1	0	1	1	∞	$-\infty$
0.02	0.999 61	0.019 60	0.960 40	0.980 00	382 156	−382 105
0.04	0.998 44	0.038 42	0.921 60	0.960 02	48 802.6	−48 776.6
0.06	0.996 54	0.056 47	0.883 60	0.940 07	148 51.3	−147 38.0
0.08	0.993 93	0.073 77	0.846 39	0.920 16	6 354.30	−6 340.76
0.10	0.990 65	0.090 33	0.809 98	0.900 32	3 321.06	−3 310.01
0.12	0.986 72	0.106 18	0.774 37	0.880 54	1 962.18	−1 952.78
0.14	0.982 17	0.121 31	0.739 54	0.860 85	1 261.70	−1 253.48
0.16	0.977 02	0.135 76	0.705 50	0.841 26	863.174	−855.840
0.18	0.971 31	0.149 54	0.672 24	0.821 78	619.176	−612.524
0.20	0.965 07	0.162 66	0.639 75	0.802 41	461.078	−454.971
0.22	0.958 31	0.175 13	0.608 04	0.783 18	353.904	−348.240
0.24	0.951 06	0.186 98	0.577 10	0.764 08	278.526	−273.229
0.26	0.943 36	0.198 22	0.546 91	0.745 14	223.862	−218.874
0.28	0.935 22	0.208 87	0.517 48	0.726 35	183.183	−178.457
0.30	0.926 66	0.218 93	0.488 80	0.707 73	152.233	−147.733
0.35	0.903 60	0.241 64	0.420 33	0.661 96	101.318	−97.264 6
0.40	0.878 44	0.261 03	0.356 37	0.617 40	71.791 5	−68.062 8
0.45	0.851 50	0.277 35	0.296 80	0.574 15	53.371 1	−49.887 1
0.50	0.823 07	0.290 79	0.241 49	0.532 28	41.214 2	−37.918 5
0.55	0.793 43	0.301 56	0.190 30	0.491 86	32.824 3	−29.675 4

λx	A_x	B_x	C_x	D_x	E_x	F_x
0.60	0.762 84	0.309 88	0.143 07	0.452 95	26.820 1	−23.786 5
0.65	0.731 53	0.315 94	0.099 66	0.415 59	22.392 2	−19.449 6
0.70	0.699 72	0.319 91	0.059 90	0.379 81	19.043 5	−16.172 4
0.75	0.667 61	0.321 98	0.023 64	0.345 63	16.456 2	−13.640 9
$\pi/4$	0.644 79	0.322 40	0	0.322 40	14.967 2	−12.183 4
0.80	0.635 38	0.322 33	−0.009 28	0.313 05	14.420 2	−11.647 7
0.85	0.603 20	0.321 11	−0.039 02	0.282 09	12.792 4	−10.051 8
0.90	0.571 20	0.318 48	−0.065 74	0.252 73	11.472 9	−8.754 91
0.95	0.539 54	0.314 58	−0.089 62	0.224 96	10.390 5	−7.687 05
1.00	0.508 33	0.309 56	−0.110 79	0.198 77	9.493 05	−6.797 24
1.05	0.477 66	0.303 54	−0.129 43	0.174 12	8.742 07	−6.047 80
1.10	0.447 65	0.296 66	−0.145 67	0.150 99	8.108 50	−5.410 38
1.15	0.418 36	0.289 01	−0.159 67	0.129 34	7.570 13	−4.863 35
1.20	0.389 86	0.280 72	−0.171 58	0.109 14	7.109 76	−4.390 02
1.25	0.362 23	0.271 89	−0.181 55	0.090 34	6.713 90	−3.977 35
1.30	0.335 50	0.262 60	−0.189 70	0.072 90	6.371 86	−3.615 00
1.35	0.309 72	0.252 95	−0.196 17	0.056 78	6.075 08	−3.294 77
1.40	0.284 92	0.243 01	−0.201 10	0.041 91	5.816 64	−3.010 03
1.45	0.261 13	0.232 86	−0.204 59	0.028 27	5.590 88	−2.755 41
1.50	0.238 35	0.222 57	−0.206 79	0.015 78	5.393 17	−2.526 52
1.55	0.216 62	0.212 20	−0.207 79	0.004 41	5.219 65	−2.319 74
$\pi/2$	0.207 88	0.207 88	−0.207 88	0	5.153 82	−2.239 53
1.60	0.195 92	0.201 81	−0.207 71	−0.005 90	5.067 11	−2.132 10
1.65	0.176 25	0.191 44	−0.206 64	−0.015 20	4.932 83	−1.961 09
1.70	0.157 62	0.181 16	−0.204 70	−0.023 54	4.814 54	−1.804 64
1.75	0.140 02	0.170 99	−0.201 97	−0.030 97	4.710 26	−1.660 98
1.80	0.123 42	0.160 98	−0.198 53	−0.037 56	4.618 34	−1.528 65
1.85	0.107 82	0.151 15	−0.194 48	−0.043 33	4.537 32	−1.406 38
1.90	0.093 18	0.141 54	−0.189 89	−0.048 35	4.465 96	−1.293 12
1.95	0.079 50	0.132 17	−0.184 83	−0.052 67	4.403 14	−1.187 95
2.00	0.066 74	0.123 06	−0.179 38	−0.056 32	4.347 92	−1.090 08
2.05	0.054 88	0.114 23	−0.173 59	−0.059 36	4.299 46	−0.998 85
2.10	0.043 88	0.105 71	−0.167 53	−0.061 82	4.257 00	−0.913 68
2.15	0.033 73	0.097 49	−0.161 24	−0.063 76	4.219 88	−0.834 07
2.20	0.024 38	0.089 58	−0.154 79	−0.065 21	4.187 51	−0.759 59
2.25	0.015 80	0.082 00	−0.148 21	−0.066 21	4.159 36	−0.689 87
2.30	0.007 96	0.074 76	−0.141 56	−0.066 80	4.134 95	−0.624 57
2.35	0.000 84	0.067 85	−0.134 87	−0.067 02	4.113 87	−0.563 40
$3\pi/4$	0	0.067 02	−0.134 04	−0.067 02	4.111 47	−0.556 10
2.40	−0.005 62	0.061 28	−0.128 17	−0.066 89	4.095 73	−0.506 11
2.45	−0.011 43	0.055 03	−0.121 50	−0.066 47	4.080 19	−0.452 48
2.50	−0.016 63	0.049 13	−0.114 89	−0.065 76	4.066 29	−0.402 29
2.55	−0.021 27	0.043 54	−0.108 36	−0.064 81	4.055 68	−0.355 37

λx	A_x	B_x	C_x	D_x	E_x	F_x
2.60	$-0.025\ 36$	0.038 29	$-0.101\ 93$	$-0.063\ 64$	4.046 18	$-0.311\ 56$
2.65	$-0.028\ 94$	0.033 35	$-0.095\ 63$	$-0.062\ 28$	4.038 21	$-0.270\ 70$
2.70	$-0.032\ 04$	0.028 72	$-0.089\ 48$	$-0.060\ 76$	4.031 57	$-0.232\ 64$
2.75	$-0.034\ 69$	0.024 40	$-0.083\ 48$	$-0.059\ 09$	4.026 08	$-0.197\ 27$
2.80	$-0.036\ 93$	0.020 37	$-0.077\ 67$	$-0.057\ 30$	4.021 57	$-0.164\ 45$
2.85	$-0.038\ 77$	0.016 63	$-0.072\ 03$	$-0.055\ 40$	4.017 90	$-0.134\ 08$
2.90	$-0.040\ 26$	0.013 16	$-0.066\ 59$	$-0.053\ 43$	4.014 95	$-0.106\ 03$
2.95	$-0.041\ 42$	0.009 97	$-0.061\ 34$	$-0.051\ 38$	4.012 59	$-0.080\ 20$
3.00	$-0.042\ 26$	0.007 03	$-0.056\ 31$	$-0.049\ 29$	4.010 74	$-0.056\ 50$
3.10	$-0.043\ 14$	0.001 87	$-0.046\ 88$	$-0.045\ 01$	4.008 19	$-0.015\ 05$
π	$-0.043\ 21$	0	$-0.043\ 21$	$-0.043\ 21$	4.007 48	0
3.20	$-0.043\ 07$	$-0.002\ 38$	$-0.038\ 31$	$-0.040\ 69$	4.006 75	0.019 10
3.40	$-0.040\ 79$	$-0.008\ 53$	$-0.023\ 74$	$-0.032\ 27$	4.005 63	0.068 40
3.60	$-0.036\ 59$	$-0.012\ 09$	$-0.012\ 41$	$-0.024\ 50$	4.005 33	0.096 93
3.80	$-0.031\ 38$	$-0.013\ 69$	$-0.004\ 00$	$-0.017\ 69$	4.005 01	0.109 69
4.00	$-0.025\ 83$	$-0.013\ 86$	$-0.001\ 89$	$-0.011\ 97$	4.004 42	0.111 05
4.20	$-0.020\ 42$	$-0.013\ 07$	0.005 72	$-0.007\ 35$	4.003 64	0.104 68
4.40	$-0.015\ 46$	$-0.011\ 68$	0.007 91	$-0.003\ 77$	4.002 79	0.093 54
4.60	$-0.011\ 12$	$-0.009\ 99$	0.008 86	$-0.001\ 13$	4.002 00	0.079 96
$3\pi/2$	$-0.008\ 98$	$-0.008\ 98$	0.008 98	0	4.001 61	0.071 90
4.80	$-0.007\ 48$	$-0.008\ 20$	0.008 92	0.000 72	4.001 34	0.065 61
5.00	$-0.004\ 55$	$-0.006\ 46$	0.008 37	0.001 91	4.000 85	0.051 70
5.50	0.000 01	$-0.002\ 88$	0.005 78	0.002 90	4.000 20	0.023 07
6.00	0.001 69	$-0.000\ 69$	0.003 07	0.000 60	4.000 03	0.005 54
2π	0.001 87	0	0.001 87	0.001 87	4.000 01	0
6.50	0.001 79	0.000 32	0.001 14	0.001 47	4.000 01	$-0.002\ 59$
7.00	0.001 29	0.000 60	0.000 09	0.000 69	4.000 01	$-0.004\ 79$
$9\pi/4$	0.001 20	0.000 60	0	0.000 60	4.000 01	$-0.004\ 82$
7.50	0.000 71	0.000 52	$-0.000\ 33$	0.000 19	4.000 01	$-0.004\ 15$
$5\pi/2$	0.000 39	0.000 39	$-0.000\ 39$	0	4.000 00	$-0.031\ 1$
8.00	0.000 28	0.000 33	$-0.000\ 38$	$-0.000\ 05$	4.000 00	$-0.002\ 66$

参 考 文 献

[1] 中华人民共和国国家标准,建筑结构荷载规范(GB 50009—2012)[S]. 北京:中国建筑工业出版社,2012.

[2] 中华人民共和国国家标准,砌体结构设计规范(GB 50003—2011)[S]. 北京:中国建筑工业出版社,2011.

[3] 中华人民共和国国家标准,混凝土结构设计规范(GB 50010—2010)[S]. 北京:中国建筑工业出版社,2011.

[4] 东南大学,同济大学,天津大学. 混凝土结构[M].5 版. 北京:中国建筑工业出版社,2012.

[5] 沈蒲生. 混凝土结构设计[M].4 版. 北京:高等教育出版社,2012.